陕西省示范性高职院校建设
——石油化工生产技术专业实训教材

化工工艺仿真实训

徐仿海　李恺翔　朱玉高　编

化学工业出版社

·北京·

本书以介绍化工仿真操作为主线，注重培养学生规范操作、团结合作、安全生产、节能环保等职业素质，通过仿真机运行与真实系统相似的操作控制系统，模拟真实的生产装置，再现真实生产过程（或装置）的实时动态特性，使学生可以得到非常逼真的操作环境，进而取得非常好的操作技能训练效果，为其更好地适应工作岗位群的需要打下坚实基础。

本书内容包括常减压装置工艺仿真；鲁奇加压气化工艺仿真；甲醇合成、精制工艺仿真；合成氨转化工段、净化工段、合成工段工艺仿真；350 万吨/年重油催化裂化装置反再工段、分馏工段仿真系统；260 万吨柴油加氢装置仿真系统；延迟焦化装置仿真系统；6 万立方米空分工艺仿真系统等共计 12 个项目涵盖认识生产工艺、熟悉工艺列表、熟悉仪表列表、熟悉工艺卡片、掌握生产过程联锁自控、掌握操作规程、读识现场图、读识 PI&D 图、读识 DCS 图等各类工作任务 88 项。

本教材可作为高职高专化工技术类、医药类等专业学生的实训教材，也可作为技术培训、岗位培训教材，还可作为相关专业学生的参考书。

图书在版编目（CIP）数据

化工工艺仿真实训/徐仿海，李恺翔，朱玉高编．—北京：化学工业出版社，2015.1（2016.3 重印）
ISBN 978-7-122-22003-5

Ⅰ. ①化…　Ⅱ. ①徐…②李…③朱…　Ⅲ. ①化工过程-生产工艺-计算机仿真　Ⅳ. ①TQ02-39

中国版本图书馆 CIP 数据核字（2014）第 228473 号

责任编辑：张双进　旷英姿　　　　　　　　　装帧设计：关　飞
责任校对：王素芹

出版发行：化学工业出版社（北京市东城区青年湖南街 13 号　邮政编码 100011）
印　　装：北京九州迅驰传媒文化有限公司
787mm×1092mm　1/16　印张 31¾　字数 820 千字　2016 年 3 月北京第 1 版第 2 次印刷

购书咨询：010-64518888（传真：010-64519686）　　售后服务：010-64518899
网　　址：http://www.cip.com.cn
凡购买本书，如有缺损质量问题，本社销售中心负责调换。

定　　价：59.00 元

前　言

随着化工生产技术的飞速发展，生产装置的大型化、生产过程的连续化和自动化程度不断提高。化工生产常伴随有高温、高压、易燃、易爆、有毒、有害等不安全因素，为了保证生产安全稳定、长周期、最优化地运行，常规的教育和培训方法已不能满足对新老职工的培训要求。仿真教学是运用实物、半实物或全数字化动态模型，深层次地提示教学内容的新方法，为受训人员提供安全、经济的离线培训条件，越来越受到人们的重视。

由于工厂顾及安全和效益，一般不允许学生动手操作，因此学生下厂实习效果普遍不好，学校由于缺乏经费，难于承受不断上涨的实习费用，学生实习难已经成为长期困扰学校的普遍性问题。仿真实习技术是解决以上难题的最佳选择和理想方法。用仿真机运行与真实系统相似的操作控制系统，模拟真实的生产装置，再现真实生产过程（或装置）的实时动态特性，使学员可以得到非常逼真的操作环境，进而取得非常好的操作技能训练效果。

本书依据高职高专人才培养目标，突出能力本位，强调实践操作，并力求做到理论联系实际，注重理论性和实用性的统一。全书采用项目化的编排结构，强调学生能力、知识、素质培养的有机统一。注重培养学生的规范操作、团结合作、安全生产、节能环保等职业素质。

全书包括常减压装置工艺仿真；鲁奇加压气化工艺仿真；甲醇合成、精制工艺仿真；合成氨转化工段、净化工段、合成工段工艺仿真；350万吨/年重油催化裂化装置反再工段、分馏工段仿真系统；260万吨柴油加氢装置仿真系统；延迟焦化装置仿真系统；6万立方米空分工艺仿真系统等共计12个项目涵盖认识生产工艺、熟悉工艺列表、熟悉仪表列表、熟悉工艺卡片、掌握生产过程联锁自控、掌握操作规程、读识现场图、读识PI&D图、读识DCS图等各类工作任务88项。

本书由延安职业技术学院徐仿海（项目一、项目八～项目十）、李恺翔（项目二～项目七）、朱玉高（项目十一、项目十二）共同编写。

本书在编审过程中，得到了化学工业出版社的大力支持，同时北京东方仿真软件技术有限公司、延长石油延安炼油厂、永坪炼油厂等校企合作企业单位也给予大力支持，并提出许多宝贵意见在此一并表示衷心的感谢。

由于编者水平有限，书中的不妥之处在所难免，恳请广大读者批评指正。

编者

2014 年 9 月

目 录

项目一
常减压装置工艺仿真系统

任务一　认识装置概况

　　本装置为常减压蒸馏装置，原油用原油泵抽送到换热器，换热至110℃左右，加入一定量的破乳剂和洗涤水，充分混合后进入一级电脱盐罐。同时，在高压电场的作用下，使油水分离。脱水后的原油从一级电脱盐罐顶部集合管流出后，再注入破乳剂和洗涤水充分混合后进入二级电脱盐罐，同样在高压电场作用下，进一步油水分离，达到原油电脱盐的目的。然后再经过换热器加热到一般大于200℃进入蒸发塔，在蒸发塔拨出一部分轻组分。

　　拨头原油再用泵抽送到换热器继续加热到280℃以上，然后去常压炉升温到356℃进入常压塔。在常压塔拨出重柴油以前组分，高沸点重组分再用泵抽送到减压炉升温到386℃进减压塔，在减压塔拨出润滑油料，塔底重油经泵抽送到换热器冷却后出装置。

一、工艺流程简述

1. 原油系统换热

　　罐区原油（65℃）由原油泵（P101/1，2）抽入装置后，首先与初馏塔顶、常压塔顶汽油（H-101/1～4）换热至80℃左右，然后分两路进行换热：一路原油与减一线（H-102/1，2）、减三线（H-103/1，2）、减一中（H-105/1，2）换热至140℃左右；二路原油与减二线（H-106/1，2）、常一线（H-107）、常二线（H-108/1，2）、常三线（H-109/1，2）换热至140℃左右，然后两路汇合后进入电脱盐罐（R-101/1，2）进行脱盐脱水。

　　脱盐后原油（130℃左右）从电脱盐出来分两路进行换热，一路原油与减三线（H-103/3，4）、减渣油（H-104/3-7）、减三线（H-103/5，6）换热至235℃；二路原油与常一中（H-111/1-3）、常二线（H-108/3）、常三线（H-109/3）、减二线（H-106/5，6）、常二中（H-112/2，3）、常三线（H-109/4）换热至235℃左右；两路汇合后进入初馏塔（T-101）。也可直接进入常压炉。

　　闪蒸塔顶油气以180℃左右进入常压塔第28层塔板上或直接进入汽油换热器（H-101/1-4），空冷器（L-101/1-3）。

　　拨头原油经拨头原油泵（P102/1，2）抽出与减四线（H-113/1）换热后分两路：一路与减二中（H-110/2-4），减四线（H-113/2）换热至281℃左右；二路与减渣油（H-104/8-11）换热至281℃左右，两路汇合后与减渣油（H-104/12-14）换热至306.8℃左右再分两路进入常压炉对流室加热，然后再进入常压炉辐射室加热至要求温度入常压塔（T-102）进料段进行分馏。

2. 常压塔

常压塔顶油先与原油（H-101/1-4）换热后进入空冷（L-101/1，2），再入后冷器（L-103/3）冷却，然后进入汽油回流罐（R-102）进行脱水，切出的水放入下水道。汽油经过汽油泵（P103/1，2）一部分打顶回流，一部分外放。不凝汽则由 R-102 引至常压瓦斯罐（R-103），冷凝下来的汽油由 R-103 底部返回 R-102，瓦斯由 R-103 顶部引至常压炉作自产瓦斯燃烧或放空。

常一线从常压塔第 32 层（或 30 层）塔板上引入常压汽提塔（T-103）上段，汽提油汽返回常压塔第 34 层塔板上，油则由泵（P106/1，2）自常一线汽提塔底部抽出，与原油换热（H-107）后经冷却器（L-102）冷却至 70℃ 左右出装置。

常二线从常压塔第 22 层（或 20 层）塔板上引入常压汽提塔（T-103）中段，汽提油汽返回常压塔第 24 层塔板上，油则由泵（P107，P106/2）自常二线汽提塔底部抽出，与原油换热（H-108/1，2）后经冷却器（L-103）冷却至 70℃ 左右出装置。

常三线从常压塔第 11 层（或 9 层）塔板上引入常压汽提塔（T-103）下段，汽提油汽返回常压塔第 14 层塔板上，油则由泵（P108/1，2）自常三线汽提塔底部抽出，与原油换热（H-109/1-4）后经冷却器（L-104）冷却至 70℃ 左右出装置。

常压一中油自常压塔顶第 25 层板上由泵（P110/1，2）抽出与原油换热（H-111/1-3）后返回常压塔第 29 层塔板上。

常压二中油自常压塔顶第 15 层板上由泵（P110/2，P111）抽出与原油换热（H-112/2，3）后返回常压塔第 19 层塔板上。

常压渣油经塔底泵（P109/1，2）自常压塔 T-102 底抽出，分两路去减压炉（炉-102，103）对流室、辐射室加热后汇合成一路以工艺要求温度进入减压塔（T-104）进料段进行减压分馏。

3. 减压塔

减压塔顶油汽二级抽真空系统后，不凝汽自 L-110/1，2 放空或入减压炉（炉-102）作自产瓦斯燃烧。冷凝部分进入减压塔顶油水分离器（R-104）切水，切出的水放入下水道，污油进入污油罐进一步脱水后由泵（P118/1，2）抽出装置，或由缓蚀剂泵抽出去闪蒸塔进料段或常一中进行回炼。

减一线油自减压塔上部集油箱由减一线泵（P112/1，2）抽出与原油换热（H-102/1，2）后经冷却器（L-105/1，2）冷却至 45℃ 左右，一部分外放，另一部分去减压塔顶作回流用。

减二线油自减压塔引入减压汽提塔（T-105）上段，油汽返回减压塔，油则由泵（P113，P112/1）抽出与原油换热（H-106/1-6）后经冷却器（L-106）冷却至 50℃ 左右出装置。

减三线油自减压塔引入减压汽提塔（T-105）中段，油汽返回减压塔，油则由泵（P114/1，2）抽出与原油换热（H-103/1-6）后经冷却器（L-107）冷却至 80℃ 左右出装置。

减四线油自减压塔引入减压汽提塔（T-105）下段，油汽返回减压塔，油则由泵（P115，P114/2）抽出，一部分先与原油换热（H-113/1，2），再与软化水换热（H-113/3，4->H-114/1，2）后经冷却器（L-108）冷却至 50～85℃ 出装置；另一部分打入减压塔四线集油箱下部作净洗油用。

冲洗油自减压塔由泵（P116/1，2）抽出后与 L-109/2 换热，一部分返塔作脏洗油用，另一部分外放。

减一中油自减压塔一、二线之间由泵（P110/1，2）抽出与软化水换热（H-105/3），再与原油换热（H-105/1，2）后返回减压塔。

减二中油自减压塔三、四线之间由泵（P111，P110/2）抽出与原油换热（H-110/2-4）后返回减压塔。

减压渣油自减压塔底由泵（P117/1，2）抽出与原油换热（H-104/3-14）后，经冷却器（L-109）冷却后出装置。

二、主要设备工艺控制指标

1. 初馏塔 T-101

名称	温度/℃	压力（表）/MPa	流量/（t/h）
进料流量	235	0.065	126.262
塔底出料	228	0.065	121.212
塔顶出料	230	0.065	5.05

2. 常压塔 T-102

名称	温度/℃	压力（表）/MPa	流量/（t/h）
常压塔顶回流出塔	120	0.058	
常压塔顶回流返塔	35		10.9
常一线馏出	175		6.3
常二线馏出	245		7.6
常三线馏出	296		9.4
进料	345		121.2121
常一中出/返	210/150		24.499
常二中出/返	270/210		28.0
常压塔底	343		101.8

3. 减压塔

名称	温度/℃	压力/mmHg	流量/（t/h）
减压塔顶出塔	70	-700	
减一线馏出/回流	150/50		17.21/13.
减二线馏出	260		11.36
减三线馏出	295		11.36
减四线馏出	330		10.1
进料	385		
减一中出/返	220/180		59.77
减二中出/返	305/245		46.687
脏油出/返			
减压塔底	362		61.98

注：1mmHg＝133Pa，下同。

4. 常压炉 F-101、减压炉 F-102、F-103

名称	氧含量/%	炉膛负压/mmHg	炉膛温度/℃	炉出口温度/℃
F-101	3~6	2.0	610.0	368.0
F-102	3~6	2.0	770.0	385.0
F-103	3~6	2.0	730.0	385.0

任务二　装置冷态开工过程

一、开工具备的条件

① 与开工有关的修建项目全部完成并验收合格；

② 设备、仪表及流程符合要求；

③ 水、电、汽、风及化验能满足装置要求；

④ 安全设施完善，排污管道具备投用条件，操作环境及设备要清洁整齐卫生。

二、开工前的准备

① 准备好黄油、破乳剂、20 号机械油、液氨、缓蚀剂、碱等辅助材料；

② 原油含水≤1%，油温不高于 50℃，原油与副炼联系，外操（外操作工的简称）做好从罐区引燃料油的工作；

③ 准备好开工循环油、回流油、燃料气（油）。

三、装油

装油的目的是进一步检查机泵情况，检查和发现仪表在运行中存在的问题，脱去管线内积水，建立全装置系统的循环。

1. 常压装油流程

①原油罐 → P101/1,2 → H-101/1,4 →
　　┌→ H-106/1,2 → H-107 → H-108/1,2 → H-109/1,2 →┐ → H-106/3,4
　　└→ H-102/1,2 → H-103/1,2 → H-105/1,2 →──────────┘
　　→ R-101/1,2

②R-101/1,2 →
　　┌→ H-111/1,2 → H-108/3 → H-109/3 → H-106/5,6 → H-112/2,3 → H-109/4 →┐
　　└→ H-103/3,4 → H-104/3,7 → H-103/5,6 →───────────────────────────────┘
　　→ T-101

③T-101底 → P102/1,2 → H-113/1 →
　　┌→ H-110/2-4 → H-113/2 →┐ → H-104/12-14
　　└→ H-104/8-11 →──────────┘
　　→ 炉F-101对流室 → 炉F-101辐射室 → T-102

2. 常减压装油步骤

① 启动原油泵 P-101/1，2（在泵图页面上点击 P-101/1，2，其中一个泵变绿色表示该泵已经开启），打开调节阀 FIC-1101、TIC-1101，开度为 50%，将原油引入装置；

② 原油一路经换热器 H-105/2，另一路经 H-106/4，现场打开 VX0001、VX0002、

VX0007 开度为 100%；

③ 两路混合后经含盐压差调节阀 PDIC-1101（开度为 50%）到电脱盐罐 R-101/1；

④ 再打开 PDIC-1102（开度为 50%）引油到电脱盐 R-101/2，后经两路换热器 H-109/4 一路和 H-103/6 一路；

⑤ 打开温度调节阀 TIC-1103，开度 50%，使原油到初馏塔（T-101），建立初馏塔塔低液位；

⑥ 待初馏塔 T-101 底部液位 LIC-1103 达到 50% 时，启动初馏塔底泵 P102/1、2（去泵现场图查找该泵，并左键点击一次开启该泵，下同）；

⑦ 打开塔底流量调节阀 FIC-1104（逐渐开大到 50%），打开 TIC1102（开度为 50%）流经换热器组 H-113/2 和 H-104/11，H-104/1；

⑧ 分两股进入常压炉（F-101）；在常压炉的 DCS 画面上打开进入常压炉流量调节阀 FIC1106、FIC1107（开度各为 50%）；

⑨ 原油经过常压炉（F-101）的对流室、辐射室；

⑩ 两股出料合并为一股进入到常压塔（T-102）进料段（即显示的 TO T102）；

⑪ 观察常压塔塔低液位 LIC1105 的值，并调节初馏塔进出流量阀，控制初馏塔塔低液位 LIC1103 为 50% 左右（即 PV=50）。

3. 减压装置流程及步骤

（1）减压装油流程

T-102→P109/1、2→炉-102，103→T-104

（2）减压装油步骤

① 待常压塔 T-102 底部液位 LIC-1105 达到 50% 时（即 PV=50），启动常压塔底泵 P109/1、2 其中一个（方法同上述启动泵的方法）；

② 打开 FIC-1111 和 FIC-1112（开度逐渐开大到 50% 左右，调节 LIC1105 为 50%），分两路进入减压炉 F-102 和 F-103 的对流室、辐射室；

③ 经两炉 F-102 和 F-103 后混合成一股进料，进入减压塔 T-104；

④ 待减压塔 T-104 底部液位 LIC-1201 达到 50% 时（即 PV=50 左右），启动减压塔底 P117/1、2 其中一个；

⑤ 打开减压塔塔底抽出流量控制阀 FIC-1207，开度逐渐开大，控制塔底液位为 50% 左右。并到减压系统图现场打开开工循环线阀门 VX0040，然后停原油泵，装油完毕。

注：首先看现场图的手阀是否打开，确认该路管线畅通；然后到 DCS 画面上，先开泵，再开泵后阀，建立液位。

进油同时注意电脱盐罐 R101/1、2 切水。即：间断打开 LIC1101、LIC1102 水位调节阀，控制不超过 50%。

四、冷循环

冷循环目的主要是检查工艺流程是否有误，设备、仪表是否有误，同时脱去管线内部残存的水。待切水工作完成，各塔底液面偏高 50% 左右，便可进行冷循环。

① 冷循环具体步骤与装油步骤相同，流程不变；

② 冷循环时要控制好各塔液面稍过 50% 左右（LIC1103、LIC1105、LIC1201），并根据各塔液面情况进行补油；

③ R-101/1、2 底部要经常反复切水：间断打开 LIC1101、LIC1102 水位调节阀，控制

不超过50%;

　　④ 各塔底用泵切换一次,检查机泵运行情况是否良好(在该仿真中不做具体要求);

　　⑤ 换热器、冷却器副线稍开,让油品自副线流过(在该仿真中不做具体要求);

　　⑥ 各调节阀均为手动,随时调节流量大小;

　　⑦ 检查塔顶汽油,瓦斯流程是否打开,防止憋压(现场打开 VX008 初馏塔顶,VX0042、VX0050、VX0017、VX0020、VX0018 常压塔顶部,VX0019 从初馏塔出来至常压塔中部偏上进气线,位置在常压塔现场图);

　　⑧ 启用全部有关仪表显示;

　　⑨ 如果循环油温 TI1109 低于50℃时,炉 F-101 可以间断点火,但出口温度 TI1113 或 TI1112 不高于80℃。

　　⑩ 冷循环工艺参数平稳后(主要是 3 个塔液位控制在 50% 左右),运行时间可少于 4h,在此做好热循环的各项准备工作。

　　注:加热炉简单操作步骤(以常压炉为例),在常压炉的 DCS 图中打开烟道挡板 HC1101 开度 50%,打开风门 ARC1101,开度为 50% 左右,打开 PIC1102,开度逐渐开大到 50%,调节炉膛负压,到现场打开自然风,现场打开 VX0013,开度为 50% 左右,点燃点火棒,现场点击 IGNITION 为开状态。再在 DCS 画面中稍开瓦斯气流量调节阀 TIC11105,逐渐开大调节温度,见到加热炉底部出现火燃标志图证明加热炉点火成功。

　　调节时可调节自然风风门、瓦斯及烟道挡板的开度,来控制各项指标,实际加热炉的操作包括烘炉等细节,这里不做具体要求。

　　冷循环流程如下:

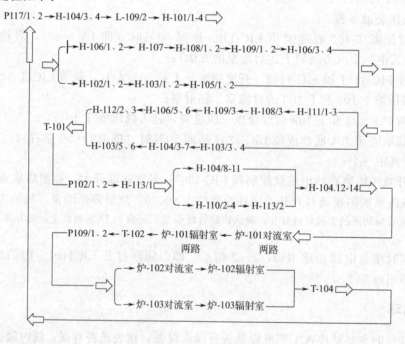

五、热循环

　　当冷循环无问题处理完毕后,开始热循环,流程不变。

1. 热循环前准备工作

　　① 分别到各自现场图中打开 T-101、T-102、T-104 的顶部阀门,防止塔内憋压(部分

在前面已经开启）。

② 在现场图（泵图）中启动空冷风机 K-1、2；到 3 号和 5 号图的现场画面中打开各冷凝冷却器给水阀门，检查 T-102、T-104 馏出线流程是否完全贯通，防止塔内憋压。

常压塔现场图：打开 VX0051、VX0052、VX0053 开度 50％。

减压塔现场图：打开 VX0054、VX0055、VX0056、VX0057、VX0058、VX0059、VX0060 开度为 50％。

③ 循环前在 2 号图的现场画面将原油入电脱盐罐副线阀门全开，开 VX0079、VX0006、VX0005（在后面还要关死这几个副线阀门）甩开电脱盐罐 R101/1、2，防止高温原油烧坏电极棒。

2. 热循环升温、热紧过程

① 炉 F-101、F-102、F-103 开始升温，起始阶段以炉膛温度为准，前 2h 温度不得大于 300℃，2h 后以炉 F-101 出口温度为主，以 20～30℃/h 速度升温（在这里只要适当控制升温速度即可，不要太快，在这里可省去步骤，在工厂要严格按升温曲线进行升温操作）。

② 当炉 F-101 出口温度升至 100～120℃时恒温 2h 脱水，温至 150℃恒温 2～4h 脱水。

③ 恒温脱水至塔底无水声，回路罐中水减少，进料段温度与塔底温度较为接近时，炉 F-101 开始以 20～25℃/h 速度升温至 250℃时恒温，全装置进行热紧。

④ 炉 F-102、103 出口温度 TIC1201、TIC1203 始终保持与炉 F-101 出口温度 TIC1104 平衡，温差不得大于 30℃。

⑤ 常压塔顶温度 TIC1106 升至 100～120℃时，引入汽油开始打顶回流（在常压塔塔顶回流现场图中打开轻质油线阀 VX0081），打开 FIC1110 开度要自己调节，此时严格控制水液面，严禁回流带水；

⑥ 常压炉 F-101 出口温度升至 300℃时，常压塔自上而下开侧线，开中段回流（到现场图中打开手阀及机泵，在 DCS 操作画面中打开各调节阀）。

常压塔现场操作部分：依次打开 FIC1116、FIC1115、FIC1114 开度为 50％，FIC1108、TIC1107、FIC1109、TIC1108 开度为 50％，启动泵 P104、P105、P103、P106、P107、P108。

升温阶段即脱水阶段，塔内水分在相应的压力下开始大量汽化，所以必须加倍注意，加强巡查，严防 P102/1、2，P109/1、2，P117/1、2 泵抽空。同时再次检查塔顶汽油线是否导通，以免憋压。

3. 热循环过程注意事项

① 热循环过程中要注意整个装置的检查，以防泄漏或憋压；

② 各塔底泵运行情况，发现异常及时处理；

③ 严格控制好各塔底液面；

④ 升温同时打开炉 F-101、F-102、F-103 过热蒸汽（分别在 4 号和 6 号的 DCS 画面中打开 PIC-1203、PIC-1202、PIC-1205 开度为 50％即可），并放空，防止炉管干烧。

六、常压系统转入正常生产

1. 切换原油

① T-102 自上而下开完侧线后，启动原油泵，将渣油改出装置，启用渣油冷却器 L-109/2，将渣油温度控制在 160℃以内，在 5 号图的现场打开 VX0078、关闭开工循环线

VX0040，原油量控制在 70~80t/h；

② 导好各侧线、冷换热设备及外放流程，关闭放空，待各侧线来油后，联系调度和轻质油，并启动侧线泵（前面已经打开）侧线外放；

③ 当过热蒸汽温度超过 350℃时，缓慢打开 T-102 底吹汽现场开启 VX0014，关闭过热蒸汽放空阀；

④ 待生产正常后缓慢将原油量提至正常（参数见指标表格）。

2. 常压塔正常生产

① 切换原油后，炉 F-101 以 20℃/h 的速度升温至工艺要求温度；

② 炉 F-101 抽空温度正常后，常压塔自上而下开常一中、常二中回流（前面已经开启了）；

③ 原油入脱盐罐温度低于 140℃时，将原油入脱盐罐副线开关关闭；

④ 司炉工控制好炉 F-101 出口温度，常压技工按工艺指标和开工方案调整操作，使产品尽快合格，及时联系调度室将合格产品改入合格罐；

⑤ 根据产品质量条件控制侧线吹汽量。

3. 注意事项

① 控制好 V-102 汽油液面及油水界面，待汽油液面正常后停止补汽油，用本装置汽油打回流；

② 过热蒸汽压力控制在 3.0~3.5kgf/cm² （1kgf/cm²＝98.0665kPa，下同），温度控制在 380~450℃；开塔顶部吹汽时要先放净管线内冷凝水，再缓慢开汽，防止蒸汽吹翻塔盘；

③ R-101/1、2 送电，脱盐工做好脱盐罐切水工作，防止原油含水过大影响操作；

④ 严格控制好侧线油出装置温度；

⑤ 通知化验室按时作分析。

七、减压系统转入正常生产

1. 开侧线

① 当常压开侧线后，减压炉开始以 20℃/h 的速度升温至工艺指标要求的范围内；

② 当过热蒸汽温度超过 350℃，开减压塔底吹汽，现场打开 VX0082，关过热蒸汽放空（仿真中没做）；

③ 当炉 F-102、103 出口温度升至 350℃时，炉 F-102、103 开炉管注汽打开 VX0021、VX0026，减压塔开始抽真空；

抽真空分三段进行：第一段 0~200mmHg；第二段 200~500mmHg；第三段 500~最大真空度。

操作步骤：在抽真空系统图上，先打开冷却水现场阀 VX0086，然后依次打开 VX0084、VX0085 各级抽真空阀门，并打开 VX0034 和泵 P118/1、2。

④ T-104 顶温度超过工艺指标时，将常三线油倒入减压塔顶打回流，待减一线有油后改减一线本线打回流，常三线改出装置，控制塔顶温度在指标范围内；

⑤ 减压塔自上而下开侧线，操作方法同常压步骤，基本相同。

2. 调整操作

① 当炉 F-102、F-103 出口温度达到工艺指标后，自上而下开中段回流，开回流时先放净

设备管线内存水，严禁回流带水；

②侧线有油后联系调度室、轻质油工序，启动侧线泵将侧线油改入催化料或污油罐。

③倒好侧线流程，启动P116/1、2，开脏洗油系统，同时启用净洗油系统；

④根据产品质量调节侧线吹汽流量；

⑤司炉工稳定炉出口温度，减压技工根据开工方案要求，尽快调整产品使其合格，将合格产品改进合格罐；

⑥将软化水引入装置，启用蒸汽发生器系统。自产气先排空，待蒸汽合格不含水后，再并入低压蒸汽网络或引入蒸汽系统。

3. 注意事项

①开炉管注汽，塔部吹气应先放净管线内冷凝存水；

②过热蒸汽压力控制在$2.5\sim3.0kgf/cm^2$，温度控制在$380\sim450℃$范围内；

③抽真空前先检查抽真空系统流程是否正确，抽真空后，检查系统是否有泄漏，控制好R-105夜面；

④控制好蒸汽发生器水液面，自产蒸汽压力不大于$6kgf/cm^2$；

⑤开净洗油、脏洗油系统，应先放尽过滤器、调节阀等低点冷凝水；应缓慢开启，防止吹翻塔盘；

⑥将常三线油引入减压塔顶打回流前必须检查常三线油颜色，防止黑油污染减压塔；打回流时减一线流量计，外放调节阀走副线。

八、投用一脱三注

1. 投用

生产正常后，将原油入电脱盐温度控制在$120\sim130℃$，压力控制在$8\sim10kgf/cm^2$范围内，电流不大于150A。然后开始注入破乳剂、水。

2. 常压塔顶开始注氨、注破乳剂

操作步骤如下。

在电脱盐图页现场开破乳剂泵P120和水泵P119，然后打开出口阀VX0037、VX0087开度50%，在DCS图上，打开FIC1117、FIC1118开度都为50%。

注：生产正常，各项操作工艺指标达到要求后，主要调节阀所处状态如下。

①原油进料流量FIC1101投自动，SP=125。

②初馏塔底液位LIC1103投自动，SP=50、初馏塔底出料FIC1104投自动，SP=121；

③常压炉出口温度TIC1104投自动，SP=368；炉膛温度TIC1105投串级；风道含氧量ARC1101投自动，SP=4；炉膛负压PIC1102投自动，SP=-2；烟道挡板开度HC1101投手动，OP=50%；

④常压塔塔底液位LIC1105投自动，SP=50；塔底出料FIC1111、FIC1112都投串级；塔顶温度TIC1106投自动，SP=120；塔顶回流量FIC1110投串级；塔顶分液罐V-102油液位LIC1106投自动，SP=50；水液位LIC1107投自动，SP=50；

⑤减压炉出口温度TIC1201、TIC1202投自动，SP=385；炉膛温度TIC1203、TIC1202投串级；风道含氧量ARC1201、ARC1202投自动，SP=4；炉膛负压PIC1201、PIC1204投自动，SP=-2；烟道挡板开度HC1201、1202投手动，OP=50%；

⑥减压塔塔底液位LIC1201投自动，SP=50；塔底出料FIC1207投串级；塔顶温度

TIC1205 投自动，SP＝70；塔顶回流量 FIC1208 投串级；LIC1202 投自动，SP＝50；

⑦ 现场各换热器，冷凝器手阀开度为 50％，即 OP＝50％。各塔底注汽阀开度为 50％；抽真空系统蒸汽阀开度为 50％。泵的前后手阀开度为 50％。

补充说明：

① 1 号 DCS 图是整个装置的全貌图，对应的现场图是整个装置的机泵图区（相当于工厂的冷热泵房）；

② 2 号图是电脱盐系统和初馏塔的 DCS 图、现场图；

③ 3 号图是常压塔系统的 DCS 图、现场图；

④ 4 号图是常压炉系统的 DCS 图、现场图；

⑤ 5 号图是减压塔系统的 DCS 图、现场图；

⑥ 6 号图是减压炉系统的 DCS 图、现场图；

⑦ 7 号图是公用工程系统及抽真空系统的 DCS 图、现场图。

任务三　装置正常停工过程

一、降量

① 降量前先停电脱盐系统。

a. 打开 R-101/1、2 原油副线阀门，关闭 R-101/1、2 进出口阀门，停止注水、注破乳剂。静止送电 30min 后开始排水，使原油中水分充分沉降。

b. 待 R-101/1、2 内污水排净后，启动 P119/1、2 将 R-101/1、2 内原油自原油循环线打入原油线回炼。

注：待 R-101/1、2 罐内无压力后打开罐顶放空阀。

c. R101/1、2 内原油退完后，将常压线油自脱盐罐冲洗线倒入 R-101/1、2 内进行冲洗。在罐底排污线放空。

d. 各冲洗 1h。

② 降量分多次进行，降量速度为 10～15t/h。

③ 降量初期保持炉出口温度不变，调整各侧线油抽出量，保证侧线产品质量合格。

④ 降量过程中注意控制好各塔底液面，调节各冷却器用水量，将侧线油品出装置温度控制在正常范围内。

二、降量关侧线阶段

当原油量降至正常指标的 60％～70％时开始降炉温。炉出口温度以 25～30℃/h 的速度均匀降温。

① 降温时将各侧线油品改入催化料或污油罐，常、减压各侧线及汽油回流罐控制高液面，作洗塔用；

② 炉 F-101 出口温度降到 280℃左右时，T-102 开始自上而下关侧线，停中段回流，各侧线及汽油停止外放；

③ 炉-102、103 出口温度降到 320℃左右时，T-104 开始自上而下关侧线，停中段回流，各侧线及汽油停止外放；

塔破真空分三个阶段进行：第一阶段：正常值～500mmHg；第二阶段：正常值500～250mmHg；第三阶段：正常值 250～0mmHg。

破真空时应关闭 L-10/3、4 顶部瓦斯放空阀。

当过热蒸汽出口温度降至 300℃时，停止所有塔部吹气，进行放空。

三、装置打循环及炉子熄火

① T-102 关完侧线后，立即停原油泵，改为循环流程进行全装置循环。

② T-104 关侧线后，将减压侧线油自分配台倒入减压塔打回流洗塔，减侧线油打完后将常压各侧线倒入减压塔顶回流洗塔，直到各侧线油打完为止。

注意：将侧线油倒入减一线打回流时应打开减一线流量计和外放调节阀的副线阀门。

③ 常压技工将汽油回流罐内汽油全部打入常压塔顶洗常压塔，塔顶温度过低时停空冷。

④ 炉子对称关火嘴，继续降温，炉出口温度降至 180℃时停止循环，炉子熄火，风机不停。待炉膛温度降至 200℃时停风机，打开放爆门加速冷却，过热蒸汽停掉。

⑤ 炉子熄火后，将各塔底油全部打出装置。

循环流程为：

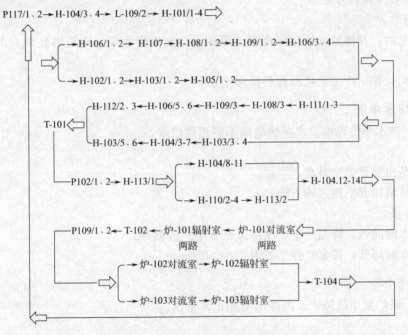

任务四　紧急停车

紧急停车步骤如下。

① 加热炉立即熄火；

② 停止原油进料，关各馏出阀、注汽阀，破真空，认真退油，关塔部吹气，过热蒸汽改为放空；

③ 将不合格油品改进污油罐；

④ 对局部着火部位应及时切断火源，加强灭火；

⑤ 尽量维持局部循环，尽量按正常的停工方法处理；

注意：减压破真空时，不能太快，要关闭瓦斯放空阀。

任务五　事故处理

1. 原油中断

原因：原油泵故障。

现象：塔液面下降，塔进料压力降低，塔顶温度升高。

处理方法：

① 切换原油泵；

② 或按停工处理。

2. 供电中断

原因：供电部门线路发生故障。

现象：各泵运转停止。

处理方法：

① 来电后，相继启动塔顶回流泵、原油泵、初馏塔底泵、常压塔底泵、中断回流泵及侧线泵；

② 各岗位按生产工艺指标调整操作至正常。

3. 循环水中断

原因：供水单位停电或水泵出故障不能正常供水。

现象：

① 油品出装置温度升高；

② 减压塔顶真空度急剧下降。

处理方法：

① 停水时间短，降温降量，维持最低量生产或循环；

② 停水时间长，按紧急停工处理。

4. 供汽中断

原因：锅炉发生故障，或因停电不能正常供汽。

现象：

① 流量显示回零，各塔、罐操作不稳；

② 加热炉操作不稳；

③ 减压塔顶真空度下降。

处理方法：如果只停汽而没有停电，则改为循环，如果既停汽又停电，按紧急停工处理。

5. 净化风中断

原因：空气压缩机发生故障。

现象：仪表指示回零。

处理方法：

① 短时间停风，将控制阀改副线，用手工调节各路流量、温度、压力等；

② 长时间停风，按降温降量循环处理。

6. 加热炉着火

原因：炉管局部过热结焦严重，结焦处被烧穿。

现象：炉出口温度急剧升高，冒大量黑烟。

处理方法：熄灭全部火嘴并向炉膛内吹入灭火蒸汽。

7. 常压塔底泵停

原因：泵出故障，被烧或供电中断。

现象：

① 泵出口压力下降，常压塔液面上升；

② 加热炉熄火，炉出口温度下降。

处理方法：切换备用泵。

8. 阀卡 10%（常压塔顶回流阀）

原因：阀使用时间太长。

现象：塔顶温度上升，压力上升。

处理方法：开旁通阀。

9. 换热器 H-109/4 故障（100 万吨）

原因：换热器 H-109/4 堵。

现象：炉进料温度下降，进料流量下降。

处理方法：开大换热器副线，控制炉出口温度。

10. 闪蒸塔底泵抽空

原因：泵本身故障。

现象：泵出口压力下降，塔底液面迅速上升，炉膛温度迅速上升。

处理方法：切换备用泵，注意控制炉膛温度。

11. 减压炉熄火

原因：燃料中断。

现象：炉膛温度下降，炉出口温度下降，火灭。

处理方法：

① 减压部分按停工处理；

② 常压塔渣出装置。

12. 抽-1 故障

原因：真空泵本身故障。

现象：减压塔压力上升。

处理方法：加大抽-2 蒸汽量。

13. 低压闪电

原因：供电不稳。

现象：全部或部分低压电机停转，操作混乱。

处理：

① 如时间短，切换备用泵，顺序：塔顶回流，中段回流，处理量调节。

② 及时联系电修部门送电，按工艺指标调整操作。

14. 高压闪电

原因：供电不稳

现象：全部或部分高压电机停转，初馏塔和常压塔进料中断，液面下降。

处理：

① 如时间短，切换备用泵；

② 及时联系电修部门送电，按工艺指标调整操作。

15. 原油含水

原因：原油供应紧张。

现象：原油泵可能抽空，初馏塔液面下降，压力上升。

处理：加强电脱盐罐操作，加强切水。

任务六　掌握下位机画面设计

1. DCS 用户画面设计

① DCS 画面的颜色、显示及操作方法均与真实 DCS 系统保持一致。

② 一般调节阀的流通能力按正常开度为 50％ 设计。

2. 现场操作画面设计

（1）现场操作画面设计说明

① 现场操作画面是在 DCS 画面的基础上改进而完成的，大多数现场操作画面都有与之对应的 DCS 流程图画面。

② 现场画面均以 C 字母作为结束符。

③ 现场画面上光标变为手形处为可操作点。

④ 现场画面上的模拟量（如手操阀）、开关量（如开关阀和泵）的操作方法与 DCS 画面上的操作方法相同。

⑤ 一般现场画面上红色的阀门、泵及工艺管线表示这些设备处于"关闭"状态，绿色表示设备处于"开启"状态。

⑥ 单工段运行时，对换热器另一侧物流的控制通过在现场画面上操作该换热器来实现；全流程运行时，换热器另一侧的物流由在其他工段进行的操作来控制。冷却水及蒸汽量的控制在各种情况下均在现场画面上完成。

（2）现场画面列表

画面名称	说明	画面名称	说明
DTYXC	电脱盐现场图	JY	减压现场图
CY	常压现场图	JL	减压炉现场流程图
CL	常压炉现场流程图	GG	公共现场工艺流程图

任务七 读识现场图和 DCS 图

1. 总图

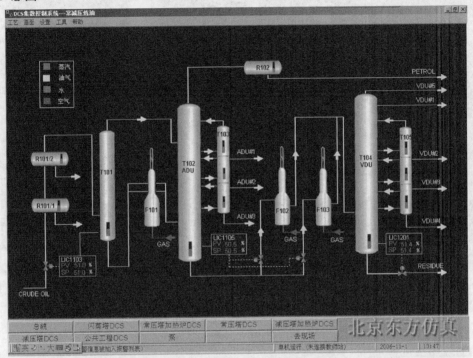

2. 闪蒸塔 DCS 图

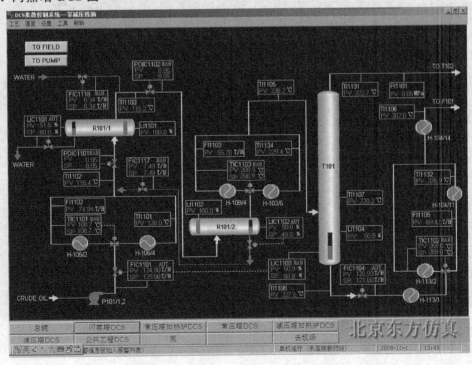

3. 闪蒸塔现场图

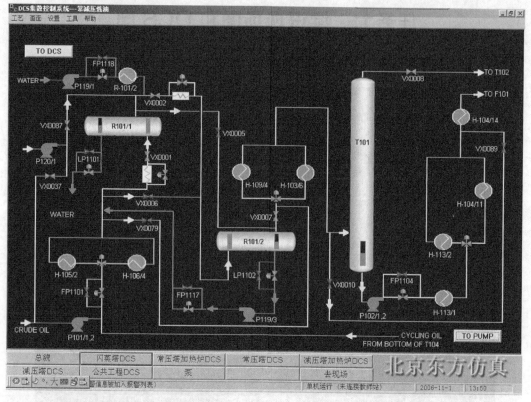

4. 常压塔加热炉 DCS 图

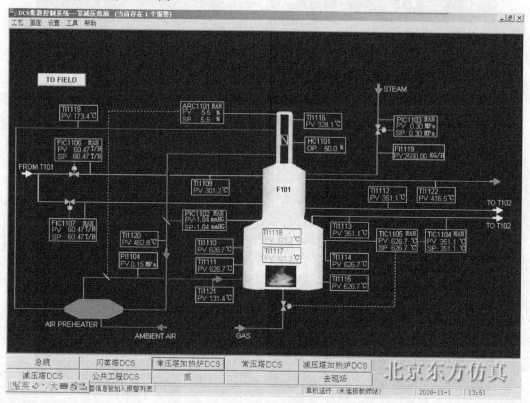

5. 常压塔加热炉现场图

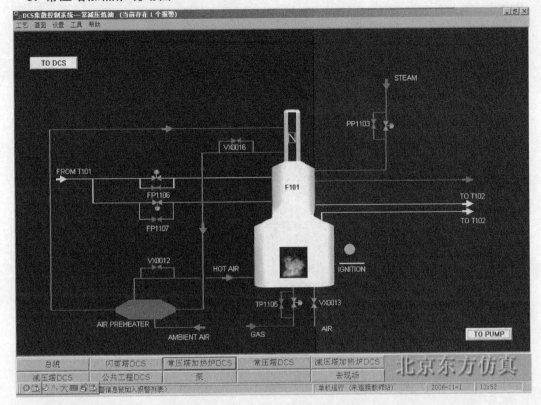

6. 常压塔 DCS 图

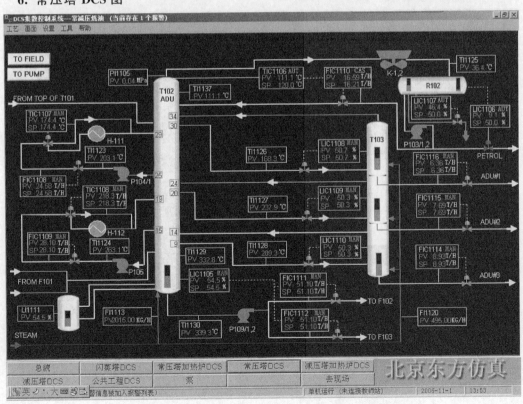

7. 常压塔现场图

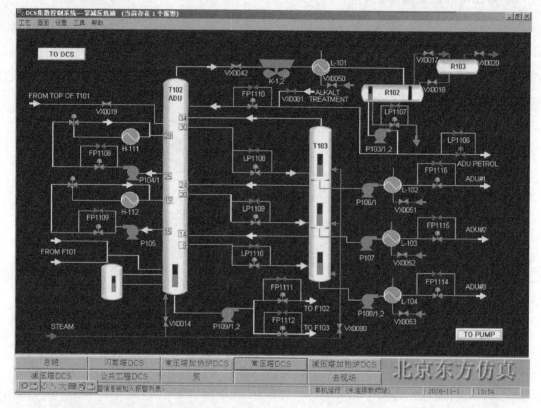

8. 减压塔加热炉 DCS 图

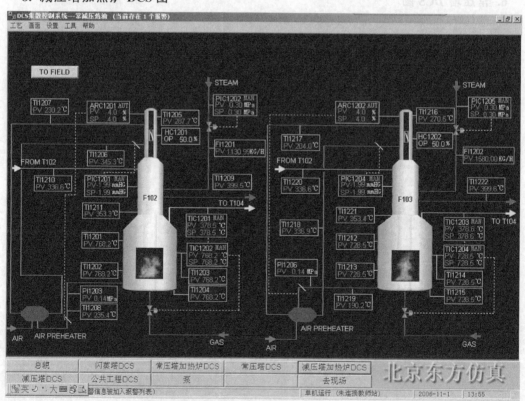

9. 减压塔加热炉现场图

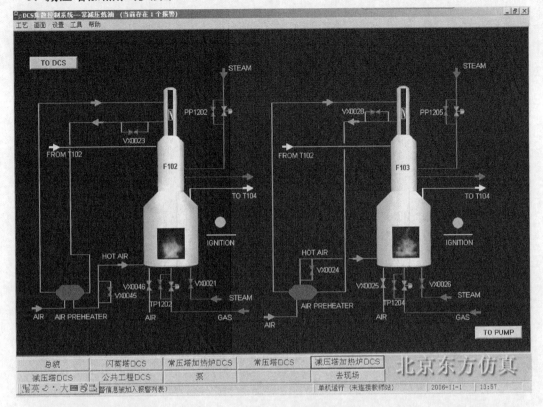

10. 减压塔 DCS 图

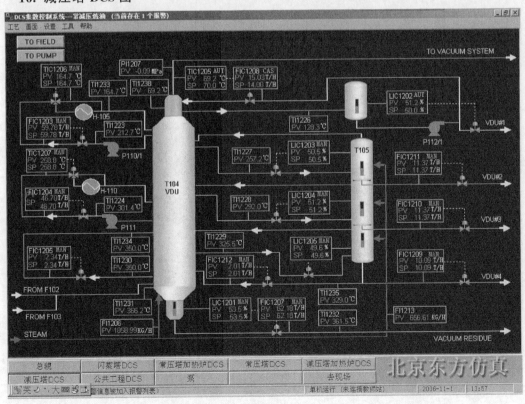

11. 减压塔现场图

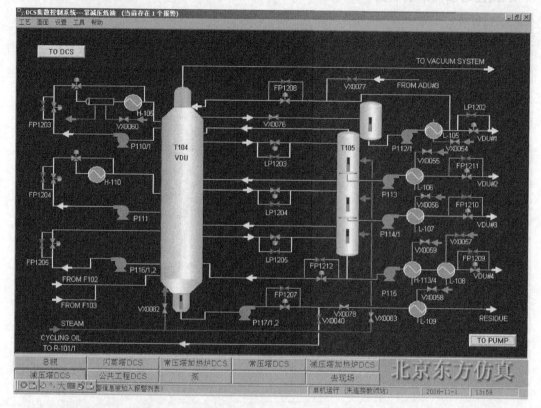

12. 公用工程 DCS 图

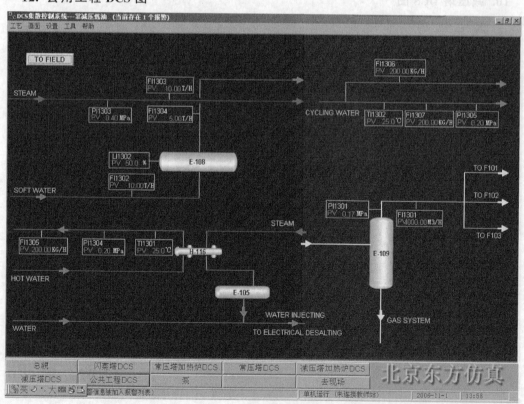

13. 公用工程现场图

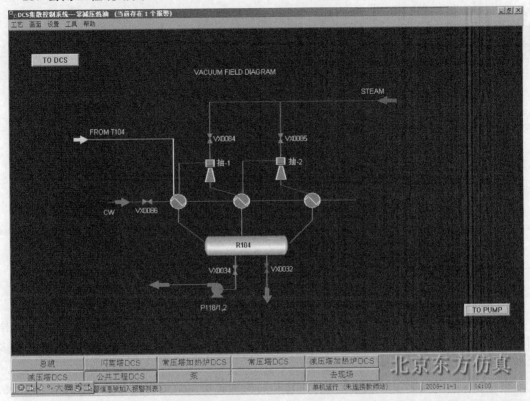

14. 泵现场图

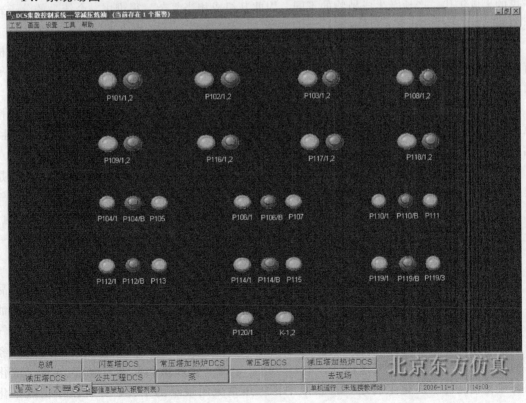

项目二
鲁奇加压气化工艺仿真系统

任务一　认识工艺过程

一、煤化工技术简介

1. 煤的性质简述

煤是由远古植物残骸没入水中经过生物化学作用，被地层覆盖并经过物理化学与化学作用而形成的有机生物岩。煤生成过程中的成煤植物来源与成煤条件的差异造成了煤种类的多样性与煤基本性质的复杂性。

由高等植物经过成煤过程的复杂的生化和地质变化所形成的腐植煤是煤中蕴藏量最大、最重要的煤。根据煤化程度的不同，腐植煤可区分为泥炭、褐煤、烟煤和无烟煤四大类。由于煤的生成年代、产地及生成植物的不同，因此其组成相当复杂，很难用一个统一的分子式来表达。

煤的组成以有机质为主体，煤的用途主要由煤中有机质的性质所决定。煤质的基本分析有工业分析、元素分析和煤的发热量。煤的工业分析包括水分、灰分、挥发分和固定碳等项。元素分析包括碳、氢、氧、氮、硫、磷、氯等项。

气化过程的条件主要取决于气化炉的构造和原料煤的理化性质，对原料性质的要求包括原料中水分、灰分、挥发分、固定碳、硫分及原料的粒度、反应性、机械强度、热稳定性、黏结性、煤灰的熔融性（灰熔点）和成渣性能。

碎煤加压气化过程是一个在高温和高压下进行的复杂多相的物理化学反应过程，主要是煤中的碳与气化剂、氧和水蒸气等之间的反应。反应生成物煤气的组成取决于原料性质、气化剂的种类及制气过程的条件，作为人工天然气（SNG）原料气的煤气有效组成主要是氢、一氧化碳和甲烷。

2. 煤化工简介

煤化学工业是以煤为原料，经过化学加工使煤转化为气体、液体、固体燃料以及化学品以实现煤综合利用的工业，简称煤化工。煤化工包括炼焦化学工业、煤气化工业、煤制石油工业、煤制化学品工业以及煤加工制品工业等。具体来说，就是生产氢、氨、醇、油、燃气五大产品为基础的重化工产业，然后进一步生产加工成千上万个化工产品，使用到国民经济的各个领域。从煤的加工过程分，主要包括：干馏（含炼焦和低温干馏）、气化、液化和合成化学品等。煤化工利用生产技术中，炼焦是应用最早的工艺，并且至今仍然是化学工业的重要组成部分。煤的气化在煤化工中占有重要地位，用于生产各种气体燃料，是洁净的能源，有利于提高人民生活水平和环境保护；煤气化生产的合成气是合成液体燃料等多种产品的原料。煤直接液化，即煤高压加氢液化，可以生产人造石油和化学产品。在石油短缺时，煤的液化产品将替代目前的天然石油。因此，煤化工是我国发展经济的支柱之一。

3. 煤气化概述

煤气化技术是煤化工产业发展很重要的单元技术，煤气化技术不仅是煤炭间接液化过程中制取合成气的先导技术，也是煤炭直接液化过程中制取氢气的主要途径。煤炭经过气化、煤气除尘、脱硫、脱碳、CO变换等环节，可以得到不同C/H比的合成气。煤气化技术已广泛应用于化工、冶金、机械、建材等工业行业和城市煤气等领域。

煤气化是一个热化学的过程，是指煤在特定的设备内，在一定温度及压力下使煤中的有机质与气化剂（水蒸气、空气、氧气、氢气等）发生一系列的化学反应，将固体煤转化为以 CO、H_2、CH_4 等可燃气体为主要成分的生产过程。煤炭气化时，必须具备三个条件，即气化炉、气化剂、热量供给，三者缺一不可。

不同的气化工艺对原料的性质要求不同，因此在选择煤气化工艺时，考虑气化用煤的特性及其影响极为重要。气化用煤的性质主要包括煤的反应性、黏结性、煤灰熔融性、结渣性、热稳定性、机械强度、粒度组成以及水分、灰分和硫分含量等。

煤炭气化技术具有悠久的历史，目前正在应用和开发的煤气化炉有许多类型，气化方法的分类也有多种方法，主要可按压力、气化剂、气化过程、供热方式等分类。

煤气化技术虽有很多种不同的分类方法，但一般常按生产装置化学工程特征分类方法进行分类，或称为按照反应器形式分类。气化工艺在很大程度上影响煤化工产品的成本和效率，采用高效、低耗、无污染的煤气化工艺是发展煤化工的重要前提，其中反应器便是工艺的核心，可以说气化工艺的发展是随着反应器的发展而发展的，为了提高煤气化的气化率和气化炉气化强度，改善环境，新一代煤气化技术的开发总的方向，气化压力由常压向中高压（8.5MPa）发展；气化温度向高温（1500～1600℃）发展；气化原料向多样化发展；固态排渣向液态排渣发展。

二、加压气化工艺

1. 加压气化简述

碎煤加压气化炉是一种自热式、逆流、移动床、加压、固态排渣、圆筒形的、双层夹套式容器结构的气化炉，内外壳由钢板制成。主要由炉体、加煤装置、出灰装置、炉箅、布煤装置，气化剂入口和煤气出口等部分组成。

煤的气化过程是一个复杂多相物理化学反应过程。主要是煤中的碳与气化剂，气化剂与生成物，生成物与生成物及碳与生成物之间的反应。煤气的成分取决于原料种类、气化剂种类及制气过程的条件。

制气过程的条件主要取决于气化炉的构造和原料煤的物理化学性质。其中煤的灰熔点和黏结性是气化用煤的重要指标。

提高压力的气化方法可以大幅度提高气化炉的生产能力，并能改善煤气的质量。本装置采用的移动床加压气化是碎煤加压逆流接触、连续气化、固态排渣工艺过程。

碎煤加压气化是移动床逆流工艺过程，在炉的纵剖面上可分为五个区：灰床、燃烧层、气化层、干馏层、干燥和预热层。

（1）灰床

4.53MPa、435℃的过热蒸汽和夹套自产蒸汽与4.65MPa、110℃的氧气混合后，约350℃进入气化炉炉算，经灰床分布、与灰渣换热，灰渣由1000～1100℃被冷却至450℃左右，排入灰锁。气化剂被加热后上升到燃烧层。

（2）燃烧层

在燃烧层进行下列主要反应：

① $C+O_2=CO_2$ $\quad\quad\quad \Delta H=-4.18×97kJ/mol$

② $C+1/2O_2=CO$ $\quad\quad \Delta H=-4.18×29.4kJ/mol$

在燃烧层，煤与 O_2 的反应，①是控制反应。上述两反应放出大量的热，上升的气化剂被加热到800～1000℃，下降的灰的温度接近1000℃。

（3）气化层

来自燃烧区的上升气体主要含有 CO_2 和水蒸气，在气化区约850℃的平均温度下进行以下反应：

① $C+H_2O=CO+H_2$ $\quad\quad\quad \Delta H=-4.18×28.3kJ/mol$

② $C+2H_2O=CO_2+2H_2$ $\quad\quad \Delta H=-4.18×18.5kJ/mol$

③ $CO+H_2O=CO_2+H_2$ $\quad\quad \Delta H=-4.18×9.80kJ/mol$

④ $C+CO_2=CO$ $\quad\quad\quad\quad\quad \Delta H=-4.18×38.3kJ/mol$

⑤ $C+2H_2=CH_4$ $\quad\quad\quad\quad\quad \Delta H=-4.18×20.9kJ/mol$

⑥ $CO+3H_2=CH_4+H_2O$ $\quad\quad \Delta H=-4.18×49.3kJ/mol$

气化区的控制反应是①，甲烷化反应⑤和反应④对离开气化区的煤气组成影响较小。反应②、③、⑥对煤气组成的影响更小，对于活性差的煤，其影响可忽略不计。

（4）干馏层

在干馏层，煤被上升煤气加热到300～600℃时，煤开始软化，焦油和少量的 H_2、CO_2、CO、H_2S、NH_3 从煤气中分解出来。350～550℃时 CH_4 和 $C_2{}^+$ 以上的烃类从煤中逸出，在干馏层，酚、吡啶、萘等有机物也形成并分解出来。干馏过程是吸热过程，热量来自燃烧层。

（5）干燥和预热层

由煤锁加入到气化炉的煤在干燥和预热层被干燥并加热至约300℃。此时煤的表面水分和吸附水被蒸发。

2. 加压气化的影响因素

加压气化中，影响气化的因素有原料的物理化学性质，气化炉结构及炉内操作条件。操作条件对气化过程的主要影响因素为气化压力、气化温度及汽氧比。

（1）气化压力

压力对煤气组成的影响：甲烷和 CO_2 含量随压力提高而增加，CO 和 H_2 含量随压力提高而减少。

压力对煤气产率的影响：随着压力升高，煤气产率下降。

压力对气化炉生产能力的影响：在相同温度下提高气化压力生产能力提高。

压力对氧气和蒸汽消耗量的影响：随压力升高，氧气消耗量下降而蒸汽耗量增加。

（2）气化温度

气化温度主要决定于燃烧区温度，而燃烧区温度的确定，取决于煤的灰熔点。加入的水蒸气，小部分参加气化反应，大部分作为热载体来调节温度，灰熔点高，可减少水蒸气用量，从而减少煤气水的处理量。燃烧区温度主要通过观察灰的粒度和含碳量来调节汽氧比（H_2O/O_2）达到最佳控制。

气化温度对煤气组成影响很大，随气化温度的升高，H_2 和 CO 含量升高，CO_2 和 CH_4 含量降低。

气化温度的选择还与煤种和气化压力密切相关。气化变质程度深的煤应有较高的反应温度。对于固态排渣气化方式，气化温度的选择往往取决于灰熔点温度，气化温度必须低于灰熔点温度。

（3）汽/氧比

对于加压气化，汽氧比是一个重要的操作参数，在气化过程中煤气组成，随着汽氧比的变化而变化，同一煤种，汽氧比有一个变动范围。改变汽氧比即可调整控制气化过程的温度，在固态排渣炉中，首先保证燃烧过程灰不熔融成渣，同时保证气化反应在尽可能高的温度下进行。

3. 加压气化工艺流程

在碎煤加压气化炉中，煤与气化剂在 4.1MPa 压力下，逆流接触进行气化反应。碎煤加压气化装置包括带内件（波斯曼套筒、炉算）的加压气化炉 [10（A～H）—C001、11（A～H）—C001] 和供煤的煤锁、排灰的灰锁，它们直接附置在炉体上。此工艺包括 10、11 两个系列，各 8 台（A～H）气化炉。煤锁气和开车煤气部分每个系列各两套，10A 装置对应 10（A-D）4 台气化炉，10B 装置对应 10（E-H）4 台气化炉，11A 装置对应 11（A-D）4 台气化炉，11B 装置对应 11（E-H）4 台气化炉。

由备煤装置送来的经筛分后 13～50mm 的合格碎煤由输煤皮带送到气化炉煤仓（B003）中，经过煤溜槽 B002 进入煤锁 B001，煤锁在常压下加满煤后，关闭上阀，由来自煤气冷却装置的粗煤气（37℃、3.74MPa）充压至 3.74MPa，然后再由气化炉顶部的粗煤气充压至与气化炉压力平衡，打开煤锁下阀，煤加入气化炉 C001 内。当煤锁中的煤全部加入气化炉后，由于气化炉内热流的上升，使煤锁内的温度升高。当煤锁温度大于 50℃时关闭煤锁下阀，煤锁泄压至常压。煤锁再次加煤，由此构成了间歇加煤循环。进入气化炉内的煤依次经过干燥预热层、干馏层、气化层、燃烧层、灰层，与气化炉底部上来的气化剂反应，反应形成的灰渣经转动的炉算排入灰锁 B004。当灰锁积满灰后，关闭灰锁上阀，通过灰锁膨胀冷凝器 B007 将灰锁泄至常压，打开灰锁下阀将灰排入灰渣沟，灰渣由来自气化排渣装置的循环灰水冲至气化排渣装置渣池。

气化炉内产生的粗煤气（225℃、4.06MPa）进入洗涤冷却器 B006 被来自煤气水分离装置 P001 泵的高压喷射煤气水洗涤、除尘、降温，粗煤气（211℃、4.0MPa、38755m³/h）和煤气水一起进入废热锅炉 W001 底部集水槽，进入集水槽中的粗煤气进入废热锅炉 W001 管程经废热锅炉 W001 壳程内的低压锅炉给水进一步冷却。然后粗煤气（181℃、3.91MPa、38755m³/h）经粗煤气分离器 F002 进行气液分离后进入粗煤气总管送至变换冷却装置。

进入集水槽中的煤气水（181℃）由循环冷却洗涤水泵 P002 打至洗涤冷却器 B006，在此过程中循环冷却洗涤水泵 P002 以 200m³/h 煤气水量打循环，多余的煤气水经过液位调节阀 LICA10A033 排至煤气水分离装置。

由除氧站装置高压锅炉给水进入气化炉夹套降液管顶部，通过降液管进入气化炉夹套底部，气化炉夹套产生的中压蒸汽进入夹套气液分离器 F001，分离后的中压蒸汽（250℃、4.10MPa）进入气化剂管线。

由废热锅炉 W001 壳程内的低压锅炉给水经与粗煤气换热后产生低压蒸汽（158℃、0.5MPa、24t/h）送至低压蒸汽总管。

在煤锁卸压循环期间，煤锁气（37℃、0.001MPa、1203.5m³/h）最大值短时可达12500m³/h 收集到煤锁气气柜中。在气柜上游，煤锁气在煤锁气洗涤器 B008 内由来自煤锁气分离器 F004 底部的煤锁气洗涤泵 P004A（R）供给的低压喷射煤气水进行洗涤，不足的煤气水用来自煤气水分离装置的低压煤气水补充，洗涤后的煤锁气经煤锁气分离器 F004 进入煤锁气气柜。

气化装置在开、停车和事故操作期间产生的开车煤气含有杂质和冷凝液（煤气水），首先在开车煤气洗涤器 B010 中用来自开车煤气分离器 F005 底部的开车煤气洗涤泵 P005 打来的煤气水进行循环洗涤。洗涤后的开、停车或事故煤气进入开车煤气分离器 F005 分离煤气水后进入火炬气气液分离器 B011 进行气液分离，然后通过火炬筒，在火炬头部，用导燃器点火燃烧。燃料气来自燃料气管网，供长明灯连续使用。火炬采用分子封作为火焰挡板，并连续不断地向火炬筒注入氮气，防止回火。需要注意的是，当煤气中的 O_2 含量大于 0.4% 时，热火炬不能点火。

开车煤气分离器 F005 底部煤气水不足时，由火炬气气液分离器底部的火炬冷凝液和来自煤气水分离装置的低压煤气水来补充。

开车煤气分离器 F005 和火炬气气液分离器 B011 底部过量的煤气水，用煤锁气洗涤泵 P005 和开车煤气洗涤泵 P006 送回煤气水分离装置。

碎煤加压气化属于自热式工艺，所需热量由煤的部分燃烧提供。

三、工艺仿真范围

由于本仿真系统主要以仿 DCS 操作为主，因而，在不影响操作的前提下，对一些不重要的现场操作进行简化，简化主要内容为：不重要的间歇操作，部分现场手阀，现场盲板拆装，现场分析及现场临时管线拆装等。

另外，根据实际操作需要，对一些重要的现场操作也进行了模拟，并根据 DCS 画面设计一些现场图，在此操作画面上进行部分重要现场阀的开关和泵的启动停止。对 DCS 的模拟，以化工厂提供的 DCS 画面和操作规程为依据，并对重要回路和关键设备在现场图上进行补充。

本仿真以 10 系列的 A 气化炉、A 煤锁气处理装置和 A 开车煤气处理装置为例进行模拟。

任务二　认识设备

一、设备一览表

序号	位号	描述	序号	位号	描述
1	C10A001	气化炉	13	F10A001	夹套气液分离器
2	B10A001	煤锁	14	F10A002	粗煤气气液分离器
3	B10A002	煤馏槽	15	F10A003	煤尘旋风分离器
4	B10A003	煤斗	16	F10A004	煤锁气分离器
5	B10A004	灰锁	17	F10A005	开车煤气分离器
6	B10A006	洗涤冷却器	18	V10A001	煤锁引射器
7	B10A007	灰锁膨胀冷凝器	19	P10A002	洗涤冷却循环水泵
8	B10A008	煤锁气洗涤器	20	P10A004A/R	煤锁气洗涤泵
9	B10A009	煤锁气气柜	21	P10A005	开车煤气洗涤泵
10	B10A010	开车煤气洗涤器	22	P10A006	火炬冷凝液泵
11	B10A011	火炬气气液分离器	23	W10A001	废热锅炉
12	B10A012	火炬导燃器和火炬筒			

二、设备简介

1. 煤斗（B003）

筛分过的煤，由煤斗经给料溜槽（B002）进到煤锁，煤斗容积200m³。其储量可满足气化炉在正常负荷下操作约3h。

2. 煤锁（B001）

煤锁是一个容积约18.7m³的压力容器，可以定期将煤加入气化炉。煤锁上下阀及充泄压阀门均为液压控制。煤锁的操作可由就地、遥控、半自动、全自动四种操作方式来实现。

煤锁要从常压增至与气化炉压力相等，以使煤能周期性地加至气化炉中。正常情况下的全自动操作包括以下步骤：

① 煤锁显示空，依煤锁下部的温度计上升而显示，初时底锥附近温度大约为50℃；

② 关闭煤锁下阀，煤锁开始泄压，煤锁气将收集到煤锁气柜（B009）中（在入气柜之前经过洗涤器B008和分离器F004）；

③ 当煤锁泄完压之后，打开上阀；

④ 打开供煤溜槽圆筒阀，煤靠自重流入煤锁，通过煤锁引射器V001抽取煤锁尾气，经煤尘旋风分离器F003排出；

⑤ 煤锁满后，先关闭供煤溜槽圆筒阀，再关闭煤锁上阀；

⑥ 煤锁首先用来自煤气冷却工段的粗煤气，充压到大约3650kPa，然后用来自气化炉

顶部的粗煤气充压以达到与炉压平衡；

⑦ 煤锁加压到气化炉的压力平衡时，打开煤锁下阀，煤加到气化炉内。每个加煤循环需要 10~12min。

当气化炉顶部法兰温度超过 240℃时，气化炉将联锁停车，这种情况一般发生在加煤故障时。此时，气化炉应在煤锁法兰温度达到停车温度之前手动停车。

3. 气化炉（C001）

气化炉是一个双壁容器，外壁按 4.6MPa 压力设计，内壁最大仅能承受 0.15MPa 外压。

夹套内中压锅炉给水保持一定液位，以冷却气化炉炉壁。气化炉运行期间，部分热量由燃料层传至夹套，产生一定量的夹套蒸汽，经蒸汽气液分离器（F001）分离夹带液滴后进入气化剂系统，与外供蒸汽混合进入气化炉内。

炉内的波斯曼套筒的作用是：储存煤锁加入炉内的冷煤；限定炉内的煤层移动方向；外部是煤气的聚集空间，防止粉煤被直接带出，将煤气引至出口。

气化剂（界区来的氧气经预热器加热至 110℃）经由旋转炉箅进入气化炉灰层及燃烧层。

炉箅由两个同步的变频电机驱动。

炉箅有下列作用：

① 在气化炉横截面上分布气化剂；

② 排灰、破碎大块灰渣以免堵塞炉箅下部小灰室空间；

③ 使整个床层移动。

炉箅的出灰能力取决于装在其下面的刮刀数和炉箅转速。

炉箅连续运行，仅在灰锁循环开始时才短暂停止。

进入气化炉的气化剂依次通过灰床、燃烧层、气化层、干馏层、干燥和预热层。反应生成物煤气出气化炉温度约 225℃，其主要组分 CO、H_2、CO_2、CH_4 和未分解的水蒸气并含有少量的 C_nH_m、N_2、硫化物（大部分为 H_2S）、焦油、石脑油、酚、脂肪酸和氨、萘等杂物。

4. 灰锁（B004）

灰锁是一个全容积约 13.2m³ 的压力容器（有效容积 60%~70%），用液压控制上、下阀及充泄压阀和充水阀。

灰锁与膨胀冷凝器相连为灰锁系统的一个整体。

灰锁连续不断接收气化炉旋转炉箅排出的灰，正常工况下与气化炉相通，压力相等，排灰时灰锁泄压至常压。其操作可以现场手动、遥控手动、半自动、全自动操作。灰锁的循环包括下列步骤：

① 灰锁、膨胀冷凝器，充压至与气化炉的压力相等时，打开灰锁上阀，接受炉箅排出的灰；

② 灰锁的料位检测，通过射线料位计，或者是计炉箅转数的方法控制，当灰量达设定时，灰锁上阀关闭；

③ 灰锁上阀关闭后重新启动炉箅；灰渣暂时存入炉箅下面的下灰室；

④ 打开灰锁膨胀冷凝器泄压一阀，灰锁开始泄压；灰蒸汽进入充满水的膨胀冷凝器并冷凝，灰锁压力降低；

⑤ 灰锁泄至稍高于常压时，打开冷凝器底部泄压二阀，排空冷凝器；

⑥ 打开灰锁下阀，灰经由灰溜槽排入水力排渣沟；

⑦ 在灰锁排灰期间，关闭膨胀器泄压二阀，膨胀冷凝器重新注水；

⑧ 关闭灰锁下阀，用过热中压蒸汽给灰锁充压，直到与气化炉压力平衡；

⑨ 打开灰锁上阀，气化炉向灰锁排灰。

灰锁每小时循环次数，取决于气化炉的负荷和煤中灰含量。

5. 洗涤冷却器（B006）

粗煤气在约225℃离开气化炉进入洗涤冷却器，粗煤气用高压喷射煤气水和循环煤气水洗涤冷却。

煤气被蒸汽饱和并冷却到181℃，洗涤出的煤尘和冷凝的焦油随煤气水带入废热锅炉集水槽。

循环泵（P002，循环量200m³/h），在废热锅炉集水槽和洗涤冷却器间循环。

高压喷射煤气水不断地补入洗涤冷却器中，以保持废热锅炉集水槽的液位。

6. 废热锅炉（W001）

在废热锅炉中煤气由气化炉出口温度冷至181℃，粗煤气在废热锅炉集水槽上部进入并通过一束垂直列管。由此回收煤气中显热以生产0.6MPa的低压蒸汽。

煤气从顶部离开废热锅炉通过气液分离器（F002）分离出煤气水，分离出的煤气水返回废热锅炉底部集水槽。

离开分离器的煤气经粗煤气总管进入变换工序。

从废热锅炉排出的含尘煤气水送至煤气水分离装置。

7. 火炬（B008）

在气化炉开车过程中，蒸汽升温期间的放空气、空气运行期间生成的含有O₂的煤气需通过冷火炬放空。冷火炬包括一个气液分离罐和超出气化厂房的烟囱。冷火炬为8台气化炉共用。

开工火炬部分，8台气化炉共用一个开工火炬，其主要用途是接受以下状况下的粗煤气并燃烧：

① 空气点火后氧含量合格的粗煤气；

② 氧气运行未并网前的粗煤气；

③ 因下游装置原因，如后续工序不具备接受条件，气化炉正常运行中需切至火炬时的粗煤气；

④ 气化炉运行中故障，粗煤气中氧含量超过0.4%，但小于1.0%的粗煤气；

⑤ 气化炉开车期间放空的煤锁气及煤锁气压缩机系统故障时的放空煤锁气；

⑥ 煤气水分离工序不送往硫回收装置时的膨胀气。

在开、停车和事故操作期间，来自加压气化的煤气或煤锁气进入火炬系统。这些粗煤气含有杂质和冷凝液（煤气水），首先在开车煤气洗涤器B010用来自开车煤气分离器的煤气水洗涤（开车煤气洗涤水泵P005循环洗涤）。

开车煤气分离器F005和火炬气液分离器B011，所用的低压喷射煤气水，均来自煤气水分离工段，过量的煤气水将用泵P005和P006送回煤气水分离工段。

洗涤后的煤气经气液分离罐送至开工火炬，通过火炬筒，在火炬头部，用导燃器点火燃烧。供长明灯连续使用的燃料气来自燃料气管网。

三、阀门一览表

1. 控制阀

序号	位号	描述	序号	位号	描述
1	FV10A002	入炉氧气流量	9	LV10A031	废热锅炉壳侧液位调节阀
2	FV10A004	入炉空气流量	10	LV10A033	废热锅炉底部液位调节阀
3	FV10A007	入炉蒸汽流量	11	PV10A010	粗煤气压力控制阀
4	HV10A031	高压喷水事故阀	12	PV10A035	开车煤气压力控制阀
5	HV10A032	高压喷水供水阀	13	LV10A041	开车煤气分离器液位调节阀
6	HV10A036	开工火炬泄压阀	14	LV10A042	火炬气气液分离器液位调节阀
7	HV10A059	燃料气去火炬阀	15	LV10A051	煤锁气分离器液位调节阀
8	LV10A006	夹套液位调节阀			

2. 现场调节阀

序号	位号	描述	序号	位号	描述
1	VA10A001	SV10A001 旁路	20	VA10A061	B10A008 氮气阀
2	VA10A002	B10A003 氮气阀	21	VA10A062	LV10A051 旁路阀
3	VA10A003	B10A003 氮气阀	22	VA10A063	F10A004 排污阀
4	VA10A004	LV10A006 旁路	23	VA10A064	F10A004 低压喷射水阀
5	VA10A005	B10A013 冷却水阀	24	VA10A065	B10A009 低压喷射水阀
6	VA10A006	B10A013 排污阀	25	VA10A066	B10A009 低压蒸汽阀
7	VA10A031	SPP10A005 粗煤气阀	26	VA10A081	LV10A041 旁路阀
8	VA10A032	P10A002 水封阀	27	VA10A082	B10A010 低压喷射水阀
9	VA10A033	W10A01 蒸汽排放阀	28	VA10A083	B10A010 排污阀
10	VA10A034	P10A002 水封阀	29	VA10A084	F10A005 低压喷射水阀
11	VA10A035	F10A002 现场阀	30	VA10A085	B10A011 低压喷射水阀
12	VA10A036	SPP10A005 冷却水阀	31	VA10A086	LV10A042 旁路阀
13	VA10A037	LV10A031 旁路阀	32	VA10A087	P10A006 回路阀
14	VA10A038	SPP10A003 冷却水阀	33	VA10A088	B10A011 排污阀
15	VA10A039	P10A002 冷却水阀	34	VA10A089	B10A011 低压蒸汽阀
16	VA10A040	P10A002 排放阀	35	VA10A091	B10A010 低压氮气阀
17	VA10A041	W10A001 排污阀	36	VA10A092	B10A011 燃气阀
18	VA10A042	SV10A002 旁路阀	37	VA10A093	B10A011 空气阀
19	VA10A043	SV10A003 旁路阀			

3. 现场开关阀

序号	位号	描述	序号	位号	描述
1	VD10A001	C10A001 过热蒸汽现场阀	31	VD10A049	F10A002 去锁斗充压线现场阀
2	VD10A002	C10A001 现场阀	32	VD10A050	P10A002 现场阀
3	VD10A003	C10A001 公用空气现场阀	33	VD10A061	B10A008 现场阀
4	VD10A004	C10A001 氧气现场阀	34	VD10A062	B10A008 现场阀
5	VD10A005	B10A007 RAW 现场阀	35	VD10A063	B10A008 现场阀
6	VD10A006	B10A007 CWR 现场阀	36	VD10A064	LV10A051 前阀
7	VD10A007	C10A001 过热蒸汽现场阀	37	VD10A065	LV10A051 后阀
8	VD10A008	LV10A006 前阀	38	VD10A066	P10A004A 前阀
9	VD10A009	LV10A006 后阀	39	VD10A067	P10A004A 后阀
10	VD10A010	B10A007 现场阀	40	VD10A068	P10A004R 前阀
11	VD10A011	B10A001 充压现场阀	41	VD10A069	P10A004R 后阀
12	VD10A012	SPP10A002 现场阀	42	VD10A070	F10A004 低压喷射水现场阀
13	VD10A031	P10A002 现场阀	43	VD10A071	B10A009 低压喷射水现场阀
14	VD10A032	P10A002 现场阀	44	VD10A081	B10A010 现场阀
15	VD10A033	P10A002 现场阀	45	VD10A082	B10A010 现场阀
16	VD10A034	P10A002 现场阀	46	VD10A083	B10A010 现场阀
17	VD10A035	P10A002 现场阀	47	VD10A084	LV10A041 前阀
18	VD10A036	P10A002 现场阀	48	VD10A085	LV10A041 后阀
19	VD10A037	P10A002 现场阀	49	VD10A086	P10A005 前阀
20	VD10A038	P10A002 现场阀	50	VD10A087	P10A005 后阀
21	VD10A039	P10A002 现场阀	51	VD10A088	P10A006 前阀
22	VD10A040	P10A002 现场阀	52	VD10A089	P10A006 后阀
23	VD10A041	SPP10A005 现场阀	53	VD10A090	LV10A042 前阀
24	VD10A042	SPP10A005 现场阀	54	VD10A091	LV10A042 后阀
25	VD10A043	LV10A031 前阀	55	VD10A092	B10A011 凝液阀
26	VD10A044	LV10A031 后阀	56	VD10A093	F10A005 低压喷射水阀
27	VD10A045	SPP10A003 现场阀	57	VD10A094	F10A005 低压喷射水阀
28	VD10A046	LV10A006 现场阀	58	VD10A095	LV10A042 后阀
29	VD10A047	LV10A006 前阀	59	VD10A096	LV10A042 后阀
30	VD10A048	LV10A006 后阀			

4. 安全阀

序号	位号	描述	序号	位号	描述
1	SV10A001	气化炉夹套蒸汽	4	SV10A004	分离器出口
2	SV10A002	洗冷器煤气	5	SV10A005	煤锁气分离器
3	SV10A003	废热锅炉壳侧			

5. 电磁电动阀

序号	位号	描述	序号	位号	描述
1	UV10A001	蒸汽电动阀	6	UV10A038	废热锅炉底部返洗阀
2	UV10A002	氧气电动阀	7	UV10A039	废热锅炉底部返洗阀
3	UV10A034	开工火炬电动阀	8	UV10A056	进气柜煤锁气控制阀
4	UV10A035	粗煤气电动阀	9	UV10A057	煤锁气放空控制阀
5	UV10A043	冷火炬电动阀	10	UV10A058	出气柜煤锁气电磁阀

任务三　掌握过程自控及仪表

1. 控制仪表一览表

序号	位号	单位	正常值	描述
1	TRCA10A021	℃	340	灰锁
2	TRCA10A029	℃	225	气化炉出口煤气
3	PRC10A010	MPa(G)	4.06	粗煤气
4	PIC10A035	MPa(G)	0~3.89	开车煤气压力
5	FFRC10A002	m³/h	5232	入炉氧气流量比值
6	FIC10A004	m³/h	0	入炉空气流量
7	FFRC10A007	kg/h	36043	入炉蒸汽流量比值
8	LICA10A006	%	50	气化炉夹套液位
9	LICA10A031	%	50	废热锅炉壳侧液位
10	LICA10A033	%	50	废热锅炉底部液位
11	LICA10A041	%	50	开车煤气分离器
12	LICA10A042	%	50	火炬气液分离器
13	LICA10A051	%	50	煤锁气分离器
14	YIC10A011		7.0	汽氧比设定值
15	SICA10A011	r/h	12	炉算转速

2. 显示仪表一览表

序号	位号	单位	正常值	描述
1	TI10A002	℃	110	进气化炉氧气
2	TR10A005	℃	435	进气化炉蒸汽
3	TR10A006	℃	390	加入氧气前气化剂
4	TDI10A007	℃	45	加入氧气前后气化剂温差
5	TR10A008	℃	345	加入氧气后气化剂
6	TI10A010	℃	<60	煤锁
7	TR10A011	℃	150	气化炉顶部法兰

序号	位号	单位	正常值	描述
8	TIA10A013	℃	250	夹套供水
9	TIA10A030A/B	℃	210	洗涤冷却器出口温度
10	TI10A035	℃	181	粗煤气分离器出口煤气
11	PI10A001	MPa(G)	4.10	进气化炉蒸汽
12	PI10A002	MPa(G)	4.20	进气化炉氧气
13	PDR10A006	MPa(G)	0.05	夹套与气化炉压差
14	PR10A007	MPa(G)	4.10	夹套蒸汽
15	PI10A011A	MPa(G)	4.06	气化炉内
16	PI10A011B	MPa(G)	4.06	气化炉内
17	PDI10A012	MPa(G)	0~4.06	煤锁与气化炉压差
18	PDI10A013	MPa(G)	0~4.06	煤锁与气化炉压差（煤气）
19	PDI10A014	MPa(G)	0~4.06	煤锁与环境压差
20	PI10A015	MPa(G)	0~4.06	煤锁压力
21	PI10A016	MPa(G)	0~4.06	煤锁压力
22	PDI10A017	MPa(G)	0~4.06	煤锁与充压煤气差压
23	PDI10A021	MPa(G)	0~4.06	灰锁与气化炉差压
24	PDI10A022	MPa(G)	0~4.06	灰锁与气化炉差压
25	PI10A023	MPa(G)	0~4.06	灰锁压力
26	PI10A024	MPa(G)	0~4.06	灰锁压力
27	PI10A025	MPa(G)	0~4.06	灰锁压力
28	FI10A001	kg/h	32013	气化炉外供蒸汽
29	FR10A005	kg/h	4185	夹套给水流量
30	FI10A032	kg/h	24000	废锅锅炉水流量
31	LI10A008	%	0~100	煤仓料位
32	LI10A010	%	0~100	膨胀冷凝器
33	LI10A020	%	0~100	灰锁料位
34	LI10A021	%	0~100	煤锁料位
35	LISH10A055	%	0~100	煤锁气气柜高度

3. 报警一览表

序号	位号	单位	高报	低报	描述
1	TR10A005	℃		350	进气化炉蒸汽
2	TDI10A007	℃	100	20	加入氧气前后气化剂温差
3	TR10A008	℃		265	加入氧气后气化剂
4	TI10A010	℃	60		煤锁
5	TR10A011	℃	190		气化炉顶部法兰
6	TRCA10A021	℃	400		灰锁

序号	位号	单位	高报	低报	描述
7	TRCA10A029	℃	325		气化炉出口煤气
8	TIA10A030A/B	℃	215		洗涤冷却器出口温度
9	PDR10A006	MPa(G)	0.125		夹套与气化炉压差
10	PR10A007	MPa(G)	4.26		夹套蒸汽
11	PRC10A010	MPa(G)	4.21		气化炉内
12	LICA10A006	%	70	30	气化炉夹套液位
13	LICA10A031	%	70	30	废热锅炉壳侧液位
14	LICA10A033	%	70	70	废热锅炉底部液位
15	LICA10A041	%	70	30	开车煤气分离器
16	LICA10A042	%	70	70	火炬气液分离器
17	LICA10A051	%	70	30	煤锁气分离器

任务四　开车操作

一、职责范围

煤气化工序的主要任务是向后续工序提供合格的粗煤气，经过变换、冷却及净化后送至甲烷化装置，以生产人工天然气。

气化工序分四个岗位：中控岗位、巡回岗位、煤锁岗位和灰锁岗位。

气化工序的管辖范围包括中控室操作站、气化炉及附属设备、公用部分等。

1. 中控岗位职责及管辖范围

（1）岗位职责

① 在值班长统一指挥下，负责生产过程中同分厂生产管理人员、调度及其他分厂的联系，根据生产需要，及时、正确地向巡回、灰锁、煤锁等岗位提出操作要求和下达指令；

② 负责煤气化工序的开、停车操作及事故处理；

③ 掌握原料煤的性质、正常频率的分析数据及其工艺条件，根据生产需要，及时进行工况调整，以保证气化炉的最佳工况，向后续工序提供足量合格的粗煤气；

④ 定期地到现场进行巡检；

⑤ 负责与现场配合，进行设备检修前后的处理；

⑥ 负责室内所辖仪表，电器的操作及有关方面的联系。

（2）岗位管辖范围

包括控制室操作站及整个气化装置的操作。

2. 巡回岗位职责及管辖范围

（1）岗位职责

① 在值班长统一指挥下，接受中控指令，密切配合并服从中控的操作要求；

② 协调中控岗位负责气化系统开停车的现场操作；

③ 负责正常的巡回检查与操作及时排除故障，保证系统正常运行；

④ 负责现场电气、仪表的日常操作；

⑤ 负责设备检修前后的处理及过程中的配合；

⑥ 负责现场设备及场地的卫生。

（2）岗位管辖范围

① 气化炉及附属动设备、静设备等；

② 气化炉液压控制系统、润滑系统及其附属动静设备；

③ 共用部分：包括煤锁气气柜及压缩机系统、冷火炬、开工火炬和公用工程等；

④ 现场（除煤、灰锁岗位外）所有仪表、电器、管道、阀门等。

煤锁和灰锁岗位任务和管辖范围详见各自的作业指导书。

二、冷态开车

1. 夹套建立液位

① 打开夹套安全阀旁路阀 VA10A001；

② 打开夹套排污冷却器 SPP10A002 的进水阀 VD10A012；

③ 打开夹套排污冷却器 SPP10A002 的出水阀 VA10A005；

④ 开启夹套进中压锅炉水控制阀 LV10A006 前阀 VD10A008；

⑤ 开启夹套进中压锅炉水控制阀 LV10A006 后阀 VD10A009；

⑥ 开启夹套进中压锅炉水控制阀 LV10A006；

⑦ 打开夹套排污阀 VA10A006，夹套产汽后关闭；

⑧ 将夹套液位 LICA10A006 投自动；

⑨ 将 LICA10A006 设定为 50%；

⑩ 将夹套液位 LICA10A006 控制在 50%。

2. 废热锅炉壳程建立液位

① 开低压蒸汽 PIC10A037；

② 打开夹套排污冷却器 SPP10A003 的进水阀 VD10A045；

③ 打开废热锅炉排污冷却器 SPP10A003 的出水阀 VA10A038；

④ 开启废热锅炉进低压锅炉水控制阀 LV10A031 前阀 VD10A043；

⑤ 开启废热锅炉进低压锅炉水控制阀 LV10A031 后阀 VD10A044；

⑥ 开启废热锅炉进低压锅炉水控制阀 LV10A031；

⑦ 打开废热锅炉排污阀 VA10A041，废热锅炉产汽后关闭；

⑧ 将废热锅炉液位 LICA10A031 投自动；

⑨ 将 LICA10A031 设定为 50%；

⑩ 将废热锅炉液位 LICA10A031 控制在 50%；

⑪ 锅炉低压蒸汽合格后，关 PIC10A037；

⑫ 开锅炉低压蒸阀 VA10A033，并网。

3. 废热锅炉集水槽建立液位

① 开启高压喷射煤气水阀 HIC10A032；

② 开 HIC10A031；

③ 开启废热锅炉液位控制阀 LV10A033 前阀 VD10A039；

④ 开启废热锅炉液位控制阀 LV10A033 后阀 VD10A037 后，含尘煤气水排入煤气水分离；

⑤ 开启废热锅炉液位控制阀 LV10A033 后电磁阀 UV10A038；

⑥ 开启废热锅炉液位控制阀 LV10A033；

⑦ 废热锅炉液位 LICA10A033 接近 50%，投自动；

⑧ 将 LICA10A033 设定为 50%；

⑨ 将废热锅炉液位 LICA10A033 控制在 50%；

⑩ 开启 P10A002 冷却水入口阀 VA10A039；

⑪ 开启 P10A002 冷却水出口阀 VD10A032；

⑫ 开启 P10A002 入口阀 VD10A033；

⑬ 去辅操台按"P10A001 开"按钮；

⑭ 开启 P10A002 出口阀 VD10A035。

4. 开车煤气系统投用

① 开低压喷射煤气水进 F10A005 截止阀 VD10A093；

② 开低压喷射煤气水进 F10A005 调节阀 VA10A084；

③ 开泵 P10A005 入口阀 VD10A086；

④ 去辅操台按"P10A005 开"按钮；

⑤ 开泵 P10A005 出口阀 VD10A087；

⑥ 开 B10A010 入口阀 VD10A081；

⑦ 开 B10A010 入口阀 VD10A082；

⑧ 开 B10A010 入口阀 VD10A083；

⑨ 开 F10A005 液位控制阀 LV10A041 前阀 VD10A084；

⑩ 开 F10A005 液位控制阀 L10AV041 后阀 VD10A085；

⑪ 开 F10A005 液位控制阀 LV10A041；

⑫ 将 F10A005 液位 LICA10A041 控制在 50%；

⑬ 开 B10A011 伴热蒸汽入口阀 VA10A089；

⑭ 开 B10A011 伴热蒸汽出口阀 VD10A092；

⑮ 开低压喷射煤气水进 B10A011 截止阀 VD10A094；

⑯ 开低压喷射煤气水进 B10A011 调节阀 VA10A085；

⑰ 开泵 P10A006 入口阀 VD10A088；

⑱ 去辅操台按"P10A006 开"按钮；

⑲ 开泵 P10A006 出口阀 VD10A089；

⑳ 开 B10A011 液位控制阀 LV10A042 前阀 VD10A090；

㉑ 开 B10A011 液位控制阀 LV10A042 后阀 VD10A091；

㉒ 开 B10A011 液位控制阀 LV10A042 后阀 VD10A096；

㉓ 开 B10A011 液位控制阀 LV210042；

㉔ 将 B10A011 液位 LICA10A042 控制在 50%；

㉕ 打开火炬空气管线阀 VA10A093；

㉖ 打开火炬燃料气管线阀 VA10A092，开启火炬长明灯。

5. 煤锁气系统投用

① 开低压喷射煤气水进 F10A004 截止阀 VD10A070；

② 开低压喷射煤气水进 F10A004 调节阀 VA10A064；

③ 开泵 P10A004A 入口阀 VD10A066；

④ 去辅操台按"P10A004A 开"按钮；

⑤ 开泵 P10A004A 出口阀 VD10A067；

⑥ 开 B10A008 入口阀 VD10A061；

⑦ 开 B10A008 入口阀 VD10A062；

⑧ 开 B10A008 入口阀 VD10A063；

⑨ 开 F10A004 液位控制阀 LV10A051 前阀 VD10A064；

⑩ 开 F10A004 液位控制阀 LV10A051 后阀 VD10A065；

⑪ 开 F10A004 液位控制阀 LV210051；

⑫ 将 F10A004 液位 LICA10A051 控制在 50%；

⑬ 开低压喷射煤气水进 B10A009 截止阀 VD10A071；

⑭ 开低压喷射煤气水进 B10A009 调节阀 VA10A065。

6. 暖管及蒸汽吹扫

① 打开暖管截止阀 VD10A007；

② 打开开车粗煤气压力控制器 PIC10A035；

③ 打开冷火炬电动阀 HS10A043；

④ 打开过热蒸汽管线上电动阀 HS10A001，开度 5%～15%；

⑤ 打开蒸汽控制器 FFRC10A007；

⑥ 控制入炉蒸汽量为 3000kg/h；

⑦ 蒸汽吹扫结束后（仿真 1min），关闭 HS10A001；

⑧ 关闭蒸汽控制器 FFRC10A007。

7. 气化炉加煤

① 将煤锁联锁打向"AUTO"；

② 将灰锁联锁打向"AUTO"；

③ 打开煤锁引射器的空气阀 VD10A001；

④ 将煤锁操作方式切至"就地"；

⑤ 开启煤锁上阀 UV10A016；

⑥ 开煤溜槽圆筒阀 UV10A015；

⑦ 将煤锁加满煤；

⑧ 煤锁加满煤后，关闭 UV10A015；

⑨ 煤锁加满煤后，关闭 UV10A016；

⑩ 开煤锁下阀 UV10A017；

⑪ 煤锁空，关煤锁下阀 UV10A017（仿真中约 5 锁即可加满）。

8. 炉算投用

① 确认炉算为手动方式；

② 确认炉算为正转方式；

③ 将炉算转数复位；

④ 将第一转数设为 0.5r/h；

⑤ 将第二转数设为 3.5r/h；

⑥ 确认转数设定；

⑦ 按"开"按钮，启动炉算；

⑧ 开 SICA10A011，使炉算转动；

⑨ 炉算转 0.5 圈以除去细煤粉。

9. 蒸汽升温

① 打开过热蒸汽管线上电动阀 HS10A001；

② 缓慢打开蒸汽控制器 FFRC10A007；

③ 打开蒸汽管线的截止阀 VD10A002；

④ 关闭暖管截止阀 VD10A007；

⑤ 打开水管阀门 VD10A006；

⑥ 打开灰锁上阀 UV10A019，排凝液；

⑦ 关灰锁上阀 UV10A019；

⑧ 打开灰锁下阀 UV10A020；

⑨ 关灰锁下阀 UV10A020；

⑩ 打开阀门 UV10A023，给 211B007 充水；

⑪ 待 B10A007 充满水后，关闭阀门 UV10A023；

⑫ 打开阀门 UV10A021；

⑬ 打开阀门 UV10A024 泄液；

⑭ 待 B10A007 放空后，关闭阀门 UV10A024；

⑮ 每 15min 启动一次卸灰循环排冷凝液；

⑯ 关闭夹套安全阀旁路阀 VA10A001；

⑰ 以 PIC10A035 缓慢将压力提至 0.3MPa；

⑱ 气化炉出口温度升至 100℃ 以上。

10. 空气点火

① 确认灰锁上阀 UV10A019 关闭；

② 确认灰锁下阀 UV10A020 关闭；

③ 确认煤锁上阀 UV10A016 关闭；

④ 确认煤锁下阀 UV10A017 关闭；

⑤ 关闭蒸汽控制器 FFRC10A007；

⑥ 打开开工空气截止阀 VD10A003；

⑦ 缓慢打开空气控制器 FIC10A004；

⑧ 进空气几分钟后，打开蒸汽控制器 FFRC10A007；

⑨ 开灰锁上阀 UV10A019；

⑩ 开炉算转速控制器 SICA10A011；

⑪ 稳定操作约 30min，缓慢将压力升至 0.4MPa；

⑫ 待 B10A004 灰满后，关闭灰锁上阀 UV10A019；

⑬ 切换煤气水管线，关闭 VD10A037；

⑭ 打开阀门 VD10A048；

⑮ 打开粗煤气分析取样冷却器 SPP10A005 的进水阀 VA10A036；

⑯ 打开粗煤气分析取样冷却器 SPP10A005 的进水阀 VD10A041；

⑰ 打开粗煤气分析取样冷却器 SPP10A005 的粗煤气现场阀 VD10A042；

⑱ 打开粗煤气分析取样冷却器 SPP10A005 的粗煤气现场阀 VA10A031；

⑲ 关闭冷火炬线电磁阀 HS10A043；

⑳ 打开开工火炬线电磁阀 HS10A034。

11. 切氧

① 打开氧气截止阀 VD10A004；

② 关闭蒸汽控制器 FFRC10A007；

③ 蒸汽阀关闭 5min（仿真 1min）后，关闭空气控制器 FIC10A004；

④ 关闭空气截止阀 VD10A003；

⑤ 打开蒸汽控制器 FFRC10A007；

⑥ 打开氧气管线上电动阀 HS10A002；

⑦ 打开氧气控制器 FFRC10A002，逐渐开大，并同时增大蒸汽量。

12. 提压

① 压力 PIC10A035 接近 0.4MPa 时，投自动；

② 将 PIC10A035 设定为 0.4MPa；

③ 调整 PIC10A035 的设定值，气化炉慢慢升压到 1.0MPa；

④ 炉算以 1r/h 运转；

⑤ 调整 PIC10A035 的设定值，气化炉慢慢提压至 2.1MPa；

⑥ 调整 PIC10A035 的设定值，气化炉慢慢提压至 3.1MPa；

⑦ 切换含尘煤气水管线，关 VD10A048 阀；

⑧ 打开 VD10A046 阀；

⑨ 气化炉再次升压至 3.96MPa，低于总管压力 0.1MPa；

⑩ 气化炉慢慢升压到 1MPa，控制升压速度 0.05MPa/min；

⑪ 气化炉慢慢升压到 2.1MPa，控制升压速度 0.05MPa/min；

⑫ 气化炉慢慢升压到 3.1MPa，控制升压速度 0.05MPa/min。

13. 并网

① 气化炉粗煤气压力 PRC10A010 接近 4.06MPa，投自动；

② 将 PRC10A010 设定为 4.06MPa；

③ 将气化炉粗煤气压力 PRC10A010 控制在 4.06MPa；

④ 关闭火炬电动阀 HS10A034；

⑤ PIC10A035 接近 4.06MPa，打开粗煤气管线上的电动截止阀 HS10A035，气化炉并网。

14. 煤锁投自动

① "煤锁空"，将煤锁操作由"就地"打向"遥控"；

② 将煤锁操作改为"自动"；

③ 按"程序启动"按钮。

15. 灰锁投自动

① "灰锁满"，将炉算转数复位；

② 将炉算改为自动方式；

③ "灰锁满"，将煤锁操作由"就地"打向"遥控"；

④ 将灰锁操作改为"自动"；

⑤ 按"程序启动"按钮。

16. 投用联锁

① 将自动反冲洗打向 AUTO；

② 投用联锁 PZLL-001；

③ 投用联锁 PZLL-002；

④ 投用联锁 TZHH-CT011；

⑤ 投用联锁 TZHH-CT021；

⑥ 投用联锁 TZHH-CT029；

⑦ 投用联锁 TZHH-CT030；

⑧ 投用联锁 TZHH-CT007；

⑨ 投用联锁 FZLL-012；

⑩ 投用联锁 LZLL-CL006；

⑪ 投用联锁 PZHH-007；

⑫ 投用联锁 PDZHH-006。

任务五　停车操作

停车程序包括正常停车、事故停车及紧急停车。

一、正常停车

若外部或气化炉原因（需大检修），使气化炉长时间停车（超过 8h），则气化炉应作计划停车处理。

1. 气化炉降负荷

① 将氧气控制器 FFRC10A002 改为手动；

② 将蒸汽控制器 FFRC10A007 改为手动；

③ 将氧气流量控制为 3000m³/h；

④ 将蒸汽流量控制为 21000kg/h。

2. 摘除联锁

① 将自动反冲洗打向 BP；

② 摘除联锁 PZLL-001；

③ 摘除联锁 PZLL-002；

④ 摘除联锁 TZHH-CT011；

⑤ 摘除联锁 TZHH-CT021；

⑥ 摘除联锁 TZHH-CT029；

⑦ 摘除联锁 TZHH-CT030；

⑧ 摘除联锁 TZHH-CT007；

⑨ 摘除联锁 FZLL-012；

⑩ 摘除联锁 LZLL-CL006；

⑪ 摘除联锁 PZHH-007；

⑫ 摘除联锁 PDZHH-006。

3. 停气化炉炉箅

将炉箅改为手动操作方式，停炉箅，关炉箅转速控制器。

4. 停煤锁灰锁

① 将煤锁操作方式切至"手动"；

② 关闭煤溜槽圆筒阀 UV10A015；

③ 关闭煤锁下阀 UV10A016；

④ 打开煤锁下阀 UV10A017；

⑤ 关闭煤锁充压管线的截止阀 VD10A011；

⑥ 将灰锁操作方式切至"手动"；

⑦ 关闭灰锁上阀 UV10A019；

⑧ 打开灰锁下阀 UV10A020。

5. 停气化剂

① 关闭氧气控制器 FFRC10A002；

② 关闭氧气管线上的电动阀 HS10A002；

③ 关闭氧气管线上的截止阀 VD10A004；

④ 关闭过热蒸汽控制器 FFRC10A007；

⑤ 关闭过热蒸汽管线上的电动阀 HS10A001；

⑥ 关闭蒸汽管线上的截止阀 VD10A002。

6. 气化炉泄压

① 关闭粗煤气管线上电动阀 HS10A035；

② 开蒸汽管线上的主截止阀旁路 VD10A007；

③ 关闭蒸汽管线上的主截止阀 VD10A002；

④ 适当关小喷射煤气水管线 HIC10A032；

⑤ 确认 PIC10A035 手动，关闭；

⑥ 打开粗煤气去火炬的电动阀 HS10A034；

⑦ 打开粗煤气去火炬的泄压阀 HS10A036；

⑧ 气化炉压力约 2.15MPa 时，关闭 VD10A046；

⑨ 打开 VD10A048，将废热锅炉的煤气水切换至开工煤气水管线；

⑩ 气化炉压力约 0.3MPa 时，将废热锅炉的煤气水切换至 VD10A037；

⑪ 气化炉压力约 0.15MPa 时，逐渐手动开大开车煤气调节器 PIC10A035；

⑫ 气化炉泄压至环境压力时，手动全开 PIC10A035；

⑬ 关闭粗煤气去火炬的泄压阀 HS10A036；

⑭ 关闭开工火炬电动阀 HS10A034；

⑮ 全开去冷火炬的电动阀 HS10A043；

⑯ 关闭粗煤气压力调节阀 PV211010；

⑰ 关闭电动阀 HS10A035；

⑱ 打开粗煤气去火炬的卸压阀 HS10A036；

⑲ 打开粗煤气去火炬的电动阀 HS10A034；

⑳ 适当关小喷射煤气水管线 HIC10A032；

㉑ 气化炉压力约 2.15MPa 时，打开 VD10A048，将废热锅炉的煤气水切换至开工煤气水管线；

㉒ 关闭 VD10A046；

㉓ 气化炉压力约 0.3MPa 时，将废热锅炉的煤气水切换至 VD10A037；

㉔ 气化炉压力约 0.15MPa 时，手动全开开车煤气调节阀 PV211035。

7. 排残料

① 气化炉泄至常压后，打开灰锁上阀 UV10A019；

② 启动炉箅，气化炉排料，排完关闭；

③ 去辅操台按"P10A002 关"按钮；

④ 关闭 HIC10A031；

⑤ 气化炉排空后，关闭灰锁上阀 UV10A019；

⑥ 打开灰锁下阀 UV10A020。

8. 蒸汽吹扫

① 打开蒸汽管线上的截止阀 VD211002；

② 打开过热蒸汽管线上电动阀 HS10A001；

③ 打开蒸汽控制器 FFRC10A007；

④ 关闭蒸汽管线上的截止阀 VD211002；

⑤ 关闭过热蒸汽管线上的电动阀 HS211001；

⑥ 关闭蒸汽控制器 FFRC10A007。

9. 排污

① 关闭夹套进水阀 LV10A006 前阀 VD10A008；

② 关闭夹套进水阀 LV10A006 后阀 VD10A009；

③ 关闭夹套进水阀 LV211006；

④ 打开蒸汽夹套安全阀的旁路阀 VA10A001；

⑤ 全开蒸汽夹套排污阀 VA10A006；

⑥ 关闭废热锅炉进水阀 LV10A03 前阀 VD10A043；

⑦ 关闭锅炉进水阀 LV10A031 后阀 VD10A044；

⑧ 关闭锅炉进水阀 LV211031；

⑨ 打开废热锅炉放空 PIC10A037；

⑩ 全废热锅炉排污阀 VA10A041。

二、事故停车

为了防止气化炉误操作或超指标运行，设置了若干报警和联锁装置，进行事故停车处理。

1. 停气化剂

① 将氧气控制器 FFRC10A002 改为手动；

② 将蒸汽控制器 FFRC10A007 改为手动；

③ 关闭氧气控制器 FFRC10A002；

④ 关闭氧气管线上的电动阀 HS10A002；

⑤ 关闭过热蒸汽控制器 FFRC10A007；

⑥ 关闭过热蒸汽管线上的电动阀 HS10A001；

⑦ 关闭氧气管线上的截止阀 VD10A004；

⑧ 开蒸汽管线上的主截止阀旁路 VD10A007；

⑨ 关闭蒸汽管线上的主截止阀 VD10A002。

2. 摘除联锁

① 将自动反冲洗打向 BP；

② 摘除联锁 PZLL-CP001；

③ 摘除联锁 PZLL-CP002；

④ 摘除联锁 TZHH-CT011；

⑤ 摘除联锁 TZHH-CT021；

⑥ 摘除联锁 TZHH-CT029；

⑦ 摘除联锁 TZHH-CT030；

⑧ 摘除联锁 TZHH-CT007；

⑨ 摘除联锁 FZLL-CF012；

⑩ 摘除联锁 LZLL-CL006；

⑪ 摘除联锁 PZHH-CP007；

⑫ 摘除联锁 PDZHH-CP006。

3. 气化炉泄压

① 关闭电动阀 HS10A035；

② 确认 PIC10A035 手动，关闭；

③ 打开粗煤气去火炬的电动阀 HS10A034；

④ 打开粗煤气去火炬的泄压阀 HS10A036；

⑤ 气化炉压力约 2.15MPa 时，关闭 VD10A046；

⑥ 打开 VD10A048，将废热锅炉的煤气水切换至开工煤气水管线；

⑦ 适当关小喷射煤气水管线 HIC10A032；

⑧ 气化炉压力约 0.3MPa 时，将废热锅炉的煤气水切换至 VD10A037；

⑨ 气化炉压力约 0.15MPa 时，逐渐手动开大开车煤气调节器 PIC10A035；

⑩ 气化炉泄压至环境压力时，手动全开 PIC10A035；

⑪ 关闭粗煤气去火炬的泄压阀 HS10A036；

⑫ 关闭开工火炬电动阀 HS10A034；

⑬ 全开去冷火炬的电动阀 HS10A043。

4. 停气化炉炉箅

① 将炉箅改为手动操作方式；

② 停炉箅。

关炉箅转速控制器

5. 停煤锁灰锁

① 将煤锁操作方式切至"手动";

② 关闭煤溜槽圆筒阀 UV10A015;

③ 关闭煤锁下阀 UV10A016;

④ 打开煤锁下阀 UV10A017;

⑤ 关闭煤锁充压管线的截止阀 VD10A011;

⑥ 将灰锁操作方式切至"手动";

⑦ 关闭灰锁上阀 UV10A019;

⑧ 打开灰锁下阀 UV10A020。

6. 排残料

① 气化炉泄至常压后,打开灰锁上阀 UV10A019;

② 启动炉箅,气化炉排料,排完关闭;

③ 去辅操台按"P10A002 关"按钮;

④ 关闭 HIC10A031;

⑤ 气化炉排空后,关闭灰锁上阀 UV10A019;

⑥ 打开灰锁下阀 UV10A020。

7. 排污

① 关闭夹套进水阀 LV10A006 前阀 VD10A008;

② 关闭夹套进水阀 LV10A006 后阀 VD10A009;

③ 关闭夹套进水阀 LV211006;

④ 打开蒸汽夹套安全阀的旁路阀 VA10A001;

⑤ 全开蒸汽夹套排污阀 VA10A006;

⑥ 关闭废热锅炉进水阀 LV10A03 前阀 VD10A043;

⑦ 关闭锅炉进水阀 LV10A031 后阀 VD10A044;

⑧ 关闭锅炉进水阀 LV211031;

⑨ 打开废热锅炉放空 PIC10A037;

⑩ 全废热锅炉排污阀 VA10A041。

三、紧急停车

如果出现以下危及人身、安全或装置的原因,不能按事故停车进行处理,应按紧急停车进行处理。下面列出了可能出现的紧急停车因素,说明的是所列因素并不是全部可能出现的情况,操作人员必须综合判断,及时处置。

① 发生紧急事故,如公用工程突然中断;

② 发生危及人身、安全或装置的情况,如局部煤气大量泄漏、设备出现突发性故障;

③ 出现导致操作无法执行的情况,如电脑死机、黑屏等;

④ 出现不可判断或短时间内无法明了的突发事故,导致操作人员无法操作;

⑤ 不可抗力。

1. 急停

① 在"联锁"界面按"紧急停车";

② 检查氧气控制器 FFRC10A002 打手动;

③ 关闭氧气控制器 FFRC10A002；

④ 检查蒸汽控制器 FFRC10A007 打手动；

⑤ 检查关闭过热蒸汽控制器 FFRC10A007；

⑥ 检查关闭氧气管线上的电动阀 HS10A002；

⑦ 检查关闭过热蒸汽管线上的电动阀 HS10A001；

⑧ 检查粗煤气管线上控制器 PRC10A010 打手动；

⑨ 检查关闭粗煤气管线上控制器 PRC10A010；

⑩ 检查关闭粗煤气管线上电动阀 HS10A035；

⑪ 检查粗煤气管线上控制器 PIC10A035 打手动；

⑫ 检查关闭粗煤气管线上控制器 PIC10A035；

⑬ 检查关闭粗煤气去火炬的卸压阀 HS10A036；

⑭ 检查关闭粗煤气去火炬的电动阀 HS10A034；

⑮ 检查关闭去冷火炬的电动阀 HS10A043。

2. 气化炉泄压

① 打开粗煤气去火炬的电动阀 HS10A034；

② 手动调节开车压力控制阀 PIC10A035 尽快泄掉气化炉压力；

③ 逐渐关小 LICA10A033，以维持煤气水排出和控制废热锅炉的液位；

④ 打开粗煤气去火炬的泄压阀 HS10A036；

⑤ 气化炉压力约 2.15MPa 时，关闭 VD10A046；

⑥ 打开 VD10A048，将废热锅炉的煤气水切换至开工煤气水管线；

⑦ 适当关小喷射煤气水管线 HIC10A032；

⑧ 气化炉压力约 0.3MPa 时，将废热锅炉的煤气水切换至 VD10A037；

⑨ 气化炉压力约 0.15MPa 时，逐渐手动开大开车煤气调节器 PIC10A035；

⑩ 气化炉泄压至环境压力时，手动全开 PIC10A035；

⑪ 关闭粗煤气去火炬的泄压阀 HS10A036；

⑫ 关闭开工火炬电动阀 HS10A034；

⑬ 全开去冷火炬的电动阀 HS10A043。

3. 停气化炉炉算

① 将炉算改为手动操作方式；

② 停炉算；

③ 关炉算转速控制器。

4. 停煤锁灰锁

① 将煤锁操作方式切至"手动"；

② 关闭煤溜槽圆筒阀 UV10A015；

③ 关闭煤锁下阀 UV10A016；

④ 打开煤锁下阀 UV10A017；

⑤ 关闭煤锁充压管线的截止阀 VD10A011；

⑥ 将灰锁操作方式切至"手动"；

⑦ 关闭灰锁上阀 UV10A019；

⑧ 打开灰锁下阀 UV10A020。

5. 煤仓停止进煤

停止向煤仓加煤。

任务六　事故处理

在加压气化炉生产过程中，维持正常的气化炉操作是非常关键的，但气化炉运行过程中，由于种种原因，会出现一些不正常的现象和事故，因此掌握一定的事故处理方法是很必要的，现列出一些常见故障的现象、原因分析及其处理措施。

1. 氧气管网故障

事故现象：气化炉供氧不足甚至无供氧，气化炉温度会逐渐降低，产气量减小，CO_2 含量升高。

事故原因：空分液氧泵发生故障，后备液氧泵及备用泵又未及时启动，或氧气压力低于 4.2MPa。

处理方法：气化炉联锁停车保压，超过半小时应泄压停车处理

2. 蒸汽管网故障

事故现象：气化炉供汽不足甚至无供汽，气化炉温度会逐渐降低，产气量减小，CO_2 含量升高。

事故原因：热电锅炉跳车，蒸汽压力低于 4.2MPa。

处理方法：气化炉联锁停车保压，超过半小时应泄压停车处理。

3. 煤锁气洗涤泵 P10A004A 坏

事故现象：泵 P10A004A 出口压力低，F10A004 的液位逐渐升高。

事故原因：泵内有部件坏掉。

处理方法：开备用泵 P10A004R。

4. LV10A006 阀卡

事故现象：阀不灵活或已坏。

事故原因：阀不灵活或已坏。

处理方法：开旁路，将流量调至正常。

5. LV10A033 被堵

事故现象：集水槽液位升高，排放不下去。

事故原因：由于煤粉、焦油的带出和积聚，造成 LV10A033 被堵。

处理方法：进行反冲洗，可以采用反冲洗联锁自动进行反冲洗，为了训练此操作，本处采用手动反冲洗操作。

任务七　掌握顺控及联锁

一、煤锁

煤锁是一个容积约 18.7m³ 的压力容器，可以定期将煤加入气化炉。煤锁上下阀及充泄

压阀门均为液压控制。煤锁的操作可由就地、遥控、半自动、全自动四种操作方式来实现。

煤锁阀门：

——煤锁圆筒阀（CF）

——煤锁上阀（TC）

——煤锁下阀（BC）

——煤锁充压阀（PV1，PV2）

——煤锁泄压阀（DV）

煤锁阀门动作联锁说明：

动作阀门	联锁条件	动作阀门	联锁条件
TC 开	BC、PV1、PV2、DV 关	PV1 开	TC、DV、BC、PV2 关
BC 开	TC、DV、PV1、PV2 关	PV2 开	TC、DV、PV1、BC 关
DV 开	BC、TC、PV1、PV2 关	CF 开	TC 开

CF 阀与 TC 阀联锁，即打开 TC 阀后，CF 才能打开阀，CF 阀关后，才能关闭 TC 阀。

1. 半自动操作

半自动操作除上下阀关闭时需操作人员手动反复关闭外，其他顺序与全自动相同。

首先将控制室遥控的三位选择开关切至自动位置，并将两位选择开关切至半自动位置，待煤锁空信号发出后，按"程序启动"按钮，操作按以下 33 步进行：

① "煤锁空"信号发出，灯光明，喇叭响；

② 人工按"关"按钮，关 BC 阀，监听铿锵声，观察限位指示，直至关严；

③ 人工按"继续"按钮，打开 DV 阀泄压；

④ 计时器 T2 自动启动，同时启动计时器 T11、T12；

⑤ 5s 内，煤锁与气化炉压差 $\Delta p < 0.15\text{MPa}$，"BC 阀漏"报警，DV 关闭，循环停止。计时器 T11 用于监测煤锁总的进料循环时间，如果超过 T11 设定时间（360s），则报警"煤锁循环故障"停止循序。T12 用于监测煤锁充填时间，如果从 DV 打开到关这段时间超过 T12 设定时间（180s），则报警"煤锁充填故障"，同时停止顺序。

⑥ 5s 内，$\Delta p \geqslant 0.15\text{MPa}$，无泄漏，DV 阀开，继续泄压；

⑦ 煤锁压力（PI10A015）泄至 3.2MPa，DV 阀关；

⑧ 计时器 T3 自动启动；

⑨ 5s 内，煤锁压力（PI10A015）回升至 3.3MPa "BC 阀漏"报警，循环停止；

⑩ 5s 内，煤锁压力（PI10A015）3.2MPa 未变，无报警，DV 阀开，继续泄压；

⑪ 煤锁压力泄至 $p \leqslant 0.002\text{MPa}$ 时，DV 阀关闭，泄压结束；

⑫ TC 阀打开；

⑬ CF 阀打开；

⑭ 计时器 T4 自动启动；

⑮ 50s 内，监测声消失，"煤锁堵塞"报警，CF 阀关闭，循环停止；

⑯ 50s 内，监测声保持，无报警，直至煤锁料位达到高位，CF 阀关闭；

⑰ "煤锁满"报警；

⑱ 人工按"关"按钮，关闭 TC 阀，发出铿锵声，观察限位指示，直至关严；

⑲ 人工按"继续"按钮，PV1 阀打开，开始充压；

⑳ T5 计时器启动，T13 计时器启动；

㉑ 5s 内，煤锁压力（PI10A016）$p < 0.2MPa$，PV1 阀关闭，"TC 阀泄漏"报警，循环停止；

㉒ 5s 内，煤锁压力（PI10A016）$p \geqslant 0.2MPa$，PV1 阀保持开，无报警，继续充压；T13 用于监测煤锁充压总时间，从 PV1 打开到充压结束，如果超过 T13 设定时间（180s），则报警"煤锁充压故障"停止顺序；

㉓ 煤锁压力（PI10A016）充至 0.9MPa，PV1 阀关闭；

㉔ T6 计时器启动；

㉕ 5s 内，煤锁压力（PI10A016）降至 $\leqslant 0.8MPa$，即压力变化 $\Delta p \geqslant 0.1MPa$，"TC 阀漏"报警，循环停止；

㉖ 5s 内，煤锁压力（PI10A016）仍 $> 0.8MPa$，即压力变化 $\Delta p < 0.1MPa$，无报警，PV1 阀打开；

㉗ 当煤锁压力（PI10A016）充至低于充压气压力（PDI10A017）0.10MPa，PV1 阀关闭；

㉘ 充压阀 PV2 打开；

㉙ 当煤锁与气化炉压差（PDI10A012）$\Delta P \leqslant 0.02MPa$ 时，PV2 阀关闭，充压结束。

㉚ 计时器 T7 启动，BC 阀打开；

㉛ 10s 内，BC 阀全打开，"加煤在进行"的信号出现；

㉜ 10s 内，BC 阀未全开，"BC 阀未全开"报警；

㉝ BC 阀保持开，循环完成。直到煤锁排空又一次循环。

2. 全自动操作

在半自动操作稳定和取得阀门关严数次经验的基础上，可选用全自动操作。将两位选择开关由半自动切至自动位置。

将 TC、BC 阀的重复开关次数设定至选定次数。

煤锁空信号发出后，按动"程序启动"按钮，㉝步程序自动进行，不需人为干预。

3. 现场手动操作

将三位开关切至现场手动操作，即可进行现场手动操作。操作程序（设定煤锁下阀打开，其余各阀关闭）。关 BC 阀，重复 2~3 次，监听声响，关严为止。

① 打开 DV 阀泄压，5s 后观察气化炉与煤锁压差（PDI10A012）压降 $\Delta p \geqslant 0.15MPa$，下阀关严继续泄压至 3.2MPa。关闭 DV 阀，5s 内压力回升不大于 0.1MPa，打开 DV 阀，继续泄压；否则，应重新关闭 BC 阀；

② 当煤锁压力（PI10A016）降至 0.002MPa 时，关闭 DV 阀；

③ 打开 TC 阀；

④ 打开阀向煤锁加煤，50s 内无煤流动声说明溜槽堵塞或故障，50s 内，煤流动声响，供煤正常，煤锁充满后关闭阀；

⑤ 关闭 TC 阀，重复数次，确认声响，关严；

⑥ 打开 PV1 阀，充压，5s 内煤锁压力升高大于 0.2MPa，继续充压至 0.9MPa，关闭 PV1 阀，如果 5s 内压力下降不大于 0.1MPa 说明上阀关严；继续充压至低于煤气压力 0.10MPa，关闭 PV1 阀；

⑦ 打开 PV2 阀，充压至低于炉压 0.02MPa，关闭 PV2 阀。打开煤锁下阀，循环完成。

4. 控制室手动

将三位开关切至遥控，现场手动，手动按动操作盘上各"开""关"按钮，其操作程序同现场手动操作程序。

二、灰锁

灰锁是一个全容积约 13.2m³ 的压力容器（有效容积 60%～70%），用液压控制上、下阀及充泄压阀和充水阀。正常情况下，灰锁的操作可由控制室手动，半自动和现场手动控制盘四种操作方式。

灰锁阀门：

——灰锁上阀（TC）

——灰锁下阀（BC）

——膨胀冷凝器充水阀（FV）

——膨胀冷凝器泄压阀（DV1，DV2）

——灰锁充压阀（PV）

阀门动作联锁说明：

动作阀门	联锁条件
TC 开	BC、PV、DV1、FV 关
BC 开	TC、PV 关（灰锁压力≤0.0025MPa）
DV1 开	TC、BC、PV 关
PV 开	BC、TC、DV1、FV 关
FV 开	TC、PV 关

1. 半自动操作

三位选择开关切至自动位置，二位选择开关切至半自动位置。待灰锁满信号发生后按"程序启动"按钮，半自动程序按下列 37 步进行。

① 灰锁满信号发生，屏幕出现提示并伴有叮咚声响；

② 自动停炉算，关闭吹扫阀 PGV；

③ 炉算转速计时器复位到零位；

④ 人工按开、关按钮，反复开关 TC 阀，监听声响，观察限位直至关严；

⑤ 启动炉算（从上阀关闭到排灰周期结束再次打开 TC 这段时间，如果炉算转数大于 0.5 圈时，自动停炉算）；

⑥ 人工按"继续"按钮，DV1 阀开启，开始泄压；

⑦ 计时器 T2 启动，同时计时器 T15、T16 启动；

⑧ 5s 内，灰锁与气化炉压差（PDI10A021）$\triangle p < 0.2$MPa "TC 阀泄漏"出现报警，DV1 自动关闭，自动循环停止；

T15 计时器用于总的灰锁排灰周期的监测，即从 DV1 开始到排灰周期结束，上阀 TC

再打开的时间如果超过 T15 设定时间（480s），则报警"排灰故障"停止循环；T16 用监测泄压时间，即从 DV1 打开到下阀 BC 打开这段时间，如果超过 T16 设定时间（180s），则报警"灰锁泄压故障"，同时停止程序；

⑨ 5s 内，$\triangle p < 0.2MPa$，DV1 阀保持开启；

⑩ 灰锁压力（PI10A023）泄压至 3.2MPa，DV1 阀关闭；

⑪ 计时器 T3 启动；

⑫ 5s 内，灰锁压力（PI10A023）回升至 $\geqslant 3.3MPa$，"TC 阀泄漏"报警，循环停止；

⑬ 5s 内，灰锁压力小于 3.3MPa 不变，DV1 开启，继续泄压；

⑭ 当灰锁压力（PI10A023）泄至 0.2MPa 时，DV3 开启；

⑮ 当灰锁压力（PI10A023）泄至 0.0025MPa 时，"BC 阀运行"灯闪；

⑯ 人工按"开"按钮，打开 BC 阀，向灰斗排灰，启动计时器 T4，T4=50s 时，灰锁灰粒脱离高料位，如果 T4=50s 仍未脱离高料位，则报警"灰锁堵"同时停止程序；

⑰ 手动按"继续"按钮，FV 阀开启，溢流阀 OV 开启；

⑱ 计时器 T6 启动；

⑲ 冲洗 5s 后，即当 T6=5s 时，关闭，膨胀冷凝器充水；

⑳ L10ACL010 指示充水达高位，FV 阀关闭，停止充水；

㉑ DV1 关闭；

㉒ "BC 阀运行"信号出现；

㉓ 人工按"关"按钮，关闭 BC 阀；

㉔ 按"继续"按钮，PV 阀打开，开始充压；

㉕ 计时器 T9 启动，同时活动计时器 T18；

㉖ 5s 内，灰锁压力指示（PI10A024）$<0.3MPa$ "BC 阀漏"报警，PV 阀关闭，循环停止；

㉗ 5s 内，压力 $\geqslant 0.3MPa$，PV 阀保持开启，继续充压；计时器 T18 用于灰锁充压阶段的时间监测；即从 PV1 阀打开到 TC 阀打开这段时间如果大于 T18 设定时间（180s），则报警"灰锁充压故障"同时停止程序；

㉘ 当灰锁压力充压至 0.9MPa 时，PV 阀关闭；

㉙ 计时器 T10 启动；

㉚ 5s 内，灰锁压力指示（PI10A023）$\leqslant 0.8MPa$，"BC 漏"报警，循环停止；

㉛ 5s 内，压力指示 $>0.8MPa$ 时，PV 阀开启，继续充压；

㉜ 当灰锁与气化炉压差指示（PDI10A022）为 0.02MPa 时，PV 阀关闭，停止充压；

㉝ 计时器 T11 启动，TC 阀自动开；

㉞ 若 10s 内，TC 阀全开，则"循环完成"信号出现；开启炉算，灰锁开始受灰；

㉟ 若 10s 内，TC 阀未全开，则"TC 阀未全开"报警；

㊱ 人工按"开"按钮，全开 TC 阀；

㊲ "循环完成"信号出现。

2. 全自动操作

在半自动操作稳定并取得阀门开关次数数据后，可选用全自动操作，将两位选择开关切至自动操作。

设定好 TC、BC 开关次数。

灰锁满信号发出后，启动程序启动按钮，37步程序自动进行。

3. 现场手动操作

将三位开关切至现场手动操作，即可进行现场操作。

操作程序（以灰锁上阀打开，灰锁满为循环开端）。

4. 控制室手动

将三位开关切至遥控，现场手动，手动按动操作盘上各"开""关"按钮，其操作程序同现场手动操作程序。

三、废热锅炉底部的冲洗操作

气化炉运行过程中，由于煤粉、焦油的带出和积聚，会造成废热锅炉底部堵塞而影响粗煤气和煤气水的正常工况，为此设置了自动反洗装置。

当集水槽液位过高，废热锅炉底部的粗煤气进气孔，使气相进气阻力增大，而使洗涤冷却器出口温度 TIA10A030 升高。当集水槽液位高于 70％时，可以通过将"反洗"按钮置"AUTO"来启动自动反洗装置。

自动反洗过程如下。

1. LV10A033 被堵或集水槽至 LV10A033 间的管线被堵

自动反洗系统自动打开 UV10A039，同时关闭 UV10A038，使高压煤气水上冲。接着，关 UV10A039，打开 UV10A038 进行排放，如此反复开关 UV10A039、UV10A038；如果液位控制器 LIC10A033 显示液位下降，排液畅通，则说明，阀门或管线已被疏通。仿真中只模拟该情况下的自动反洗过程。

2. LV10A033 至 UV10A038 及其以下的管线被堵

自动反洗系统自动打开 UV10A039，使 UV10A038 处于开位，由自动反洗系统至液位控制器 LICA10A033 的信号，关闭 LV10A033，进行高压喷射煤气水下冲，反复开关 UV10A039，直至管线或阀门被疏通为止。

3. LV10A033 旁路管线被堵

VD10A038 作为调节阀 LV10A033 的旁路阀，是 LV10A033 检修时的备用阀，如果 VD10A038 被堵，手动关闭 VD10A040，打开 VD10A050 进行煤气水上冲；如果 VD10A040 被堵，则关闭 VD10A038 打开 VD10A050，进行煤气水下冲。

4. 集水槽底部或 VD10A039 被堵

集水槽底部或 VD10A039 被堵，自动反洗效果甚微，则手动打开 VD10A036，增大 UV10A039 的反洗效果，直至管线被疏通。

四、联锁

1. 联锁说明

为了保证设备和整个装置的安全，气化炉（单台）设有以下联锁，连接在事故停车系统：

- 蒸汽总管压力低，PZLL-001
- 氧气总管压力低，PZLL-002

以上两联锁为气化装置公用。

- 气化炉顶部法兰温度高，TZHH-CT011
- 灰锁温度高，TZHH-CT021
- 气化炉出口煤气温度高，TZHH-CT029
- 洗涤冷却器出口温度高，TZHH-CT030
- 气化剂温差高，TZHH-CT007
- 汽氧比低，FZLL-012
- 夹套水液位低，LZLL-CL006
- 夹套蒸汽压力高，PZHH-007
- 气化炉夹套压差高，PDZHH-006
- 手动按钮停车，HS-007

2. 联锁阀门动作表

序号	位号	联锁值	动作阀门（其他）位号								
			FV007	FV002	UV002	PV010	UV035	PV035	UV034	UV043	炉箅
1	PZLL-001	4350kPa	关	关	关	关	关	关	关	关	停
2	PZLL-002	4300kPa	关	关	关	关	关	关	关	关	停
3	TZHH-CT011	240℃	关	关	关	关	关	关	关	关	停
4	TZHH-CT021	450℃	关	关	关	关	关	关	关	关	停
5	TZHH-CT029	375℃	关	关	关	关	关	关	关	关	停
6	TZHH-CT030	240℃	关	关	关	关	关	关	关	关	停
7	TZHH-CT007	120℃	关	关	关	关	关	关	关	关	停
8	FZLL-012	5.0	关	关	关	关	关	关	关	关	停
9	LZLL-CL006	20%	关	关	关	关	关	关	关	关	停
10	PZHH-007	4310kPa	关	关	关	关	关	关	关	关	停
11	PDZHH-006	127kPa	开	关	关	关	关	关	关	关	停
12	HS-007		关	关	关	关	关	关	关	关	停

五、炉箅操作

第一设定转数是指灰锁 TC 关闭后，旋转炉箅的排灰量刚好可填满炉壁下方的空间所经过的转数；第二设定转数是指旋转炉箅的排灰量刚好可填满灰锁空间所经过的转数；仿真中第一设定转数为 0.5r/h，第二设定转数为 3.5r/h。

炉箅手动方式是指可以手动开、停炉箅；炉箅自动方式是指可以由灰锁自动程序开、停炉箅，此时，手动开、停炉箅是无效的。

大力矩是指在相同转速下，可以加快排灰速度。

设定完第一、第二转数后，按"设定确认"后生效。

任务八 读识现场图和 DCS 图

1. 总图

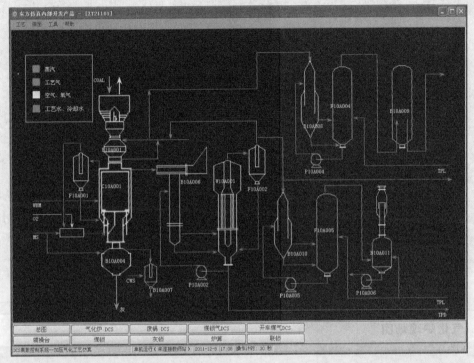

2. 联锁一览表

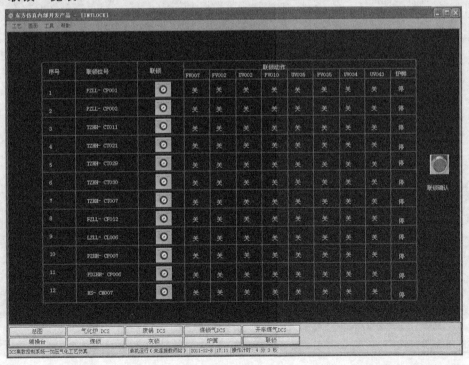

3. 气化炉 DCS 图

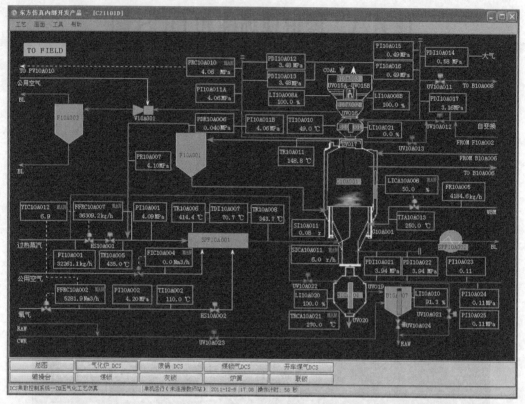

4. 气化炉现场图

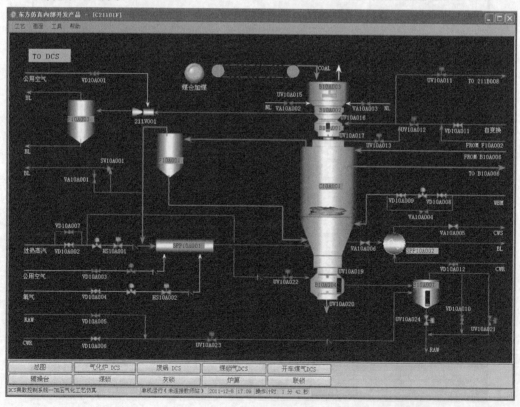

5. 废热锅炉 DCS 图

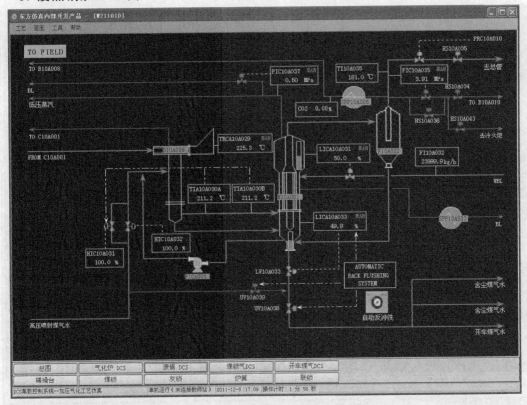

6. 废热锅炉现场图

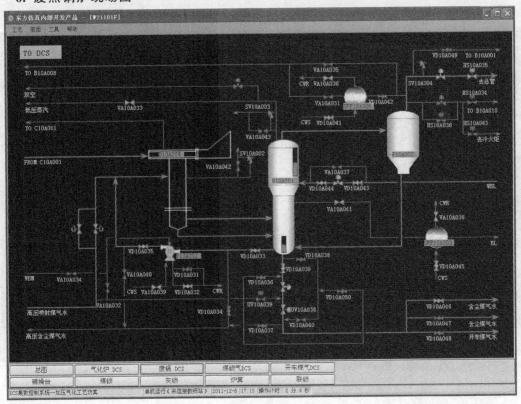

7. 煤锁气 DCS 图

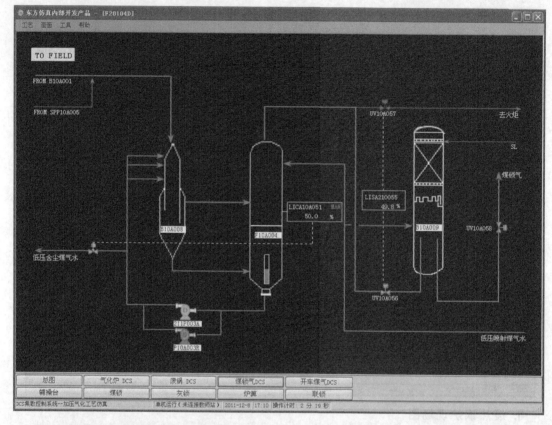

8. 煤锁气现场图

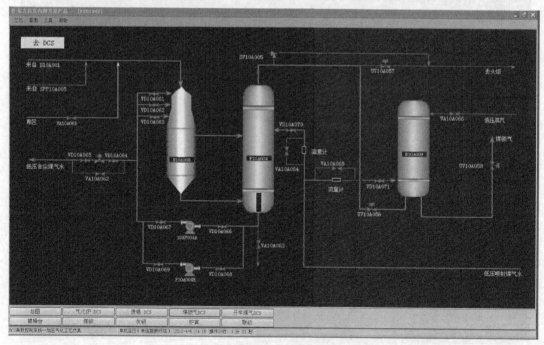

9. 开车煤气 DCS 图

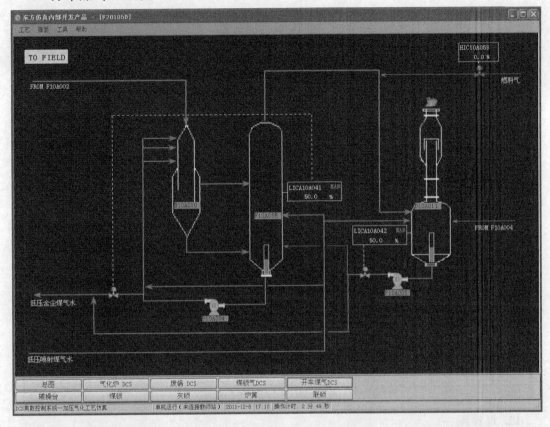

10. 开车煤气现场图

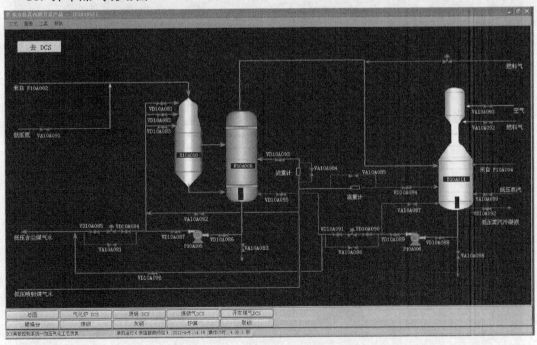

11. 辅操台

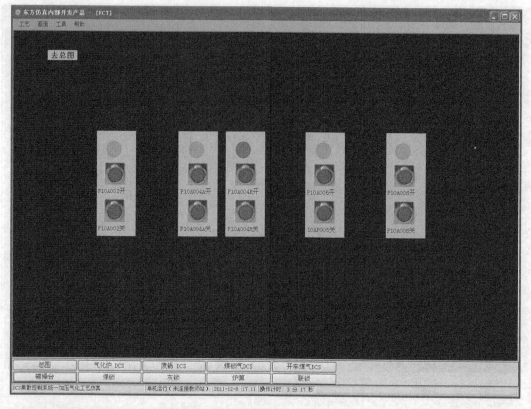

12. 煤锁图

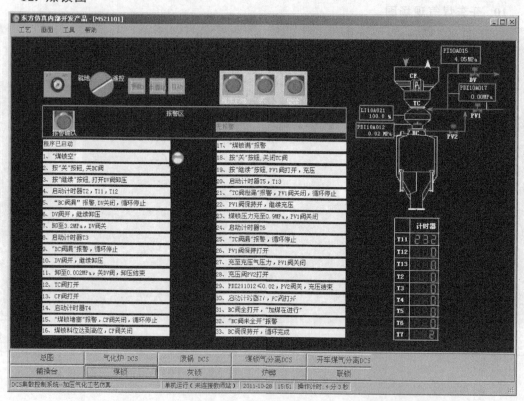

13. 灰锁图

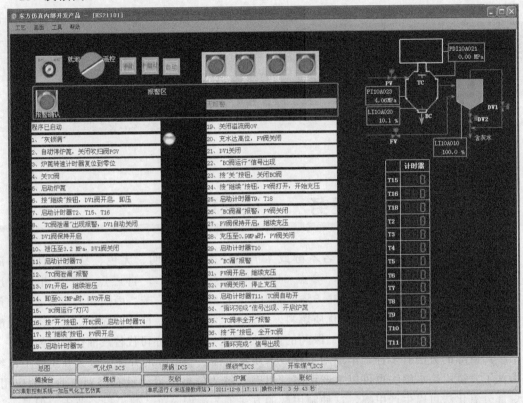

14. 炉箅图

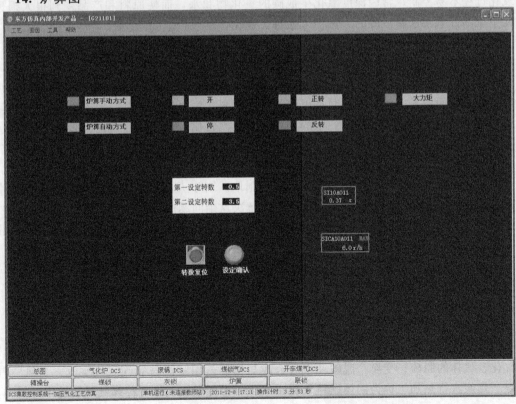

项目三
甲醇合成工艺仿真系统

任务一 认识甲醇

甲醇（分子式：CH_3OH）又名木醇或木酒精，是一种透明、无色、易燃、有毒的液体，略带酒精味。熔点$-97.8℃$，沸点$64.8℃$，闪点$12.22℃$，自燃点$47℃$，相对密度0.7915，爆炸极限下限6%，上限36.5%，能与水、乙醇、乙醚、苯、丙酮和大多数有机溶剂相混溶。它是重要有机化工原料和优质燃料。主要用于制造甲醛、醋酸、氯甲烷、甲氨、硫酸二甲酯等多种有机产品，也是农药、医药的重要原料之一。甲醇亦可代替汽油作燃料使用。

生产甲醇的方法有多种，早期用木材或木质素干馏法制甲醇的方法，今天在工业上已经被淘汰了。氯甲烷水解法也可以生产甲醇，但因水解法价格昂贵，没有得到工业上的应用。甲烷部分氧化法可以生产甲醇，这种制甲醇的方法工艺流程简单，建设投资节省，但是，这种氧化过程不易控制，常因深度氧化生成碳的氧化物和水，而使原料和产品受到很大损失，因此甲烷部分氧化法制甲醇的方法仍未实现工业化。

目前工业上几乎都是采用一氧化碳、二氧化碳加压催化氢化法合成甲醇。典型的流程包括原料气制造、原料气净化、甲醇合成、粗甲醇精馏等工序。

天然气、石脑油、重油、煤及其加工产品（焦炭、焦炉煤气）、乙炔尾气等均可作为生产甲醇合成气的原料。天然气是制造甲醇的主要原料，主要组分是甲烷，还含有少量的其他烷烃、烯烃与氮气。以天然气生产甲醇原料气有蒸汽转化、催化部分氧化、非催化部分氧化等方法，其中蒸汽转化法应用得最广泛，它是在管式炉中常压或加压下进行的。由于反应吸热必须从外部供热以保持所要求的转化温度，一般是在管间燃烧某种燃料气来实现，转化用的蒸汽直接在装置上靠烟道气和转化气的热量制取。由于天然气蒸汽转化法制的合成气中，氢过量而一氧化碳与二氧化碳量不足，工业上解决这个问题的方法一是采用添加二氧化碳的蒸汽转化法，以达到合适的配比，二氧化碳可以外部供应，也可以由转化炉烟道气中回收。另一种方法是以天然气为原料的二段转化法，即在第一段转化中进行天然气的蒸汽转化，只有约1/4的甲烷进行反应；第二段进行天然气的部分氧化，不仅所得合成气配比合适而且由于第二段反应温度提高到$800℃$以上，残留的甲烷量可以减少，增加了合成甲醇的有效气体组分。天然气进入蒸汽转化炉前需进行净化处理清除有害杂质，要求净化后气体含硫量小于$0.1mL/m^3$。转化后的气体经压缩去合成工段合成甲醇。

煤与焦炭是制造甲醇粗原料气的主要固体燃料。用煤和焦炭制甲醇的工艺路线包括燃料的气化、气体的脱硫、变换、脱碳及甲醇合成与精制。用蒸汽与氧气（或空气、富氧空气）对煤、焦炭进行热加工称为固体燃料气化，气化所得可燃性气体通称煤气是制造甲醇的初始原料气，气化的主要设备是煤气发生炉，按煤在炉中的运动方式，气化方法可分为固定床气化法、流化床气化法和气流床气化法。国内用煤与焦炭制甲醇的煤气化——一般都沿用固定床间歇气化法，煤气炉沿用 UCJ 炉。在国外对于煤的气化，目前已工业化的煤气化炉有柯柏斯-托切克（Koppers-Totzek）、鲁奇（Lurge）及温克勒（Winkler）三种。还有第二、第三代煤气化炉的炉型主要有德士古（Texaco）及谢尔-柯柏斯（Shell-Koppers）等。用煤和焦炭制得的粗原料气组分中氢碳比太低，故在气体脱硫后要经过变换工序。使过量的一氧化碳变换为氢气和二氧化碳，再经脱碳工序将过量的二氧化碳除去。原料气经过压缩、甲醇合成与精馏精制后制得甲醇。

工业上用油来制取甲醇的油品主要有两类：一类是石脑油，另一类是重油。原油精馏所得的 220℃ 以下的馏分称为轻油，又称石脑油。目前用石脑油生产甲醇原料气的主要方法是加压蒸汽转化法。石脑油的加压蒸汽转化需在结构复杂的转化炉中进行。转化炉设置有辐射室与对流室，在高温、催化剂存在下进行烃类蒸汽转化反应。重油是石油炼制过程中的一种产品。以重油为原料制取甲醇原料气有部分氧化法与高温裂解法两种途径。裂解法需在 1400℃ 以上的高温下，在蓄热炉中将重油裂解，虽然可以不用氧气，但设备复杂，操作麻烦，生成炭黑量多。重油部分氧化是指重质烃类和氧气进行燃烧反应，反应放热，使部分烃类化合物发生热裂解，裂解产物进一步发生氧化、重整反应，最终得到以 H_2、CO 为主，及少量 CO_2、CH_4 的合成气供甲醇合成使用。

与合成氨联合生产甲醇简称联醇，这是一种合成气的净化工艺，以替代我国不少合成氨生产用铜氨液脱除微量碳氧化物而开发的一种新工艺。联醇生产的工艺条件是在压缩机五段出口与铜洗工序进口之间增加一套甲醇合成的装置，包括甲醇合成塔、循环机、水冷器、分离器和粗甲醇贮槽等有关设备，工艺流程是压缩机五段出口气体先进入甲醇合成塔，大部分原先要在铜洗工序除去的一氧化碳和二氧化碳在甲醇合成塔内与氢气反应生成甲醇，联产甲醇后进入铜洗工序的气体一氧化碳含量明显降低，减轻了铜洗负荷；同时变换工序的一氧化碳指标可适量放宽，降低了变换的蒸汽消耗，而且压缩机前几段气缸输送的一氧化碳成为有效气体，压缩机电耗降低。联产甲醇后能耗降低较明显，可使每吨氨节电 50kW·h，节省蒸汽 0.4t，折合能耗为 200×10^4 kJ。联醇工艺流程必须重视原料气的精脱硫和精馏等工序，以保证甲醇催化剂使用寿命和甲醇产品质量。

甲醇生产中所使用的多种催化剂，如天然气与石脑油蒸气转化催化剂、甲醇合成催化剂都易受硫化物毒害而失去活性，必须将硫化物除净。气体脱硫方法可分为两类，一类是干法脱硫，一类是湿法脱硫。干法脱硫设备简单，但由于反应速率较慢，设备比较庞大。湿法脱硫可分为物理吸收法、化学吸收法与直接氧化法三类。

粗甲醇中存在水分、高级醇、醚、酮等杂质，需要精制。精制过程包括精馏与化学处理。化学处理主要用碱破坏在精馏过程中难以分离的杂质，并调节 pH。精馏主要是除去易挥发组分，如二甲醚，以及难以挥发的组分，如乙醇高级醇、水等。

任务二　认识甲醇合成工段

一、概述

甲醇生产的总流程长，工艺复杂。甲醇的合成是在高温、高压、催化剂存在下进行的，是典型的复合气-固相催化反应过程。随着甲醇合成催化剂技术的不断发展，目前总的趋势是由高压向低、中压发展。

高压工艺流程一般指的是使用锌铬催化剂，在 $300\sim400℃$、$30MPa$ 高温高压下合成甲醇的过程。自从 1923 年第一次用这种方法合成甲醇成功后，有 50 年的时间，世界上合成甲醇生产都沿用这种方法，仅在设计上有某些细节不同，例如甲醇合成塔内移热的方法有冷管型连续换热式和冷激型多段换热式两大类；反应气体流动的方式有轴向和径向或者两者兼有的混合型式；有副产蒸汽和不副产蒸汽的流程等。近几年来，我国开发了 $25\sim27MPa$ 压力下在铜基催化剂上合成甲醇的技术，出口气体中甲醇含量 4% 左右，反应温度 $230\sim290℃$。

ICI 低压甲醇法为英国 ICI 公司在 1966 年研究成功的甲醇生产方法。从而打破了甲醇合成的高压法的垄断，这是甲醇生产工艺上的一次重大变革，它采用 51-1 型铜基催化剂，合成压力 5MPa。ICI 法所用的合成塔为热壁多段冷激式，结构简单，每段催化剂层上部装有菱形冷激气分配器，使冷激气均匀地进入催化剂层，用以调节塔内温度。低压法合成塔的型式还有德国 Lurgi 公司的管束型副产蒸汽合成塔及美国电动研究所的三相甲醇合成系统。20 世纪 70 年代，我国轻工部四川维尼纶厂从法国 Speichim 公司引进了一套以乙炔尾气为原料日产 300t 低压甲醇装置（英国 ICI 专利技术）。20 世纪 80 年代，齐鲁石化公司第二化肥厂引进了德国 Lurgi 公司的低压甲醇合成装置。

中压法是在低压法研究基础上进一步发展起来的，由于低压法操作压力低，导致设备体积相当庞大，不利于甲醇生产的大型化。因此发展了压力为 10MPa 左右的甲醇合成中压法。它能更有效地降低建厂费用和甲醇生产成本。例如 ICI 公司研究成功了 51-2 型铜基催化剂，其化学组成和活性与低压合成催化剂 51-1 型相近，只是催化剂的晶体结构不相同，制造成本比 51-1 型贵。由于这种催化剂在较高压力下也能维持较长的寿命，从而使 ICI 公司有可能将原有的 5MPa 的合成压力提高到 10MPa，所用合成塔与低压法相同也是四段冷激式，其流程和设备与低压法类似。

本仿真系统是对低压甲醇合成装置中管束型副产蒸汽合成系统的甲醇合成工段进行的。

二、工艺路线及合成机理

1. 工艺仿真范围

由于本仿真系统主要以仿 DCS 操作为主，因而，在不影响操作的前提下，对一些不重要的现场操作进行简化，简化主要内容为：不重要的间歇操作，部分现场手阀，现场盲板拆装，现场分析及现场临时管线拆装等。另外，根据实际操作需要，对一些重要的现场操作也进行了模拟，并根据 DCS 画面设计一些现场图，在此操作画面上进行部分重要现场阀的开关和泵的启动停止。对 DCS 的模拟，以化工厂提供的 DCS 画面和操作规程为依据，并对重要回路和关键设备在现场图上进行补充。

2. 合成机理

采用一氧化碳、二氧化碳加压催化氢化法合成甲醇，在合成塔内主要发生的反应是：

$$CO_2 + 3H_2 \Longrightarrow CH_3OH + H_2O \qquad \Delta H = -49kJ/mol$$

$$CO + H_2O \Longrightarrow CO_2 + H_2 \qquad \Delta H = -41kJ/mol$$

两式合并后即可得出 CO 生成 CH_3OH 的反应式：

$$CO + 2H_2 \Longrightarrow CH_3OH \qquad \Delta H = -90kJ/mol$$

3. 工艺路线

甲醇合成装置仿真系统的设备包括蒸汽透平（T601）、循环气压缩机（C601）、甲醇分离器（F602）、精制水预热器（E602）、中间换热器（E601）、最终冷却器（E603）、甲醇合成塔（R601）、蒸汽包（F601）以及开工喷射器（X601）等。甲醇合成是强放热反应，进入催化剂层的合成原料气需先加热到反应温度（>210℃）才能反应，而低压甲醇合成催化剂（铜基催化剂）又易过热失活（>280℃），就必须将甲醇合成反应热及时移走，本反应系统将原料气加热和反应过程中移热结合，反应器和换热器结合连续移热，同时达到缩小设备体积和减少催化剂层温差的作用。低压合成甲醇的理想合成压力为 4.8～5.5MPa，在本仿真中，假定压力低于 3.5MPa 时反应即停止。

蒸汽驱动透平带动压缩机运转，提供循环气连续运转的动力，并同时往循环系统中补充 H_2 和混合气（$CO+H_2$），使合成反应能够连续进行。反应放出的大量热通过蒸汽包 F601 移走，合成塔入口气在中间换热器 E601 中被合成塔出口气预热至 46℃后进入合成塔 R601，合成塔出口气由 255℃依次经中间换热器 E601、精制水预热器 E602、最终冷却器 E603 换热至 40℃，与补加的 H_2 混合后进入甲醇分离器 F602，分离出的粗甲醇送往精馏系统进行精制，气相的一小部分送往火炬，气相的大部分作为循环气被送往压缩机 C601，被压缩的循环气与补加的混合气混合后经 E601 进入反应器 R601。

合成甲醇流程控制的重点是反应器的温度、系统压力以及合成原料气在反应器入口处各组分的含量。反应器的温度主要是通过汽包来调节，如果反应器的温度较高并且升温速度较快，这时应将汽包蒸汽出口开大，增加蒸汽采出量，同时降低汽包压力，使反应器温度降低或升温速度变小；如果反应器的温度较低并且升温速度较慢，这时应将汽包蒸汽出口关小，减少蒸汽采出量，慢慢升高汽包压力，使反应器温度升高或温降速度变小；如果反应器温度仍然偏低或温降速度较大，可通过开启开工喷射器 X601 来调节。系统压力主要靠混合气入口量 FRCA6001、H_2 入口量 FRCA6002、放空量 FRCA6004 以及甲醇在分离罐中的冷凝量来控制；在原料气进入反应塔前有一安全阀，当系统压力高于 5.7MPa 时，安全阀会自动打开，当系统压力降回 5.7MPa 以下时，安全阀自动关闭，从而保证系统压力不至过高。

合成原料气在反应器入口处各组分的含量是通过混合气入口量 FRCA6001、H_2 入口量 FRCA6002 以及循环量来控制的，冷态开车时，由于循环气的组成没有达到稳态时的循环气组成，需要慢慢调节才能达到稳态时的循环气的组成。调节组成的方法是：

① 如果增加循环气中 H_2 的含量，应开大 FRCA6002、增大循环量并减小 FRCA6001，经过一段时间后，循环气中 H_2 含量会明显增大；

② 如果减小循环气中 H_2 的含量，应关小 FRCA6002、减小循环量并增大 FRCA6001，经过一段时间后，循环气中 H_2 含量会明显减小；

③ 如果增加反应塔入口气中 H_2 的含量，应关小 FRCA6002 并增加循环量，经过一段时间后，入口气中 H_2 含量会明显增大；

④ 如果降低反应塔入口气中 H_2 的含量，应开大 FRCA6002 并减小循环量，经过一段时间后，入口气中 H_2 含量会明显增大。

循环量主要是通过透平来调节。由于循环气组分多，所以调节起来难度较大，不可能一蹴而就，需要一个缓慢的调节过程。调平衡的方法是：通过调节循环气量和混合气入口量使反应入口气中 H_2/CO（体积比）在 7～8 之间，同时通过调节 FRCA6002，使循环气中 H_2

的含量尽量保持在 79% 左右，同时逐渐增加入口气的量直至正常（FRCA6001 的正常量为 14877m³/h，FRCA6002 的正常量为 13804m³/h），达到正常后，新鲜气中 H_2 与 CO 之比（FFR6002）在 2.05～2.15 之间。

4. 设备简介

① 透平 T601：功率 655kW，最大蒸汽量 10.8t/h，最大压力 3.9MPa，正常工作转速 13700r/min，最大转速 14385r/min。

② 循环压缩机 C601：压差约 0.5MPa，最大压力 5.8MPa。

③ 汽包 F601：直径 1.4m，长度 5m，最大允许压力 5.0MPa，正常工作压力 4.3MPa，正常温度 250℃，最高温度 270℃。

④ 合成塔 R601：列管式冷激塔，直径 2m，长度 10m，最大允许压力 5.8MPa，正常工作压力 5.2MPa，正常温度 255℃，最高温度 280℃；塔内布满装有催化剂的钢管，原料气在钢管内进行合成反应。

⑤ 分离罐 F602：直径 1.5m，高 5m，最大允许压力 5.8MPa，正常温度 40℃，最高温度 100℃。

⑥ 输水阀 V6013：当系统中产生冷凝水并进入疏水阀时，内置倒吊桶因自身重量处于疏水阀的下部。这时位于疏水阀顶部的阀座开孔是打开的。允许冷凝水进入阀体并通过顶部的孔排出阀体。当蒸汽进入疏水阀。倒吊桶向上浮起，关闭出口阀，不允许蒸汽外泄。当全部蒸汽通过吊桶顶部的小孔泄出，倒吊桶沉入水中，循环得以重复。

三、主要工艺控制指标

1. 控制指标

序号	位号	正常值	单位	说明
1	FIC6101		m³/h	压缩机 C601 防喘振流量控制
2	FRCA6001	14877	m³/h	H_2、CO 混合气进料控制
3	FRCA6002	13804	m³/h	H_2 进料控制
4	PRCA6004	4.9	MPa	循环气压力控制
5	PRCA6005	4.3	MPa	汽包 F601 压力控制
6	LICA6001	40	%	分离罐 F602 液位控制
7	LICA6003	50	%	汽包 F6012 液位控制
8	SIC6202	50	%	透平 T601 蒸汽进量控制

2. 仪表

序号	位号	正常值	单位	说明
1	PI6201	3.9	MPa	蒸汽透平 T601 蒸汽压力
2	PI6202	0.5	MPa	蒸汽透平 T601 进口压力
3	PI6205	3.8	MPa	蒸汽透平 T601 出口压力

序号	位号	正常值	单位	说明
4	TI6201	270	℃	蒸汽透平 T601 进口温度
5	TI6202	170	℃	蒸汽透平 T601 出口温度
6	SI6201	3.8	r/min	蒸汽透平转速
7	PI6101	4.9	MPa	循环压缩机 C601 入口压力
8	PI6102	5.7	MPa	循环压缩机 C601 出口压力
9	TIA6101	40	℃	循环压缩机 C601 进口温度
10	TIA6102	44	℃	循环压缩机 C601 出口温度
11	PI6001	5.2	MPa	合成塔 R601 入口压力
12	PI6003	5.05	MPa	合成塔 R601 出口压力
13	TR6001	46	℃	合成塔 R601 进口温度
14	TR6003	255	℃	合成塔 R601 出口温度
15	TR6006	255	℃	合成塔 R601 温度
16	TI6001	91	℃	中间换热器 E601 热物流出口温度
17	TR6004	40	℃	分离罐 F602 进口温度
18	FR6006	13904	kg/h	粗甲醇采出量
19	FR6005	5.5	t/h	汽包 F601 蒸汽采出量
20	TIA6005	250	℃	汽包 F601 温度
21	PDI6002	0.15	MPa	合成塔 R601 进出口压差
22	AD6011	3.5	%	循环气中 CO_2 的含量
23	AD6012	6.29	%	循环气中 CO 的含量
24	AD6013	79.31	%	循环气中 H_2 的含量
25	FFR6001	1.07		混合气与 H_2 体积流量之比
26	TI6002	270	℃	喷射器 X601 入口温度
27	TI6003	104	℃	汽包 F601 入口锅炉水温度
28	LI6001	40	%	分离罐 F602 现场液位显示
29	LI6003	50	%	分离罐 F602 现场液位显示
30	FFR6001	1.07		H_2 与混合气流量比
31	FFR6002	2.05~2.15		新鲜气中 H_2 与 CO 比

3. 现场阀说明

序号	位号	说明	序号	位号	说明
1	VD6001	FRCA6001 前阀	16	V6002	PRCA6004 副线阀
2	VD6002	FRCA6001 后阀	17	V6003	LICA6001 副线阀
3	VD6003	PRCA6004 前阀	18	V6004	PRCA6005 副线阀
4	VD6004	PRCA6004 后阀	19	V6005	LICA6003 副线阀
5	VD6005	LICA6001 前阀	20	V6006	开工喷射器蒸汽入口阀
6	VD6006	LICA6001 后阀	21	V6007	FRCA6002 副线阀
7	VD6007	PRCA6005 前阀	22	V6008	低压 N_2 入口阀
8	VD6008	PRCA6005 后阀	23	V6010	E602 冷物流入口阀
9	VD6009	LICA6003 前阀	24	V6011	E603 冷物流入口阀
10	VD6010	LICA6003 后阀	25	V6012	R601 排污阀
11	VD6011	压缩机前阀	26	V6014	F601 排污阀
12	VD6012	压缩机后阀	27	V6015	C601 开关
13	VD6013	透平蒸汽入口前阀	28	SP6001	T601 入口蒸汽电磁阀
14	VD6014	透平蒸汽入口后阀	29	SV6001	R601 入口气安全阀
15	V6001	FRCA6001 副线阀	30	SV6002	F601 安全阀

任务三 岗位操作

一、开车准备

1. 开工具备的条件
① 与开工有关的修建项目全部完成并验收合格;
② 设备、仪表及流程符合要求;
③ 水、电、汽、风及化验能满足装置要求;
④ 安全设施完善,排污管道具备投用条件,操作环境及设备要清洁整齐卫生。

2. 开工前的准备
① 仪表空气、中压蒸汽、锅炉给水、冷却水及脱盐水均已引入界区内备用;
② 盛装开工废甲醇的废油桶已准备好;
③ 仪表校正完毕;
④ 催化剂还原彻底;
⑤ 粗甲醇贮槽皆处于备用状态,全系统在催化剂升温还原过程中出现的问题都已解决;
⑥ 净化运行正常,新鲜气质量符合要求,总负荷≥30%;

⑦ 压缩机运行正常，新鲜气随时可导入系统；

⑧ 本系统所有仪表再次校验，调试运行正常；

⑨ 精馏工段已具备接收粗甲醇的条件；

⑩ 总控现场照明良好，操作工具、安全工具、交接班记录、生产报表、操作规程、工艺指标齐备，防毒面具，消防器材按规定配好；

⑪ 微机运行良好，各参数已调试完毕。

二、冷态开车

1. 引锅炉水

① 依次开启汽包 F601 锅炉水、控制阀 LICA6003、入口前阀 VD6009，将锅炉水引进汽包；

② 当汽包液位 LICA6003 接近 50% 时，投自动，如果液位难以控制，可手动调节；

③ 汽包设有安全阀 SV6001，当汽包压力 PRCA6005 超过 5.0MPa 时，安全阀会自动打开，从而保证汽包的压力不会过高，进而保证反应器的温度不至于过高。

2. N_2 置换

① 现场开启低压 N_2 入口阀 V6008（微开），向系统充 N_2；

② 依次开启 PRCA6004 前阀 VD6003、控制阀 PRCA6004、后阀 VD6004，如果压力升高过快或降压过程降压速度过慢，可开副线阀 V6002；

③ 将系统中含氧量稀释至 0.25% 以下，在吹扫时，系统压力 PI6001 维持在 0.5MPa 附近，但不要高于 1MPa；

④ 当系统压力 PI6001 接近 0.5MPa 时，关闭 V6008 和 PRCA6004，进行保压；

⑤ 保压一段时间，如果系统压力 PI6001 不降低，说明系统气密性较好，可以继续进行生产操作；如果系统压力 PI6001 明显下降，则要检查各设备及其管道，确保无问题后再进行生产操作（仿真中为了节省操作时间，保压 30s 以上即可）。

3. 建立循环

① 手动开启 FIC6101，防止压缩机喘振，在压缩机出口压力 PI6101 大于系统压力 PI6001 且压缩机运转正常后关闭；

② 开启压缩机 C601 入口前阀 VD6011；

③ 开透平 T601 前阀 VD6013、控制阀 SIS6202、后阀 VD6014，为循环压缩机 C601 提供运转动力。调节控制阀 SIS6202 使转速不致过大；

④ 开启 VD6015，投用压缩机；

⑤ 待压缩机出口压力 PI6102 大于系统压力 PI6001 后，开启压缩机 C601 后阀 VD6012，打通循环回路。

4. H_2 置换充压

① 通 H_2 前，先检查 O_2 含量，若高于 0.25%（体积分数），应先用 N_2 稀释至 0.25% 以下再通 H_2。

② 现场开启 H_2 副线阀 V6007，进行 H_2 置换，使 N_2 的体积含量在 1% 左右；

③ 开启控制阀 PRCA6004，充压至 PI6001 为 2.0MPa，但不要高于 3.5MPa；

④ 注意调节进气和出气的速度，使 N_2 的体积含量降至 1% 以下，而系统压力至 PI6001

升至 2.0MPa 左右。此时关闭 H_2 副线阀 V6007 和压力控制阀 PRCA6004。

5. 投原料气

① 依次开启混合气入口前阀 VD6001、控制阀 FRCA6001、后阀 VD6002；

② 开启 H_2 入口阀 FRCA6002；

③ 同时，注意调节 SIC6202，保证循环压缩机的正常运行；

④ 按照体积比约为 1：1 的比例，将系统压力缓慢升至 5.0MPa 左右（但不要高于 5.5MPa），将 PRCA6004 投自动，设为 4.90MPa。此时关闭 H_2 入口阀 FRCA6002 和混合气控制阀 FRCA6001，进行反应器升温。

6. 反应器升温

① 开启开工喷射器 X601 的蒸汽入口阀 V6006，注意调节 V6006 的开度，使反应器温度 TR6006 缓慢升至 210℃；

② 开 V6010，投用换热器 E-602；

③ 开 V6011，投用换热器 E-603，使 TR6004 不超过 100℃；

④ 当 TR6004 接近 200℃，依次开启汽包蒸汽出口前阀 VD6007、控制阀 PRCA6005、后阀 VD6008，并将 PRCA6005 投自动，设为 4.3MPa，如果压力变化较快，可手动调节。

7. 调至正常

① 调至正常过程较长，并且不易控制，需要慢慢调节；

② 反应开始后，关闭开工喷射器 X601 的蒸汽入口阀 V6006；

③ 缓慢开启 FRCA6001 和 FRCA6002，向系统补加原料气，注意调节 SIC6202 和 FR-CA6001，使入口原料气中 H_2 与 CO 的体积比为 (7~8)：1，随着反应的进行，逐步投料至正常 (FRCA6001 约为 14877m^3/h)，FRCA6001 为 FRCA6002 的 1~1.1 倍，将 PRCA6004 投自动，设为 4.90MPa；

④ 有甲醇产出后，依次开启粗甲醇采出现场前阀 VD6003、控制阀 LICA6001、后阀 VD6004，并将 LICA6001 投自动，设为 40%，若液位变化较快，可手动控制；

⑤ 如果系统压力 PI6001 超过 5.8MPa，系统安全阀 SV6001 会自动打开，若压力变化较快，可通过减小原料气进气量并开大放空阀 PRCA6004 来调节；

⑥ 投料至正常后，循环气中 H_2 的含量能保持在 79.3% 左右，CO 含量达到 6.29% 左右，CO_2 含量达到 3.5% 左右，说明体系已基本达到稳态；

⑦ 体系达到稳态后，投用联锁，在 DCS 图上按"F602 液位高或 R601 温度高联锁"按钮和"F601 液位低联锁"按钮。

循环气的正常组成如下表：

组成	CO_2	CO	H_2	CH_4	N_2	Ar	CH_3OH	H_2O	O_2	高沸点物
体积分数/%	3.5	6.29	79.31	4.79	3.19	2.3	0.61	0.01	0	0

三、正常停车

1. 停原料气

① 将 FRCA6001 改为手动，关闭，现场关闭 FRCA6001 前阀 VD6001、后阀 VD6002；

② 将 FRCA6002 改为手动，关闭；

③ 将 PRCA6004 改为手动，关闭。

2. 开蒸汽

开蒸汽阀 V6006，投用 X601，使 TR6006 维持在 210℃以上，使残余气体继续反应。

3. 汽包降压

① 残余气体反应一段时间后，关蒸汽阀 V6006；

② 将 PRCA6005 改为手动调节，逐渐降压；

③ 关闭 LICA6003 及其前后阀 VD6010、VD6009，停锅炉水。

4. R601 降温

① 手动调节 PRCA6004，使系统泄压；

② 开启现场阀 V6008，进行 N_2 置换，使 $H_2 + CO_2 + CO$ 含量<1%（体积分数）；

③ 保持 PI6001 在 0.5MPa 时，关闭 V6008；

④ 关闭 PRCA6004；

⑤ 关闭 PRCA6004 的前阀 VD6003、后阀 VD6004。

5. 停 C/T601

① 关 VD6015，停用压缩机；

② 逐渐关闭 SIC6202；

③ 关闭现场阀 VD6013；

④ 关闭现场阀 VD6014；

⑤ 关闭现场阀 VD6011；

⑥ 关闭现场阀 VD6012。

6. 停冷却水

① 关闭现场阀 V6010，停冷却水；

② 关闭现场阀 V6011，停冷却水。

四、紧急停车

1. 停原料气

① 将 FRCA6001 改为手动，关闭，现场关闭 FRCA6001 前阀 VD6001、后阀 VD6002；

②. 将 FRCA6002 改为手动，关闭；

③ 将 PRCA6004 改为手动，关闭。

2. 停压缩机

① 关 VD6015，停用压缩机；

② 逐渐关闭 SIC6202；

③ 关闭现场阀 VD6013；

④ 关闭现场阀 VD6014；

⑤ 关闭现场阀 VD6011；

⑥ 关闭现场阀 VD6012。

3. 泄压

① 将 PRCA6004 改为手动，全开；

② 当 PI6001 降至 0.3MPa 以下时，将 PRCA6004 关小。

4. N₂ 置换

① 开 V6008，进行 N₂ 置换；

② 当 $CO+H_2$ 含量<5%后，用 0.5MPa 的 N₂ 保压。

任务四　事故处理

1. 分离罐液位高或反应器温度高联锁

事故原因：F602 液位高或 R601 温度高联锁。

事故现象：分离罐 F602 的液位 LICA6001 高于 70%，或反应器 R601 的温度 TR6006 高于 270℃。原料气进气阀 FRCA6001 和 FRCA6002 关闭，透平电磁阀 SP6001 关闭。

处理方法：等联锁条件消除后，按"SP6001 复位"按钮，透平电磁阀 SP6001 复位；手动开启进料控制阀 FRCA6001 和 FRCA6002。

2. 汽包液位低联锁

事故原因：F601 液位低联锁。

事故现象：汽包 F601 的液位 LICA6003 低于 5%，温度高于 100℃；锅炉水入口阀 LICA6003 全开。

处理方法：等联锁条件消除后，手动调节锅炉水入口控制阀 LICA6003 至正常。

3. 混合气入口阀 FRCA6001 阀卡

事故原因：控制阀 FRCA6001 阀卡。

事故现象：混合气进料量变小，造成系统不稳定。

处理方法：开启混合气入口副线阀 V6001，将流量调至正常。

4. 透平坏

事故原因：透平坏。

事故现象：透平运转不正常，循环压缩机 C601 停。

处理方法：正常停车，修理透平。

5. 催化剂老化

事故原因：催化剂失效。

事故现象：反应速率降低，各成分的含量不正常，反应器温度降低，系统压力升高。

处理方法：正常停车，更换催化剂后重新开车。

6. 循环压缩机坏

事故原因：循环压缩机坏。

事故现象：压缩机停止工作，出口压力等于入口，循环不能继续，导致反应不正常。

处理方法：正常停车，修好压缩机后重新开车。

7. 反应塔温度高报警

事故原因：反应塔温度高报警。

事故现象：反应塔温度 TR6006 高于 265℃但低于 270℃。

处理方法：

① 全开汽包上部 PRCA6005 控制阀，释放蒸汽热量；

② 打开现场锅炉水进料旁路阀 V6005，增大汽包的冷水进量；

③ 将程控阀门 LICA6003 手动，全开，增大冷水进量；

④ 手动打开现场汽包底部排污阀 V6014；

⑤ 手动打开现场反应塔底部排污阀 V6012；

⑥ 待温度稳定下降之后，观察下降趋势，当 TR6006 在 260℃时，关闭排污阀 V6012；

⑦ 将 LICA6003 调至自动，设定液位为 50%；

⑧ 关闭现场锅炉水进料旁路阀门 V6005；

⑨ 关闭现场汽包底部排污阀 V6014；

⑩ 将 PRCA6005 投自动，设定为 4.3MPa。

8. 反应塔温度低报警

事故原因：反应塔温度低报警。

事故现象：反应塔温度 TR6006 高于 210℃但低于 220℃。

处理方法：

① 将锅炉水调节阀 LICA6003 调为手动，关闭；

② 缓慢打开喷射器入口阀 V6006；

③ 当 TR6006 温度为 255℃时，逐渐关闭 V6006；

9. 分离罐液位高报警

事故原因：分离罐液位高报警。

事故现象：分离罐液位 LICA6001 高于 65%，但低于 70%。

处理方法：

① 打开现场旁路阀 V6003；

② 全开 LICA6001；

③ 当液位低于 50%之后，关闭 V6003；

④ 调节 LICA6001，稳定在 40%时投自动。

10. 系统压力 PI6001 高报警

事故原因：系统压力 PI6001 高报警。

事故现象：系统压力 PI6001 高于 5.5MPa，但低于 5.7MPa。

处理方法：

① 关小 FRCA6001 的开度至 30%，压力正常后调回；

② 关小 FRCA6002 的开度至 30%，压力正常后调回。

11. 汽包液位低报警

事故原因：汽包液位低报警。

事故现象：汽包液位 LICA6003 低于 10%，但高于 5%。

处理方法：

① 开现场旁路阀 V6005；

② 全开 LICA6003，增大入水量；

③ 当汽包液位上升至 50%，关现场 V6005；

④ LICA6003 稳定在 50%时，投自动。

任务五　读识现场图和 DCS 图

1. 甲醇合成工段总图

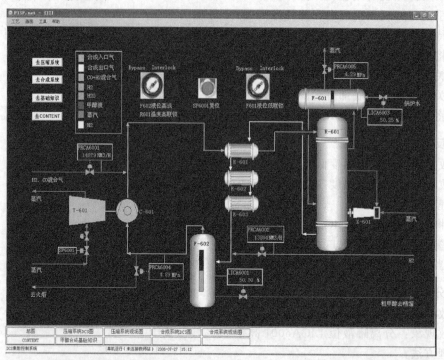

2. 压缩系统 DCS 图

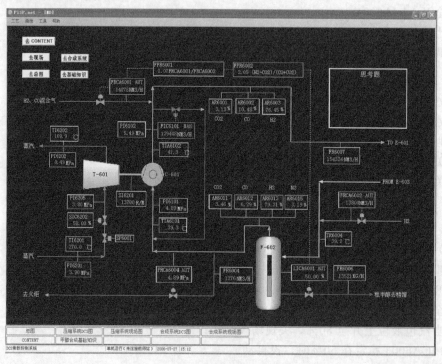

3. 压缩系统现场图

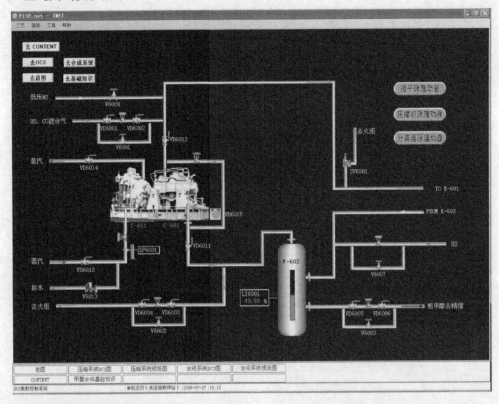

4. 合成系统 DCS 图

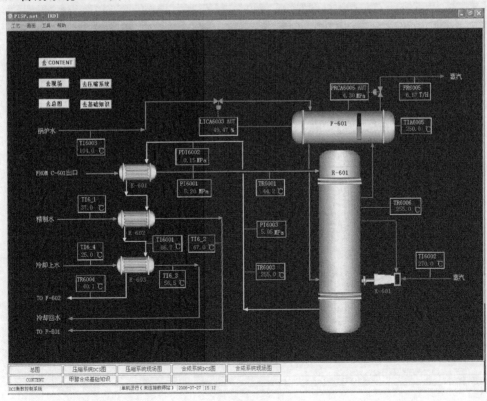

5. 合成系统现场图

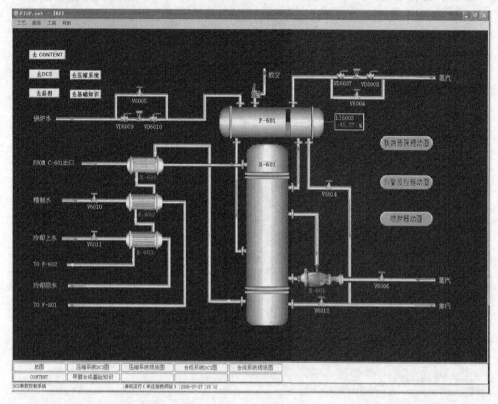

6. 含量图

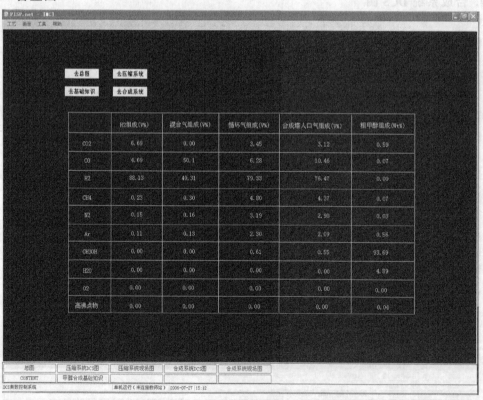

	H2组成(V%)	混合气组成(V%)	循环气组成(V%)	合成塔入口气组成(V%)	粗甲醇组成(Wt%)
CO2	6.69	0.00	3.45	3.12	0.59
CO	4.69	50.1	6.28	10.46	0.07
H2	88.13	49.31	79.33	76.47	0.00
CH4	0.23	0.30	4.80	4.37	0.07
N2	0.15	0.16	3.19	2.90	0.03
Ar	0.11	0.13	2.30	2.09	0.56
CH3OH	0.00	0.00	0.61	0.55	93.69
H2O	0.00	0.00	0.00	0.00	4.89
O2	0.00	0.00	0.00	0.00	0.00
高沸点物	0.00	0.00	0.00	0.00	0.04

7. 甲醇合成基础知识图 1

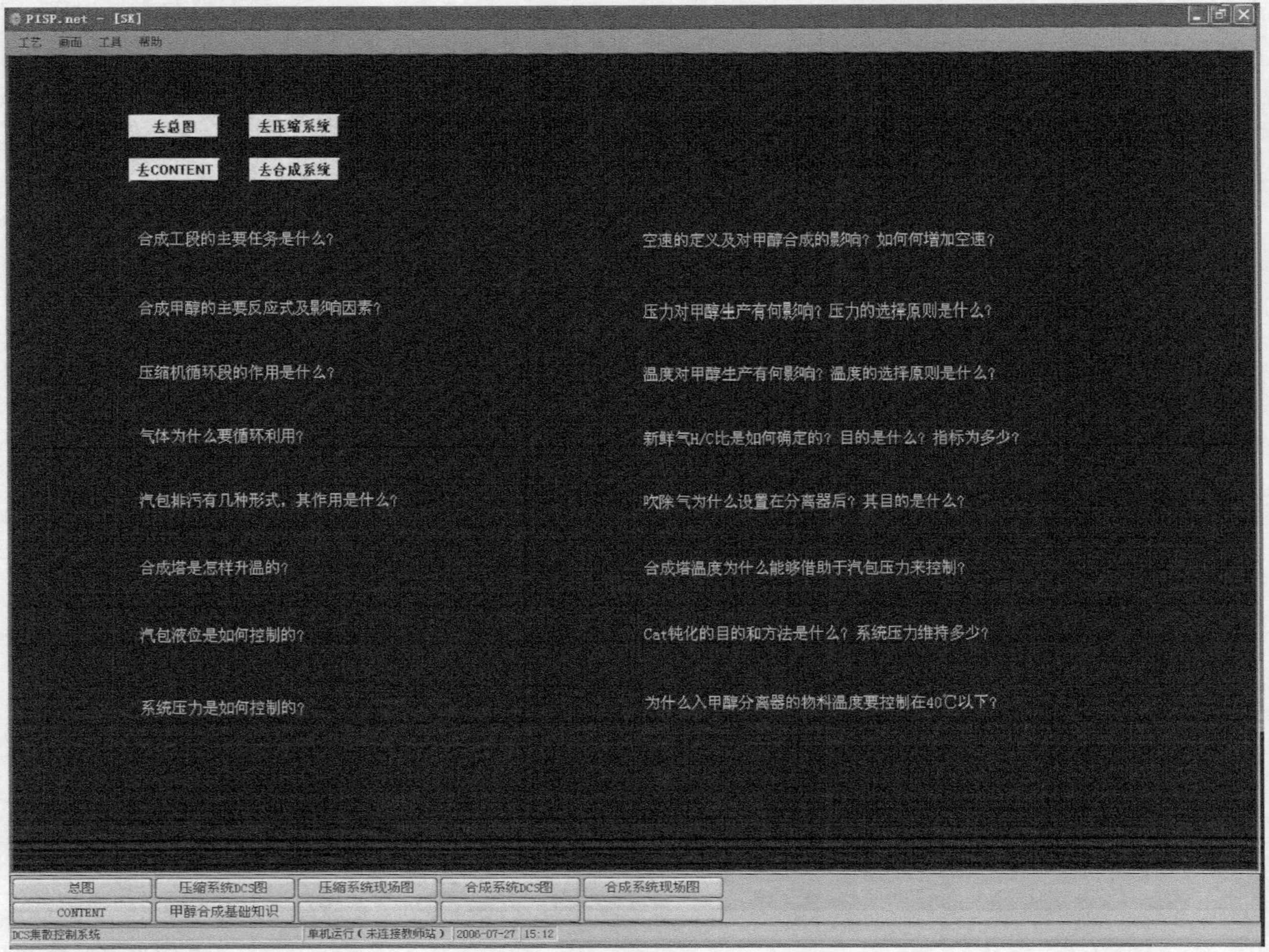

经过水冷器冷却后的出塔气，此时甲醇和水大部分被冷凝为液体，进入分离器分离出粗甲醇，分离后的有效气体含甲醇蒸汽约0.6%。

如果入分离器的温度升高，那么甲醇蒸汽的含量就增加。经加压送入合成塔后，将影响生成甲醇的质量。入分离器温度受到上水量、上水温度及循环量的影响。温度升高时，应适当加大冷却水上水，降低上水温或减少循环量，以控制入分离气温度在40℃以下，减少甲醇蒸汽的带出。

项目四

甲醇精制工艺仿真系统

任务一　认识甲醇精制仿真软件系统

煤化工是以煤为原料，经过化学反应，生成各种化学品和油品的产业。煤通过高温干馏生产焦炭；通过气化生产合成气，进而生产合成氨和甲醇甲醚、煤烯烃和油等无机、有机化工产品。其中甲醇是重要的化工原料；甲醚则是可以作为汽车燃料的环保产品。

当前，我国的煤化工正逐渐步入一个快速发展的新时期，产业化呼声空前高涨，并成为当今能源化工发展的热点。同时我国众多的中小型氮肥厂，其生产的原料就是煤，故煤化工工业是今后20年的重要发展方向，我国将成为世界最大的煤化工业国家。

针对煤化工业的大力发展，煤化工企业必定对熟悉煤化工工艺和操作流程的技术人员有大量的需求，北京东方仿真软件技术有限公司（简称东方仿真）适时推出一系列煤化工仿真教学培训软件——合成氨、甲醇、甲醚等仿真实习软件。该仿真系统是以现有的计算机软硬件技术为基础，在深入了解化工生产各种过程、设备、控制系统及其正常操作的条件下，开发出各种工段生产操作过程动态模型，并设计出计算机易于实现而在传统教学与实践中无法实现的各种培训功能，整合计算机技术、多媒体技术，模拟出与真实工艺操作相近的全流程，从而为从事化工操作的各类人员提供一个操作与试验的仿真培训系统，因此，该仿真系统也是针对化工专业学生进行实习、实训时现场学习环境相对困难、无法动手操作，从而造成学生对具体工艺流程及生产原理细节理解不深的一个解决办法。

通过建立动态数学模型实时模拟一些煤化工装置的真实生产过程的冷态开车、正常操作和正常停车、常见事故处理的现象和过程，再现了一个离线的、能够亲自动手操作的仿真Honeywell公司TDC3000或者是通用DCS操作界面，使员工或学生能够对工艺流程的主要指标进行控制和调节，结合对真实现场的感性认识和理解，从而使实习和培训的效果更加理想。

一、仿真实习软件工艺流程简介

1. 20万吨天然气造甲醇工艺简介

本仿真培训系统为甲醇精制工段。

本软件是根据甘肃某化工厂年产20万吨甲醇项目开发的，本工段采用四塔（3+1）精馏工艺，包括预塔、加压塔、常压塔及甲醇回收塔。预塔的主要目的是除去粗甲醇中溶解的气体（如CO_2、CO、H_2等）及低沸点组分（如二甲醚、甲酸甲酯），加压塔及常压塔的目的是除去水及高沸点杂质（如异丁基油），同时获得高纯度的优质甲醇产品。另外，为了减少废水排放，增设甲醇回收塔，进一步回收甲醇，减少废水中甲醇的含量。

（1）工艺特点

三塔精馏加回收塔工艺流程的主要特点是热能的合理利用。

采用双效精馏方法：将加压塔塔顶气相的冷凝潜热用作常压塔塔釜再沸器热源。

（2）废热回收

其一是将天然气蒸汽转化工段的转化气作为加压塔再沸器热源；

其二是加压塔辅助再沸器、预塔再沸器冷凝水用来预热进料粗甲醇；

其三是加压塔塔釜出料与加压塔进料充分换热。

（3）流程简述

从甲醇合成工序来的粗甲醇进入粗甲醇预热器（E0401）与预塔再沸器（E0402）、加压塔再沸器（E0406B）和回收塔再沸器（E0414）来的冷凝水进行换热后进入预塔（D0401），经 D0401 分离后，塔顶气相为二甲醚、甲酸甲酯、二氧化碳、甲醇等蒸气，经二级冷凝后，不凝气通过火炬排放，冷凝液中补充脱盐水返回 D0401 作为回流液，塔釜为甲醇水溶液，经 P0403 增压后用加压塔（D0402）塔釜出料液在 E0405 中进行预热，然后进入 D0402。

经 D0402 分离后，塔顶气相为甲醇蒸气，与常压塔（D0403）塔釜液换热后部分返回 D0402 打回流，部分采出作为精甲醇产品，经 E0407 冷却后送中间罐区产品罐，塔釜出料液在 E0405 中与进料换热后作为 E0403 塔的进料。

在 D0403 中甲醇与轻重组分以及水得以彻底分离，塔顶气相为含微量不凝气的甲醇蒸气，经冷凝后，不凝气通过火炬排放，冷凝液部分返回 D0403 打回流，部分采出作为精甲醇产品，经 E0410 冷却后送中间罐区产品罐，塔下部侧线采出杂醇油作为回收塔（D0404）的进料。塔釜出料液为含微量甲醇的水，经 P0409 增压后送污水处理厂。

经 D0404 分离后，塔顶产品为精甲醇，经 E0415 冷却后部分返回 D0404 回流，部分送精甲醇罐，塔中部侧线采出异丁基油送中间罐区副产品罐，底部的少量废水与 D0403 塔底废水合并。

2. 复杂控制方案说明

本工段复杂控制回路主要是串级回路的使用，使用了液位与流量串级回路和温度与流量串级回路。

（1）串级回路

串级回路是在简单调节系统基础上发展起来的。在结构上，串级回路调节系统有两个闭合回路。主、副调节器串联，主调节器的输出为副调节器的给定值，系统通过副调节器的输出操纵调节阀动作，实现对主参数的定值调节。所以在串级回路调节系统中，主回路是定值调节系统，副回路是随动系统。

（2）具体实例

预塔 D0401 的塔釜温度控制 TRC005 和再沸器热物流进料 FIC005 构成一串级回路。温度调节器的输出值同时是流量调节器的给定值，即即流量调节器 FIC005 的 SP 值由温度调节器 TRC005 的输出 OP 值控制，TRC005 的 OP 的变化使 FIC005 的 SP 产生相应的变化。

3. 主要设备

该工段包括以下设备。

E0401：粗甲醇预热器。

E0402：预塔再沸器。

E0403：预塔一级冷凝器。

D0401：预塔。

P0402A/B：预塔回流泵。

P0403A/B：预后泵。

V0403：预塔回流罐。

E0405：加压塔预热器。

E0406A：加压塔蒸汽再沸器。

E0406B：加压塔转化气再沸器。

E0407：精甲醇冷却器。

E0408：冷凝再沸器。

E0413：加压塔二冷。

D0402：加压塔。

V0405：加压塔回流罐。

P0404A/B：加压塔回流泵。

E0409：常压塔冷凝器。

E0410：精甲醇冷却器。

E0416：废水冷却器。

D0403：常压塔。

V0406：常压塔回流罐。

P0405A/B：常压塔回流泵。

P0406A/B：回收塔进料泵。

P0409A/B：废液泵。

E0414：回收塔再沸器。

E0415：回收塔冷凝器。

D0404：回收塔。

V0407：回收塔回流罐。

P0411A/B：回收塔回流泵。

二、甲醇精制工段操作规程

1. 冷态开车操作规程

装置冷态开工状态为所有装置处于常温、常压下，各调节阀处于手动关闭状态，各手操阀处于关闭状态，可以直接进冷物流。

(1) 开车前准备

① 打开预塔一级冷凝器 E0403 和二级冷凝器的冷却水阀；

② 打开加压塔冷凝器 E0413 和 E0407 的冷却水阀门；

③ 打开常压塔冷凝器 E0409、E0410 和 E0416 的冷却水阀门；

④ 打开回收塔冷凝器 E0415 的冷却水阀；

⑤ 打开加压塔的 N_2 进料阀，充压至 0.65atm，关闭 N_2 进口阀。

(2) 预塔、加压塔和常压塔开车

① 开粗甲醇预热器 E0401 的进口阀门 VA4001（＞50％），向预塔 D0401 进料；

② 待塔顶压力大于 0.02MPa 时，调节预塔排气阀 FV4003，使塔顶压力维持在 0.03MPa 左右；

③ 预塔 D0401 塔底液位超过 80％后，打开泵 P0403A 的入口阀，启动泵，再打开泵出口阀，启动预后泵；

④ 手动打开调节阀 FV4002（＞50％），向加压塔 D0402 进料；

⑤ 当加压塔 D0402 塔底液位超过 60％后，手动打开塔釜液位调节阀 FV4007（＞50％），向常压塔 D0403 进料；

⑥ 通过调节蒸汽阀 FV4005 开度，给预塔再沸器 E0402 加热；通过调节阀门 PV4007 的开度，使加压塔回流罐压力维持在 0.65MPa；通过调节 FV4014 开度，给加压塔再沸器 E0406B 加热；通过调节 TV4027 开度，给加压塔再沸器 E0406A 加热；

⑦ 通过调节阀门 HV4001 的开度，使常压塔回流罐压力维持在 0.01MPa；

⑧ 当预塔回流罐有液体产生时，开脱盐水阀 VA4005，冷凝液中补充脱盐水，开预塔回流泵 P0402A 入口阀，启动泵，开泵出口阀，启动回流泵；

⑨ 通过调节阀 FV4004（开度＞40％）开度控制回流量，维持回流罐 V0403 液位在 40％以上；

⑩ 当加压塔回流罐有液体产生时，开加压塔回流泵 P0404A 入口阀，启动泵，开泵出口阀，启动回流泵，调节阀 FV4013（开度＞40％）开度控制回流量，维持回流罐 V0405 液位在 40％以上；

⑪ 回流罐 V0405 液位无法维持时，逐渐打开 LV4014，打开 VA4052，采出塔顶产品；

⑫ 当常压塔回流罐有液体产生时，开常压塔回流泵 P0405A 入口阀，开泵出口阀。调节阀 FV4022（开度＞40％），维持回流罐 V0406 液位在 40％以上；

⑬ 回流罐 V0406 液位无法维持时，逐渐打开 FV4024，采出塔顶产品；

⑭ 维持常压塔塔釜液位在 80％左右。

（3）回收塔开车

① 常压塔侧线采出杂醇油作为回收塔 D0404 进料，打开侧线采出阀 VD4029～VD4032，开回收塔进料泵 P0406A 入口阀，启动泵，开泵出口阀，调节阀 FV4023（开度＞40％）开度控制采出量，打开回收塔进料阀 VD4033～VD4037；

② 待塔 D0404 塔底液位超过 50％后，手动打开流量调节阀 FV4035，与 D0403 塔底污水合并；

③ 通过调节蒸汽阀 FV4031 开度，给再沸器 E0414 加热；

④ 通过调节阀 VA4046 的开度，使回收塔压力维持在 0.01MPa；

⑤ 当回流罐有液体产生时，开回流泵 P0411A 入口阀，启动泵，开泵出口阀，调节阀 FV4032（开度＞40％），维持回流罐 V0407 液位在 40％以上；

⑥ 回流罐 V0407 液位无法维持时，逐渐打开 FV4036，采出塔顶产品。

（4）调节至正常

① 通过调整 PIC4003 开度，使预塔 PIC4003 达到正常值；

② 调节 FV4001，进料温度稳定至正常值；

③ 逐步调整预塔回流量 FIC4004 至正常值；

④ 逐步调整塔釜出料量 FIC4002 至正常值；

⑤ 通过调整加热蒸汽量 FIC4005 控制预塔塔釜温度 TRC4005 至正常值；

⑥ 通过调节 PIC007 开度，使加压塔压力稳定；

⑦ 逐步调整加压塔回流量 FIC013 至正常值；

⑧ 开 LIC4014 和 FIC4007 出料，注意加压塔回流罐、塔釜液位；

⑨ 通过调整加热蒸汽量 FIC4014 和 TIC4027 控制加压塔塔釜温度 TIC4027 至正常值；

⑩ 开 LIC4024 和 LIC4021 出料，注意常压塔回流罐、塔釜液位；

⑪ 开 FIC4036 和 FIC4035 出料，注意回收塔回流罐、塔釜液位；

⑫ 通过调整加热蒸汽量 FIC4031 控制回收塔塔釜温度 TIC4065 至正常值；

⑬ 将各控制回路投自动，各参数稳定并与工艺设计值吻合后，投产品采出串级。

2. 正常操作规程

正常工况下的工艺参数如下：

① 进料温度 TIC4001 投自动，设定值为 72℃；

② 预塔塔顶压力 PIC4003 投自动，设定值为 0.03MPa；

③ 预塔塔顶回流量 FIC4004 设为串级，设定值为 16690kg/h，LIC4005 设自动，设定值为 50%；

④ 预塔塔釜采出量 FIC4002 设为串级，设定值为 35176kg/h，LIC4001 设自动，设定值为 50%；

⑤ 预塔加热蒸气量 FIC4005 设为串级，设定值为 11200kg/h，TRC4005 投自动，设定值为 77.4℃；

⑥ 加压塔加热蒸气量 FIC4014 设为串级，设定值为 15000kg/h，TRC4027 投自动，设定值为 134.8℃；

⑦ 加压塔顶压力 PIC4007 投自动，设定值为 0.65MPa；

⑧ 加压塔塔顶回流量 FIC4013 投自动，设定值为 37413kg/h；

⑨ 加压塔回流罐液位 LIC4014 投自动，设定值为 50%；

⑩ 加压塔塔釜采出量 FIC4007 设为串级，设定值为 22747kg/h，LIC4011 设自动，设定值为 50%；

⑪ 常压塔塔顶回流量 FIC4022 投自动，设定值为 27621kg/h；

⑫ 常压塔回流罐液位 LIC4024 投自动，设定值为 50%；

⑬ 常压塔塔釜液位 LIC4021 投自动，设定值为 50%；

⑭ 常压塔侧线采出量 FIC4023 投自动，设定值为 658kg/h；

⑮ 回收塔加热蒸气量 FIC4031 设为串级，设定值为 700kg/h，TRC4065 投自动，设定值为 107℃；

⑯ 回收塔塔顶回流量 FIC4032 投自动，设定值为 1188kg/h；

⑰ 回收塔塔顶采出量 FIC4036 投串级，设定值为 135kg/h，LIC4016 投自动，设定值为 50%；

⑱ 回收塔塔釜采出量 FIC4035 设为串级，设定值为 346kg/h，LIC4031 设自动，设定值为 50%；

⑲ 回收塔侧线采出量 FIC4034 投自动，设定值为 175kg/h。

3. 停车操作规程

(1) 预塔停车

① 手动逐步关小进料阀 VA4001，使进料降至正常进料量的 70%；

② 在降负荷过程中，尽量通过 FV4002 排出塔釜产品，使 LICA001 降至 30％左右；

③ 关闭调节阀 VA4001，停预塔进料；

④ 关闭阀门 FV4005，停预塔再沸器的加热蒸汽；

⑤ 手动关闭 FV4002，停止产品采出；

⑥ 打开塔釜泄液阀 VA4012，排不合格产品，并控制塔釜降低液位；

⑦ 关闭脱盐水阀门 VA4005；

⑧ 停进料和再沸器后，回流罐中的液体全部通过回流泵打入塔，以降低塔内温度；

⑨ 当回流罐液位降至 5％，停回流，关闭调节阀 FV4004；

⑩ 当塔釜液位降至 5％，关闭泄液阀 VA4012；

⑪ 当塔压降至常压后，关闭 FV4003；

⑫ 预塔温度降至 30℃左右时，关冷凝器冷凝水。

（2）加压塔停车

① 加压塔采出精甲醇 VA4052 改去粗甲醇贮槽 VA4053；

② 尽量通过 LV4014 排出回流罐中的液体产品，至回流罐液位 LICA014 在 20％左右；

③ 尽量通过 FV4007 排出塔釜产品，使 LICA011 降至 30％左右；

④ 关闭阀门 FV4014 和 TV4027，停加压塔再沸器的加热蒸汽；

⑤ 手动关闭 LV4014 和 FV4007，停止产品采出；

⑥ 打开塔釜泄液阀 VA4023，排不合格产品，并控制塔釜降低液位；

⑦ 停进料和再沸器后，回流罐中的液体全部通过回流泵打入塔，以降低塔内温度；

⑧ 当回流罐液位降至 5％，停回流，关闭调节阀 FV4013；

⑨ 当塔釜液位降至 5％，关闭泄液阀 VA4023；

⑩ 当塔压降至常压后，关闭 PV4007；

⑪ 加压塔温度降至 30℃左右时，关冷凝器冷凝水。

（3）常压塔停车

① 常压塔采出精甲醇 VA4054 改去粗甲醇贮槽 VA4055；

② 尽量通过 FV4024 排出回流罐中的液体产品，至回流罐液位 LICA024 在 20％左右；

③ 尽量通过 FV4021 排出塔釜产品，使 LICA021 降至 30％左右；

④ 手动关闭 FV4024，停止产品采出；

⑤ 打开塔釜泄液阀 VA4035，排不合格产品，并控制塔釜降低液位；

⑥ 停进料和再沸器后，回流罐中的液体全部通过回流泵打入塔，以降低塔内温度；

⑦ 当回流罐液位降至 5％，停回流，关闭调节阀 FV4022；

⑧ 当塔釜液位降至 5％，关闭泄液阀 VA4035；

⑨ 当塔压降至常压后，关闭 HV4001；

⑩ 关闭侧线采出阀 FV4023；

⑪ 常压塔温度降至 30℃左右时，关冷凝器冷凝水。

（4）回收塔停车

① 回收塔采出精甲醇 VA4056 改去粗甲醇贮槽 VA4057。

② 尽量通过 FV4036 排出回流罐中的液体产品，至回流罐液位 LICA016 在 20％左右。

③ 尽量通过 FV4035 排出塔釜产品，使 LICA031 降至 30％左右。

④ 手动关闭 FV4036 和 FV4035，停止产品采出。

⑤ 停进料和再沸器后，回流罐中的液体全部通过回流泵打入塔，以降低塔内温度。

⑥ 当回流罐液位降至5%，停回流，关闭调节阀FV4032。

⑦ 当塔釜液位降至5%，关闭泄液阀FV4035。

⑧ 当塔压降至常压后，关闭VA4046。

⑨ 关闭侧线采出阀FV4034。

⑩ 回收塔温度降至30℃左右时，关冷凝器冷凝水。

⑪ 关闭FV4021。

4. 仪表一览表

（1）预塔

位号	说明	类型	正常值	工程单位
04FR001	D0401进料量	AI	33201	kg/h
04FR003	D0401脱盐水流量	AI	2300	kg/h
04FIC002	D0401塔釜采出量控制	PID	35176	kg/h
04FIC004	D0401塔顶回流量控制	PID	16690	kg/h
04FIC005	D0401加热蒸汽量控制	PID	11200	kg/h
04TIC001	D0401进料温度控制	PID	72	℃
04TR075	E0401热侧出口温度	AI	95	℃
04TR002	D0401塔顶温度	AI	73.9	℃
04TR003	D0401Ⅰ与Ⅱ填料间温度	AI	75.5	℃
04TR004	D0401Ⅱ与Ⅲ填料间温度	AI	76	℃
04TR005	D0401塔釜温度控制	PID	77.4	℃
04TI007	E0403出料温度	AI	70	℃
04TI010	D0401回流液温度	AI	68.2	℃
04PI001	D0401塔顶压力	AI	0.03	MPa
04PIC003	D0401塔顶气相压力控制	PID	0.03	MPa
04PIA002	D0401塔釜压力	AI	0.038	MPa
04PIA004	P0403A/B出口压力	AI	1.27	MPa
04PIA010	P0402A/B出口压力	AI	0.49	MPa
04LICA005	V0403液位控制	PID	50	%
04LICA001	D0401塔釜液位控制	PID	50	%

（2）加压塔

位号	说明	类型	正常值	工程单位
04FIC007	D0402塔釜采出量控制	PID	22747	kg/h
04FIC013	D0402塔顶回流量控制	PID	37413	kg/h
04FIC014	E0406B蒸汽流量控制	PID	15000	kg/h
04FR011	D0402塔顶采出量	AI	12430	kg/h
04TI021	D0402进料温度	AI	116.2	℃
04TR022	D0402塔顶温度	AI	128.1	℃
04TR023	D0402Ⅰ与Ⅱ填料间温度	AI	128.2	℃

位号	说明	类型	正常值	工程单位
04TR024	D0402 Ⅱ 与 Ⅲ 填料间温度	AI	128.4	℃
04TR025	D0402 Ⅱ 与 Ⅲ 填料间温度	AI	128.6	℃
04TR026	D0402 Ⅱ 与 Ⅲ 填料间温度	AI	132	℃
04TRC027	D0402 塔釜温度控制	PID	134.8	℃
04TI051	E0413 热侧出口温度	AI	127	℃
04TI032	D0402 回流液温度	AI	125	℃
04TI029	E0407 热侧出口温度	AI	40	℃
04PI005	D0402 塔顶压力	AI	0.70	MPa
04PIC007	D0402 塔顶气相压力控制	PID	0.65	MPa
04PIA011	P0404A/B 出口压力	AI	1.18	MPa
04PIA006	D0402 塔釜压力	AI	0.71	MPa
04LICA014	V0405 液位控制	PID	50	%
04LICA011	D0402 塔釜液位控制	PID	50	%

（3）常压塔

位号	说明	类型	正常值	工程单位
04FIC022	D0403 塔顶回流量控制	PID	27621	kg/h
04FR021	D0403 塔顶采出量	AI	13950	kg/h
04FIC023	D0403 侧线采出异丁基油量控制	PID	658	kg/h
04TR041	D0403 塔顶温度	AI	66.6	℃
04TR042	D0403 Ⅰ 与 Ⅱ 填料间温度	AI	67	℃
04TR043	D0403 Ⅱ 与 Ⅲ 填料间温度	AI	67.7	℃
04TR044	D0403 Ⅲ 与 Ⅳ 填料间温度	AI	68.3	℃
04TR045	D0403 Ⅳ 与 Ⅴ 填料间温度	AI	69.1	℃
04TR046	D0403 Ⅴ 填料与塔盘间温度	AI	73.3	℃
04TR047	D0403 塔釜温度控制	AI	107	℃
04TI048	D0403 回流液温度	AI	50	℃
04TI049	E0409 热侧出口温度	AI	52	℃
04TI052	E0410 热侧出口温度	AI	40	℃
04TR053	E0409 入口温度	AI	66.6	℃
04PI008	D0403 塔顶压力	AI	0.01	MPa
04PIA024	V0406 平衡管线压力	AI	0.01	MPa
04PIA012	P0405A/B 出口压力	AI	0.64	MPa
04PIA013	P0406A/B 出口压力	AI	0.54	MPa
04PIA020	P0409A/B 出口压力	AI	0.32	MPa
04PIA009	D0403 塔釜压力	AI	0.03	MPa
04LICA024	V0406 液位控制	PID	50	%
04LICA021	D0403 塔釜液位控制	PID	50	%

（4）回收塔

位号	说明	类型	正常值	工程单位
04FIC032	D0404 塔顶回流量控制	PID	1188	kg/h
04FIC036	D0404 塔顶采出量	PID	135	kg/h
04FIC034	D0404 侧线采出异丁基油量控制	PID	175	kg/h
04FIC031	E0414 蒸汽流量控制	PID	700	kg/h
04FIC035	D0404 塔釜采出量控制	PID	347	kg/h
04TI061	D0404 进料温度	PID	87.6	℃
04TR062	D0404 塔顶温度	AI	66.6	℃
04TR063	D0404 Ⅰ 与 Ⅱ 填料间温度	AI	67.4	℃
04TR064	D0404 第Ⅱ层填料与塔盘间温度	AI	68.8	℃
04TR056	D0404 第 14 与 15 间温度	AI	89	℃
04TR055	D0404 第 10 与 11 间温度	AI	95	℃
04TR054	D0404 塔盘 6、7 间温度	AI	106	℃
04TRC065	D0404 塔釜温度控制	AI	107	℃
04TI066	D0404 回流液温度	AI	45	℃
04TI072	E0415 壳程出口温度	AI	47	℃
04PI021	D0404 塔顶压力	AI	0.01	MPa
04PIA033	P0411A/B 出口压力	AI	0.44	MPa
04PIA022	D0404 塔釜压力	AI	0.03	MPa
04LICA016	V0407 液位控制	PID	50	%
04LICA031	D0404 塔釜液位控制	PID	50	%

三、事故操作规程

1. 回流控制阀 FV4004 阀卡

原因：回流控制阀 FV4004 阀卡。

现象：回流量减小，塔顶温度上升，压力增大。

处理：打开旁路阀 VA4009，保持回流。

2. 回流泵 P0402A 故障

原因：回流泵 P0402A 泵坏。

现象：P0402A 断电，回流中断，塔顶压力、温度上升。

处理：启动备用泵 P0402B。

1. D0401 初塔 DCS 图

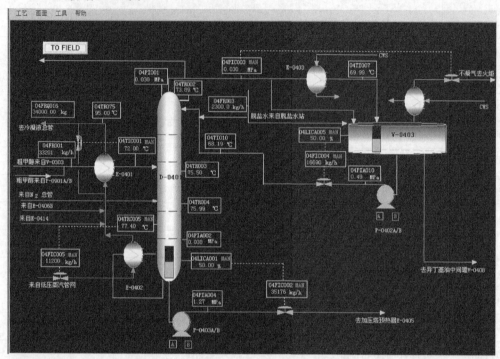

2. D0402 加压塔 DCS 图

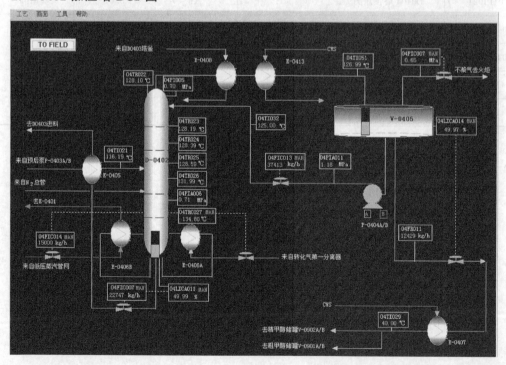

3. D0403 常压塔 DCS 图

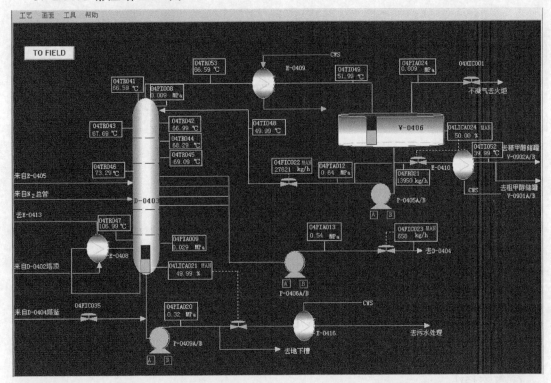

4. D0404 回收塔 DCS 图

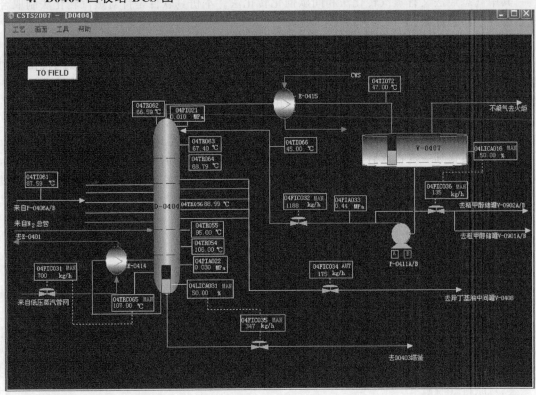

合成氨工艺转化工段仿真系统

任务一　装置认识

一、工艺流程简述

（1）概述

制取合成氨原料气的方法主要有以下几种：

① 固体燃料气法；

② 重油气法；

③ 气态烃法。

其中气态烃法又有蒸汽转化法和间歇催化转化法。本仿真软件是针对蒸汽转化法制取合成氨原料气而设计的。

（2）反应过程

制取合成氨原料气所用的气态烃主要是天然气（甲烷、乙烷、丙烷等）。蒸汽转化法制取合成氨原料气分两段进行，首先在装有催化剂（镍催化剂）的一段炉转化管内，蒸汽与气态烃进行吸热的转化反应，反应所需的热量由管外烧嘴提供。一段转化反应方程式如下：

$$CH_4 + H_2O \rightleftharpoons CO + 3H_2 \qquad \Delta H = 206.4 kJ/mol$$
$$CH_4 + 2H_2O \rightleftharpoons CO_2 + 4H_2 \qquad \Delta H = 165.1 kJ/mol$$

气态烃转化到一定程度后，送入装有催化剂的二段炉，同时加入适量的空气和水蒸气，与部分可燃性气体燃烧提供进一步转化所需的热量，所生成的氮气作为合成氨的原料。二段转化反应方程式如下。

① 催化床层顶部空间的燃烧反应。

$$2H_2 + O_2 \rightleftharpoons 2H_2O(g) \qquad \Delta H = -484 kJ/mol$$
$$CO + O_2 \rightleftharpoons CO_2 \qquad \Delta H = -566 kJ/mol$$

② 催化床层的转化燃烧反应。

$$CH_4 + H_2O \rightleftharpoons CO + 3H_2 \qquad \Delta H = 206.4 kJ/mol$$
$$CH_4 + CO_2 \rightleftharpoons 2CO + 2H_2 \qquad \Delta H = 247.4 kJ/mol$$

二段炉的出口气中含有大量的 CO，这些未变换的 CO 大部分在变换炉中氧化成 CO_2，从而提高了 H_2 的产量。变换反应方程式如下：

$$CO + H_2O \rightleftharpoons CO_2 + H_2 \qquad \Delta H = -566 kJ/mol$$

（3）原料气脱硫

原料天然气中含有 $6.0 cm^3/m^3$ 左右的硫化物，这些硫化物可以通过物理的和化学的方法脱除。天然气首先在原料气预热器（141-C）中被低压蒸汽预热，流量由 FR30 记录，温度由 TR21 记录，压力由 PRC1 调节，预热后的天然气进入活性炭脱硫槽（101-DA、102-DA 一用一备）进行初脱硫。然后进用蒸汽透平驱动的单缸离心式压缩机（102-J），压缩到所要求的操作压力。

压缩机设有 FIC12 防喘振保护装置，当在低于正常流量的条件下进行操作时，它可以把某一给定量的气体返回气水冷器（130-C），冷却后送回压缩机的入口。经压缩后的原料天然气在一段炉（101-B）对流段低温段加热到 230℃（TIA37）左右与 103-J 段间来 H_2 混合后，进入 Co-Mo 加氢和氧化锌脱硫槽（108-D），经脱硫后，天然气中的总硫含量降到 $0.5cm^3/m^3$ 以下，用 AR4 记录。

（4）原料气的一段转化

脱硫后的原料气与压力为 3.8MPa 的中压蒸汽混合，蒸汽流量由 FRCA2 调节。混合后的蒸汽和天然气以分子比 4∶1 的比例通过一段炉（101-B）对流段高温段预热后，送到101-B 辐射段的顶部，气体从一根总管被分配到八根分总管，分总管在炉顶部平行排列，每一根分总管中的气体又经猪尾管自上而下地被分配到 42 根装有催化剂的转化管中，原料气在一段炉（101-B）辐射段的 336 根催化剂反应管进行蒸汽转化，管外由顶部的 144（仿真中为72）个烧嘴提供反应热，这些烧嘴是由 MIC1～MIC9 来调节的。经一段转化后，气体中残余甲烷在 10%（AR1-4）左右。

（5）转化气的二段转化

一段转化气进入二段炉（103-D），在二段炉中同时送入工艺空气，工艺空气来自空气压缩机（101-J），压缩机有两个缸。从压缩机 101-B 最终出口管送往二段炉的空气量由FRC3 调节，工艺空气可以由电动阀 SP3 的动作而停止送往二段炉。工艺空气在电动阀 SP3的后面与少量的中压蒸汽汇合，然后通过 101-B 对流段预热。蒸汽量由 FI51 计量，由MIC19 调节，这股蒸汽是为了在工艺空气中断时保护 101-B 的预热盘管。开工旁路（LLV37）不通过预热盘，以避免二段转化催化剂在用空气升温时工艺空气过热。

工艺气从 101-D 的顶部向下通过一个扩散环而进入炉子的燃烧区，转化气中的 H_2 和空气中的氧燃烧产生的热量供给转化气中的甲烷在二段炉催化剂床中进一步转化，出二段炉的工艺气残余甲烷含量（AR1-3）在 0.3% 左右，经并联的两台第一废热锅炉（101-CA/B）回收热量，再经第二废热锅炉（102-C）进一步回收余热后，送去变换炉 104-D。废热锅炉的管侧是来自 101-F 的锅炉水。102-C 有一条热旁路，通过 TRC10 调节变换炉 104-D 的进口温度（370℃左右）。

（6）变换

变换炉 104-D 由高变和低变两个反应器，中间用蝶形头分开，上面是高变炉，下面是低变炉。低变炉底部有蒸汽注入管线，供开车时以及短期停车时催化剂保温用。从第二废热锅炉（102-C）来的转化气含有 12%～14% 的 CO，进入高变炉，在高变催化剂的作用下将部分 CO 转化成 CO_2，经高温变换后 CO 含量降到 3%（AR9）左右，然后经第三废热锅炉（103-C）回收部分热能，传给来自 101-F 的锅炉水，气体从 103-C 出来，进换热器（104-C）与甲烷化炉进气换热，从而得到进一步冷却。104-C 之前有一放空管，供开车和发生事故时高变出口气放空用，由电动阀 MIC26 控制。103-C 设置一旁路，由 TRC11 调节低变炉入口温度。进入低变炉在低变催化剂的作用下将其余 CO 转化为 CO_2，出低变炉的工艺气中 CO含量约为 0.3%（AR10）。开车或发生事故时气体可不进入低变炉，它是通过关闭低变炉进气管上的 SP4、打开 SP5 实现的。

（7）蒸汽系统

合成氨装置开车时，将从界外引入 3.8MPa、327℃的中压蒸汽约 50t/h。辅助锅炉和废热锅炉所用的脱盐水从水处理车间引入，用并联的低变出口气加热器（106-C）和甲烷化出口气加热器（134-C）预热到 100℃左右，进入除氧器（101-U）脱氧段，在脱氧段用低压蒸汽脱除水中溶解氧后，然后在储水段加入二甲基酮肟除去残余溶解氧。最终溶解氧含量小于 7×10^{-9}。

除氧水加入氨水调节 pH 至 8.5～9.2，经锅炉给水泵 104-J/JA/JB 经并联的合成气加热器（123-C），甲烷化气加热器（114-C）及一段炉对流段低温段锅炉给水预热盘管加热到 295℃（TI1-44）左右进入汽包（101-F），同时在汽包中加入磷酸盐溶液，汽包底部水经 101-CA/CB、102-C、103-C 一段炉对流段低温段废热锅炉及辅助锅炉加热部分汽化后进入汽包，经汽包分离出的饱和蒸汽在一段炉对流段过热后送至 103-JAT，经 103-JAT 抽出 3.8MPa、327℃中压蒸汽，供各中压蒸汽用户使用。103-JAT 停运时，高压蒸汽经减压，全部进入中压蒸汽管网，中压蒸汽一部分供工艺使用、一部分供凝汽透平使用，其余供背压透平使用，并产生低压蒸汽，供 111-C、101-U 使用，其余为伴热使用。在这个工段中，缩合/脱水反应是在三个串联的反应器中进行的，用一台分层器把有机物从液流中分离出来。

（8）燃料气系统

从天然气增压站来的燃料气经 PRC34 调压后，进入对流段第一组燃料预热盘管预热。预热后的天然气，一路进一段炉辅锅炉 101-UB 的三个燃烧嘴（DO121、DO122、DO123），流量由 FRC1002 控制，在 FRC1002 之前有一开工旁路，流入辅锅的点火总管（DO124、DO125、DO126），压力由 PCV36 控制；另一路进对流段第二组燃料预热盘管预热，预热后的燃料气作为一段转化炉的 8 个烟道烧嘴（DO113～DO120）、72 个顶部烧嘴（DO001～DO072）以及对流段 20 个过热烧嘴（DO073～DO092）的燃料。去烟道烧嘴气量由 MIC10 控制，顶部烧嘴气量分别由 MIC1～MIC9 等 9 个阀控制，过热烧嘴气量由 FIC1237 控制。

二、工艺仿真范围

转化装置转化工段仿真以主工艺物流的工艺过程和设备为主，对于公用工程和附属系统不进行过程定量模拟，只做事故定性仿真（如：停冷却水，停蒸汽等），具体包括如下过程在内：原料气脱硫、原料气的一段转化、转化气的二段转化、变换、蒸汽系统、燃料气系统。

由于本仿真系统主要以仿 DCS 操作为主，因而，在不影响操作的前提下，对一些不重要的现场操作进行简化，简化主要内容为：不重要的间歇操作，部分现场手阀，现场盲板拆装，现场分析及现场临时管线拆装等。另外，根据实际操作需要，对一些重要的现场操作也进行了模拟，并根据 DCS 画面设计一些现场图，在此操作画面上进行部分重要现场阀的开关和泵的启动停止。对 DCS 的模拟，以化工厂提供的 DCS 画面和操作规程为依据，并对重要回路和关键设备在现场图上进行补充。

三、控制回路一览表

转化装置转化工段仿真培训系统共涉及仪表控制回路如下，这些回路的详细内容见下表，该表给出了仪表回路的公位号、回路描述、工程单位、正常设定及正常输出。这些内容仅供操作参考。

原料气脱硫

回路名称	回路描述	工程单位	设定值
PRC1	原料气入口压力控制	MPa	1.82
PRC102	102-J 出口压力控制	MPa	3.86
PRC69	102-J 入口压力控制	MPa	1.82
FIC12	102-J 防喘振流量控制	m³/h	0
FRCA1	102-J 出口流量控制	m³/h	24556
FRCA2	101-B 进蒸汽量控制	m³/h	67000
FFC2	水碳比例控制		3.5～4.2
TIC22L	进 101/2-DA 燃料气温度	℃	40～50

一段炉变换

回路名称	回路描述	工程单位	设定值
PRC1018	101-F 压力控制	MPa	10.6
AICRA6	辅锅氧含量控制	%	3
FIC1003	辅锅进风量控制	m³/h	7611
PICAS103	101BJA 出口压力控制	MPa	1147
PRCA19	101B 压力控制	MPa	−50
PRC34	燃气进料总压力控制	MPa	0.8
FRC1002	辅锅燃气进量控制	m³/h	2128
FIC1004	过热烧嘴风量控制	m³/h	15510
TRCA1238	过热蒸汽温度控制	℃	445
FIC1237	过热烧嘴燃气量控制	m³/h	320
AICRA8	101-B 氧含量控制	%	3
PICA21	辅锅压力控制	MPa	−60

二段炉转换

回路名称	回路描述	工程单位	设定值
FRCA3	二段转化进空气流量控制	m³/h	33757
FRCA4	101-J 出口总流量控制	m³/h	33757
TRCA104	进 104-DA 温度控制	℃	371
TRCA11	进 104-DB 物料温度控制	℃	240

蒸汽系统

回路名称	回路描述	工程单位	设定值
PIC13	MS 压力控制	MPa	3.865
LICA22	101-U 液位控制	%	50
LRCA76	101-F 液位控制	%	50
LICA102	156-F	%	50

四、位号与位号描述一览表

FRCA1	N. G TO 101B	FIC1003	TO AUX BOILER FUEL AIR
FRCA2	STEAM TO 101B	FIC1004	AIR TO 101B SUPERHEAT BU
FIC12	102-J KICK BACK	FIC1237	FUEL GAS TO 101B SUP. H B
FR32	FUEL GAS TO 101-B	FI50	STEAM
FR32	FUEL GAS TO 101-B	FR54	STEAM TO 104-D
FR34	N. G FLOW TO 2# STAGE	FI51	550# ST TO AIR COIL
FFC2	STM	FR30	N. G. FROM B. C
FRC1002	TO AUX BOILER FUEL GAS	FIA1024	FEED WATER TO BOI F. L

PRC1	N. G FROM B. L	TRCA1238	STEAM FROM 101F
PRC69	102J SEC. PRE	TI109	108-D
PICA21	101B PRESSURE	TIA1247	101-BJ ID FAD MOTOR TEMP
PRC34	N. G TO FUEL	TI1507	N. G. FROM 102-J
PICAS103	AIR PREHEAT OUT. PRES CTL	TR21	N. G. FROM B. L
PDI100	103-L P. D -B	TR1_4	N. G. FROM 101-B
PDIA64	101-J B. C D. P	TI1_1	114C N. G
PRC1018	STEAM FROM 101F	TI1_1A	N. G. TO 102-J
PRC102	102-J	TI1_51	101-B STACR
PRCA19	101-BJ	TI1505	N. G TO 101-B
PR33	N. G. FROM B. C	TI1248	GAS TEMP. TO AIR HEATER
PR112	101-J DISCHARGE	TI1249	GAS TEMP. TO AIR HEATER
PI63	LOW. T. S. I. P	TR1450	AIR TEMP. FROM AIR HEAT
PI90	101F PRESSURE	TIAI_11	LOW. TEMP. SHIFT 104-D
AICRA6	FROM AUX BOILER GAS O2	TR1_110	LOW. T. SHIFT 104-D 94%
AICRA8	FROM AUX BOILER GAS O2	TI1_12	LOW. T. SHIFT 104-D 33%
AR4	N. G. TO 101-B	TI1_13	LOW. T. SHIFT 104-D 44%
AR7	B. W FROM 101U PH	TI1_14	LOW. T. SHIFT 104-D 53%
AR9	FROM 104-D P. G CO	TI115L	LOW. T. SHIFT 104-D 70%
AR10	FROM 104-D L. G. P. G CO	TI1_16	LOW. T. SHIFT 104-D 82%
AR1_3	PG TO 104-D	TI1_17	LOW. T. SHIFT 104-D 12%
CR21_31	DM FROM 134C	TI1_9	HIGH. TEMP. SHIFT 104-D
CR21_4	B. F FROM 123C	TI1_18	LOW. TEMP. SHIFT 104-D
CR21_5	DM FROM 134C	TI1_20	LOW. TEMP. SHIFT 104-D
CR21_6	STEAM	TI1_79A	103-D SKIN TEMP
LICA23	101U LEVER	TI1_79B	103-D SKIN TEMP
LRCA76	101F LEVER	TI1_79C	103-D SKIN TEMP
LI9	LEVER OF 101F	TI1_79D	103-D SKIN TEMP
LR1	LEVER OF 101F	TI1_100B	101-B TUBE S BOTTOM D
BFWC76	ST TO 104J TURBINE	TI1_101B	101-B TUBE S BOTTOM E
BFWC76B	ST TO 104JB TURBINE	TI1_104A	101-B TUBE S BOTTOM J
SI1076	104J TURBINE SPEED	TI1_103A	101-B TUBE S BOTTOM H
SI1077	104JB TURBINE	TI1_102A	101-B TUBE S BOTTOM F
SI1256	101-J SPEED	TR1_105	FEED GAS TO 103-D
IIA1246	101-BJ MOTOR ABSORT	TI1_2	500# ST TO 101-B
TRCA10	P. G FEED TO HI TEMP 104D	TI1_3	101-B MIXED FEED HEAT
TIC22L	101B FEED GAS	TI1_4	AIR & STM TO 103-D
TRCA11	LOW TEMP 104D FEED GAS	TI1_52	F. G AFT. AUX. DUCT N

TI1_53	F. G AFT. AUX. DUCT S	TRA1_107	103-D BED BOTTOM
TR1_54	F. G AFT. AUX BOILER EXIT	TI1_108	103-D BED MID
TR1_55	F. G BEF AUX DUCT101-B	TR1_109	HIGH. T. SHIFT 104-D BEDB
TI1_56	F. G BEF AUX DUCT101-B	TI1_5	102-C BY-PASS
TI1_57	101-B EXIT A TUNNEL	TI1_6	P. G FROM 102-C
TI1_58	101-B EXIT B TUNNEL	TI1_8	HIGH. TEMP. SHIFT 104-D
TI1_59	101-B EXIT C TUNNEL	TR1_80	P. G TO 101-CB
TI1_60	101-B EXIT D TUNNEL	TI1_81	P. G FROM 101-CB
TI1_61	101-B EXIT E TUNNEL	TI1_11	LOW. TEMP. SHIFT 104-D
TI1_62	101-B EXIT F TUNNEL	TI1_15	LOW. T. SHIFT 104-D 70%
TI1_63	101-B EXIT G TUNNEL	TI1_34	101F RISER
TI1_64	101-B EXIT H TUNNEL	TI1_44	B. F. W COIL OUT
TI1_65	101-B EXIT J TUNNEL	TI1_45	114C OUT
TR1_66	101-B BOT ROM A WEST	TA100525	B. F. W FROM 123C
TR1_67	101-B BOT ROM B WEST	TR100526	101B B. F. W COIL
TR1_68	101-B BOT ROM C WEST	TR100527	101B B. F. W COIL
TR1_69	101-B BOT ROM D WEST	TR100528	101B B. F. W COIL
TR1_70	101-B BOT ROM F WEST	TI1_102B	101-B TUBE S BOT F
TR1_71	101-B BOT ROM G WEST	TI1_103B	101-B TUBE S BOT H
TI1_101A	101-B TUBE S BOTTOM E	TI1_104B	101-B TUBE S BOT J
TR1_72	101-B BOT ROM H WEST	TI1_100A	101-B TUBE S BOT D
TR1_73	101-B BOT ROM J WEST	TI1_97B	101-B TUBE S BOT A
TI1_76	101-B MEPREHEATINLET	TI1_98B	101-B TUBE S BOT B
TI1_77	101-B ST & AIR PRESEAT	TI1_99B	101-B TUBE S BOT B
TI1_99A	101-B TUBE S BOT C	TI31	N. G. TO 102-DA
TI1_97A	101-B TUBE S BOT A	TIA37	N. G. TO 108-D
TI1_98A	101-B TUBE S BOT B	TI39	N. G. TO 101-DA
TIA1239	MIXED FEED COIL TEMP	TI1_82	P. G FROM 101-CA
TI1_10	HIGH. TEMP. SHIFT 104-D	TR1_83	P. G TO 101-CA
TRA1_106	103-D BED TOP		

任务二　岗位操作

一、冷态开车

1. 引 DW、除氧器 101-U 建立液位（蒸汽系统图）

① 开预热器 106-C、134-C 现场入口总阀 LVV08；

② 开入 106-C 阀 LVV09；

③ 开入 134-C 阀 LVV10；

④ 开 106-C、134-C 出口总阀 LVV13；

⑤ 开 LICA23；

⑥ 现场开 101-U 底排污阀 LCV24；

⑦ 当 LICA23 达 50％投自动。

2. 开 104-J、汽包 101-F 建立液位（蒸汽系统图）

① 现场开 101-U 顶部放空阀 LVV20；

② 现场开低压蒸汽进 101-U 阀 PCV229；

③ 开阀 LVV24，加 DMKO，以利分析 101-U 水中氧含量；

④ 开 104-J 出口总阀 MIC12；

⑤ 开 MIC1024；

⑥ 开 SP-7（在辅操台按"SP-7 开"按钮）；

⑦ 开阀 LVV23 加 NH3；

⑧ 开 104-J/JB（选一组即可）；

a. 开入口阀 LVV25/LVV36；

b. 开平衡阀 LVV27/LVV37；

c. 开回流阀 LVV26/LVV30；

d. 开 104-J 的透平 MIC-27/28，启动 104-J/JB；

e. 开 104-J 出口小旁路阀 LVV29/LVV32，控制 LR1（既 LRCA76 50％投自动）在 50％，可根据 LICA23 和 LRCA76 的液位情况而开启 LVV28/LVV31；

⑨ 开 156-F 的入口阀 LVV04；

⑩ 将 LICA102 投自动，设为 50％；

⑪ 开 DO164，投用换热器 106-C、134-C、103-C、123-C；

3. 开 101-BJ、101-BU 点火升温（一段转化图、点火图）

① 开风门 MIC30；

② 开 MIC31-1～MIC31-4；

③ 开 AICRA8，控制氧含量（4％左右）；

④ 开 PICA21，控制辅锅炉膛 101-BU 负压（−60Pa 左右）；

⑤ 全开顶部烧嘴风门 LVV71、LVV73、LVV75、LVV77、LVV79、LVV81、LVV83、LVV85、LVV87（点火现场）；

⑥ 开 DO095，投用一段炉引风机 101-BJ；

⑦ 开 PRCA19，控制 PICA19 在 −50Pa 左右；

⑧ 到辅操台按"启动风吹"按钮；

⑨ 到辅操台把 101-B 工艺总联锁开关打旁路；

⑩ 开燃料气进料截止阀 LVV160；

⑪ 全开 PCV36（燃料气系统图）；

⑫ 把燃料气进料总压力控制 PRC34 设在 0.8MPa 投自动；

⑬ 开点火烧嘴旋塞阀 DO124～DO126（点火现场图）；

⑭ 按点火启动按钮 DO216～DO218（点火现场图）；

⑮ 开主火嘴旋塞阀 DO121～DO123（点火现场图）；

⑯ 在燃料气系统图上开 FRC1002；

⑰ 全开 MIC1284～MIC1264；

⑱ 在辅操台上按"XV-1258 复位"按钮；

⑲ 在辅操台上按"101-BU 主燃料气复位"按钮；

⑳ 101-F 升温、升压（蒸汽系统图）。

a. 在升压（PI90）前，稍开 101-F 顶部管放空阀 LVV02；

b. 当产汽后开阀 LVV14，加 Na₃PO₄；

c. 当 PI90＞0.4MPa 时，开过热蒸汽总阀 LVV03 控制升压；

d. 关 101-F 顶部放空阀 LVV02；

e. 当 PI90 达 6.3MPa、TRCA1238 比 TI1-34 大于 50～80℃时，进行安全阀试跳（仿真中省略）。

4. 108-D 升温、硫化（一段转化图）

① 开 101-DA/102-DA（选一即可）；

a. 全开 101-DA/102-DA 进口阀 LLV204/LLV05

b. 全开 101-DA/102-DA 出口阀 LLV06/LLV07

② 全开 102-J 大副线现场阀 LLV15；

③ 在辅操台上按和"SP-2 开"按钮；

④ 稍开 102-J 出口流量控制阀 FRCA1；

⑤ 全开 108-D 入口阀 LLV35；

⑥ 现场全开入界区 NG 大阀 LLV201；

⑦ 稍开原料气入口压力控制器 PRC1；

⑧ 开 108-D 出口放空阀 LLV48；

⑨ 将 FRCA1 缓慢提升至 30%；

⑩ 开 141-C 的低压蒸汽 TIC22L，将 TI1-1 加热到 40～50℃。

5. 空气升温（二段转化）

① 开二段转化炉 103-D 的工艺气出口阀 HIC8；

② 开 TRCA10；

③ 开 TRCA11；

④ 启动 101-J，控制 PR-112 在 3.16MPa；

a. 开 LLV14 投 101-J 段间换热器 CW；

b. 开 LLV21 投 101-J 段间换热器 CW；

c. 开 LLV22 投 101-J 段间换热器 CW；

d. 开 LLV24；

e. 到辅操台上"FCV-44 复位"按钮；

f. 全开空气入口阀 LLV13；

g. 开 101-J 透平 SIC101；

h. 按辅操台（图 P7）上"101-J 启动复位"按钮；

⑤ 开空气升温阀 LLV41，充压；

⑥ 当 PI63 升到 0.2～0.3MPa 时，渐开 MIC26，保持 PI63＜0.3MPa；

⑦ 开阀 LLV39，开 SP-3 旁路，加热 103-D；

⑧ 当温升速度减慢，点火嘴；

a. 在辅操台上按"101-B 燃料气复位"按钮；

b. 开阀 LLV102；

c. 开炉顶烧嘴燃料气控制阀 MIC1～MIC9；

d. 开一到九排点火枪；

e. 开一到九排顶部烧嘴旋塞阀；

⑨ 当 TR1-105 达 200℃、TR1-109 达 140℃后，准备 MS 升温。

6. MS 升温（二段转化）

① 到辅操台按"SP6 开"按钮；

② 渐关空气升温阀 LLV41；

③ 开阀 LLV42，开通 MS 进 101-B 的线路；

④ 开 FRCA2，将进 101-B 蒸汽量控制在 10000～16000m³/h；

⑤ 控制 PI63＜0.3MPa；

⑥ 当关空气升温阀 LLV41 后，到辅操台按"停 101-J"；

⑦ 开 MIC19 向 103-D 进中压蒸汽，使 FI51 在 1000～2000kg/h；

⑧ 当 TR1-109 达 160℃后，调整 FRCA2 为 20000m³/h 左右；

⑨ 调整 MIC19，使 FI51 在 2500～3000kg/h；

⑩ 当 TR1-109 达 190℃后，调整 PI63 为 0.7～0.8MPa；

⑪ 当 TR-80/83 达 400℃以前，FRCA2 提至 60000～70000m³/h，FI51 在 45000kg/h 左右；

⑫ 将 TR1-105 提升至 760℃；

⑬ 当 TI-109 为 200℃时，开阀 LLV31，加氢；

⑭ 当 AR-4＜0.5cm³/m³ 稳定后，准备投料。

7. 投料（脱硫图）

① 开 102-J；

a. 开阀 LLV16，投 102-J 段间冷凝器 130-C 的 CW 水；

b. 开 102-J 防喘震控制阀 FIC12；

c. 开 PRC69，设定在 1.5MPa 投自动；

d. 全开 102-J 出口阀 LLV18；

e. 开 102-J 透平控制阀 PRC102；

f. 在辅操台上按"102-J 启动复位"按钮；

② 关 102-J 大副线阀 LLV15；

③ 渐开 108-D 入炉阀 LLV46；

④ 渐关 108-D 出口放空阀 LLV48；

⑤ FRCA1 加负荷至 70%。

8. 加空气（二段转化及高低变）

① 到辅操台上按"停 101-J"按钮，使该按钮处于不按下状态，否则无法启动 101-J；

② 到辅操台上按"启动 101-J 复位"按钮；

③ 到辅操台上按"SP3 开"按钮；

④ 渐关 SP3 副线阀 LLV39；

⑤ 各床层温度正常后（一段炉 TR1-105 控制在 853℃左右，二段炉 TI1-108 控制在 1100℃左右，高变 TR1-109 控制在 400℃），先开 SP5 旁路均压后，再到辅操台按'SP5'

按钮，然后关 SP5 旁路，调整 PI63 到正常压力 2.92MPA。

⑥ 逐渐关小 MIC26 至关闭。

9. 联低变

① 开 SP4 副线阀 LLV103，充压；

② 全开低变出口大阀 LLV153；

③ 到辅操台按 "SP4 开" 按钮；

④ 关 SP4 副线阀 LLV103；

⑤ 到辅操台按 "SP5 关" 按钮；

⑥ 调整 TRCA-11 控制 TI1-11 在 225℃。

10. 其他

① 开一段炉鼓风机 101-BJA；

② 101-BJA 出口压力控制 PICAS-103 达 1147kPa，投自动；

③ 开辅锅进风量调节 FIC1003；

④ 调整 101-B、101-BU 氧含量为正常：AICRA6 为 3％，AICRA8 为 2.98％；

⑤ 当低变合格后，若负荷加至 80％，点过热烧嘴；

a. 开过热烧嘴风量控制 FIC1004；

b. 到辅操台按 "过热烧嘴燃料气复位" 按钮；

c. 开过热烧嘴旋塞 DO073～DO092；

d. 开燃料气去过热烧嘴流量控制器 FIC1237；

e. 开阀 LLV161；

f. 到辅操台按 "过热烧嘴复位" 按钮；

⑥ 当过热烧嘴点着后，到辅操台按 "FAL67-加氢" 按钮，加 H_2；

⑦ 关事故风门 MIC30；

⑧ 关事故风门 MIC31-1～MIC31-4；

⑨ 负荷从 80％加至 100％；

a. 加大 FRCA2 的量；

b. 加大 FRCA1 的量；

⑩ 当负荷加至 100％正常后，到辅操台将 101-B 打联锁；

⑪ 点烟道烧嘴；

a. 开进烟道烧嘴燃料气控制 MIC10；

b. 开烟道烧嘴点火枪 DO219；

c. 开烟道烧嘴旋塞阀 DO113～DO120。

二、正常工况

1. 正常操作要点

加减负荷顺序如下。

加负荷：蒸汽、原料气、燃料气、空气。

减负荷：燃料气、空气、原料气、蒸汽。

加减负荷要点：加减量均以原料气量 FRCA-1 为准，每次 2～3t/h，间隔 4～5min，其他原料按比例加减。

2. 转化岗位主要指标

（1）温度设计值

序号	位号	说明	设计值/℃
1	TRCA10	104-DA 入口温度控制	370
2	TRCA11	104-DB 入口温度控制	240
3	TRCA1238	过热蒸汽温度控制	445
4	TR1-105	101-B 出口温度控制	853
5	TI1-2	工艺蒸汽	327
6	TI1-3	辐射段原料入口	490
7	TI1-4	二段炉入口空气	482
8	TI1-34	汽包出口	314
9	TIA37	原料预热盘管出口	232
10	TI1-57～65	辐射段烟气	1060
11	TR-80、83	101-CB/CA 入口	1000
12	TR-81、82	101-CB/CA 出口	482
13	TR1-109	高变炉底层	429
14	TR1-110	低变炉底层	251
15	TI1-1	141-C 原料气出口温度	40

（2）重要压力设计值

序号	位号	说明	设计值/MPa
1	PRC1	原料气压控	1.569
2	PRC34	燃料气压控	0.80
3	PRC1018	101-F 压控	10.50
4	PRCA19	101-B 炉膛负压控制	−50Pa
5	PRCA21	101-BU 炉膛负压控制	−60Pa
6	PICAS103	总风道压控	1147Pa
7	PRC102	102-J 出口压控	3.95
8	PR12	101-J 出口压力控制	3.21
9	PI63	104-C 出口压力	2.92

（3）流量设计值

序号	位号	说明	设计值/(m³/h)
1	FRCA1	入 101-B 原料气	24556
2	FRCA2	入 101-B 蒸汽	67000
3	FRCA3	入 103-D 空气	33757
4	FR32/FR34	燃料气流量	17482
5	FRC1002	101-BU 燃料气	2128
6	FIC1237	混合燃料气去过热烧嘴	320
7	FR33	101-F 产气量	304t/h
8	FRA410	锅炉给水流量	3141t/h
9	FIC1003	去 101-BU 助燃空气	7611
10	FIC1004	去过热烧嘴助燃空气	15510
11	FIA1024	去锅炉给水预热盘管水量	157t/h

（4）其他

序号	位号	说　　　明	设计值/%
1	LR1	101-F 液位控制	50.0
2	LICA102	156-F 液位	50.0
3	LICA23	101-U 液位	60.0
4	LI9	101-F 液位	50.0
5	AICRA6	101-BU 烟气氧含量	3

三、正常停车

1. 停车前的准备工作

① 按要求准备好所需的盲板和垫片；

② 将引 N_2 胶带准备好；

③ 如催化剂需更换，应做好更换前的准备工作；

④ N_2 纯度≥99.8%（O_2 含量≤0.2%），压力>0.3MPa，在停车检修中，一直不能中断。

2. 停车期间分析项目

① 停工期间，N_2 纯度每 2h 分析一次，O_2 纯度≤0.2%为合格；

② 系统置换期间，根据需要随时取样分析；

③ N_2 置换标准：转化系统：CH_4 含量<0.5%、驰放气系统：CH_4 含量<0.5%；

④ 蒸汽、水系统；

在 101-BU 灭火之前以常规分析为准，控制指标在规定范围内，必要时取样分析。

3. 停工期间注意事项

① 停工期间要注意安全，穿戴劳保用品，防止出现各类人身事故；

② 停工期间要做到不超压、不憋压、不串压，安全平稳停车，注意工艺指标不能超过设计值，控制降压速度不得超过 0.05MPa/min；

③ 做好催化剂的保护，防止水泡、氧化等，停车期间要一直充 N_2 保护在正压以上。

4. 停车步骤

接到调度停车命令后，先在辅操台上把工艺联锁开关置为旁路。

（1）转化工艺气停车

① 总控降低生产负荷至正常的 75%；

② 到辅操台上点"停过热烧嘴燃料气"按钮；

③ 关各过热烧嘴的旋塞阀 DO073～DO092；

④ 关 MIC10，停烟道烧嘴燃料气；

⑤ 关各烟道烧嘴旋塞阀 DO113～DO120；

⑥ 关烟道烧嘴点火枪 DO219；

⑦ 当生产负荷降到 75%左右时，切低变，开 SP5，SP5 全开后关 SP4；

⑧ 关低变出口大伐 LLV153；

⑨ 开 MIC26，关 SP5，使工艺气在 MIC26 处放空；

⑩ 到辅操台上点"停 101-J"按钮；

⑪ 逐渐开打 FRCA4，使空气在 FRCA4 放空，逐渐切除进 103-D 的空气；

⑫ 全开 MIC19；

⑬ 空气完全切除后到辅操台上点"SP3 关"按钮；

⑭ 关闭空气进气阀 LLV13；

⑮ 关闭 SIC101；

⑯ 切除空气后，系统继续减负荷，根据炉温逐个关烧嘴；

⑰ 在负荷降至 50%～75% 之间时，逐渐打开事故风门 MIC30、MIC31-(1～4)；

⑱ 停 101-BJA；

⑲ 关闭 PICAS103；

⑳ 开 101-BJ，保持 PRCA19 在 -50Pa、PICA21 在 -250Pa 以上，保证 101-B 能够充分燃烧；

㉑ 在负荷减至 25% 时，FRCA2 保持 $10000m^3/h$，开 102-J 大副线阀 LLV15；

㉒ 停 102-J，关 PRC102；

㉓ 开 108-D 出口阀 LLV48，放空；

㉔ 当 TI1-105 降至 600℃ 时，将 FRCA2 降至 $50000m^3/h$；

㉕ TR1-105 降至 350～400℃ 时，到辅操台上按 "SP6 关 J" 按钮，切除蒸汽；

㉖ 蒸汽切除后，关死 FRCA2；

㉗ 关 MIC19；

㉘ 在蒸汽切除的同时，在辅操台上点 "停 101-B 燃料气" 按钮；

㉙ 一段炉顶部烧嘴全部熄灭，关烧嘴旋塞阀 DO001～DO072，自然降温；

㉚ 关一段炉顶部烧嘴各点火枪 DO207～DO215。

（2）辅锅和蒸汽系统停车

① 101-B 切除原料气后，根据蒸汽情况减辅锅 TR1-54 温度；

② 到辅操台上点 "停 101-BU 主燃料气" 按钮；

③ 关主烧嘴燃料气旋塞阀 DO121～DO123；

④ 关点火烧嘴旋塞阀 DO216～DO218；

⑤ 当 101-F 的压力 PI90 降至 0.4MPa 时改由顶部放空阀 LVV02 放空；

⑥ 关过热蒸汽总阀阀 LVV03；

⑦ 关 LVV14，停加 Na_3PO_4。

⑧ 关 MIC27/28，停 104-J/JB；

⑨ 关 MIC12；

⑩ MIC1024，停止向 101-F 进液；

⑪ 关 LVV24，停加 DMKO；

⑫ 关 LVV23，停加 NH_3；

⑬ 关闭 LICA23，停止向 101-U 进液；

⑭ 当 101-BU 灭火后，TR1-105<80℃ 时，关 DO094，停 101-BJ；

⑮ 关闭 PRCA19；

⑯ 关闭 PRCA21。

（3）燃料气系统停车

① 101-B 和 101-BU 灭火后，关 PRC34；

② 关 PRC34 的截止阀 LLV160；

③ 关闭 FIC1237；

④ 关闭 FRC1002。

（4）脱硫系统停车

① 108-D 降温至 200℃，关 LLV30，切除 108-D 加氢；

② 关闭 PRC1；

③ 关原料气入界区 NG 大阀 LLV201；

④ 当 108-D 温度降至 40℃ 以下时，关原料气进 108-D 大阀 LLV35；

⑤ 关 LLV204/LLV05，关进 101-DA/102-DA 的原料天然气；

⑥ 关 TIC22L，切除 141-C。

任务三　事故处理

1. 101-J 压缩机故障

① 总控立即关死 SP3，转化岗位现场检查是否关死；

② 切低变、开 SP5，SP5 全开后关 SP4，关出口大阀；

③ 总控全开 MIC19；

④ 总控视情况适当降低生产负荷，防止一段炉及对流段盘管超温；

⑤ 如空气盘管出口 TR4 仍超温，灭烟道烧嘴；

⑥ 如 TRC1238 超温，逐渐灭过热烧嘴；

⑦ 加氢由 103-J 段间改为一套来 H_2（103-J 如停）。与此同时，总控开 PRC5，关 MIC21、MIC20、103-J 打循环，如工艺空气不能在很短时间内恢复就应停车，以节省蒸汽，净化保证溶液循环，防止溶液稀释。当故障消除后，应立即恢复空气配入 103-D，空气重新引入到二段炉的操作步骤同正常开车一样，防止引空气太快造成催化剂床温度飞升损坏，TI1-108 不应超过 1060℃。

开车步骤如下：

① 按正常开车程序加空气；

② 当空气加入量正常，并且高变温度正常，出口 CO 正常后，联入低变；

③ 净化联 106-D 开 MIC20；

④ 开 103-J 前，如过热火嘴已灭，应逐个点燃；

⑤ 逐渐关 MIC19，保证 FI51 量为 2.72t/h；

⑥ 合成系统正常后，加氢改至 103-J 段间；

⑦ 点燃烟道烧嘴；

⑧ 转化岗位全面在室外检查一遍设备及工艺状况，发现问题及时处理；

⑨ 总控把生产负荷逐渐提到正常水平。

2. 原料气系统故障

(1) 天然气输气总管事故（天然气中断）

① 关闭 SP3 电动阀，转化岗位到现场查看是否关死；

② 切低变开 SP5，SP5 全开后关 SP4、气体在 MIC26 放空，关低变出口大阀；

③ 关闭 101-B/BU、烟道、过热烧嘴旋塞；

④ 切 101-B、烟道及过热烧嘴弛放气；

⑤ 利用外供蒸汽置换一段转化炉内剩余气体防止催化剂结炭、时间至少 30min，接着，转化接胶带给 101-B 充 N_2 置换、在八排导淋、101-C4/CB 一侧导淋排放；

⑥ 关 PRC34 及前后阀，关 FRCA1，SP2，关 101-D 加氢阀；

⑦ 开 MIC30，MIC31-1/4，按程序停 101-BJA；

⑧ 104-JA 间断开，给 101-F 冲水；

⑨ 待一段炉用 MS 置换后，接胶带置换脱 S 系统合格，关死 FRCA2、SP6 及前截止

阀，关原料气入界区总阀；

⑩ 各催化剂氮气保护，高变开低点导淋排水，低变定期排水，防止水泡催化剂。

其他岗位处理是：切 106-D 关 MIC-20，停合成，停四大机组，净化保压循环再生。如装置能够较快恢复开车，一段炉可采用直接蒸汽升温的办法进行，其他步骤同正常开车。如装置短期不能恢复开车，催化剂床层温度降至活性温度以下，也可以采用一段炉干烧后直接通中压蒸汽升温的开车方法开车。

（2）原料气压缩机故障

① 关 SP3；

② 切 104-DB、开 SP5，SP5 全开后关 SP4，关出口阀，气体在 MIC26 放空；

③ 关 SP34 切 101-B、烟道、过热烧嘴弛放气；

④ 灭过热烧嘴；

⑤ 灭烟道烧嘴，开风筒；

⑥ 一段炉降至 760℃ 等待投料，如时间可能超过 10h，一段炉 TR1-105 降至 650℃ 以下等待，FRCA2 保持在 47t/h 左右；

⑦ 关 108-D 加氢阀，联系一套供 H₂ 在 108-D 处排放；

⑧ 101-BU 减量运行，保证 MS 压力平稳；

⑨ 关死 SP2、FRCA1；

⑩ 一旦 102-J 故障消除，重新开车应按大检修开车程序进行。

3. 水蒸气系统故障

（1）进汽包的锅炉水中断

如果突然发现进汽包的锅炉水中断，又不能立即恢复，则应立即紧急停车。

① 101-BU、101-B、过热烧嘴、烟道烧嘴灭火，关死旋塞阀；

② 关 SP3；

③ 开 108-D 出口放空阀；

④ 切 104-DB、开 SP5，SP5 全开后关 SP4，关出口大阀；

⑤ 一段炉通入 MS 在 MIC26 放空，当 TR1-105 达 400℃ 时，切 MS，关 FRCA2 及 SP6；

⑥ 开 MIC30，MIC31-1/4，停 101-BJA，调整 101-BJ 转速保持炉膛负压，继续运行；如时间较长，104-DB、104-DA、101-B、103-D 通 N₂ 保护，如 102-J 已停，开 102-J 大副线在 108-D 出口放空或将原料气入界区阀关死，切原料气，如中压蒸汽压力下降、联系外网送汽、当恢复开车时，可用一段炉干烧至 400℃ 通入 MS 的办法开车。

（2）中压蒸汽（MS）故障

中压蒸汽故障有以下两种情况。

① 中压蒸汽缓慢下降，首先应保证水碳比联锁不动作，加大 101-BU 的燃料量，及时查找原因并汇报调度。如仍不行，则按停车程序停车。

② 中压蒸汽突然下降。

a. 立即停 103-J，平衡蒸汽；

b. 总控降生产负荷，保证水碳比联锁不跳；

c. 迅速查明原因并与调度联系；

d. 加氢改至一套供 H₂；

e. 如 103-J 停后，MS 仍下降，可停 105-J，如仍下降则继续停下去；

f. 切 104-DB，开 SP5，SP5 全开后，关 SP4；

g. 切空气，关 SP3，全开 MIC19；

h. 灭烟道烧嘴、过热烧嘴、101-B 减火；

i. 切 101-B 原料气，开 108-D 出口放空，102-J 停，开 102-J 大副线阀；

j. FRCA2：47t/h、TR1105 760℃，等待投料；

k. MS 查明原因恢复后，按开车程序开车。

4. 101-BJ 跳车或故障

如 101-BJ 故障不能运行，应立即停车，停车程序与 101-F 汽包锅炉给水中断的处理程序。

5. 101-BJA 跳车或故障

101-BJA 故障停车，则应按以下程序处理

① 总控立即全开 MIC30、MIC31-1/4；

② 降负荷至 70％运行；

③ 降 TR1-105 防止超温；

④ 提 101-BJ 转速，使 PRC19 在 －50Pa 以上，防止 101-B/BU 燃烧不完全；

⑤ 监视各盘管温度，如超温，可灭过热烧嘴，烟道烧嘴，开风筒等。

6. 冷却水中断

如冷却水量下降，联系调度不见好转后，可依据生产条件的变化及时做出以下调整停 103-J 及 105-J，气体在 MIC26 放空，如冷却水全部中断则按照天然。

任务四　读识现场图和 DCS 图

1. 脱硫 DCS 图

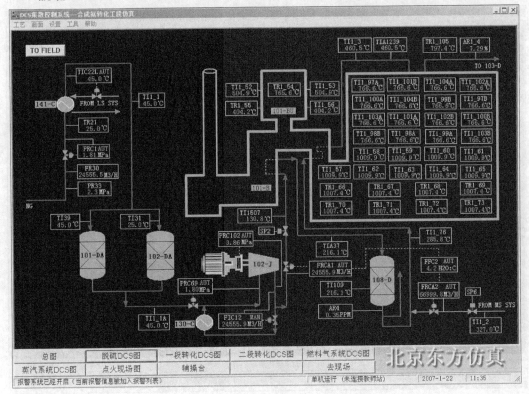

2. 脱硫现场图

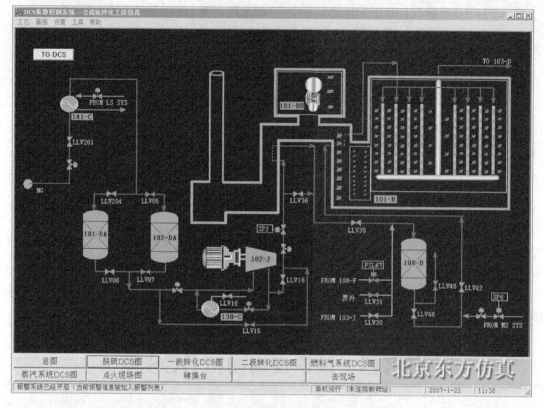

3. 一段转化现场图

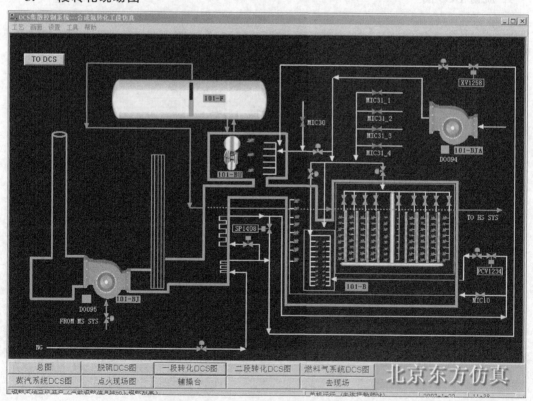

4. 二段转化 DCS 图

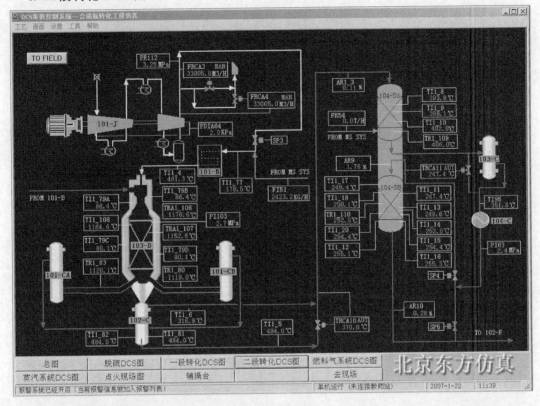

5. 二段转化现场图

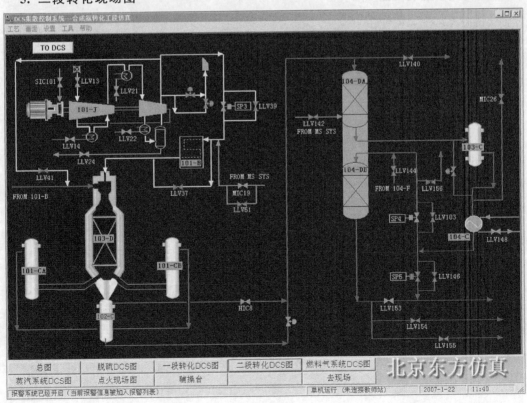

6. 燃料气系统 DCS 图

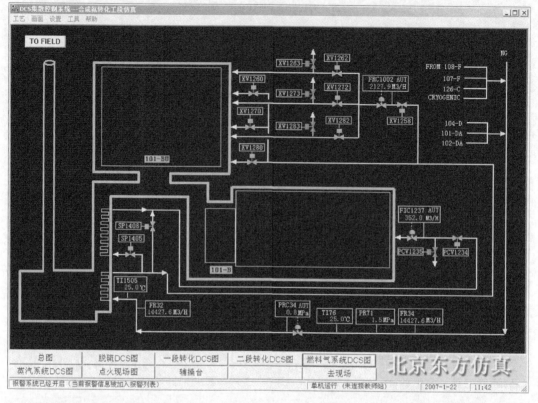

7. 燃料气系统现场图

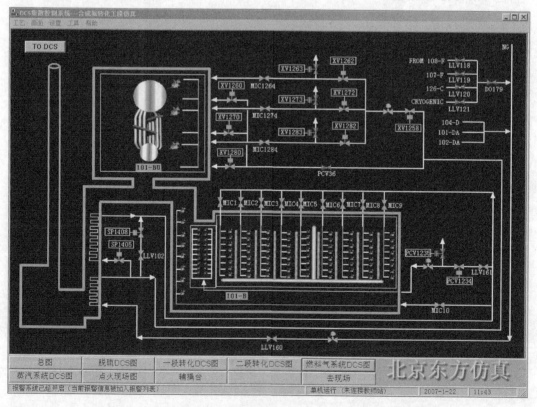

8. 蒸汽系统 DCS 图

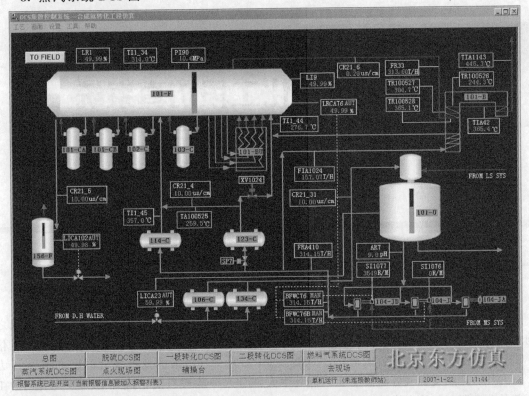

9. 蒸汽系统现场图

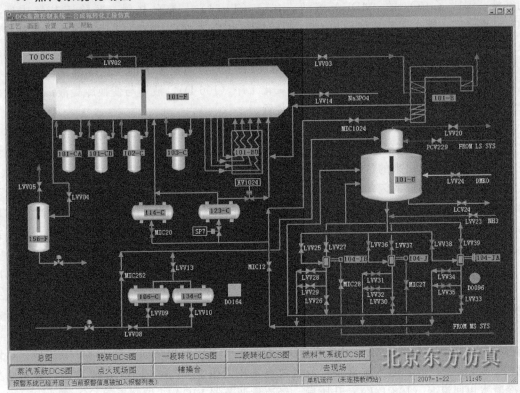

项目六

合成氨工艺净化工段仿真系统

任务一 工艺认识

一．工艺流程简介

1. 脱碳

变换气中的 CO_2 是氨合成催化剂（镍的化合物）的一种毒物，因此，在进行氨合成之前必须从气体中脱除干净。工艺气体中大部分 CO_2 是在 CO_2 吸收塔 101-E 中用活化 aMDEA 溶液进行逆流吸收脱除的。从变换炉（104-D）出来的变换气（温度 60℃、压力 2.799MPa），用变换气分离器 102-F 将其中大部分水分除去以后，进入 CO_2 吸收塔 101-E 下部的分布器。气体在塔 101-E 内向上流动穿过塔内塔板，使工艺气与塔顶加入的自下流动的贫液［解吸了 CO_2 的 aMDEA 溶液，40℃（TI-24）］充分接触，脱除工艺气中所含 CO_2，再经塔顶洗涤段除沫层后出 CO_2 吸收塔，出 CO_2 吸收塔 101-E 后的净化气去往净化气分离器 121-F，在管路上由喷射器喷入从变换气分离器（102-F）来的工艺冷凝液（由 LICA17 控制），进一步洗涤，经净化气分离器（121-F）分离出喷入的工艺冷凝液，净化后的气体，温度 44℃，压力 2.764MPa，去甲烷化工序（106-D），液体与变换冷凝液汇合液由液位控制器 LICA26 调节去工艺冷凝液处理装置。

从 CO_2 吸收塔 101-E 出来的富液（吸收了 CO_2 的 aMDEA 溶液）先经溶液换热器（109-CB1/2）加热、再经溶液换热器（109-CA1/2），被 CO_2 汽提塔 102-E（102-E 为筛板塔，共 10 块塔板）出来的贫液加热至 105℃（TI109），由液位调节器 LIC4 控制，进入 CO_2 汽提塔（102-E）顶部的闪蒸段，闪蒸出一部分 CO_2，然后向下流经 102-E 汽提段，与自下而上流动的蒸汽汽提再生。再生后的溶液进入变换气煮沸器（105-CA/B）、蒸汽煮沸器（111-C），经煮沸成汽液混合物后返回 102-E 下部汽提段，气相部分作为汽提用气，液相部分从 102-E 底部出塔。

从 CO_2 汽提塔 102-E 底部出来的热贫液先经溶液换热器（109-CA1/2）与富液换热降温后进贫液泵，经贫液泵（107-JA/JB/JC）升压，贫液再经溶液换热器（109-CB1/2）进一步冷却降温后，经溶液过滤器 101-L 除沫后，进入溶液冷却器（108-CB1/2）被循环水冷却至 40℃（TI1-24）后，进入 CO_2 吸收塔 101-E 上部。

从 CO_2 汽提塔 102-E 顶部出来的 CO_2 气体通过 CO_2 汽提塔回流罐 103-F 除沫后，从塔 103-F 顶部出去，或者送入尿素装置或者放空，压力由 PICA89 或 PICA24 控制。分离出来的冷凝水由回流泵（108-J/JA）升压后，经流量调节器 FICA15 控制返回 CO_2 吸收塔 101-E

的上部。103-F 的液位由 LICA5 及补入的工艺冷凝液（VV043 支路）控制。

2. 甲烷化

因为碳的氧化物是氨合成催化剂的毒物，因此在进行合成之前必须去除干净，甲烷化反应的目的是要从合成气中完全去除碳的氧化物，它是将碳的氧化物通过化学反应转化成甲烷来实现的，甲烷在合成塔中可以看成是惰性气体，可以达到去除碳的氧化物的目的。

甲烷化系统的原料气来自脱碳系统，该原料气先后经合成气—脱碳气换热器（136-C）预热至 117.5℃（TI104）、高变气-脱碳气换热器（104-C）加热到 316℃（TI105），进入甲烷化炉（106-D），炉内装有 18m³、J-105 型镍催化剂，气体自上部进入 106-D，气体中的 CO 和 CO_2 与 H_2 反应生成 CH_4 和 H_2O。系统内的压力由压力控制器 PIC5 调节。甲烷化炉（106-D）的出口温度为 363℃（TIAI1002A），依次经锅炉给水预热器（114-C），甲烷化气脱盐水预热器（134-C）和水冷器（115-C），温度降至 40℃（TI139），甲烷化后的气体中 CO(AR2-1) 和 CO_2（AR2-2）含量降至 10cm³/m³ 以下，进入合成气压缩机吸收罐 104-F 进行气液分离。

甲烷化反应如下：

$$CO + 3H_2 \xrightleftharpoons{\text{催化剂}} CH_4 + H_2O \qquad \Delta H = -206.3kJ$$

$$CO_2 + 4H_2 \xrightleftharpoons{\text{催化剂}} CH_4 + 2H_2O \qquad \Delta H = -165.3kJ$$

3. 冷凝液回收系统

自低变 104-D 来的工艺气 260℃（TI130），经 102-F 底部冷凝液淬冷后，再经 105-C，106-C 换热至 60℃，进入 102-F，其中工艺气中所带的水分沉积下来，脱水后的工艺气进入 CO_2 吸收塔 101-E 脱除 CO_2。102-F 的水一部分进入 103-F，一部分经换热器 E66401 换热后进入 C66401，由管网来的 327℃（TI143）的蒸汽进入 C66401 的底部，塔顶产生的气体进入蒸汽系统，底部液体经 E66401，E66402 换热后排出。

二、工艺仿真范围

1. 脱碳系统

① 塔 101-E、102-E；

② 换热器 108-C1/C2、109-CA1/CA2、109CB1/CB2、105-CA/CB、110-C、111-C、106-C；

③ 分离罐 121-F、103-F、102-F；

④ 泵 107-JA/B/C、108-J/JA、106-J/JA/JB、116-J；

⑤ 贮槽 114-F、115-F；

⑥ 过滤器 101-L、104-L。

2. 甲烷化系统

① 反应器：106-D；

② 换热器：114-C、134-C、115-C；

③ 分离罐：104-F。

3. 冷凝液回收系统

① 塔：C66401；

② 换热器：E66401、E66402；

③ 泵：J66401A/B。

三、控制回路一览表

合成氨装置净化工段仿真培训系统共涉及仪表控制回路如下，这些回路的详细内容见下表，该表给出了仪表回路的公位号、回路描述、工程单位、正常设定及正常输出。这些内容仅供操作参考。

脱碳系统			
回路名称	回路描述	工程单位	设定值
FICA17	106-J 到 121-F 流量控制	kg/h	10000
LICA26	121-F 罐液位控制	%	50
PIC5	脱碳系统压力控制	MPa	2.7
TRCA12	106-D 入口工艺气流量控制	℃	280

甲烷化系统			
回路名称	回路描述	工程单位	设定值
FIC97	蒸汽流量控制	t/h	9.26
LICA39	C66401 液位控制	%	50
LICA3	102-F 液位控制	%	50

冷凝液系统			
回路名称	回路描述	工程单位	设定值
FICA15	水洗液入 101-E 流量控制	kg/h	12500
FRCA5	富液流量控制	t/h	640
FIC16	水洗液出 101-E 流量控制	kg/h	13600
LIC4	101-E 塔底段液位控制	%	50
LIC7	101-E 塔顶段液位控制	%	50
LICA5	103-F 罐液位控制	%	50
LRCA70	102-E 罐液位控制	%	50
PIC24	103-F 罐顶压力控制	MPa	0.03
PICA89	103-F 罐顶压力控制	MPa	0.03

任务二　装置冷态开工

一、脱碳系统开车

注：开阀时，如果未提到全开，均是指开度没有达到 100%；开泵的顺序是先开泵前阀、再开泵、最后开泵的后阀（不能颠倒）。

① 打开 CO_2 气提塔 102-E 塔顶放空阀 VV075，CO_2 吸收塔 101-E 底阀 SP73；

② 将 PIC5 设定在 2.7MPa、PIC24 设定在 0.03MPa，并投自动；

③ 开充压阀 VV072，VX0049 给 CO_2 吸收塔 101-E 充压（现场图），同时全开 HIC9；

④ 现场启动 116-J，开阀给 CO_2 气提塔 102-E 充液；

a. 打开泵入口阀 VV010；

b. 现场启动泵 116-J；

c. 打开泵出口阀 VV011，VV013；

⑤ LRCA70 到 50％时，投自动，若 LRCA70 升高太快，可间断开启 VV013 来控制；启动 107-J（任选 1），开 FRCA5 给 101-E 充液；

　　a. 打开泵入口阀 VV003/VV005/VV007；

　　b. 现场启动泵 107-JA/107-J B/107-J C；

　　c. 打开泵出口阀 VV002/VV004/VV006；

　　d. 打开调节阀 FRCA5；

⑥ LIC4 到 50％后，开启 LIC4 并投自动 50％，建立循环；

⑦ 投用 LSL104（101-E 液位低联锁）；

⑧ 投用 CO_2 吸收塔、CO_2 气提塔顶冷凝罐 108-C，110-C：现场开阀 VX0009，VX0013 进冷却水；注意 TI1-21，TI1-24 的温度显示；

⑨ 投用 111-C 加热 CO_2 气提塔 102-E 内液体，现场开阀 VX0021 进蒸汽；

⑩ 投用 LSH3（102-F 液位低位联锁），LSH26（121-F 液位低位联锁）；

⑪ 间断开关现场阀 VV114 建立 102-F 液位（脱盐水自氢回收来）；

⑫ LICA3 达 50％后，启动 106-J（任选 1）；

　　a. 现场打开泵入口阀 VV103/VV105/VV107；

　　b. 启动泵 106-JA/106-J B/106-J C；

　　c. 现场打开泵出口阀 VV102/VV104/VV106；

⑬ 打开 LICA5 给 CO_2 气提塔回流液槽 103-F 充液；

⑭ LICA5 到 50％时，投自动，并启动 108-J（任选 1），开启 LICA5；

　　a. 现场打开泵入口阀 VV015/VV017；

　　b. 现场启动泵 108-JA/B；

　　c. 现场打开泵出口阀 VV014/VV016；

　　d. 打开调节阀 FICA15；

　　e. LICA5 投自动，设为 50％；

⑮ LIC7 达到 50％后，LIC7 50％投自动（LIC7 升高过快可间断开启 VV041 控制），开 FIC16 建水循环；

⑯ 投用 FICA17，LICA26 投自动，设为 50％；

⑰ 开 SP5（控制自高低变入 102-F 的工艺气流量）副线阀 VX0044，均压；

⑱ 全开变换气煮沸器 106-C 的热物流进口阀 VX0042；

⑲ 关副线阀 VX0044，开 SP5 主路阀 VX0020；

⑳ 关充压阀 VV072，开工艺气主阀旁路 VV071，均压，关闭 102-E 塔顶放空阀 VV075；

㉑ 关旁路阀 VV071 及 VX0049，开主阀 VX0001，关阀 VX0021 停用 111-C；

㉒ 开阀 MIC11，淬冷工艺气。

二、甲烷化系统开车

① 开阀 VX0022，投用 136-C；

② 开阀 VX0019，投用 104-C；

③ 开启 TRCA12；

④ 投用甲烷化炉 106-D 温度联锁 TISH1002；

⑤ 打开阀 VX0011 投用甲烷化炉脱盐水预热器 134-C，打开阀 VX0012 投用水冷器 115-C，打开 SP71；

⑥ 稍开阀 MIC21 对甲烷化炉 106-D 进行充压；

⑦ 打开阀 VX0010 投用锅炉给水预热器 114-C；

⑧ 全开阀 MIC21，关闭 PIC5。

三、工艺冷凝液系统开车

① 打开阀 VX0043 投用 C66402；

② LICA3 达 50% 时，启动泵 J66401（任选 1）；

a. 现场打开泵入口阀 VV109/VV111；

b. 启动泵 J66401A/B；

c. 现场打开泵出口阀 VV108/VV110；

③ 控制阀 LICA3，LICA39 设定在 50% 时，投自动；

④ 开阀 VV115；

⑤ 开 C66401 顶放空阀 VX0046

⑥ 关 C66401 顶放空阀 VX0046，开 FIC97，

⑦ 开中压蒸汽返回阀 VX0045，并入 101-B。

四、净化岗位主要指标

1. 温度设计值

序号	位号	说　　明	设计值/℃
1	TI1-21	102-E 塔顶温度	90
2	TI1-22	102-E 塔底温度	110.8
3	TI1-23	101-E 塔底温度	74
4	TI1-24	101-E 塔顶温度	45
5	TI1-19	工艺气进 102-F 温度	178
6	TI140	E66401 塔底温度	247
7	TI141	C66401 热物流出口温度	64
8	TI143	蒸汽进 E66401 温度	327
9	TI144	E66401 塔顶气体温度	247
10	TI145	冷物流出 C66401 温度	212.4
11	TI146	冷物流入 C66401 温度	76
12	TI147	冷物流入 C66402 温度	105
13	TI104	工艺气出 136-C 温度	117.00
14	TI105	工艺气出 104-C 温度	316.00
15	TI109	富液进 102-E 的温度	105.00
16	TI139	甲烷化后气体出 115-C 温度	40.00

2. 压力设计值

序号	位号	说　　明	设计值/MPa
1	PI202	E66401 入口蒸汽压力	3.86
2	PI203	E66401 出口蒸汽压力	3.81

任务三　装置正常停工

一、烷化停车步骤

① 开启工艺气放空阀 VV001；

② 关闭 106-D 的进气阀 MIC21；

③ 关闭 136-C 的蒸汽进口阀 VX0022；

④ 关闭 104-C 的蒸汽进口阀 VX0019；

⑤ 停联锁 TISH1002。

二、脱碳系统停车步骤

① 停联锁 LSL104、LSH3、LSH26；

② 关 CO_2 去尿素截止阀 VV076（脱碳系统 DCS 图现场 103-F 顶截止阀）；

③ 关工艺气入 102-F 主阀 VX0020，关闭工艺气入 101-E 主阀 VX0001；

④ 停泵 106-J，关阀 MIC11（淬冷工艺气冷凝液阀）及 FICA17；

⑤ 停泵 J66401，关 102-F 液位调节器 LICA3；

⑥ 关 103-F 液位调节器 LICA5；

⑦ 停泵 108-J，关闭 FICA15，LIC7，FIC16；

⑧ 停泵 116-J，关闭 VV013，关进蒸汽阀 VX0021；

⑨ 关阀 FRCA5（退液阀 LRCA70 在图 1 现场，泵 107J 至储槽 115F 间）；

⑩ 开启充压阀 VV072、VX0049，全开 LIC4、LRCA70；

⑪ LIC4 降至 0 时，关闭充压阀 VV072、VX0049，关阀 LIC4；

⑫ 102-E 液位 LRCA70 降至 5% 时停泵 107-J；

⑬ 102-E 液位降至 5% 后关退液阀 LRCA70。

三、工艺冷凝液系统停车

① 关 C66401 顶蒸汽去 101-B 截止阀 VX0045；

② 关蒸汽入口调节器 FIC97；

③ 关冷凝液去水处理截止阀 VV115；

④ 开 C66401 顶放空阀 VX0046；

⑤ 至常温，常压，关放空阀 VX0046。

任务四　事故处理

1. 101-E 液位低联锁

事故原因：LSL104 低位联锁。

事故现象：

① LIC4 回零；

② PICA89 下降，AR1181 上升。

处理方法：等 LSL104 联锁条件消除后，按复位按钮 101-E 复位。

2. 102-F 或 121-F 液位高位联锁

事故原因：LSH3 或 LSH26 高位联锁。

事故现象：102-F 液位 LICA3 或 121-F 液位 LICA26 升高。

处理方法：等 LSH3 或 LSH26 联锁消除后，按复位按钮 SV9 复位。

3. 甲烷化联锁

事故原因：TSH1002 联锁。

现象：

① MIC21 回零；

② VX0010 回零；

③ TRA1-112 升高。

处理方法：等 TSH1002 联锁消除后，按复位按钮 106-D 复位。

4. 107-J 跳车

事故原因：107-J 跳车。

事故现象：

① FRCA5 流量下降；

② LIC4 下降；

③ AR1181 逐渐上升。

处理方法：

① 开 MIC26 放空，系统减负荷至 80%；

② 降 103-J 转速；

③ 迅速启动另一台备用泵；

④ 调整流量，关小 MIC26；

⑤ 按 PB-1187，PB-1002（备用泵不能启动）；

⑥ 开 MIC26，调整好压力；

⑦ 停 1-3P，关出口阀；

⑧ 105-J 降转速，冷冻调整液位；

⑨ 关闭 MIC18，MIC24，氢回收去 105-F 截止阀；

⑩ LIC13、LIC14、LIC12 手动关掉；

⑪ 关 MIC13、MIC14、MIC15、MIC16，HCV1，MIC23；

⑫ 关闭 MIC1101，AV1113，LV1108，LV1119，LV1309，FV1311，FV1218；

⑬ 切除 129-C，125-C；

⑭ 停 109-J，关出口阀。

5. 106-J 跳车

事故原因：106-J 跳车。

事故现象：

① FICA17 流量下降；

② 102-F 液位上升。

事故处理：

① 启动备用泵；

② 备用泵不能启动，开临时补水阀。

6. 108-J 跳车

事故原因：108-J 跳车。

事故现象：FICA15 无流量。

事故处理：

① 启动备用泵；

② 关闭 LIC7，尽量保持 LIC7；

③ 备用泵不能启动，开临时补水阀。

7. 尿素跳车

事故原因：尿素停车。

事故现象：PIC24 打开，PICA89 打开。

事故处理：

① 调整 PIC24 压力；

② 停 1-3P-1（2）。

任务五 熟悉自动保护系统

在装置发生紧急事故，无法维持正常生产时，为控制事故的发展，避免事故蔓延发生恶性事故，确保装置安全，并能在事故排除后及时恢复生产。

① 在装置正常生产过程中，自保切换开关应在"ON"位置，表示自保投用。

② 开车过程中，自保切换开关在"OFF"位置，表示自保摘除。

自保名称	自保值
LSH3	90
LSH26	90
LSL104	18

任务六 读识现场图和 DCS 图

仿真画面列表

总图
脱碳系统 DCS 图
脱碳系统现场图
甲烷化系统 DCS 图
甲烷化系统现场图
冷凝液回收系统 DCS 图
冷凝液回收系统现场图

1. 合成氨净化工段总图

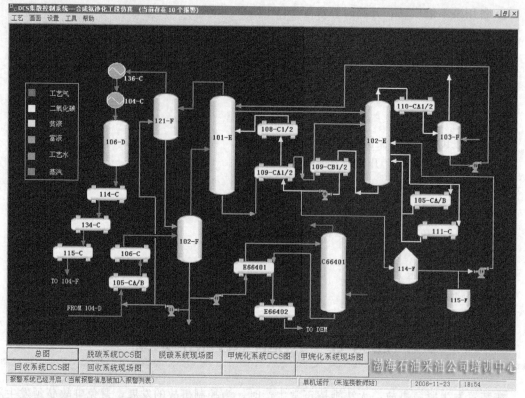

2. 脱碳系统 DCS 图

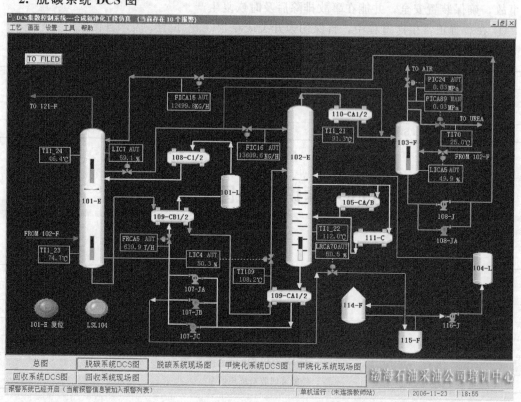

3. 脱碳系统现场图

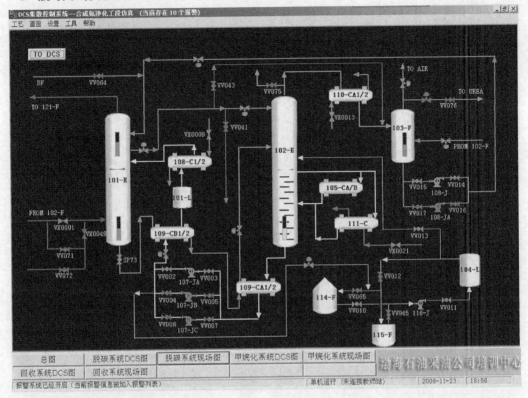

4. 甲烷化系统 DCS 图

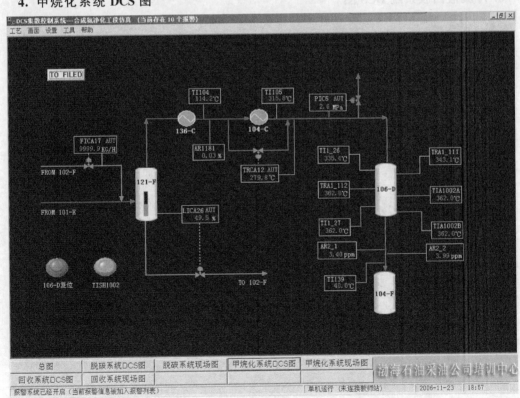

5. 甲烷化系统现场图

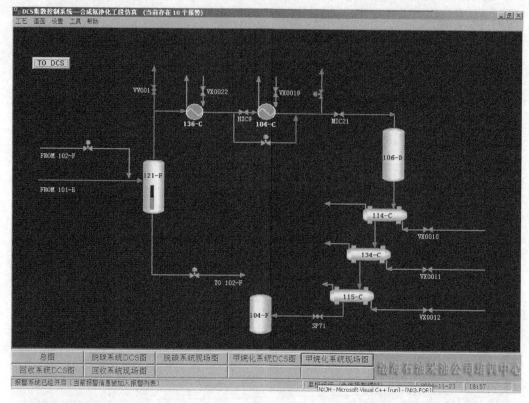

6. 冷凝液回收系统 DCS 图

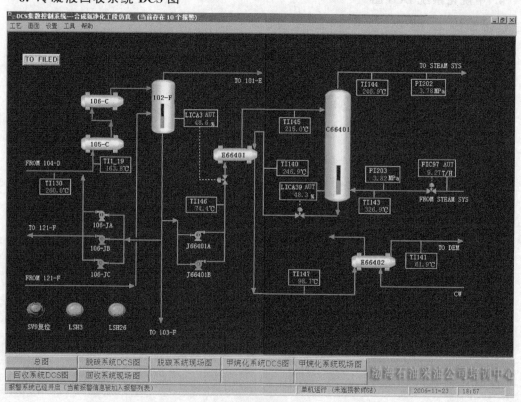

7. 冷凝液回收系统现场图

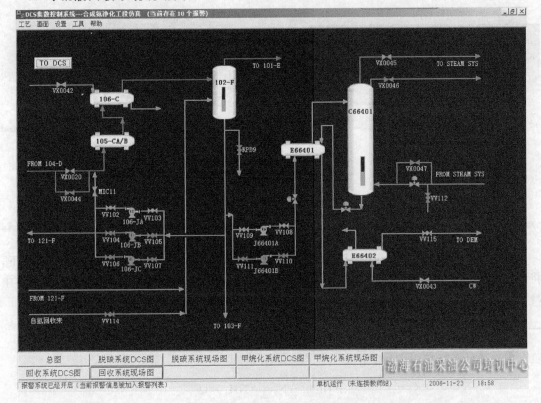

项目七
合成氨工艺合成工段仿真系统

任务一　工艺认识

氨的合成是氨厂最后一道工序，任务是在适当的温度、压力和有催化剂存在的条件下，将经过精制的氢氮混合气直接合成为氨。然后将所生成的气体氨从未合成为氨的混合气体中冷凝分离出来，得到产品液氨，分离氨后的氢氮气体循环使用。

一、氨合成反应的特点

氨合成的化学反应式如下：

$$\frac{3}{2}H_2 + \frac{1}{2}N_2 \Longleftrightarrow NH_3 + Q$$

这一化学反应有如下几个特点：

① 是可逆反应，即在氢气和氮气反应生成氨的同时，氨也分解成氢气和氮气。

② 是放热反应，在生成氨的同时放出热量，反应热与温度、压力有关。

③ 是体积缩小的反应。

④ 反应需要有催化剂才能较快的进行。

二、氨合成反应的化学平衡

1. 平衡常数

氨合成反应的平衡常数 K_p 可表示为：

$$K_p = \frac{p(NH_3)}{p^{1.5}(H_2) \times p^{0.5}(N_2)}$$

式中　$p(NH_3)$、$p(H_2)$、$p(N_2)$ ——平衡状态下氨、氢、氮的分压。

由于氨合成反应是可逆、放热、体积缩小的反应，根据平衡移动定律可知，降低温度，提高压力，平衡向生成氨的方向移动，因此平衡常数增大。

2. 平衡氨含量

反应达到平衡时按在混合气体中的百分含量，称为平衡氨含量，或称为氨的平衡产率。平衡氨含量是给定操作条件下，合成反应能达到的最大限度。

计算平衡常数的目的是为了求平衡氨含量。平衡氨含量与压力、平衡常数、惰性气体含量、氢氮比例的关系如下：

$$\frac{Y(NH_3)}{[1-Y(NH_3-Y_i)]^2}=K_p \times p \frac{r^{1.5}}{(1+r)^2}$$

式中　$Y(NH_3)$——平衡时氨的体积分数,%;

Y_i——惰性气体的体积百分数,%;

p——总压力;

K_p——平衡常数;

r——氢氮比例。

由上式可见,温度降低或压力升高时,等式右方增加,因此平衡氨含量也增加。所以,在实际生产中,氨的合成反应均在加压下进行。

三、氨合成动力学

1. 反应机理

氮与氢自气相空间向催化剂表面接近,其绝大部分自外表面向催化剂毛细孔的内表面扩散,并在表面上进行活性吸附。吸附氮与吸附氢及气相氢进行化学反应,一次生成 NH、NH_2、NH_3。后者至表面脱附后进入气相空间,可将整个过程表示如下:

$$N_2(气相) \longrightarrow N_2(吸附) \xrightarrow{气相中的 H_2} 2NH(吸附) \xrightarrow{气相中的 H_2}$$

$$2NH_2(吸附) \xrightarrow{气相中的 H_2} 2NH_3(吸附) \xrightarrow{脱吸} 2NH_3(气相)$$

在上述反应过程中,当气流速度相当大,催化剂粒度足够小时,外扩散光和内扩散因素对反应影响很小,而在铁催化剂上吸附氮的速率在数值上很接近于合成氨的速率,即氮的活性吸附步骤进行的最慢,是决定反应速率的关键。这就是说氨的合成反应速率是由氮的吸附速率所控制的。

2. 反应速率

反应速率是以单位时间内反应物质浓度的减少量或生成物质浓度的增加量来表示。在工业生产中,不仅要求获得较高的氨含量,同时还要求有较快的反应速率,以便在单位时间内有较多的氢和氮合成为氨。

根据氮在催化剂表面上的活性吸附是氨合成过程的控制步骤、氨在催化剂表面成中等覆盖度、吸附表面很不均匀等条件,捷姆金和佩热夫导得的速率方程式如下:

$$W=k_1 p(N_2)\frac{p^{1.5}(H_2)}{p(NH_3)}-k_2\frac{p(NH_3)}{p^{1.5}(H_2)}$$

式中　　　　　　　　　W——反应的瞬时总速率,为正反应和逆反应速率之差;

k_1、k_2——正、逆反应速率常数;

$p(H_2)$、$p(N_2)$、$p(NH_3)$——氢、氮、氨气体的分压。

3. 内扩散的影响

当催化剂的颗粒直径为 1mm 时,内扩散速率是反应速率的百倍以上,故内扩散的影响可忽略不计。但当半径大于 5mm 时,内扩散速率已经比反应速率慢,其影响就不能忽视了。催化剂毛细孔的直径越小和毛细孔愈长(颗粒直径愈大),则内扩散的影响越大。

实际生产中,在合成塔结构和催化层阻力允许的情况下,应当采用粒度较小的催化剂,以减小被扩散的影响,提高内表面利用率,加快氨的生成速率。

四、影响合成塔操作的各种因素

1. 影响合成塔反应的条件

催化的合成反应可用下式表示:

$$N_2 + 3H_2 \longrightarrow 2NH_3$$

在推荐的操作条件下，合成塔出口气中氨含量约为 13.9%（分子），没有反应的气体循环返回合成塔，最后仍变为产品。

（1）温度

温度变化时对合成氨反应的影响有两方面，它同时影响平衡浓度及反应速率。因为合成氨的反应是放热的，温度升高使氨的平衡浓度降低，同时又使反应加速，这表明在远离平衡的情况下，温度升高时合成效率就比较高，而另一方面对于接近平衡的系统来说，温度升高时合成效率就比较低，在不考虑催化剂衰老时，合成效率总是直接随温度变化的，合成效率的定义是：反应后的气体中实际的氨的百分数与所讨论的条件下理论上可能得到的氨的百分数之比。

（2）压力

氨合成时体积缩小（分子数减少），所以氨的平衡百分数将随压力提高而增加，同时反应速率也随压力的升高而加速，因此提高压力将促进反应。

（3）空速

在较高的工艺气速（空间速度）下，反应的时间比较少，所以合成塔出口的氨浓度就不像低空速那样高，但是，产率降低的百分数上是远远小于空速的增加的，由于有较多的气体经过合成塔，所增加的氨产量足以弥补由于停留时间短，反应不完全而引起的产量的降低，所以在正常的产量或者在低于正常产量的情况下，其他条件不变时，增加合成塔的气量会提高产量。

通常是采取改变循环气量的办法来改变空速的，循环气量增加时（如果可能的话），由于单程合成效率的降低，催化剂层的温度会降低，由于总的氨产量的增加，系统的压力也会降低，MIC22 关小时，循环气量就加大，当 MIC22 完全关闭时，循环气量最大。

（4）氢氮比

送往合成部分的新鲜合成气的氢氮比通常应维持在 3.0∶1.0 左右，这是因为氢与氮是以 3.0∶1.0 的比例合成为氨的，但是必须指出：在合成塔中的氢氮比不一定是 3.0∶1.0，已经发现合成塔内的氢氮比为 （2.5～3.0）∶1.0 时，合成效率最高。为了使进入合成塔的混合气能达到最好的 H_2∶N_2 比、新鲜气中的氢氮比可以稍稍与 3.0∶1.0 不同。

（5）惰性气体

有一部分气体连续地从循环机的吸入端往吹出气系统放空，这是为了控制甲烷及其他惰性气体的含量，否则它们将在合成回路中积累使合成效率降低、系统压力升高及生产能力下降。

（6）新鲜气的流量

单独把新鲜气的流量加大可以生产更多的氨并对上述条件有以下影响：

① 系统压力增长；

② 催化剂床温度升高；

③ 惰性气体含量增加；

④ H_2∶N_2 比可能改变。

反之，合成气量减少，效果则相反。

在正常的操作条件下，新鲜气量是由产量决定的，但在，合成部分进气的增加必须以工厂造气工序产气量增加为前提。

2. 合成反应的操作控制

合成系统是从合成气体压缩机的出口管线开始的，气体（氢氮比为 3∶1 的混合气）的消耗量取决于操作条件、催化剂的活性以及合成回路总的生产能力，被移去的或反应了的气体是由压缩机来的气体不断进行补充的，如果新鲜气过量，产量增至压缩机的极限能力，新鲜气就在一段压缩之前从 104-F 吸入罐处放空，如果气量不足，压缩机就减慢，回路的压力下降直至氨的产量降低到与进来的气量成平衡为止。

为了改变合成回路的操作，可以改变一个或几个条件，且较重要的控制条件如下：

① 新鲜气量合成塔的入口温度；

② 循环气量氢-氮比；

③ 高压吹出气量、新鲜气的纯度；

④ 催化剂层的温度。

注意：这里没有把系统的压力作为一个控制条件列出，因为压力的改变常常是其他条件变化的结果，以提高压力为唯一目的而不考虑其他效果的变化是很少的，合成系统通常是这样操作的，即把压力控制在极限值以下适当处，把吹出气量减少到最低程度，同时把合成塔维持在足够低的温度以延长催化剂寿命，在新鲜气量及放空气量正常以及合成温度适宜的条件下，较低的压力通常是表明操作良好。

下面是影响合成回路各个条件的一些因素，操作人员要注意检查它们的变化过程中是否有不正常的变化，如果把这些情况都弄清楚了，操作人员就能够比较容易地对操作条件的变化进行解释，这样，它就能够改变一个或几个条件进行必要的调整。

（1）合成塔的压力

能单独地或综合地使用合成回路压力增加的主要因素有：

① 新鲜气量增加；

② 合成塔的温度下降；

③ 合成回路中的气体组成偏离了最适宜的氢氮比 [（2.5～3.0）∶1]；

④ 循环气中氨含量增加；

⑤ 循环气中惰性气体含量增加；

⑥ 循环气量减少；

⑦ 由于合成气不纯引起催化剂中毒

⑧ 催化剂衰老。

反过来证明，与上述这些作用相反就会使压力降低。

（2）催化剂的温度

能单独地或综合地使催化剂温度升高的主要因素有：

① 新鲜气量增加；

② 循环气量减少；

③ 氢氮比比较接近于最适比值（2.5～3.0）∶1；

④ 循环气中氨含量降低；

⑤ 合成系统的压力升高；

⑥ 进入合成塔的冷气近路（冷激）流量减少；

⑦ 循环气中惰性气体的含量降低；

⑧ 由于合成气不纯引起催化剂暂时中毒之后，接着催化剂活性又恢复。

反过来说，与上述这些作用相反就会使催化剂的温度下降。

稳定操作时的最适宜温度就是使氨产量最高时的最低温度，但温度还是要足够高以保证压力波动时操作的稳定性，超温会使催化剂衰老并使催化剂的活性很快下降。

（3）氢氮比

能单独地或者综合地使循环气中的 $H_2：N_2$ 比变化的主要因素有：

① 从转化及净化系统来的合成气的组成有变化；

② 新鲜气量变化；

③ 循环气中氨的含量有变化；

④ 循环气中惰性气的含量有变化。

进合成塔的循环气中氢氮比应控制在 $(2.5～3.0)：1.0$，氢氮比变化太快会使温度发生急剧变化。

（4）循环气中氨含量

能单独地或综合地使合成塔进气氨浓度变化的因素有：

① 高压氨分离器 106-F 前面的氨冷器中冷却程度的变化；

② 系统的压力。

预期的合成塔出口气中的氨浓度约为 13.9%，循环气与新鲜气混合以后，氨浓度变为 4.15%，经过氨冷及 1 06-F 把氨冷凝和分离下来以后，进合成塔时混合气中的氨浓度约为 2.42%。

循环气中的循环性气含量：循环气中惰性气体的主要成分是氩及甲烷，这些气体会逐步地积累起来而使系统的压力升高，从而降低了合成气的有效分压，反映出来的就是单程的合成率下降，控制系统中惰性气体浓度的方法就是引出一部分气体经 125-C 与吹出气分离罐 108-F 后放空，合成塔入口气中惰性气体（甲烷和氩）的设计浓度约为 13.6%（分子），但是，经验证明，惰性气体的浓度再保持得高一些，可以减少吹出气带走的氢气，氨的总产量还可以增加。

从上面的合成氨操作的讨论中可以看出：合成的效率是受这一节"（2）"开头部分列出的各种控制条件的影响的，所有这些条件都是相互联系的，一个条件发生变化对其他条件都会有影响，所以好的操作就是要把操作经验以及对影响系统操作的各种因素的认识这两者很好结合起来，如果其中有一个条件发生了急剧的变化，根据经验会作出判断为了弥补这个变化应当采取什么步骤，从而使系统的操作保持稳定，可能使任何变化都要缓慢地进行以防引起大的波动。

3. 合成催化剂的性能

催化剂的活化：合成催化剂是由熔融的铁的氧化物制成的，它含有钾、钙和铝的氧化物作为稳定剂与促进剂，而且是以氧化态装到合成塔中去的，在进行氨的生产以前，催化剂必须加以活化，把氧化铁还原成基本上是纯的元素铁。

催化剂的还原是在这样的条件下进行的：即在氧化态的催化剂上面通以氢气，并逐步提高压力及温度，氢气与氧化铁中的氧化合生成水，在气体再次循环到催化剂床以前要尽可能地把这些水除净，活化过程中的出水量是催化剂还原进展情况的一个良好的指标，在还原的开始阶段生成的水量是很少的，随着催化剂还原的进行，生成的水量就增加，为促进催化剂的还原需要采用相当高的温度并控制在一定的压力，出水量会达到一个高峰，然后逐步减少直至还原结束。

还原的温度应当始终保持在催化剂的操作温度以下，避免由于以下的原因而脱活，即：

① 循环气中的水汽浓度过高；

② 过热，但是温度太低，催化剂的还原就进行得太慢，如果温度降得过分低，还原就会停止。

在催化剂的还原期间，压力与（或）压力变化的影响是一个关键，当还原向下移动时，如果各层催化剂的活化是不均匀的，则提高压力就可能产生"沟流"：即在催化剂床的局部地方还原较彻底的催化剂会促进氢与氮生成氨的反应，反应放出的热量会使此局部催化剂的温度变得太高而难以控制。催化剂还原期间应当维持这样的压力：即使还原能够均匀地进行，而且在催化剂床的同一个水平面上的温度差不要太大，提高压力时，生成氨的反应加速，降低压力时，生成氨的反应会减慢。

催化剂的还原可以在相当低的空速下进行，但是空速越高，还原的时间越短，而且在较高的空速下可以消除沟流。

催化剂还原期间，合成气是循环通过合成塔的，当反应已经开始进行时，非常重要的是循环气要尽可能地加以冷却（但设备中不能有结冰的危险），把气体中的水分加以冷凝并除去以后再重新进入合成塔，否则，水汽浓度高的气体将进入已经还原了的催化剂床，水蒸气会使已经还原过的催化剂的活性降低或中毒，一旦合成氨的反应开始进行，生成的氨就会使冰点下降，这样就可以在更低的温度下把气流中的水分除去。

精心控制催化剂活化时的条件，可以使还原均匀地进行，这有助于延长催化剂的使用寿命。

合成催化剂的还原是在工厂的原始开车时进行的，推荐的指导程序见第三部分。

催化剂的热稳定性：既使是采用纯的合成气，氨催化剂也不能无限期地保持它的活性。一些数据表明，采用纯的气体时，温度低于 $550℃$ 对催化剂没有影响，而当温度更高时，就会损害催化剂，这些数据还表明，经受过轻度过热的催化剂，在 $400℃$ 时活性有所下降，而在 $500℃$ 时，活性不变。但是应当着重指出：不存在有这样一个固定的温度极限，低于这个温度催化剂就不受影响，在温度一定，但是压力与空速的条件变得苛刻时，也会使催化剂的活性比较快地降低。

催化剂的衰老首先表现在温度较低、压力与（或）空速较高的条件下操作时效率下降，已经发现：催化剂的活性和开始时相比下降得越多，则要进一步受到损坏所需要的时间就会越长或者所需要的条件也会越加苛刻。

催化剂的毒物：合成气中能够使催化剂的活性或寿命降低的化合物称为毒物，这些物质通常能够与催化剂的活性组分形成稳定程度不同的化合物，永久性的毒物会使催化剂的活性不可逆地永久下降，这些毒物能够与催化剂的活性部分形成稳定的表面化合物，另一些毒物可以使活性暂时下降，在这些毒物从气体中除去以后，在一个比较短的时间之内就可以恢复到原有的活性。

合成氨催化剂最主要的毒物是氧的化合物，这些化合物不能看作是暂时性毒物，也不是永久性毒物，当合成气中含有少量的氧化物，例如 CO 时，催化剂的一些活性表面就与氧结合使催化剂的活性降低，当把这种氧的化合物从合成气中除去以后，催化剂就再一次完全还原，但是并不能使所有的活性中心都完全恢复到原始的状态，或者恢复到它的最初的活性，因此，氧的化合物能引起严重的暂时性中毒以及轻微的永久性中毒，通常能使催化剂中毒的氧的化合物有：水蒸气、H、CO_2 及分子 O_2。其他的重要的毒物有 H_2S（永久性的）及油雾的沉积物，后者并不是真正的毒物，但是由于催化剂表面被覆盖和堵塞，它能使催化剂的活性降低。

催化剂的机械强度：合成催化剂的机械强度是很好的，但是操作人员也不应该过分随便地操作，错误的操作会引起十分急速的温度波动，从而使催化剂碎裂，在催化剂还原期间，任何急剧的温度变化都应小心防止，据认为在此期间，催化剂对机械粉碎及急剧变化都是特别敏感的。

在工厂的原始开车期间，合成催化剂的还原是在工厂前面的工序已经接近于设计的条件和设计的流量时才进行的。

详细的催化剂装填程序详见催化剂生产厂提供的氨合成塔的催化剂装填方法。极其重要的是：在催化剂装填之前，必须先进行一些试验，因为氯化物与不锈钢的催化剂接触会引起合成塔内件的应力腐蚀脆裂，所以在装填之前，每一批催化剂的氯含量都必须加以检验，催化剂中允许的最高的水溶性氯的含量为 10.0mg/kg，在装催化剂的容器有损坏的情况下，可能会带入杂质，所以每一个容器都应当进行检查。

4. 合成气中无水液氨的分离

在合成塔中生成的氨会很快地达到不利于反应的程度，所以必须连续地从进塔的合成循环气中把它除去，使用系列的冷却器和氨冷器来冷却循环气，从而把每次通过合成塔时生成的净氨产品冷却下来，循环气进入高压氨分离器时的温度为 $-21.3℃$，在 $-11.7MPa$ 的压力下，合成回路中气体里的氨冷凝并过冷到 $-23.3℃$ 以后，循环气中的氨就降至 2.42%，冷凝下来的液氨收集在高压氨分离器（106-F）中，用液位调节器（LC-13）调节后就送去进行产品的最后精制。

五、氨合成主要设备

1. 合成塔

（1）结构特点

氨合成塔是合成氨生产的关键设备，作用是氢氮混合气在塔内催化剂层中合成为氨。由于反应是在高温高压下进行，因此要求合成塔不仅要有较高的机械强度，而且应有高温下抗蠕变和松弛的能力。同时在高温、高压下，氢、氮对碳钢有明显的腐蚀作用，使合成塔的工作条件更为复杂。

氢对碳钢的腐蚀作用包括氢脆和氢腐蚀。所谓氢脆是氢溶解于金属晶格中，使钢材在缓慢变形时发生脆性破坏。所谓氢腐蚀是氢渗透到钢材内部，使碳化物分解并生成甲烷：

$$FeC + 2H_2 \longrightarrow 3Fe + CH_4 + Q$$

反应生成的甲烷积聚于晶界原有的微观空隙内，形成局部压力过高，应力集中，出现裂纹，并在钢材中聚集而形成鼓泡，从而使钢的结构遭到破坏，机械强度下降。

在高温高压下，氮与钢材中的铁及其他很多合金元素生成硬而脆的氮化物，使钢材的力学性能降低。

为了适应氨合成反应条件，合理解决存在的矛盾，氨合成塔由内件和外筒两部分组成，内件置于外筒之内。进入合成塔的气体（温度较低）先经过内件与外筒之间的环隙，内件外面设有保温层，以减少向外筒散热。因而，外筒主要承受高压（操作压力与大气压之差），但不承受高温，可用普通低合金钢或优质碳钢制成。内件在 500℃ 左右高温下操作，但只承受环系气流与内件气流的压差，一般只有 $1\sim2MPa$，即内件只承受高温不承受高压，从而降低对内件材料和强度的要求。内件一般用合金钢制作，塔径较小的内件也可用纯铁制作。内件由催化剂筐、热交换器、电加热器三个主要部分组成，大型氨合成塔的内件一般不设电加热器，而由塔外加热炉供热。

（2）分类和结构

由于氨合成反应最适宜温度随氨含量的增加而逐渐降低，因而随着反应得进行要在催化剂层采取降温措施。按降温方法不同，氨合成塔可分为以下三类。

① 冷管式。在催化剂层中设置冷却管，用反应前温度较低的原料气在冷管中流动，移出反应热，降低反应温度，同时将原料气预热到反应温度。根据冷管结构不同，又可分为双

套管、三套管、单管等不同形式。冷管式合成塔结构复杂，一般用于小型合成氨塔。

② 冷激式。将催化剂分为多层，气体经过每层绝热反应温度升高后，通入冷的原料气与之混合，温度降低后再进入下一层催化剂。冷激式结构简单，但加入未反应的冷原料气，降低了氨合成率，一般多用于大型氨合成塔。

③ 中间换热式。将催化剂分为几层，在层间设置换热器，上一层反应后的高温气体进入换热器降温后，再进入下一层进行反应。

2. 合成压缩机

大型氨厂的合成压缩机均采用以汽轮机驱动的离心式压缩机，其机组主要由压缩机主机、驱动机、润滑油系统、密封油系统和防喘振装置组成。

（1）离心式压缩机工作原理

离心式压缩机的工作原理和离心泵类似，气体从中心流入叶轮，在高速转动的叶轮的作用下，随叶轮作高速旋转并沿半径方向甩出来。叶轮在驱动机械的带动下旋转，把所得到的机械能通过叶轮传递给流过叶轮的气体，即离心压缩机通过叶轮对气体做了功。气体一方面受到旋转离心力的作用增加了气体本身的压力，另一方面又得到了很大的动能。气体离开叶轮后，这部分速度能在通过叶轮后的扩压器、回流弯道的过程中转变为压力能，进一步使气体的压力提高。

离心式压缩机中，气体经过一个叶轮压缩后压力的升高是有限的。因此在要求升压较高的情况下，通常都有许多级叶轮一个接一个、连续地进行压缩，直到最末一级出口达到所要求的压力为止。压缩机的叶轮数越多，所产生的总压头也越大。气体经过压缩后温度升高，当要求压缩比较高时，常常将气体压缩到一定的压力后，从缸内引出，在外设冷却器冷却降温，然后再导入下一级继续压缩。这样依冷却次数的多少，将压缩机分成几段，每段可以是一级或多级。

（2）离心式压缩机的喘振现象及防止措施

离心压缩机的喘振是操作不当、进口气体流量过小产生的一种不正常现象。当进口气体流量不适当地减小到一定值时，气体进入叶轮的流速过低，气体不再沿叶轮流动，在叶片背面形成很大的涡流区，甚至充满整个叶道而把通道塞住，气体只能在涡流区打转而流不出来。这时系统中的气体自压缩机出口倒流进入压缩机，暂时弥补进口气量的不足。虽然压缩机似乎恢复了正常工作，重新压出气体，但当气体被压出后，由于进口气体仍然不足，上述倒流现象重复出现。这样一种在出口处时而倒吸时而吐出的气流，引起出口管道低频、高振幅的气流脉动，并迅速波及各级叶轮，于是整个压缩机产生噪声和振动，这种现象称为喘振。喘振对机器是很不利的，振动过分会产生局部过热，时间过久甚至会造成叶轮破碎等严重事故。

当喘振现象发生后，应设法立即增大进口气体流量。方法是利用防喘振装置，将压缩机出口的一部分气体经旁路阀回流到压缩机的进口，或打开出口放空阀，降低出口压力。

（3）离心式压缩机的结构

离心式压缩机由转子和定子两大部分组成。转子由主轴、叶轮、轴套和平衡盘等部件组成。所有的旋转部件都安装在主轴上，除轴套外，其他部件用键固定在主轴上。主轴安装在径向轴承上，以利于旋转。叶轮是离心式压缩机的主要部件，其上有若干个叶片，用以压缩气体。

气体经叶片压缩后压力升高，因而每个叶片两侧所受到气体压力不一样，产生了方向指向低压端的轴向推力，可使转子向低压端窜动，严重时可使转子与定子发生摩擦和碰撞。为了消除轴向推力，在高压端外侧装有平衡盘和止推轴承。平衡盘一边与高压气体相通，另一边与低压气体相通，用两边的压力差所产生的推力平衡轴向推力。

离心式压缩机的定子由气缸、扩压室、弯道、回流器、隔板、密封、轴承等部件组成。气缸也称机壳，分为水平剖分和垂直剖分两种形式。水平剖分就是将机壳分成上下两部分，上盖可以打开，这种结构多用于低压。垂直剖分就是筒型结构，由圆筒形本体和端盖组成，多用于高压。气缸内有若干隔板，将叶片隔开，并组成扩压器和弯道、回流器。

为了防止级间窜气或向外漏气，都设有级间密封和轴密封。

离心式压缩机的辅助设备有中间冷却器、气液分离器和油系统等。

（4）汽轮机的工作原理

汽轮机又称为蒸汽透平，是用蒸汽做功的旋转式原动机。进入汽轮的高压、高温蒸汽，由喷嘴喷出，经膨胀降压后，形成的高速气流按一定方向冲动汽轮机转子上的动叶片，带动转子按一定速度均匀地旋转，从而将蒸汽的能量转变成机械能。

由于能量转换方式不同，汽轮机分为冲动式和反动式两种，在冲动式中，蒸汽只在喷嘴中膨胀，动叶片只受到高速气流的冲动力。在反动式汽轮机中，蒸汽不仅在喷嘴中膨胀，而且还在叶片中膨胀，动叶片既受到高速气流的冲动力，同时受到蒸汽在叶片中膨胀时产生的反作用力。

根据汽轮机中叶轮级数不同，可分为单极或多极两种。按热力过程不同，汽轮机可分为背压式、凝汽式和抽气凝汽式。背压式汽轮机的蒸汽经膨胀做功后以一定的温度和压力排出汽轮机，可继续供工艺使用；凝汽式蒸汽轮机的进气在膨胀做功后，全部排入冷凝器凝结为水；抽汽凝汽式汽轮机的进气在膨胀做功时，一部分蒸汽在中间抽出去作为其他用，其余部分继续在气缸中做功，最后排入冷凝器冷凝。

任务二　熟悉装置

一、工艺流程简述

1. 合成系统

从甲烷化来的新鲜气（40℃、2.6MPa、$H_2/N_2=3:1$）先经压缩前分离罐（104-F）进入合成气压缩机（103-J）低压段，在压缩机的低压缸将新鲜气体压缩到合成所需要的最终压力的1/2左右，出低压段的新鲜气先经106-C用甲烷化进料气冷却至93.3℃，再经水冷器（116-C）冷却至38℃，最后经氨冷器（129-C）冷却至7℃，后与氢回收来的氢气混合进入中间分离罐（105-F），从中间分离罐出来的氢氮气再进合成气压缩机高压段。

合成回路来的循环气与经高压段压缩后的氢氮气混合进入压缩机循环段，从循环段出来的合成气进合成系统水冷器（124-C）。高压合成气自最终冷却器124-C出来后，分两路继续冷却，第一路串联通过原料气和循环气一级和二级氨冷器117-C和118-C的管侧，冷却介质都是冷冻用液氨，另一路通过就地的MIC23节流后，在合成塔进气和循环气换热器120-C的壳侧冷却，两路汇合后，又在新鲜气和循环气三级氨冷器119-C中用三级液氨闪蒸槽112-F来的冷冻用液氨进行冷却，冷却至−23.3℃。冷却后的气体经过水平分布管进入高压氨分离器（106-F），在前几个氨冷器中冷凝下来的循环气中的氨在106-F中分离出来，分离出来的液氨送往冷冻中间闪蒸槽（107-F）。从氨分离器出来后，循环气进入合成塔进气-新鲜气和循环气换热器 120-C 的管侧，从壳侧的工艺气体中取得热量，然后又进入合成塔进气-出气换热器（121-C）的管侧，再由 HCV11 控制进入合成塔（105-D），在 121-C 管侧的出口处分析气体成分。

SP35 是一专门的双向降爆板装置，是用来保护 121-C 的换热器，防止换热器的一侧泄压导致压差过大而引起破坏。

合成气进气由合成塔 105-D 的塔底进入，自下而上地进入合成塔，经由 MIC13 直接到第一层催化剂的入口，用以控制该处的温度，这一近路有一个冷激管线，和两个进层间换热器副线可以控制第二、第三层的入口温度，必要时可以分别用 MIC14、MIC15 和 MIC16 进行调节。气体经过最底下一层催化剂床后，又自下而上地把气体导入内部换热器的管侧，把热量传给进来的气体，再由 105-D 的顶部出口引出。

合成塔出口气进入合成塔-锅炉给水换热器 123-C 的管侧，把热量传给锅炉给水，接着又在 121-C 的壳侧与进塔气换热而进一步被冷却，最后回到 103-J 高压缸循环段（最后一个叶轮）而完成了整个合成回路。

合成塔出来的气体有一部分是从高压吹出气分离缸 108-F 经 MIC18 调节并用 FI63 指示流量后，送往氢回收装置或送往一段转化炉燃料气系统。从合成回路中排出气体是为了控制气体中的甲烷和氩的浓度，甲烷和氩在系统中积累多了会使氨的合成率降低。吹出气在进入分离罐 108-F 以前先在氨冷器 125-C 冷却，由 108-F 分出的液氨送低压氨分离器 107-F 回收。

合成塔备有一台开工加热炉（102-B），它是用于开工时把合成塔升温至反应温度，开工加热炉的原料气流量由 FI62 指示，另外，它还设有一低流量报警器 FAL85 与 FI62 配合使用，MIC17 调节 102-B 燃料气量。

2. 冷冻系统

合成来的液氨进入中间闪蒸槽（107-F），闪蒸出的不凝性气体通过 PICA8 排出作为燃料气送入一段炉燃烧。分离器 107-F 装有液面指示器 LI12。液氨减压后由液位调节器 LICA12 调节进入三级闪蒸罐（112-F）进一步闪蒸，闪蒸后作为冷冻用的液氨进入系统中。冷冻的一、二、三级闪蒸罐操作压力分别为：0.4MPa（G）、0.16MPa（G）、0.0028MPa（G），三台闪蒸罐与合成系统中的第一、二、三氨冷器相对应，它们是按热虹吸原理进行冷冻蒸发循环操作的。液氨由各闪蒸罐流入对应的氨冷器，吸热后的液氨蒸发形成的气液混合物又回到各闪蒸罐进行气液分离，气氨分别进氨压缩机（105-J）各段气缸，液氨分别进各氨冷器。

由液氨接收槽（109-F）来的液氨逐级减压后补入到各闪蒸罐。一级闪蒸罐（110-F）出来的液氨除送第一氨冷器（117-C）外，另一部分作为合成气压缩机（103-J）一段出口的氨冷器（129-C）和闪蒸罐氨冷器（126-C）的冷源。氨冷器（129-C）和（126-C）蒸发的气氨进入二级闪蒸罐（111-F），110-F 多余的液氨送往 111-F。111-F 的液氨除送第二氨冷器（118-C）和弛放气氨冷器（125-C）作为冷冻剂外，其余部分送往三级闪蒸罐（112-F）。112-F 的液氨除送 119-C 外，还可以由冷氨产品泵（109-J）作为冷氨产品送液氨贮槽贮存。

由三级闪蒸罐（112-F）出来的气氨进入氨压缩机（105-J）一段压缩，一段出口与 111-F 来的气氨汇合进入二段压缩，二段出口气氨先经压缩机中间冷却器（128-C）冷却后，与110-F 来的气氨汇合进入三段压缩，三段出口的气氨经氨冷凝器（127-CA、CB），冷凝的液氨进入接收槽（109-F）。109-F 中的闪蒸气去闪蒸罐氨冷器（126-C），冷凝分离出来的液氨流回 109-F，不凝气作燃料气送一段炉燃烧。109-F 中的液氨一部分减压后送至一级闪蒸罐

（110-F），另一部分作为热氨产品经热氨产品泵（1-3P-1，2）送往尿素装置。

二、工艺仿真范围

1. 合成氨系统

① 反应器：105-D；

② 炉子：102-B；

③ 换热器：124-C、120-C、121-C、117-C（管侧）、118-C（管侧）、119-C（管侧）、123-C、125-C（管侧）；

④ 分离罐：105-F、106-F、108-F；

⑤ 压缩机：103-J（工艺管线）。

2. 冷冻系统

① 换热器：127-C、147-C、117-C（壳侧）、129-C（壳侧）、118-C（壳侧）、119-C（壳侧）、125-C（壳侧）；

② 分离罐：107-F、109-F、110-F、111-F、112-F；

③ 泵：1-3p-1（2）、109-JA/JB；

④ 压缩机：105-J（工艺管线部分）。

三、控制回路一览表

某化工厂合成氨装置合成工段仿真培训系统共涉及仪表控制回路如下，这些回路的详细内容见下表，该表给出了仪表回路的公位号、回路描述、工程单位元、正常设定及正常输出。这些内容仅供操作参考。

仪表回路一览表

合成系统、冷冻系统				
回路名称	回路描述	工程单位元	设定值	输出
PIC182	104-F 压力控制	MPa	2.6	50
PRC6	103-J 转速控制	MPa	2.6	50
PIC194	107-F 压力控制	MPa	10.5	50
FIC7	104-F 抽出流量控制	kg/h	11700	50
FIC8	105-F 抽出流量控制	kg/h	12000	50
FIC14	压缩机总抽出控制	kg/h	67000	50
LICA14	121-F 罐液位元控制	%	50	50
PIC7	109-F 压力控制	MPa	1.4	50
PICA8	107-F 压力控制	MPa	1.86	50
PRC9	112-F 压力控制	kPa	2.8	50
FIC9	112-F 抽出氨气体流量控制	kg/h	24000	0
FIC10	111-F 抽出氨气体流量控制	kg/h	19000	0
FIC11	110-F 抽出氨气体流量控制	kg/h	23000	0
FIC18	109-F 液氨产量控制	kg/h	50	50
LICA15	109-F 罐液位元控制	%	50	50
LICA16	110-F 罐液位元控制	%	50	50
LICA18	111-F 罐液位元控制	%	50	50
LICA19	112-F 罐液位元控制	%	50	50
LICA12	107-F 罐液位元控制	%	50	50

任务三　装置冷态开工

一、合成系统开车

① 投用 LSH109（104-F 液位高位联锁）、LSH111（105-F 液位高位联锁）（辅助控制盘画面）；

② 打开 SP71（合成工段现场），把工艺气引入 104-F，PIC182（合成工段 DCS）设置在 2.6MPa 投自动；

③ 显示合成塔压力的仪表换为低量程表（合成工段现场合成塔旁）；

④ 投用 124-C（合成工段现场图开阀 VX0015 进冷却水），123-C（合成工段现场图开阀 VX0016 进锅炉水预热合成塔塔壁），116-C（合成工段现场开阀 VX0014），打开阀 VV077，VV078 投用 SP35（在合成工段现场图合成塔底右部进口处）；

⑤ 按 103-J 复位（辅助控制盘画面），然后启动 103-J（合成工段现场启动按钮），开泵 117-J 注液氨（在冷冻系统图的现场画面）；

⑥ 开 MIC23、HCV11，把工艺气引入合成塔 105-D，合成塔充压（合成工段现场图）；

⑦ 逐渐关小防喘振阀 FIC7、FIC8、FIC14；

⑧ 开 SP1 副线阀 VX0036 均压后（一小段时间），开 SP1，开 SP72（在合成塔现场图画面上）及 SP72 前旋塞阀 VX0035（合成塔现场图）；

⑨ 当合成塔压力达到 1.4MPa 时换高量程压力表（现场图合成塔旁）；

⑩ 关 SP1 副线阀 VX0036，关 SP72 及前旋塞阀 VX0035，关 HCV11；

⑪ 开 PIC194 设定在 10.5MPa，投自动（108-F 出口调节阀）；

⑫ 开入 102-B 旋塞阀 VV048，开 SP70；

⑬ 开 SP70 前旋塞阀 VX0034，使工艺气循环起来；

⑭ 打开 108-F 顶 MIC18 阀，开度为 100%（合成现场图）；

⑮ 投用 102-B 联锁 FSL85（辅助控制盘画面）；

⑯ 打开 MIC17（合成塔系统图）进燃料气，102-B 点火（合成现场图），合成塔开始升温；

⑰ 开阀 MIC14 调节合成塔中层温度，开阀 MIC15、MIC16，控制合成塔下层温度（合成塔现场图）；

⑱ 停泵 117-J，停止向合成塔注液氨；

⑲ PICA8 设定在 1.68MPa 投自动（冷冻工段 DCS 图）；

⑳ LICA14 设定在 50% 投自动，LICA13 设定在 40% 投自动（合成工段 DCS 图）；

㉑ 当合成塔入口温度达到反应温度 380℃ 时，关 MIC17，102-B 熄火，同时打开阀门 HCV11 预热原料气；

㉒ 关入 102-B 旋塞阀 VV048，现场打开氢气补充阀 VV060；

㉓ 开 MIC13 进冷激起调节合成塔上层温度；

㉔ 106-F 液位 LICA-13 达 50% 时，开阀 LCV13，把液氨引入 107-F。

二、冷冻系统开车

① 投用 LSH116（110-F 液位高联锁）、LSH118（111-F 液位高联锁）、LSH120（112-

F 液位高联锁）、PSH840、841 联锁（辅助控制盘）；

② 投用 127-C（冷冻系统现场开阀 VX0017 进冷却水）；

③ 打开 109-F 充液氨阀门 VV066，建立 80％液位（LICA15 至 80％）后关充液阀；

④ PIC7 设定值为 1.4MPa，投自动；

⑤ 开三个制冷阀（在现场图开阀 VX0005、VX0006、VX0007）；

⑥ 按 105-J 复位按钮，然后启动 105-J（在现场图开启动按钮），开出口总阀 VV084。）

⑦ 开 127-C 壳侧排放阀 VV067；

⑧ 开阀 LCV15（打开 LICA15）建立 110-F 液位；

⑨ 开出 129-C 的截止阀 VV086（在现场图）；

⑩ 开阀 LCV16（打开 LICA16）建立 111-F 液位，开阀 LCV18（LICA18）建立 112-F 液位；

⑪ 投用 125-C（打开阀门 VV085）；

⑫ 当 107-F 有液位时开 MIC24，向 111-F 送氨；

⑬ 开 LCV-12（开 LICA12）向 112-F 送氨；

⑭ 关制冷阀（在现场图关阀 VX0005，VX0006，VX0007）；

⑮ 当 112-F 液位达 20％时，启动 109-J/JA 向外输送冷氨；

⑯ 当 109-F 液位达 50％时，启动 1-3P-1/2 向外输送热氨。

任务四　正常操作规程

1. 温度设计值

序号	位号	说　明	设计值/℃
1	TR6-15	出 103-J 二段工艺气温度	120
2	TR6-16	入 103-J 一段工艺气温度	40
3	TR6-17	工艺气经 124-C 后温度	38
4	TR6-18	工艺气经 117-C 后温度	10
5	TR6-19	工艺气经 118-C 后温度	-9
6	TR6-20	工艺气经 119-C 后温度	-23.3
7	TR6-21	入 103-J 二段工艺气温度	38
8	TI1-28	工艺气经 123-C 后温度	166
9	TI1-29	工艺气进 119-C 温度	-9
10	TI1-30	工艺气进 120-C 温度	-23.3
11	TI1-31	工艺气出 121-C 温度	140
12	TI1-32	工艺气进 121-C 温度	23.2
13	TI1-35	107-F 罐内温度	-23.3
14	TI1-36	109-F 罐内温度	40
15	TI1-37	110-F 罐内温度	4
16	TI1-38	111-F 罐内温度	-13
17	TI1-39	112-F 罐内温度	-33
18	TI1-46	合成塔一段入口温度	401
19	TI1-47	合成塔一段出口温度	480.8

序号	位号	说　　明	设计值/℃
20	TI1-48	合成塔二段中温度	430
21	TI1-49	合成塔三段入口温度	380
22	TI1-50	合成塔三段中温度	400
23	TI1-84	开工加热炉102-B炉膛温度	800
24	TI1-85	合成塔二段中温度	430
25	TI1-86	合成塔二段入口温度	419.9
26	TI1-87	合成塔二段出口温度	465.5
27	TI1-88	合成塔二段出口温度	465.5
28	TI1-89	合成塔三段出口温度	434.5
29	TI1-90	合成塔三段出口温度	434.5
30	TR1-113	工艺气经102-B后进塔温度	380
31	TR1-114	合成塔一段入口温度	401
32	TR1-115	合成塔一段出口温度	480
33	TR1-116	合成塔二段中温度	430
34	TR1-117	合成塔三段入口温度	380
35	TR1-118	合成塔三段中温度	400
36	TR1-119	合成塔塔顶气体出口温度	301
37	TRA1-120	循环气温度	144
38	TR5-(13-24)	合成塔105-D塔壁温度	140.0

2. 重要压力设计值

序号	位号	说　　明	设计值/MPa
1	PI59	108-F罐顶压力	10.5
2	PI65	103-J二段入口流量	6.0
3	PI80	103-J二段出口流量	12.5
4	PI58	109-J/JA后压	2.5
5	PR62	1-3P-1/2后压	4.0
6	PDIA62	103-J二段压差	5.0

3. 重要流量设计值

序号	位号	说　　明	设计值/kg/h
1	FR19	104-F的抽出量	11000
2	FI62	经过开工加热炉的工艺气流量	60000
3	FI63	弛放氢气量	7500
4	FI35	冷氨抽出量	20000
5	FI36	107-F到111-F的液氨流量	3600

任务五　装置正常停工

1. 合成系统停车

① 关阀MIC18弛放气（图2 108-F顶）；

② 停泵 1-3P-1/2（图 3 现场）；

③ 工艺气由 MIC25 放空（图 1），103-J 降转速（此处无需操作）；

④ 依次打开 FCV14、FCV8、FCV7，注意防喘振；

⑤ 逐个关 MIC14、MIC15、MIC16，合成塔降温；

⑥ 106-F 液位 LICA13 降至 5％时，关 LCV13；

⑦ 108-F 液位 LICA14 降至 5％时，关 LCV14；

⑧ 关 SP1，SP70；

⑨ 停 125-C，129-C（图 3 现场关阀 VV085，VV086）；

⑩ 停 103-J。

2. 冷冻系统停车

① 逐渐关阀 FV11，105-J 降转速（此处无需操作）；

② 关 MIC24；

③ 107-F 液位 LICA12 降至 5％时，关 LCV12；

④ 图 3 现场开三个制冷阀 VX0005、VX0006、VX0007，提高温度，蒸发剩余液氨；

⑤ 待 112-F 液位 LICA-19 降至 5％时，停泵 109-JA/B；

⑥ 停 105-J。

任务六　事故处理

1. 105-J 跳车

事故原因：105-J 跳车。

现象：

① FIC9，FIC10，FIC11 全开；

② LICA15，LICA16，LICA18，LICA19 逐渐下降。

处理方法：

① 停 1-3P-1/2，关出口阀；

② 全开 FCV14、7、8，开 MIC25 放空，103-J 降转速（此处无需操作）；

③ 按 SP1A，SP70A；

④ 关 MIC18，MIC24，氢回收去 105-F 截止阀；

⑤ LCV13、14、12 手动关掉；

⑥ 关 MIC13、14、15、16，HCV1，MIC23；

⑦ 停 109-J，关出口阀；

⑧ LCV15、LCV16A/B、LCV18A/B、LCV19 置手动关。

2. 3P-1（2）跳车

事故原因：1-3P-1（2）跳车。

现象：109-F 液位 LICA15 上升

处理方法：

① 打开 LCV15，调整 109-F 液位；

② 启动备用泵。

3. 109-J 跳车

事故原因：109-J 跳车。

事故现象：112-F 液位 LICA19 上升。

事故处理：

① 关小 LCV18A/B，LCV12；

② 启动备用泵

4. 103-J 跳车

事故原因：103-J 跳车。

现象：

① SP1，SP70 全关；

② FIC7，FIC8，FIC14 全开；

③ PCV182 开大。

处理方法：

① 打开 MIC25，调整系统压力；

② 关闭 MIC18，MIC24，氢回收去 105-F 截止阀；

③ 105-J 降转速，冷冻调整液位；

④ 停 1-3P，关出口阀；

⑤ LCV13、14、12 手动关掉；

⑥ 关 MIC13～16，HCV1，MIC23；

⑦ 切除 129-C，125-C；

⑧ 停 109-J，关出口阀。

任务七　熟悉自动保护系统

在装置发生紧急事故，无法维持正常生产时，为控制事故的发展，避免事故蔓延发生恶性事故，确保装置安全，并能在事故排除后及时恢复生产。

① 在装置正常生产过程中，自保切换开关应在"AUTO"位置，表示自保投用。

② 开车过程中，自保切换开关在"BP（Bypass）"位置，表示自保摘除。

自保名称	自保值
LSH109	90
LSH111	90
LSH116	80
LSH118	80
LSH120	60
PSH840	25.9
PSH841	25.9
FSL85	25000

任务八　读识现场图和 DCS 图

1. 合成工段 DCS 图

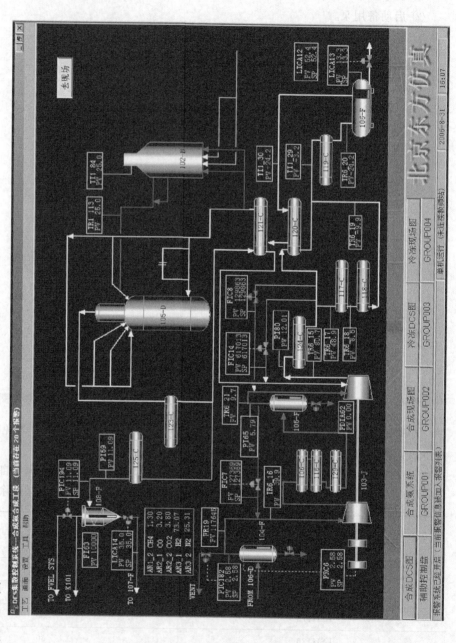

2. 合成工段现场图

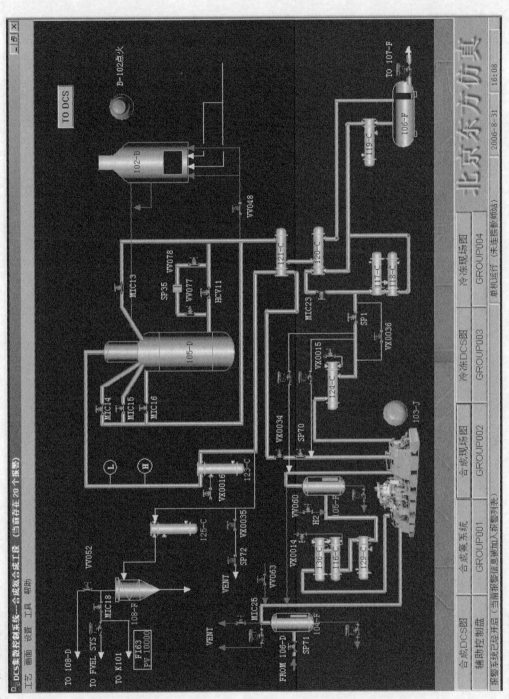

3. 氨合成塔 DCS 图

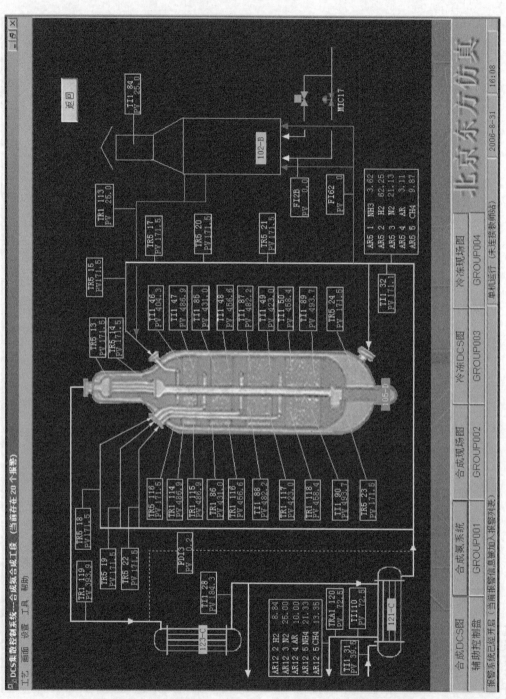

4. 冷冻工段 DCS 图

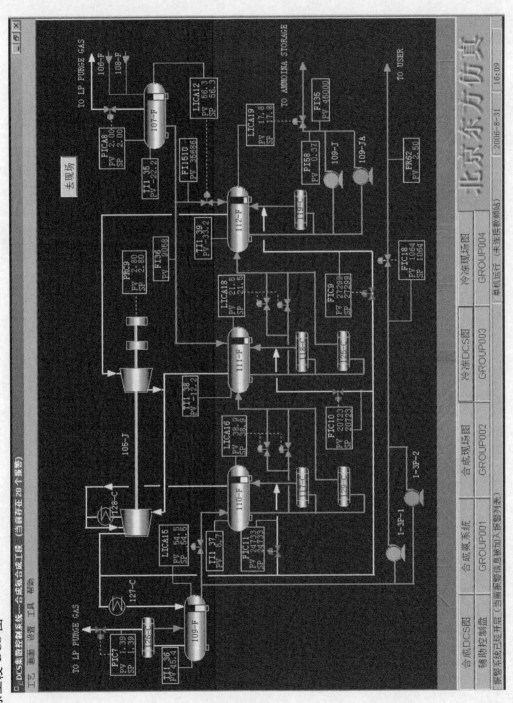

5. 冷冻工段现场图

6. 辅助控制面板

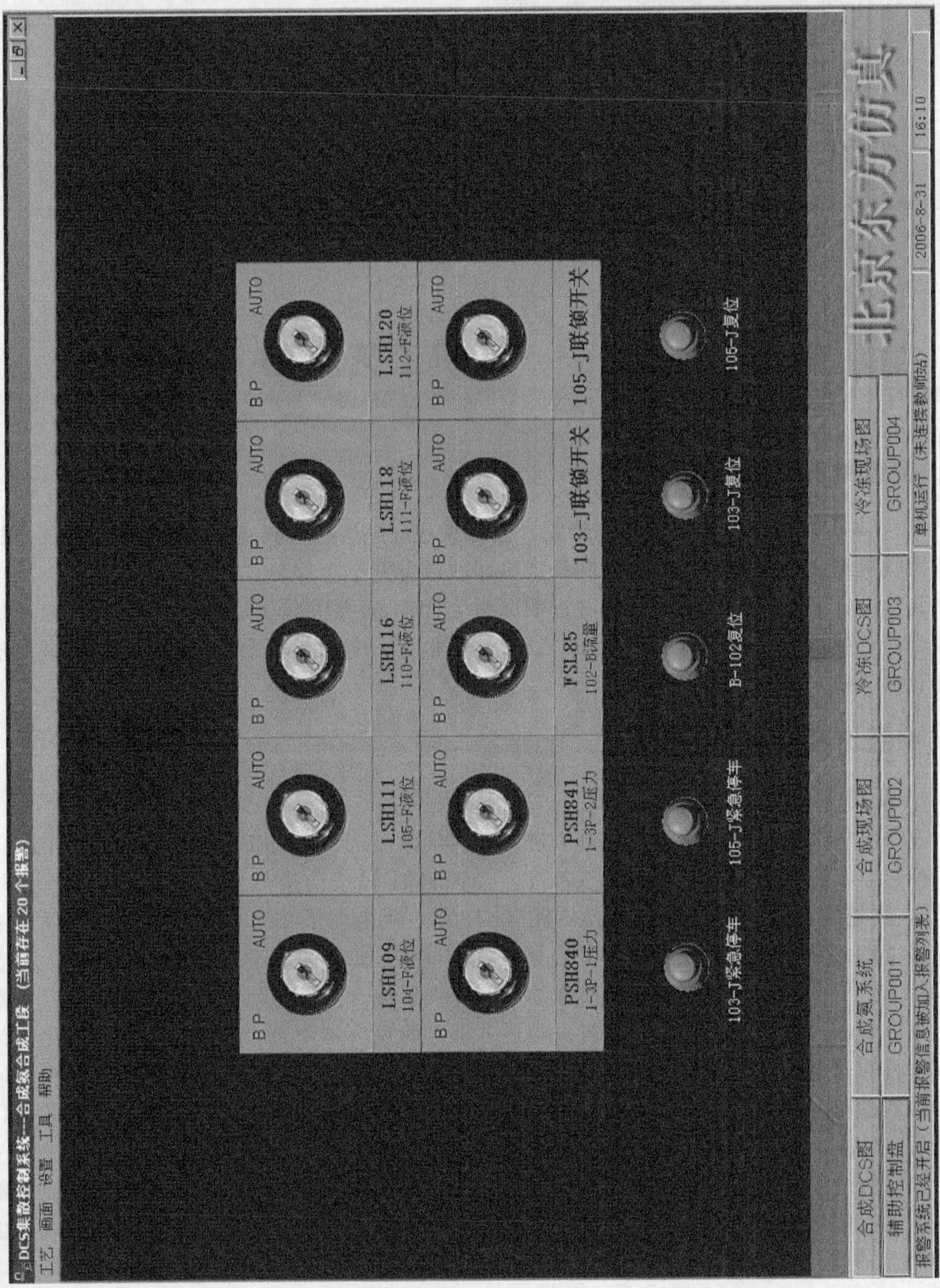
DCS集散控制系统—合成氨合成工段 (当前存在 20 个报警)
工艺 画面 设置 工具 帮助
LSH109 104-F液位
LSH111 105-F液位
LSH116 110-F液位
LSH118 111-F液位
LSH120 112-F液位
PSH840 1-3P-1压力
PSH841 1-3P-2压力
FSL85 102-B流量
103-J联锁开关
105-J联锁开关
103-J紧急停车
105-J紧急停车
B-102复位
103-J复位
105-J复位
合成DCS图
辅助控制盘
合成氨系统
GROUP001
合成现场图
GROUP002
冷冻DCS图
GROUP003
冷冻现场图
GROUP004
北京东方仿真
报警系统已经开启 (当前报警信息被加入报警列表)
单机运行 (未连接教师站)
2006-8-31
16:10

350万吨/年重油催化裂化装置反再工段仿真系统

任务一 认识工艺流程

一、装置概况

350万吨/年重油催化裂化联合装置，包括反应-再生、分馏、吸收稳定（包括气压机）、能量回收机组、余热锅炉、产品精制和余热回收部分共七个部分。

装置设计原料分为近期和远期，近期原料为42%的大庆减压蜡油和58%大庆减压渣油的混合油，残炭为5.05%；远期为92%RDS尾油、5.53%的减压蜡油和1.51%的减压渣油的混合油，残炭为5.85%。

二、装置流程说明

1. 反应-再生

混合原料油（90℃）从装置外自吸进入原料油泵（P1201A、B），抽出后经原料油-顶循环油换热器（E1206A、B）换热至122℃，经原料油-轻柴油换热器（E1210A、B）换热至160℃，再经原料油-分馏一中段油换热器（E1207）换热至180℃，最终经原料油-循环油浆换热器（E1215A、B）加热至200℃左右，分十路经原料油雾化喷嘴进入提升管反应器（R1101A）下部；自分馏部分来的回炼油和回炼油浆混合后既可以直接进入提升管反应器中部，也可以进入原料集合管，同原料一起进入提升管反应器下部，与700℃高温催化剂接触完成原料的升温、气化及反应，515℃反应油气与待生催化剂在提升管出口经三组粗旋风分离器得到迅速分离后经升气管进入沉降器六组单级旋风分离器，再进一步除去携带的催化剂细粉后，反应油气离开沉降器，进入分馏塔（T1201）。

积炭的待生催化剂先经粗旋的汽提设施初步汽提后进入汽提段，在此与蒸汽逆流接触以进一步汽提催化剂所携带的油气，汽提后的催化剂沿待生斜管下流，经待生滑阀进入再生器（R1102）的烧焦罐下部，与自二密相来的再生催化剂混合开始烧焦，在催化剂沿烧焦罐向上流动的过程中，烧去约90%的焦炭，同时温度升至约690℃。含炭较低的催化剂在烧焦罐顶部经大孔分布板进入二密相，在700℃条件下，最终完成焦炭及CO的燃烧过程。再生催化剂经再生斜管及再生滑阀进入提升管反应器底部，在干气及蒸汽的提升下，完成催化剂加速、分散过程，然后与原料接触。

再生器烧焦所需的主风由主风机提供，主风自大气进入主风机（B1101），升压后经主风管道、辅助燃烧室及主风分布管进入再生器。

再生产生的烟气经 16 组两级旋风分离器分离催化剂后，再经三级旋风分离器（CY1104）进一步分离催化剂后进入烟气轮机（BE1101）膨胀做功，驱动主风机（B1101）。从烟气轮机出来的烟气进入余热锅炉进一步回收烟气的热能，使烟气温度降到 201℃ 以下，最后经烟囱排入大气。

当烟机停运时，主风由备用风机提供，此时再生烟气经三旋后由双动滑阀及降压孔板（PRO1101）降压后再进入余热锅炉。

开工用的催化剂由冷催化剂罐（V1101）或热催化剂罐（V1102）压送至再生器。

为保持催化剂活性，需从再生器内不定期卸出部分催化剂，送至废催化剂罐（V1103）。

2. 热工

装置发汽设备包括：外取热器（两台）、循环油浆蒸汽发生器（两组），分馏二中蒸汽发生器及余热锅炉等组成。其中外取热器用一台汽包，循环油浆蒸汽发生器每两台为一组，每组共同用一台汽包，分馏二中蒸汽发生器及余热锅炉各用一台汽包，因此本装置系统中共设有五台汽包，其中外取热器、油浆蒸汽发生器及分馏二中蒸汽发生器分别用烟气与催化剂、循环油浆及分馏二中回流油作为热源，而余热锅炉则用再生烟气作为热源。

自系统来的除盐水送至装置分馏塔顶油气换热器加热，将水温提高到 90℃，然后进入大气旋膜式除氧器（V1501A、B）。除盐水经除氧后由中压锅炉给水泵（P1501A、B、C、D）加压进入余热锅炉（B1501）的水-水换热器进行换热（热源来自一级省煤器出口），然后进入省煤器中预热至 170℃。预热后的除氧水分别送至余热锅炉（B1501）汽包、外取热器汽包（V1401）、循环油浆蒸汽发生器汽包（V1402AB）及分馏二中蒸汽发生器汽包（V1403），其上水流量分别由各自汽包液位控制。

装置（余热锅炉）产的 250t/h 中压过热蒸汽除约 26.8t/h 自用，其余 223.2t/h 全部送至电厂汽轮机做功。装置开工时用的中压过热蒸汽由电厂供给，装置正常生产及开工用的 1.0MPa 蒸汽由系统管网供给。为保证装置生产安全的可靠性，在中压蒸汽管网与低压蒸汽管网之间设置了减温减压器，其作用如下：

① 装置自产的中压过热蒸汽减温减压；

② 系统来的中压过热蒸汽减温减压；

③ 中压饱和蒸汽减温减压。

自烟机来的 484℃ 再生烟气正常情况下进入余热锅炉（B1501），温度降至 200℃ 后排至烟囱。余热锅炉（B1501）投入运行前再生烟气可经过旁路烟道排至烟囱。

本装置由于再生部分过剩热量较大，装置总取热负荷约 85480kW，设计采用两台外取热器，同时在再生器内设置蒸汽过热管，以过热部分装置产的中压蒸汽。两台外取热器一台采用气控外循环式，一台采用阀控式。取热管均采用大直径的翅片管，水汽循环采用自然循环方式。

另外，在过热器和省煤器之间设蒸发段，因烟机停运时，进入余热锅炉的烟气温度很高，经过热器后的温度仍可使省煤器内的除盐水沸腾，而使装置中发汽设备的汽包液位无法控制。增加蒸发段后，用余热锅炉（B1501）汽包与蒸发受热面之间的自然循环，吸收烟气的热量而产生的蒸汽回到余热锅炉汽包（B1501）。

任务二　熟悉设备

设备列表如下。

序号	设备名称	设备编号
1	沉降器	R1101
2	再生器	R1102
3	气控式外取热器	R1103A
4	下流式外取热器	R1103B
5	冷催化剂罐	V1101
6	热催化剂罐	V1102
7	废催化剂罐	V1103
8	催化剂加料斗	V1104
9	水封罐	V1109
10	外取热器汽水分离器	V1401
11	中压锅炉给水泵	P1501A—D
12	减温减压器	DT1401
13	V1101顶旋风分离器	CY1101
14	V1102顶旋风分离器	CY1102
15	V1103顶旋风分离器	CY1103
16	蒸汽喷射器	EJ1101
17	蒸汽喷射器	EJ1102

任务三　掌握工艺卡片

1. 反应器再生器

名称	项目		单位	指标
反再系统 （关键过程）	沉降器顶压力		MPa	0.2～0.26 （0.12～0.17）
	提升管出口温度		℃	480～530
	原料油预热温度		℃	150～250
	再生器顶压力		MPa	0.25～0.29 （0.15～0.19）
	烧焦罐温度		℃	630～720
反再系统 （关键过程）	二密床温度		℃	680～720
	烟气氧含量	≥	%（体积分数）	2
	沉降器藏量		t	80～140
	烧焦罐藏量		t	80～140
	二密藏量		t	100～200
	三旋入口温度	≤	℃	730

2. 能量回收机组参数

（1）主风机

① 烟气轮机。

烟气轮机主要技术参数

型号	E156		
	单位	正常	启动
进口流量	m³/min	7300	4500
质量流量	kg/h	573976	353824
分子量		29.38	29.38
进口温度	℃	670	670
出口温度	℃	483.6	546.9
入口压力	MPa(abs)	0.355	0.222
出口压力	MPa(abs)	0.108	0.108
轴功率	kW	36,500	14,550
转速	r/min	3750	
最大连续转速	r/min	3938	
跳闸转速	r/min	4134	
一阶临界转速	r/min	2325	
二阶临界转速	r/min	5000	
转向		从电机非轴伸端看顺时针	

② 电动/发电机。

序号	项目	参数
1	型式	笼式异步电动机
2	型号	YNH1000—4
3	额定功率	12000kW
4	服务系数	1.2
5	额定电压	10000V
6	额定频率	50Hz
7	相数	3 相
8	额定转速	1487r/min
9	防护等级	主体 IP44 接线盒 IP54
10	绝缘等级	F 级
11	满载时效率	97.4
12	功率因数	0.92
13	最大转矩/额定转矩	1.85
14	堵转转矩/额定转矩	0.9
15	堵转电流/额定电流	3.7
16	满载时定子电流	774A
17	电机空载电流	102A
18	一阶临界转速	1937r/min
19	冷却方式	全封闭水—空冷 IC81W
20	转子飞轮力矩	3600kg·m²
21	允许启动飞轮力矩	20000kg·m²
22	电机质量	36500kg(不含底座)
23	转子质量	10000kg
24	底座质量	2100kg
25	转向	逆时针(从非轴伸端看)
26	轴承型式	滑动轴承(强制润滑)
27	润滑油用量	32L/min
28	电机空载噪声	85dB(A)
29	电机带联轴器齿轮箱启动 100％电压的启动时间	3.2s

（2）备机

轴流式压缩机主要技术参数

序号	项　目	参　数
1	型号	AV71-11
2	介质	空气
3	流量	4500m³/min
4	入口压力	0.096MPa（绝）
5	入口温度	26.4℃
6	相对湿度	63%
7	出口压力	0.35MPa（绝）
8	出口温度	约200℃
9	轴功率	14415kW
10	工作转速	4500r/min
11	第一临界转速	2060r/min
12	第二临界转速	5790r/min
13	主轴转向	从进气端看顺时针

（3）增压机

序号	项　目	参　数
1	型号	D250-112
2	介质	空气
3	入口密度	2.6kg/m³
4	入口流量	600m³/min
5	入口压力	0.44MPa（绝）
6	入口温度	约220℃
7	出口温度	240℃
8	出口压力	0.55MPa（绝）
9	轴功率	630kW
10	转速	8100r/min
11	一阶临界转速	12965r/min

任务四　掌握操作规程

一、冷态开车

1. 反再系统气密

（1）准备工作

① 再生、待生、循环、下流式外取热滑阀、双动滑阀全开；

② 投用循环斜管输送风 FRC1121；

③ 投用待生斜管输送风 FRC1122；

④ 投用下流式外取热斜管输送风 FRC1118；

⑤ 投用下流式外取热流化风 FRC1117、FRC1117A；

⑥ 投用气控式外取热流化风 FRC1115、FRC115A；

⑦ 投用气控式外取热提升风 FRC1116；

⑧ 全开下列阀阀门；

a. 沉降器顶放空；

b. 提升管底放空；

c. 油气大管放空；

d. 下流式外取热器放空；

e. 气控式外取热器放空；

f. 烟机入口蝶阀前放空；

g. 辅助燃烧室一、二次风电动阀；

h. 确认备用风机 B1102 具备供风条件。

（2）备用风机供风

① 联系机组岗位供风；

② 再生压力控制在 0.02～0.03MPa；

③ 主风量控制在 4000m³/min；

④ 检查各松动点、放空点，贯通吹扫半小时，确认畅通关闭放空。

（3）反再系统升压

① 通知气密人员做好准备；

② 关小沉降器顶放空阀；

③ 关小提升管底放空；

④ 关小油气大管盲板前放空阀；

⑤ 关小气控式下流式外取热器放空 R1103A/B；

⑥ 用双动滑阀 PRC1101A 控制反再系统升压至 0.18MPa，确认反再压力。

2. 辅助燃烧室点火

（1）点火准备

① 确认火炬线畅通；

② 主风一、二次电动阀好用；

③ 确认辅助燃烧室百叶窗视窗好用；

④ 确认电打火枪好用；

⑤ 确认辅助燃烧室各温度指示好用。

（2）引瓦斯

① 关闭蒸汽阀；

② 联系保运拆除进装置瓦斯盲板；

③ 联系调度瓦斯进装置；

④ 投用瓦斯分液罐 V1116 蒸汽加热，燃料气分液罐排凝；

⑤ 打开燃料气至火炬吹扫；

⑥ 将瓦斯引至辅助燃烧室前，联系化验瓦斯氧含量不大于 0.5%；

⑦ 联系分馏从封油组立处将燃烧油引至 F1101 前切水；

⑧ 引蒸汽；

⑨ 引非净化风至 F1101 前。

（3）点炉

① 控制再生压力 0.03MPa；

② 联系调度瓦斯进装置，主风量控制 FRCA1401 为 60km³/h；

③ 一次风电动阀稍开，二次风电动阀开 60%，百叶窗开 40%；

④ 调整好电打火枪位置，开小瓦斯火嘴，启用电打火器点火；

> 注意：若 30s 内小火嘴没有点着，则关闭瓦斯阀，吹扫 5min 后，方可以再次点火

⑤ 按升温曲线要求调整炉的一、二次风阀开度或瓦斯量；

⑥ 升温曲线温度点为提升段出口 FRCA1101、汽提段 TI1106A、油气大管 TI1215、再生器稀相 TI1116A、下流外取热 FI1136A、气控外取热 TI1132A；

⑦ 根据反再系统升温点来调整提升管、沉降器顶、油气大管、气控式和下流式外取热器放空；

⑧ 升温过程中要 30min 活动一下待生、再生、循环、下流式外取热下滑阀 50% 左右。

（4）投用反再系统蒸汽

① 投用主风事故蒸汽；

② 投用主风事故蒸汽自保阀；

③ 投用防焦蒸汽预汽提蒸汽；

④ 投用原料油、回炼油、油浆；

⑤ 投用终止剂、MGD 雾化蒸汽；

⑥ 投用汽提预汽提锥体松动蒸汽；

⑦ 投用再生器燃烧油雾化蒸汽；

⑧ 投用再生滑阀吹扫蒸汽、双动滑阀吹扫、待生滑阀吹扫汽；

⑨ 投用循环、下流式外取热下滑阀吹扫风。

> 稳定状态 S2：反再系统 150℃恒温结束，气密合格，辅助燃烧室已点火

（5）稳定状态卡

参数如下。

① 瓦斯罐 V1116 压控 PIC1127 压力为 0.3MPa；

TRCA1101：150℃；　　　　　　TI1106A：150℃；

TI1132A：150℃；　　　　　　TI1136A：150℃；

TI1215：150℃；

② 确认反再系统 150℃恒温结束；

③ 确认反再系统气密合格；

④ 确认辅助燃烧室燃烧正常；

⑤ 确认备用风机供风正常；

⑥ 确认反再系统投用蒸汽；

⑦ 确认松动风投用。

3. 反再系统由 150℃ 向 350℃ 升温

（1）反再系统升温热紧

① 确认反再系统 150℃ 恒温结束；

② 按升温曲线反再系统向 350℃ 升温；

③ 当再生器稀相温度达到 250℃，联系对各滑阀、人孔热紧；

④ 再生双动滑阀投用吹扫蒸汽；

⑤ 待生、循环、外取热器下滑阀投用吹扫蒸汽。

（2）反再系统由 150℃ 向 350℃ 升温

① 150℃ 向 350℃ 升温速度为不大于 25℃/h；

② 150℃ 向 350℃ 升温时间为 8h；

③ 反再系统 350℃ 恒温时间为 24 h。

热紧时，应适当放慢升温速度。

稳定状态 S3：反再系统 350℃ 恒温结束，热紧完毕，辅助燃烧室燃烧正常

（3）稳定状态卡

参数如下。

① 瓦斯罐 V1116 压控 PIC1127 压力为 0.3MPa；

确认以下各点参数

TRCA1101：350℃；   TI1106A：350℃；

TI1132A：350℃；   TI1136A：350℃；

TI1215：350℃。

② 确认反再系统 350℃ 恒温结束；

③ 确认辅助燃烧室燃烧正常；

④ 确认备用风机供风正常；

⑤ 确认反再系统投用蒸汽；

⑥ 反再系统 350℃ 热紧结束。

4. 配合分馏建立原料、回炼油浆循环

（1）分馏建立原料油循环

① 联系分馏建立原料油循环；

② 原料油进入原料组立走开工循环线；

③ 投用原料进料自保；

④ 投用原料集合管预热线进入补油线流程。

（2）分馏建立回炼油循环

① 联系分馏建立回炼油循环；

② 投用回炼油回炼流程；

③ 打开回炼油回炼控制阀 FRC1113、FRC1103；

④ 打开回炼油预热线返回补油线。

（3）分馏建立油浆循环

① 联系分馏建立油浆循环；

② 投用油浆回炼流程；

③ 打开油浆回炼控制阀 FRC1113、FRC1103；

④ 投用返回 3.3.7.2。

（4）稳定状态卡

参数如下。

① 确认原料循环正常；

② 确认确认回炼油循环正常；

③ 确认油浆循环正常。

5. 反再系统 550℃恒温

（1）反再系统升温至 550℃恒温

① 记录反再系统由 350℃向 550℃升温速度、时间、水汽；

② 按实际数据绘制升温曲线；

③ 确认反再系统升温至 550℃。

（2）气压机低速运转

① 联系机组按规程启动气压机低速运转；

② 确认气压机运转正常。

（3）准备加剂系统

① 新鲜催化剂 400t 装至 V1101，平衡催化剂 400t 装至 V1102 助燃剂；

② 贯通大型加卸料线，再生器 R1102 至废催化剂罐 V1103 畅通；

③ 转好 V1101、V1102 至 R1102 加剂流程，R1102 器壁大阀开；

④ V1101、V1102 加剂线输送风投用；

⑤ V1101、V1102 底下第一道阀全开，底下第二道手阀关；

⑥ V1101、V1102 顶放空关，顶旋风分离器 CY1101、CY1102 出入口关；

⑦ 确认 V1101、V1102 顶压力表好用；

⑧ 打开 V1101、V1102 充压风；

⑨ V1101、V1102 压力控制 PIC1125 为 0.45MPa；

⑩ 投用 V1101、V1102、V1103 底部锥体松动风；

⑪ 贯通再生器、辅助燃烧室、气控式外取热器提升风底部卸料线；

⑫ 转 V1101 至 R1102 小型加料流程；

⑬ 投用再生器燃烧油雾化蒸汽；

⑭ 反应分馏同时给汽，顶部放空大量见汽，吹扫 30min；

⑮ 缓慢关闭沉降器顶油气大管直至全关；

⑯ 联系分馏缓慢关闭分馏塔顶放空，打开塔顶蝶阀，引蒸汽走正常油气流程；

⑰ 用分馏塔顶蝶阀 PIK1201D 控制反应压力 0.10MPa，保持反应压力大于再生压力，两器压力平稳；

⑱ 关闭下流式和气控式外取热器放空；

⑲ 将反应压力提至 0.12MPa，再生压力用双动滑控制 0.11MPa；

⑳ 现场观察 F1101 炉火燃烧情况及炉温变化。

（4）调整两器参数，达到装剂条件

① 原料油雾化蒸汽控制为 22t/h、汽提蒸汽控制 7t/h、预汽提蒸汽控制 17t/h；

② 主风量控制 4500m³/min；

③ 反应压力控制 0.13MPa，再生压力为 0.12MPa；

④ 再生器密相温度 550℃，沉降器温度大于 250℃；

⑤ F1101 按分布管前温度 600℃，炉膛温度不大于 1000℃；

⑥ 投用反再系统所有松动点；

⑦ 联系机组并增压机 B1103A/B，投用增压机。

稳定状态卡 S5：大盲板拆除，反应分馏连通，主风量 4500m³/min，反应压力 0.13MPa，再生压力 0.10MPa，再生密相温度 600℃；沉降器温度大于 250℃

（5）稳定状态卡

参数如下。

TRCA1101：550℃左右；　　　　　TI1151：不大于 1000℃；

TI1215：550℃左右；　　　　　　TI1155：不大于 580℃；

TI1116A：550℃左右；　　　　　　TI1132A：大约 550℃。

TI1136A：大约 550℃。

① 确认反再系统 550℃恒温；

② 确认气压机低速运行；

③ 确认加剂准备完毕。

6. 热拆大盲板，赶空气

① 关闭再生、待生滑阀，打开沉降器和油气大管；

② 控制再生压力 0.02～0.03MPa，主风量 FRCA1401 为 3800m³/min；

③ 提升管底、待生滑阀前排凝稍开；

④ 打开汽提蒸汽、原料油雾化蒸汽、预提升蒸汽赶空气，沉降器顶见汽 30min，关小以上蒸汽，保持微正压；

⑤ 联系保运拆盲板，打开盲板前放空，排凝；

⑥ 确认大盲板拆除完毕。

（1）赶空气，反应分馏连通

注意：赶空气时，室内与室外协调控制好反再压力、再生器温度平稳

---

① 打开原料、回炼油、油浆、终止剂、进料雾化蒸汽、废汽油进料雾化蒸汽；

② 打开汽提蒸汽、预汽提蒸汽、防焦蒸汽、FSC 蒸汽；

③ 投用再生、待生斜管松动风；

④ 投用沉降器顶放空反吹蒸汽、油气大管放空反吹风。

（2）再生器分布管前温度达到 550℃恒温

投用主风事故蒸汽疏水阀

参数

PRA1102：0.13MPa；　　　　　　PRCA：0.12MPa；

TRCA1101 不大于 250℃；　　　　TI1120A：600℃。

炉膛温度：

TI1150、TI1151 不大于 1000℃；　　TI1154、TI1155 不大于 580℃。

7. 装催化剂建立两器流化、喷油

（1）向再生器转剂

① 关闭再生、待生、循环、下流式外取热器滑阀，所有排凝放空；

② 联系拆除提升管各喷嘴盲板；

③ 配合拆除提升管各喷嘴盲板；

④ 打开 V1102 底大型加剂第二道阀 4～5 个扣，向再生器加速加剂；

⑤ 使 V1102 底大型输送风压力维持 0.25～0.3MPa；

⑥ 在确保再生器分布管温度不大于 320℃，快速加剂封住料腿，减少催化剂跑损；

⑦ 检查提升管底部，待生滑阀前有无催化剂；

⑧ 确认二密藏量为 130t；

⑨ 根据再生器床层温度调整 F1101 温度，使再生器达到 380℃以上；

> 注意：刚加剂时，要快速加剂，待封住料腿之后，方可放慢加剂速度，尽快使再生器温度达到 380℃以上

⑩ 联系拆除燃烧油盲板；

⑪ 配合拆除燃烧油盲板；

⑫ 确认燃烧油流程；

⑬ 燃烧油切水，对开燃烧油器阀，喷入 1min，床层温度不上升；

⑭ 提高再生器床层温度 10℃后再喷，调整加速，保证床层温度不大于 400℃；

⑮ 按规程停 F1101，关闭燃烧油瓦斯阀，全开一、二次风电动阀；

⑯ 继续加剂使烧焦罐 WR1108 为 120t，二密藏量 WR1104 为 170t，烧焦罐出口温度为 550℃，减慢加料；

⑰ 确认再生器 PRC1101A 为 0.12MPa。

（2）向沉降器转剂

① 联系分馏保证油浆循环正常；

② 将待生滑阀前存水放净，确认待生滑阀放空关闭；

③ 确认原料油雾化蒸汽 FRC1101 为 22t/h，汽提蒸汽 FRC1106A 为 4t/h FRC1106B 为 3t/h；

④ 确认再生器烧焦罐顶温度 550～600℃；

⑤ 再生器 PRC1101A 为 0.13MPa，PRA1102 压力为 0.12MPa；

⑥ 稍开再生滑阀 5%～10%，向沉降器转剂，使 WRCA1101 为 80t，反应温度 TR-CA1101 不大于 510℃；

⑦ 稍开待生滑阀 5%～10%向再生器转剂；

⑧ 控制好反再压力平衡，根据流化调整待生再生滑阀开度，保证流化；

⑨ 控制沉降器藏量 WRCA 为 115t，烧焦罐藏量 WR1108 为 120t，二密藏量 WR1104 为 125t；

⑩ 反再压力 PRA1102 为 0.12MPa，再生压力 PRCA1101A 为 0.13MPa，反应温度为 480～500℃；

⑪ 向再生器加入 500kg 助燃剂，停止大型加剂；

⑫ V1102 放空；

⑬ 两器流化正常。

（3）喷油

① 确认原料泵 P1201A/B 运转正常；

② 确认反飞动流程畅通，控制阀 FIC1501B 全开；

③ 确认下喷嘴 10 个盲板拆除；

④ 确认回炼油、油浆喷嘴 4 个盲板拆除；

⑤ 确认终止剂、轻污油 2 个、4 个盲板拆除；

⑥ 联系稳定控制系统压力；

⑦ 确认气压机低速运转；

⑧ 确认氧含量表、二氧化碳含量表正常投用；

⑨ 联系分馏保证原料；

⑩ 通知调度准备喷油；

> 注意：气压机提转速时，反应压力控制不住时，用方火炬控制

⑪ 用 HIC1502、PIC1502 控制反应压力；

⑫ 对开回炼油、油浆喷嘴 2 扣；

⑬ 待反应压力正常后，再对另外 2 个喷嘴，同时，关小回炼油、油浆预热线 1 扣；

⑭ 反应温度、压力正常后，对开原料下喷嘴 2 扣，根据操作依次打开其他 8 个原料喷嘴；

⑮ 关小开工循环线阀至全关，保证集合管压力，关闭原料预热线 1 扣；

⑯ 随着进料量增加，关小原料雾化蒸汽量至正常；

⑰ 联系机组气压机提速，至第一临界转速 3300~3600r/min，反应压力控制不住用放火炬；

⑱ 随着进料量增加，关小补油线，事故旁通副线至全关；

⑲ 根据再生温度情况，投用下流式、气控式外取热器下滑阀调节取热量，气控式取热器用提升风、流化风调节取热量，减小燃烧油量至全关，并扫线；

⑳ 富气量增加后，全开分馏塔顶蝶阀 PIK1201D；

㉑ 在机组提速，开大反飞动 FIC1501B 增加入口流量；

㉒ 当气压机转速到 4905r/min 时，通知反应、机组将 FSD 用 PRC1201 控制反应压力。

8. 调整操作

① 用 PRC1201 控制反应压力 PRA1102 大约在 0.16MPa；

② 用 PRC1101A 控制再生压力为 0.18MPa，PRC1101B 投自动给定值 0.182MPa；

③ 再生器烧焦罐顶温度 FI1120A 为 690℃，二密温度为 700℃；

④ 提升管温度 TRCA1101 为 500℃；

⑤ 原料预热温度 200~220℃；

⑥ 沉降器藏量 WRCA1101 为 115t，烧焦罐藏量 WR1108 为 120t，二密藏量 WR1104 为 125t；

⑦ 原料雾化蒸汽 FRC1101 为 16t/h；

⑧ 汽提蒸汽 FRC1106A/B 大约为 7t/h；

⑨ 烟气氧含量 AR1401 为 2% 以上；

⑩ 下列仪表投自动

TRCA1101：SP＝500；   WRCA1101：SP＝115；

PRC1201：根据 PRA1102 压力投自动；

PRC1101A：SP＝0.18MPa；   PRC1101B：SP＝0.182MPa。

（1）投用反再系统自保

① 反应温度低；

② 反再两器差压超限；

③ 装置切断进料；

④ 装置切断反再两器；

⑤ 装置切断主风；

⑥ 装置切断增压风。

（2）投用小型加剂

① 转好小型加剂流程；

② 联系仪表投用小型自动加剂。

（3）投用钝化剂

① 联系给 P1101 送电；

② 确认 P1101 达到备用条件；

③ 改通钝化剂流程；

④ 启动 P1101，投用钝化剂。

稳定状态 S7：反应新鲜进料量≥240t/h，各单元操作稳定，产品质量合格，相关自保投用

（4）稳定状态卡

参数如下.

FRCA1214：437t/h；   FRC1101：约 16t/h；

TRCA1101：480～500℃；   FRC1106A/B：7t/h；

PRA1101：0.16MPa；   PRC1101A：0.18MPa；

FRC1108：10t/h；   TI1120A：680～700℃；

WRCA1101：80～140t；   WR1104：100～200t；

WR1108：80～140t。

① 确认 F1101 熄火；

② 确认燃烧油停，扫线；

③ 确认小型加料正常；

④ 确认投用钝化剂；

⑤ 确认投用硫转移剂；

⑥ 确认两个外取热器投用。

9. 开工收尾

（1）投用烟机

① 联系机组按操作规程投用烟机；

② 确认烟机运行正常。

（2）备机与主机切换

① 联系机组按规程开主风机 B1101；

② 确认主风机运行正常；

③ 联系反应岗位联合主风机与备机切换；

④ 确认切换完毕，调整好主风量与增压风量。

> 最终状态 FS：装置按生产计划进行生产

二、正常运行

熟悉工艺流程，维持各工艺参数稳定，密切注意各工艺参数的变化情况，发现突发事故时，应先分析事故原因，并及时正确地处理。

三、正常停车

1. 停工前准备

（1）准备工作

① 确认平衡催化剂罐 V1102、废催化剂罐 V1103 空罐，罐顶放空全开；

② 转好大型卸料再生器烧焦罐 R1102 至 V1102、V1103 流程；

③ 开 R1102 卸料根部输送风贯通卸料线；

④ 贯通辅助燃烧室 F1101 底部卸料；

⑤ 贯通气控式外取热器 R1103A 底部卸料。

（2）停止注钝化剂、硫转移剂，小型加料

① 停止注钝化剂、硫转移剂。

a. 停注钝化剂、硫转移剂注入泵 P1101A/B、P1105A/B；

b. 关闭钝化剂、硫转移剂注入原料线根部手阀，打开导淋，放剂；

c. 打开 P1101A/BP1105A/B 出口倒淋、钝化剂罐 V1105 导淋排剂；

d. 确认钝化剂、硫转移剂无，关闭导淋；

e. 打开钝化剂罐、硫转移剂罐上水；

f. 联系电工，开钝化剂泵、硫转移剂泵，打水循环，清洗管线、罐、泵；

g. 确认清洗完毕，停泵放水。

② 停止小型加料。

a. 停工前 8h，关闭新鲜催化剂罐底根部小型加料；

b. 关闭再生器 R1102 烧焦罐根部小型加料线阀；

c. 按自动加料操作法停止自动加料。

③ 特殊阀门。

a. 确认大小放火炬 HIC1502、PIC1502 完好；

b. 确认再生、待生、循环、双动滑阀和下流式外取热下滑阀好用；

c. 确认分馏塔顶蝶阀 PIK1201D 完好。

④ 开备用风机。

a. 联系机组开备机；

b. 根据备用风机规程启动备用风机 B1102；

c. 确认备用风机运转正常。

确认：

① 平衡、废催化剂罐空；

② 大型卸料畅通；

③ 停止注入钝化剂、硫转移剂；

④ 停止小型加料；

⑤ 备用风机运转正常。

2. 反应降温、降量、降压

停干气，再生器加一氧化碳助燃剂。

（1）停干气

① 联系稳定，停干气；

② 关闭 FRC1107 干气，缓慢打开 FRC1108 预提蒸汽控制大约 10t/h。

（2）降量

① 原料按 20～25t/h 降处理量，关小回炼油回炼量，开大原料雾化蒸汽 FRC1101；

② 原料 FRCA1214 降至 300t/h，关闭回炼油、油浆 FRC1113FRC1103，开大回炼油雾化蒸汽 FRC1102；

③ 确认回炼油油浆喷嘴手阀关；

④ 打开回炼油、油浆预热线和扫线蒸汽；

⑤ 根据烧焦罐 TI1122A 温度，降低下流式和气控式外取热负荷；

⑥ 烟气氧含量 AR1401 控制不小于 2%，联系机组降低 FRCA1401 主风量。

（3）降量、降压

① 原料 FRCA1214 降至 280t/h，继续开大原料雾化蒸汽量；

② 联系机组，用双动滑阀降低再生压力 PRC1101A 为 0.18MPa；

③ 开大反飞动控制 FIC1501B，保证气压机入口汽量，用 PRC1201 控制沉降器压力 PRA1102 为 0.16MPa；

④ 确认备用风机运转正常；

⑤ 联系机组，按规程切换备用主风机 B1102；

⑥ 联系机组，按规程停烟机 BF1101、主风机 B1101；

⑦ 确认烟机出口水封罐 V1109 上水完好。

（4）确认下列各参数

① 原料量降至 280t/h，PRA1102 为 0.16MPa；

② 备用风机运转正常，PRC1101 为 0.18MPa。

3. 切断进料

① 继续将原料量，使 FRCA1214 至 240t/h 时切断进料；

② 确认原料喷嘴第一道阀全关；

③ 全开原料雾化蒸汽 FRC1101、预提升蒸汽 FRC1108；

④ 确认原料事故旁通侧线开，使原料进入分馏塔；

⑤ 确认原料预热线、扫线蒸汽开；

⑥ 切断进料量，反应压力用放火炬 HIC1502、PIC1502 控制线或分馏塔顶蝶阀 PIK1201D 控制；

⑦ 控制 PRA1102 压力为 0.18MPa，再生器压力 PRC1101A0.17MPa；

⑧ 联系机组停气压机 C1301。

稳定状态 S4：原料切断进料，停气压机

确认：

① 原料喷嘴关；

② 停气压机。

③ 原料预热线扫线

4. 卸催化剂

① 控制沉降器压力 0.18MPa，再生器压力 0.17MPa；

② 确认大型卸料线至 V1103 畅通，稍开 V1103 顶放空；

③ 确认烧焦罐根部第一道手阀全开，松动风、输送风开；

④ 稍开烧焦罐卸料第二道阀，对管线预热，确认卸料温度 TI1141 温度上升，逐渐开大卸料；

⑤ 确认卸料温度 FI1141 不大于 450℃；

⑥ 检查费催化剂罐 V1103 热膨胀情况；

⑦ 打开待生、循环、下流式外取热器下滑阀，将沉降器、二密床、下流式外取热器催化剂进入烧焦罐；

⑧ 气控式外取热器底部卸料，确认卸料畅通；

⑨ 确认卸料温度 FI1141 小于 450℃；

⑩ 沉降器 FI1106A 温度小于 300℃，关闭再生、待生斜管松动蒸汽；

⑪ 确认沉降器催化剂卸完，关闭再生待生滑阀，切断反应器、再生器；

⑫ 确认二密床、下流式和气控式外取热器、烧焦罐催化剂卸完；

⑬ 确认提升管底部、待生滑阀前排空；

⑭ 确认三旋催化剂储罐 V1108 催化剂卸至 V1103；

⑮ 联系机组停增压机；

⑯ 按规程停增压机 B1103A/B。

稳定状态 S5：两器催化剂卸完，停增压机

确认下列参数：

① 反应器无催化剂，反应压力：0.18MPa；

② 停增压机，再生压力：0.17MPa；

③ 再生器无催化剂，卸料温度：不大于 450℃。

5. 反应吹汽，装盲板

(1) 反应吹气

① 确认预汽提蒸汽，原料、回炼油、油浆雾化蒸汽全开；

② 确认轻污油、终止剂雾化蒸汽全开；

③ 确认汽提蒸汽、锥体松动蒸汽、沉降器反吹蒸汽、防焦蒸汽、预汽提蒸汽全开；

④ 确认反应吹汽 8h；

⑤ 联系分馏工序，分馏塔 T1201 确认无油；

⑥ 反应分馏停吹汽；

⑦ 联系检修装盲板；

⑧ 确认盲板安装完好；

⑨ 确认沉降器顶放空开；

⑩ 打开沉降器用汽继续吹汽 8h；

⑪ 联系机组，停备用风机 B1102；

⑫ 按规程停备用风机；

⑬ 确认原料、回炼油、油浆预热线扫线完好；

⑭ 确认沉降器吹扫完，停所有蒸汽，关闭第一道手阀；

⑮ 确认反再系统所有松动点、吹扫点关闭；

⑯ 联系仪表，将所有仪表取压、反吹关闭。

（2）加盲板

① 燃料气进装置加盲板；

② ROS 油进装置加盲板；

③ 瓦斯原料进装置加盲板；

④ 原料油 20 个喷嘴加盲板；

⑤ 回炼油、油浆喷嘴 4 个盲板；

⑥ 终止剂喷嘴 2 个盲板；

⑦ 轻污油喷嘴 4 个盲板；

⑧ 燃烧油喷嘴 4 个盲板；

⑨ 燃料气进辅助燃烧室盲板；

最终状态 FS：反再系统吹汽完好，盲板加完

确认：

① 反再系统所有蒸汽停；

② 各盲板加完。

四、原料油中断

① 及时查找原料中断原因，力争在最短时间内恢复原料油进料；

② 用油浆、回炼油增大回炼比、低反应温度暂时维持操作；反应器加大预提升蒸汽量，保持反应压力，气压机低转速运转，用气压机入口放火炬或分馏塔顶蝶阀来控制反应压力；

③ 控制住再生器温度，必要时再生器喷入燃烧油保持热平衡，在开烟机时要注意烟气量，维持烟机组正常运转；

④ 外取热器将负荷，注意内取热器的运行情况。

五、增压机停机

① 各用增压风点全部改用非净化风代替；

② 调整外取热器取热分配，保证再生温度，必要时适当降量；

③ 查清原因并处理，恢复供风。

六、气压机停机

① 打开气压机入口放火炬来控制反应压力；

② 打开分馏塔顶蝶阀来控制反应压力。

七、主风中断

① 及时启动自保；

② 准备启动备机。

八、再生滑阀全关

① 将再生滑阀自动改手动，快速打开，反应温度低于450℃时切断进料；

② 操作室仪表手动打不开，立即到现场手摇；根据操作情况将此阀开至正常开度，待反应温度回升、两器藏量正常后逐渐恢复进料；

③ 联系仪表、钳工处理好再生滑阀。

九、再生滑阀全开

① 根据操作情况将此阀开至正常开度；

② 控制好反应压力，防止催化剂倒流。

十、待生滑阀全关

发现是立即改手动，手动打不开现场手摇。

十一、待生滑阀全开

① 必须立即改到手动或手摇，根据气提段藏量，关到适当位置。

② 必要时切断进料，切断两器，避免发生事故。

十二、项目列表

序号	项目名称	项目描述	处理办法
1	正常开车	基本项目	同操作规程
2	正常停车	基本项目	同操作规程
3	正常运行	基本项目	同操作规程
4	原料油中断	特定事故	同操作规程
5	增压机停机	特定事故	同操作规程
6	气压机停机	特定事故	同操作规程
7	再生滑阀全关事故	特定事故	同操作规程
8	再生滑阀全开事故	特定事故	同操作规程
9	待生滑阀全关事故	特定事故	同操作规程
10	待生滑阀全开事故	特定事故	同操作规程

序号	项目名称	项目描述	处理办法
11	汽包给水泵故障	特定事故	同操作规程
12	晃 6000V 电	特定事故	同操作规程
13	外取热器爆管	特定事故	同操作规程
14	外取热器下滑阀全开	特定事故	同操作规程
15	烟机入口蝶阀全关	特定事故	同操作规程
16	烟机入口蝶阀全关	特定事故	同操作规程
17	原料带水	特定事故	同操作规程
18	二再炭堆积	特定事故	同操作规程
19	开车(VX1F1101FG)	开车过程中,阀 VX1F1101 阀卡	见备注
20	开车(VX2F1101FG)	开车过程中,阀 VX2F1101 阀卡	见备注
21	开车(FV1102FG)	开车过程中,阀 FV1102 阀卡	见备注
22	开车(VX4R1101FG)	开工过程中,阀 VX4R1101 阀卡	见备注
23	开车(FV1501BFG)	开工过程中,阀 FV1501B 阀卡	见备注
24	开车(HIC1502FG)	开工过程中,阀 HIC1502 阀卡	见备注
25	开车(FV1118FG)	开工过程中,阀 FV1118 阀卡	见备注
26	开车(HIC1103FG)	开工过程中,阀 HIC1103 阀卡	见备注
27	开车(FV1116FG)	开工过程中,阀 FV1116 阀卡	见备注
28	开车(PIK1101AFG)	开工过程中,阀 PIK1101A 阀卡	见备注
29	开车(FV1106AFG/FV1106BFG)	开工过程中,阀 FV1106A 阀卡,阀 FV1106B 阀卡	见备注
30	停车(VX4R1102FG)	停工时,阀 VX4R1102 阀卡	见备注
31	停车(TV1101FG)	停工时,阀 TV1101 阀卡	见备注
32	停车(HIC1101FG)	停工时,阀 HIC1101 阀卡	见备注
33	停车(VX4R1102FG/TV1101FG)	停车时,阀 VX4R1102 阀卡,阀 TV1101 阀卡	见备注
34	原料油中断(FV1116FK/FV1110FG)	原料油中断事故时,阀 FV1116 阀卡,阀 FV1110 阀卡	见备注
35	增压机停机(B1103BH)	增压机停机事故时,增压机备机坏	见备注
36	气压机停机(HIC1502FG)	气压机停机事故时,阀 HIC1502 阀卡	见备注
37	再生滑阀全关(TV1101FK)	再生滑阀全关时,阀 TV1101 阀卡	见备注
38	再生滑阀全开(TV1101FG)	再生滑阀全开时,阀 TV1101 阀卡	见备注
39	待生滑阀全关(WV1101FK)	待生滑阀全开时,阀 WV1101 阀卡	见备注
40	待生滑阀全开(WV1101FG)	待生滑阀全开时,阀 WV1101 阀卡	见备注
41	正常(FIK1214AFK)	正常运行时,阀 FIK1214A 阀卡 20	见备注
42	正常(PIK1101AFK)	正常运行时,阀 PIK1101A 阀卡 20	见备注
43	正常(FIK1401AFK)	正常运行时,阀 FIK1401A 阀卡 20	见备注
44	正常(原料油组分变重)	正常运行时,原料油组分变重	见备注
45	正常(燃料气组分变轻)	正常运行时,燃料气组分变轻	见备注

备注（处理方法）：

1. 阀失灵——按 CTRL＋M 键，调出画面，点相应的阀，点击处理即可；

2. 仪表失灵——按 CTRL＋M 键，调出画面，点相应的仪表，点击处理即可；

3. 泵坏——处理同上（通用事故）或启动备用（设备事故）；

4. 特定事故：详见操作手册中事故的处理方法。

任务五 读识现场图和 DCS 图

1. 反应器现场图

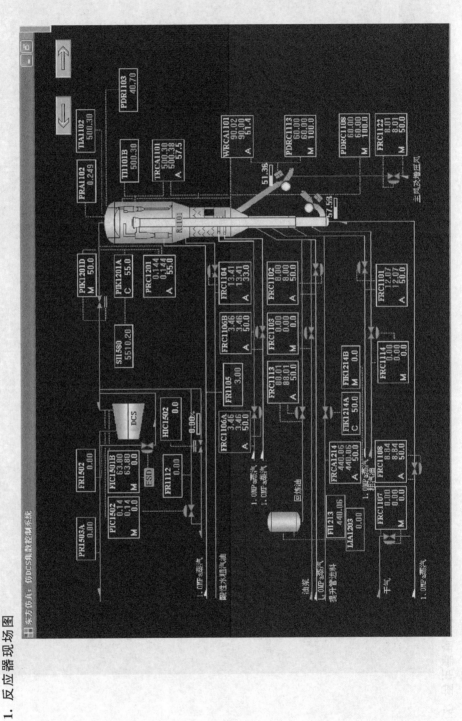

2. 再生器现场图

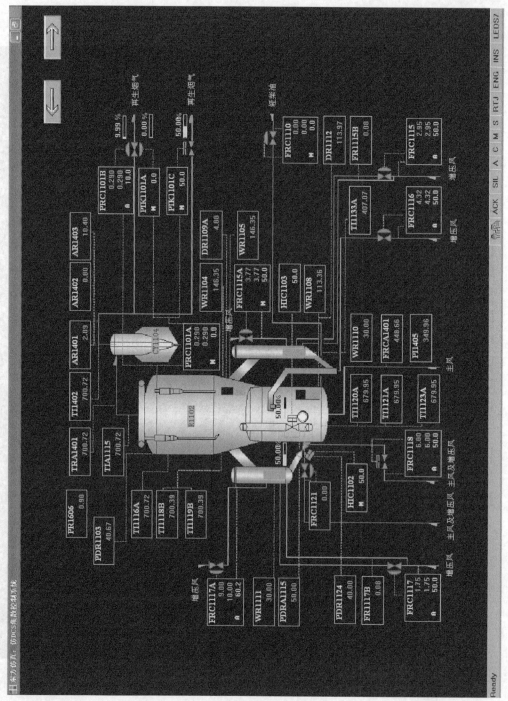

3. 反再温度图

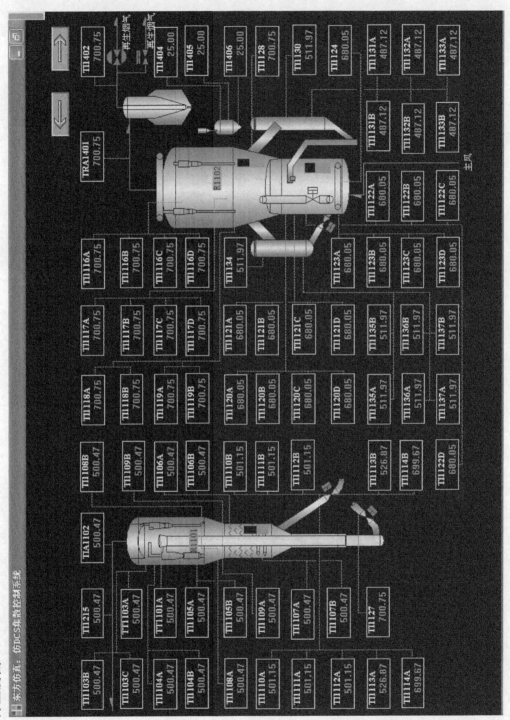

4. 反再密度图

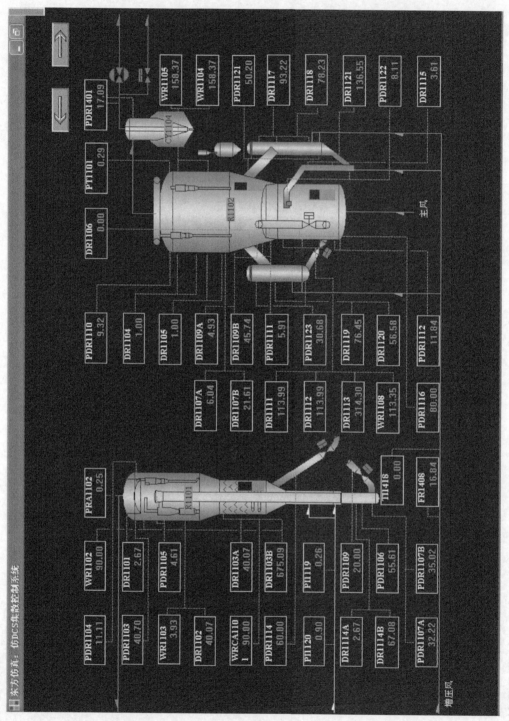

5. 反再干燥现场图

东方仿真：仿DCS集散控制系统

6. 催化剂罐现场图

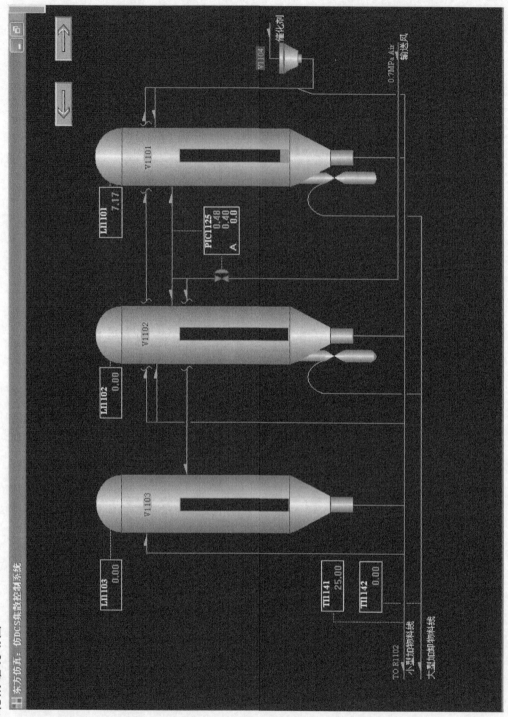

东方仿真：仿DCS集散控制系统

V1101

V1102

V1103

V1104 催化剂

0.7MPa Air 输送风

LI1101 7.17

LI1102 0.00

LI1103 0.00

PIC1125 0.48 0.40 0.0 A

TI1141 25.00

TI1142 0.00

TO R1102

小型加物料线

大型加卸物料线

7. 热工图

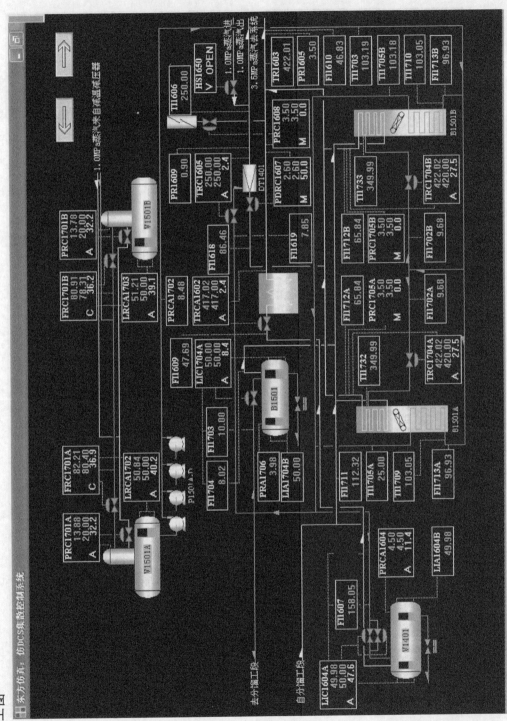

东方仿真：仿DCS集散控制系统

9. 内取热器现场图

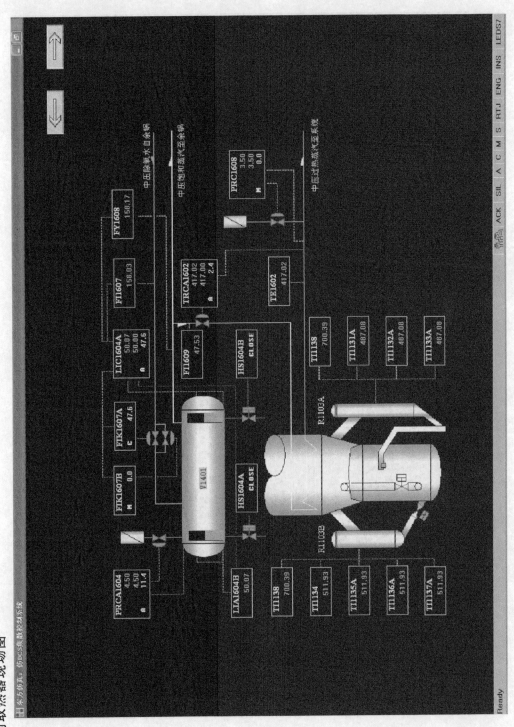

10. 除氧器现场图

11. 主风流程现场图

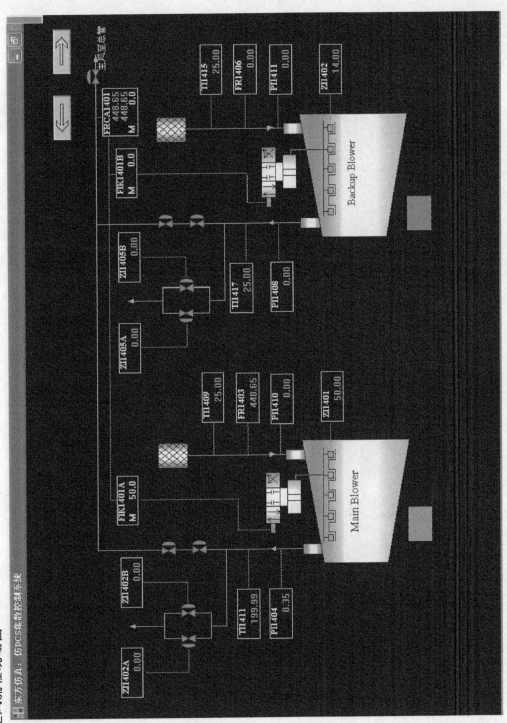

12. 烟机冷却密封现场图

13. 增压机现场图

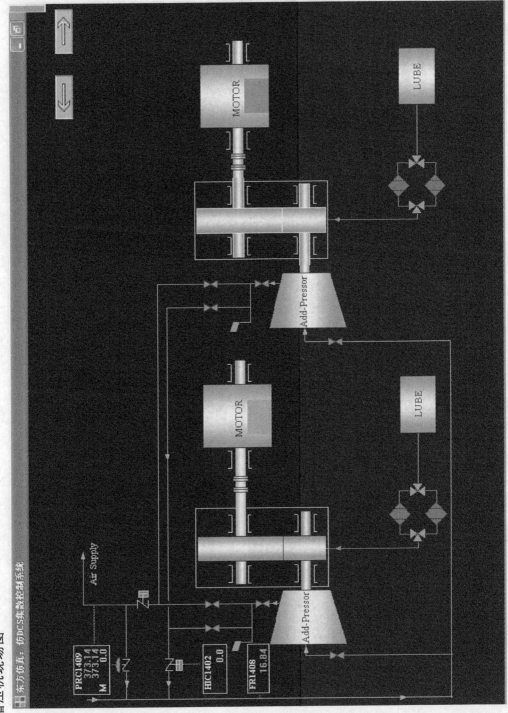

14. 联锁自保图

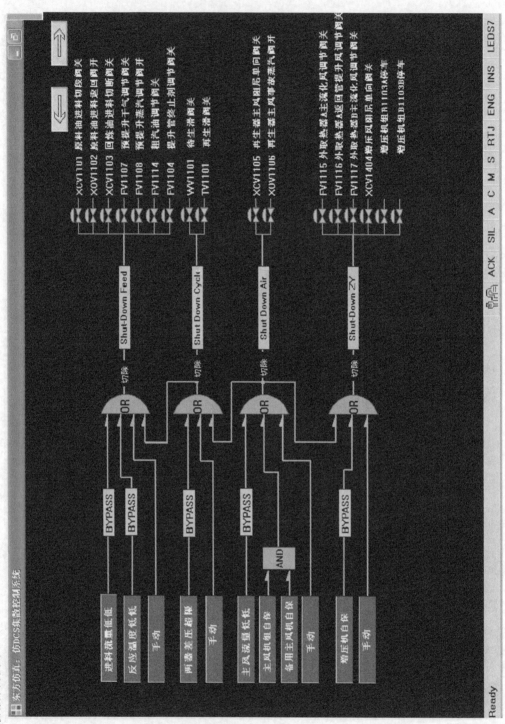

东方仿真：仿DCS集散控制系统

Ready　ACK　SIL　A　C　M　S　RTJ　ENG　INS　LEDS7

15. 反应器 DCS 图

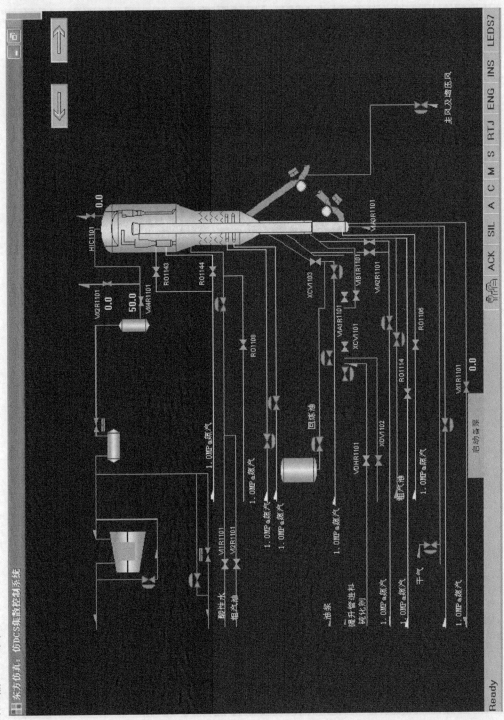

东方仿真：仿DCS集散控制系统

再生烟气

再生烟气

XCV1401

轻柴油

雾化蒸汽

仪表风

V13R1103A

增压风

CY1104

R1102

V2R1103B

仪表风

50.0

VX2R1103B

增压风

V3R1103B

仪表风

主风及增压风

主风及增压风

增压风

仪表风

主风

增压风

仪表风

V2R1103A

V4R1103A

(催化剂)

0.0

V15R1103A

仪表风

增压风

50.0

VX2R1103A

0.0

VX3R1103A

VX1R1102

20.0

VX6R1102

VX4R1102

1.0

VX5R1102

0.0

17. 反再干燥 DCS 图

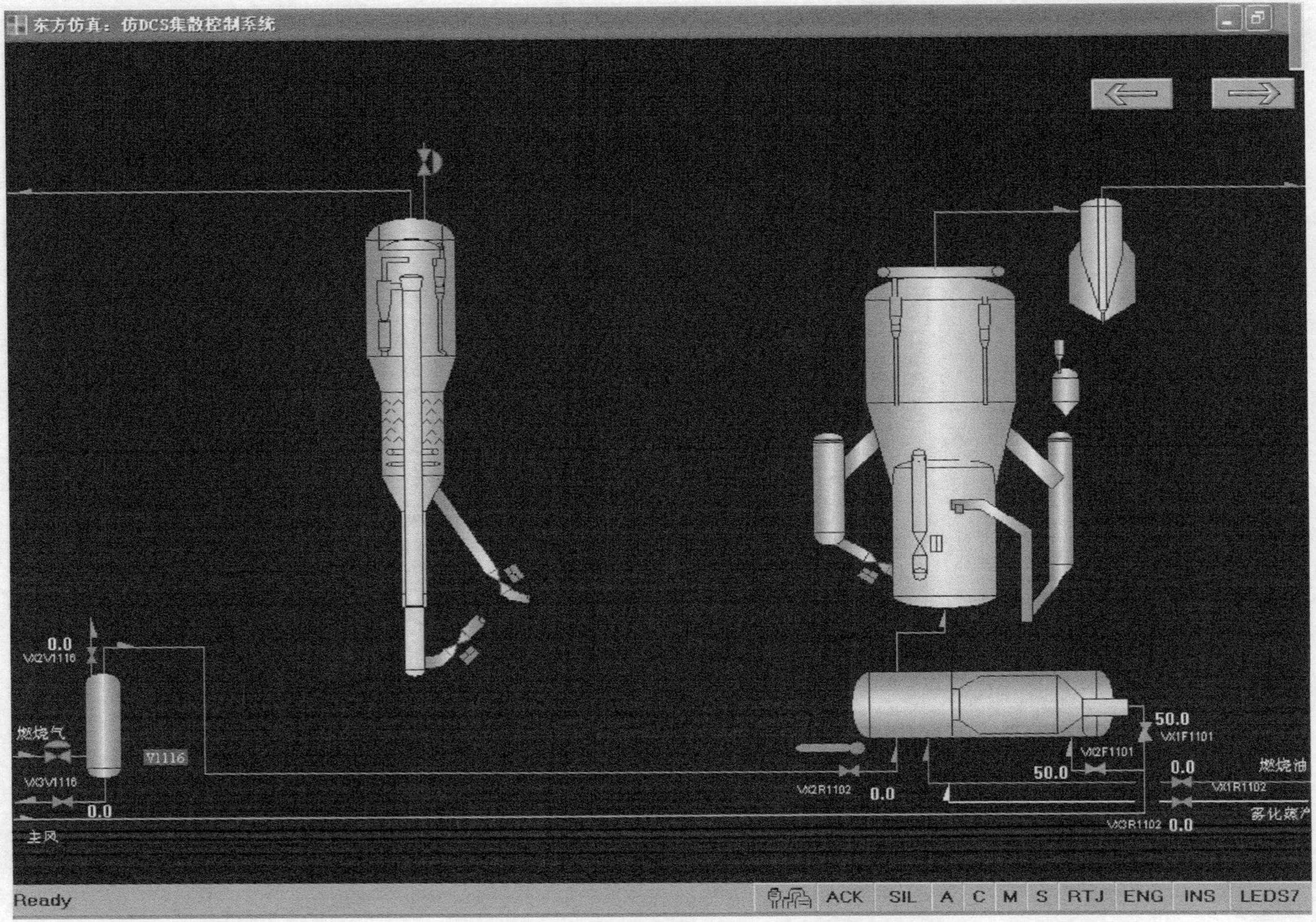

东方仿真：仿DCS集散控制系统
0.0
VX2V1116
燃烧气
VX3V1116
0.0
V1116
主风
50.0
VX1F1101
VX2F1101
50.0
0.0
燃烧油
VX1R1102
雾化蒸汽
VX3R1102 0.0
VX2R1102
0.0
Ready
ACK
SIL
A
C
M
S
RTJ
ENG
INS
LEDS7

18. 催化剂罐 DCS 图

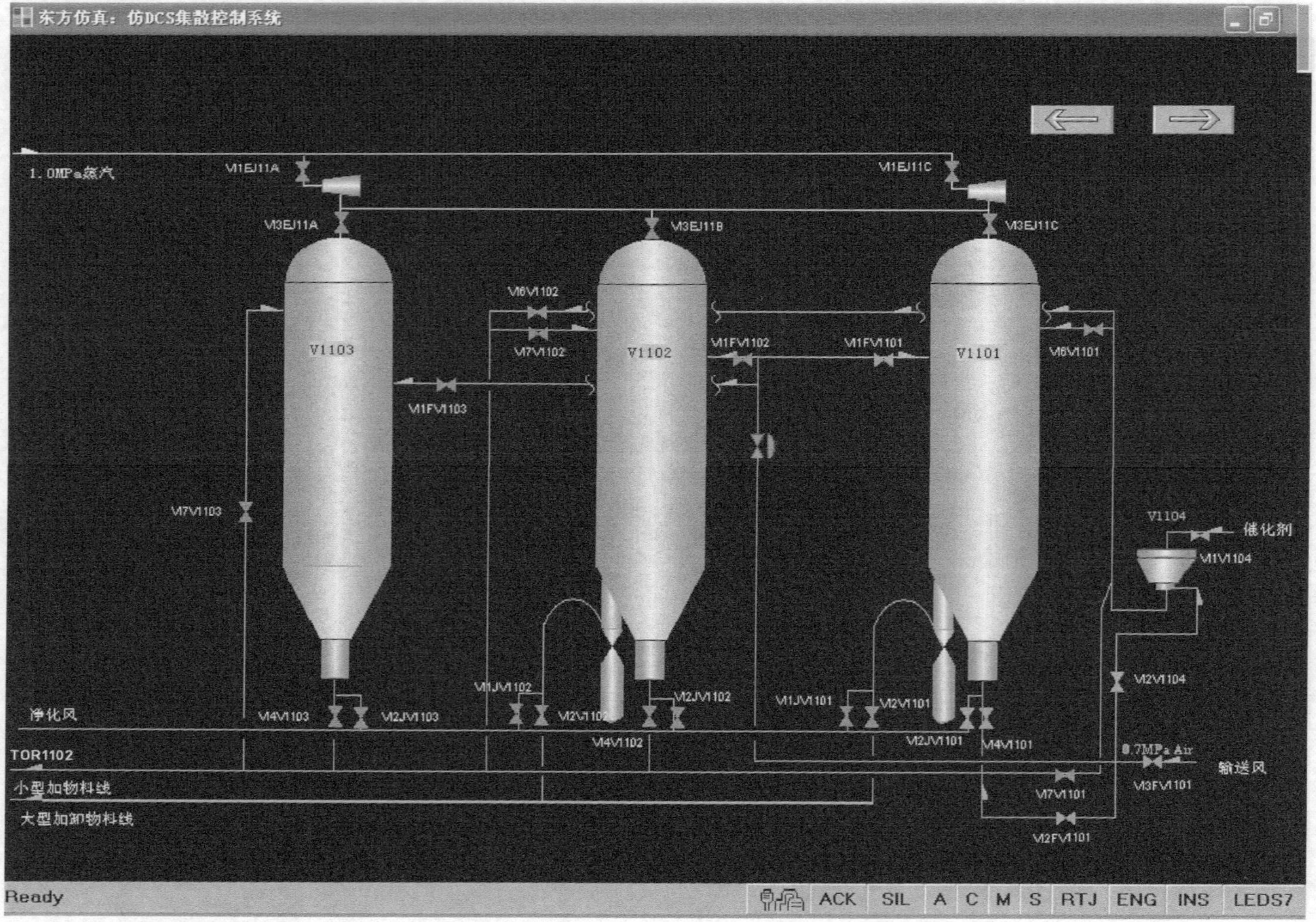
东方仿真：仿DCS集散控制系统
1.0MPa蒸汽
VI1EJ11A
VI1EJ11C
VI3EJ11A
VI3EJ11B
VI3EJ11C
V1103
V1102
V1101
VI6V1102
VI7V1102
VI1FV1102
VI1FV1101
VI6V1101
VI1FV1103
VI7V1103
V1104
催化剂
VI1V1104
VI2V1104
VI1JV1102
VI2JV1102
VI1JV1101
VI2V1101
净化风
VI4V1103
VI2JV1103
VI2V1102
VI4V1102
VI2JV1101
VI4V1101
0.7MPa Air
输送风
TOR1102
VI7V1101
VI3FV1101
小型加物料线
大型加卸物料线
VI2FV1101
Ready
ACK
SIL
A
C
M
S
RTJ
ENG
INS
LEDS7

19. 废热锅炉 DCS 图

东方仿真：仿DCS集散控制系统

中压除氧水至余锅汽包
中压除氧水至减温减压器
中压除氧水至油浆发生器
中压除氧水至护热器
中压饱和蒸汽至汽包
中压饱和蒸汽至管网
中压饱和蒸汽自油浆汽包

中压除氧水自余锅

烟气

烟气

中压除氧水自除氧器来

项目八 350万吨/年重油催化裂化装置反再工段仿真系统 **179**

20. 内取热器 DCS 图

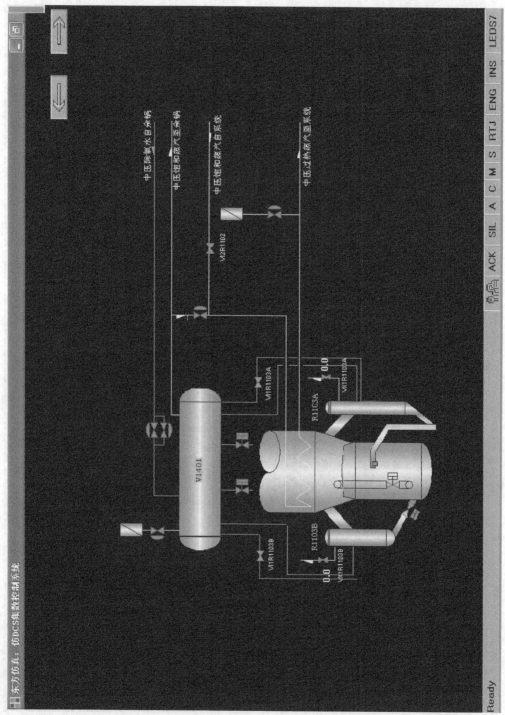

东方仿真：仿DCS集散控制系统

21. 除氧器 DCS 图

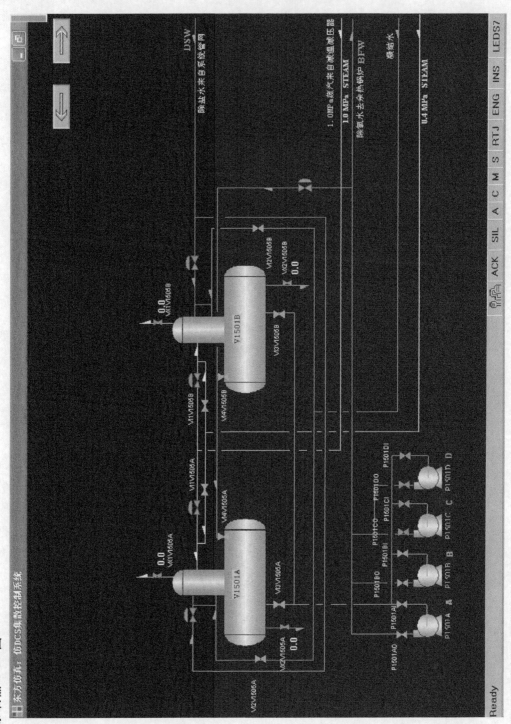

图 主风机流程 DCS 图

23. 烟机冷却密封 DCS 图

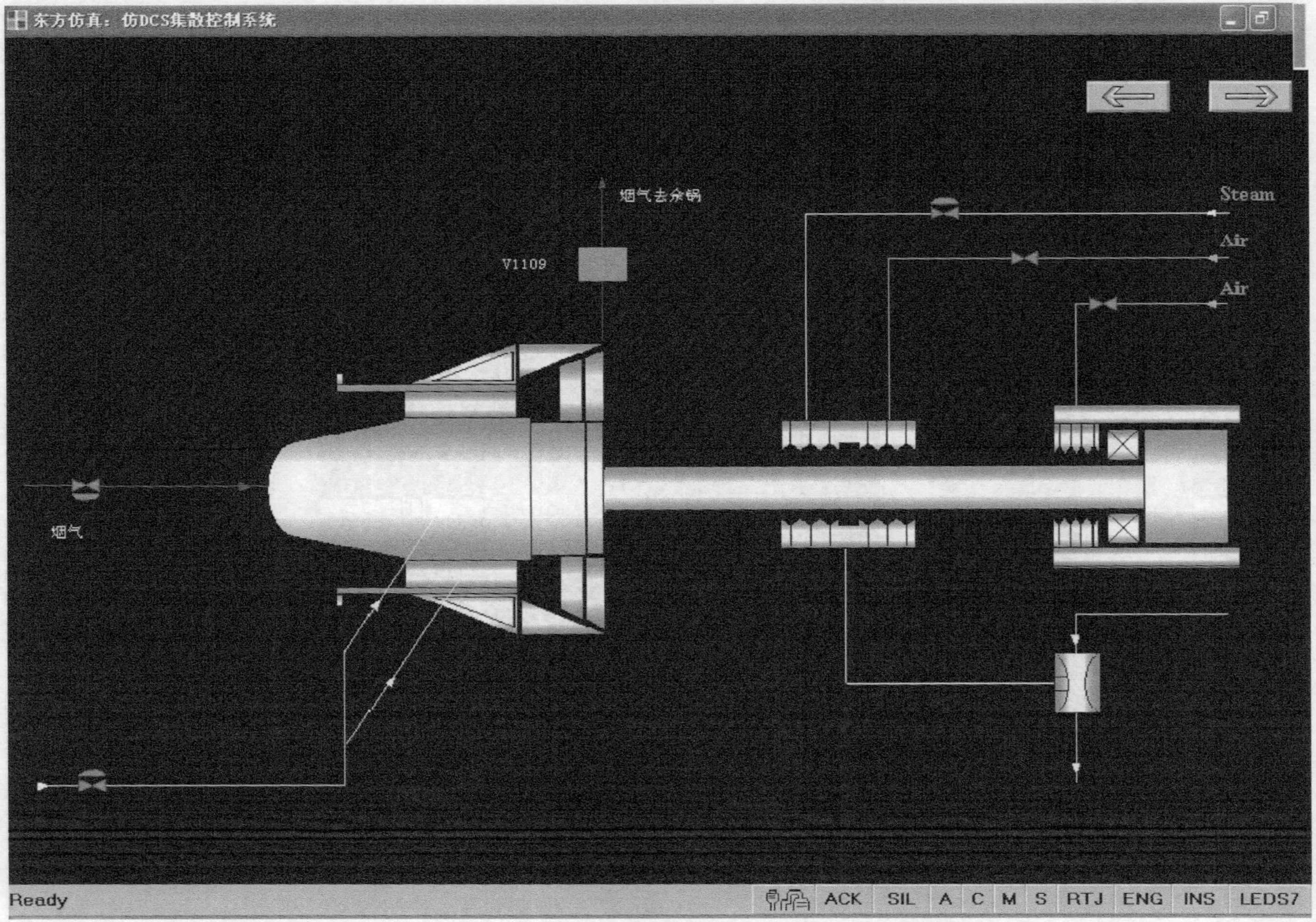

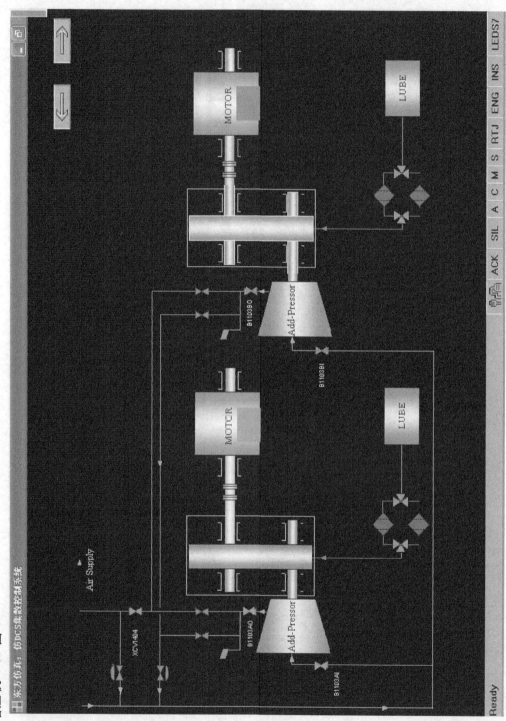

东方仿真：仿DCS集散控制系统

任务六 读识装置仿真 PI 图

1. 反再系统反应沉降器部分管道图

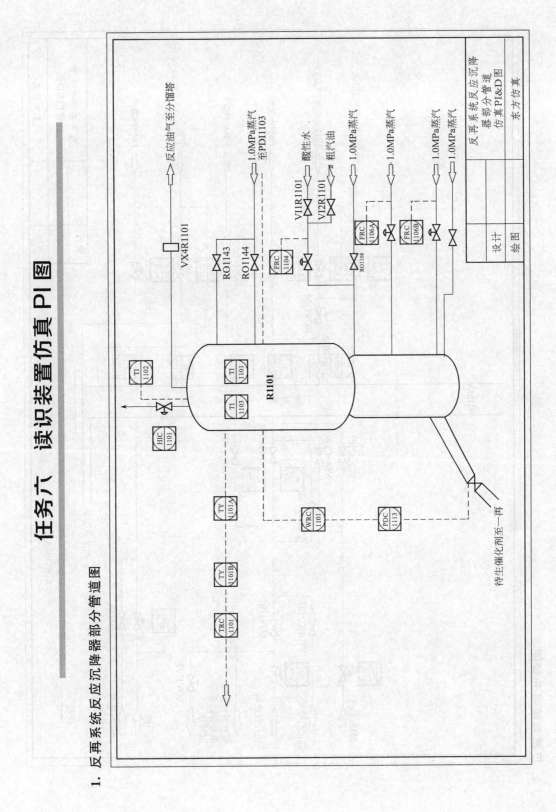

2. 反再系统提升管图

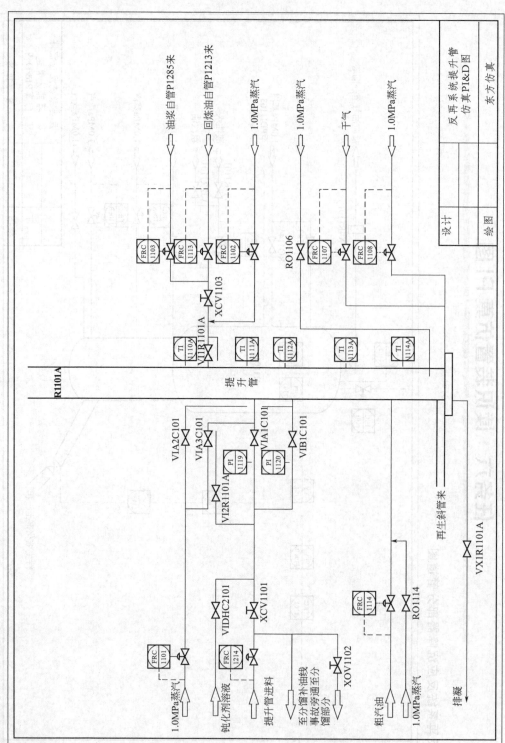

3. 反再系统再生部分管道图

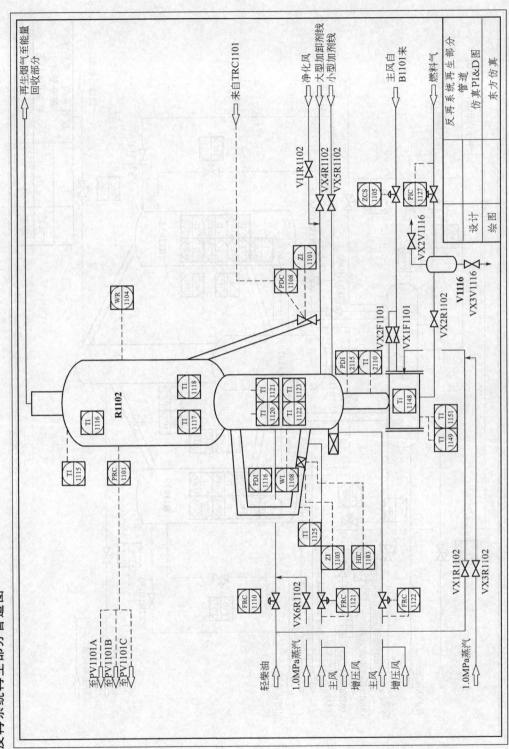

4. 反再系统外取热器部分管道图

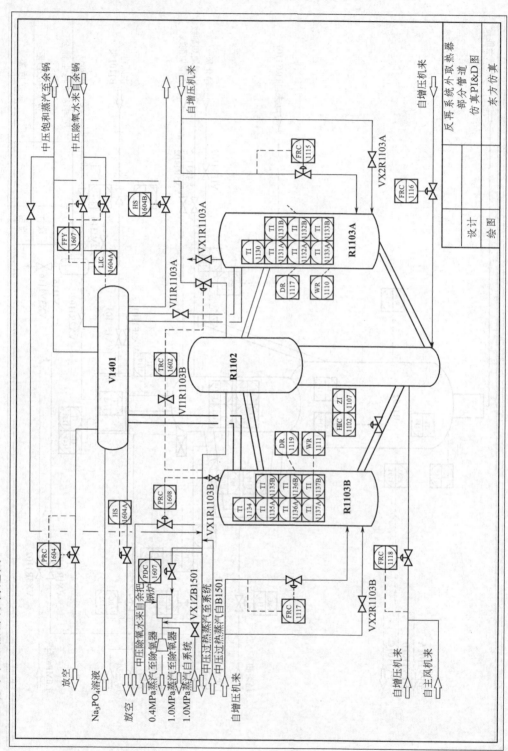

5. 反再系统催化剂储罐部分管道图

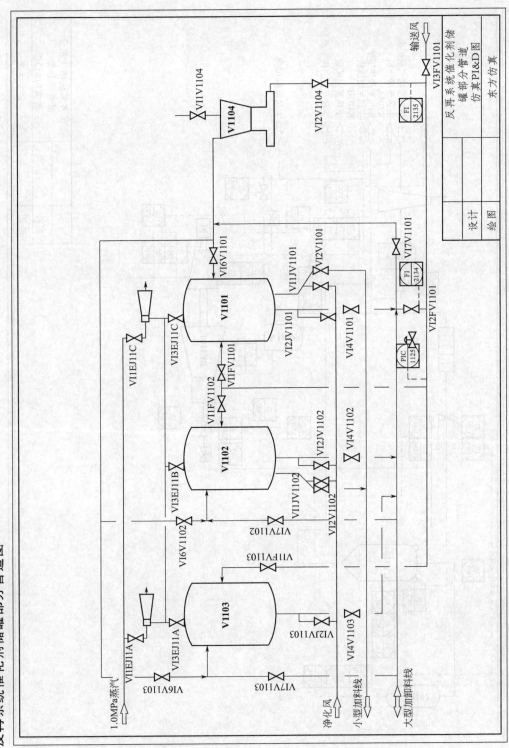

6. 反再系统烟气能量回收部分管道图

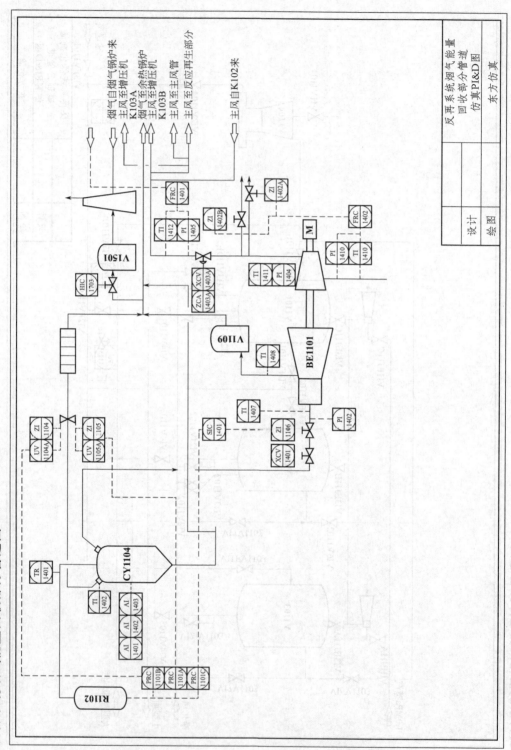

7. 反再系统主风机备机、增压机部分管道图

主风至F1101
主风至R1103B
主风至外循环管
主风至待生斜管
增压风至待生斜管
增压风至外循环管
增压风至外取热器R1103A
增压风至外取热器R1103A
增压风至外取热器R1103B
增压风至外取热器R1103B
主风至总管

XCV 1403B
FRC 1405
PI 1411
TI 1416
B1102

ZI 1405B
ZI 1405A
TI 1417
PI 1408
FRC 1401B

HIC 1402

增压机 润滑油冷却器 B1103B
增压机 润滑油冷却器 B1103A

PRC 1409
XCV 1404

主风自主风机末

反再系统主风机备机、增压机部分管道PI&D图
东方仿真
设计
绘图

8. 反再系统催化剂除氧器器图

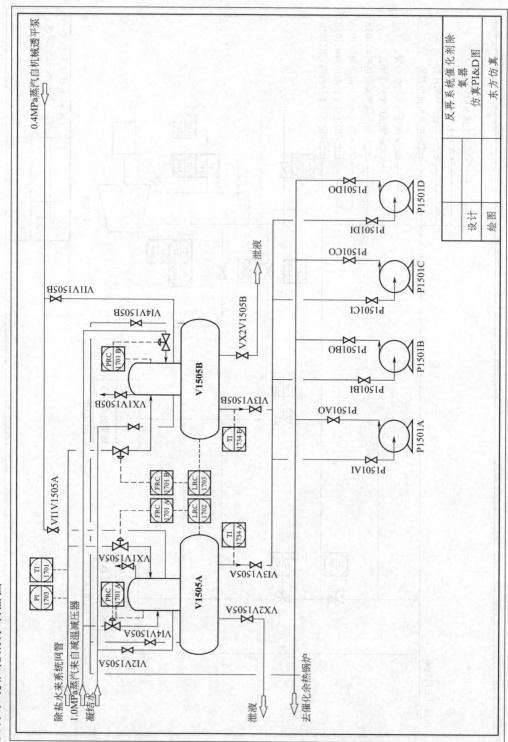

9. 反再系统催化余热锅炉汽水系统图

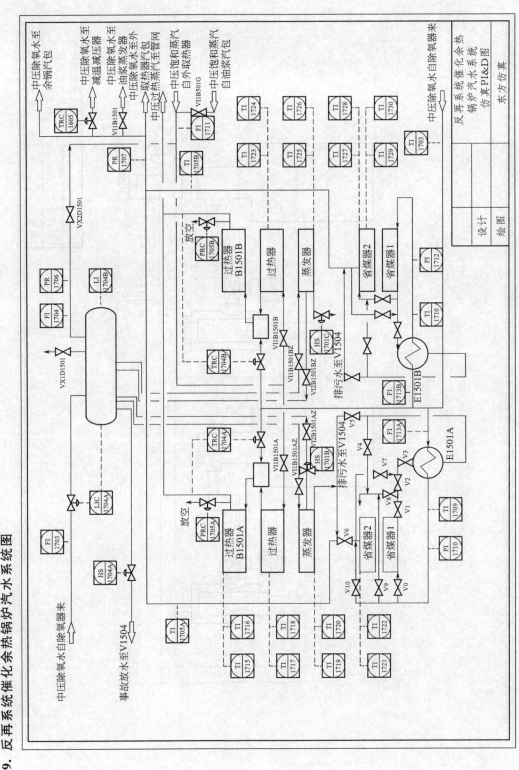

10. 反再系统催化余热锅炉烟气系统图

B1501B		
HIC N702B		V1502B
B1501A		
HIC N702A		V1502A

去烟囱

V1501

烟气来自烟机

反再系统催化余热 锅炉烟气系统 仿真PI&D图	
	东方仿真
设计	
绘图	

任务七 掌握联锁一览表

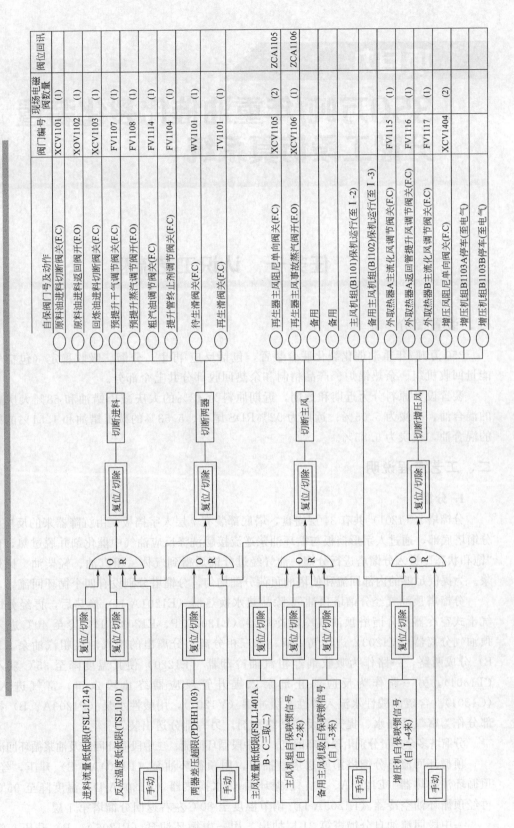

自保阀门号及动作	阀门编号	现场电磁阀数量	阀位回讯
原料油进料切断阀关(F.C)	XCV1101	(1)	
原料油进料返回阀开(F.O)	XOV1102	(1)	
回炼油进料切断阀关(F.C)	XCV1103	(1)	
预提升干气调节阀关(F.C)	FV1107	(1)	
预提升蒸汽调节阀开(F.O)	FV1108	(1)	
粗汽油调节阀关(F.C)	FV1114	(1)	
提升管终止剂调节阀关(F.C)	FV1104	(1)	
待生滑阀关(F.C)	WV1101	(1)	
再生滑阀关(F.C)	TV1101	(1)	
再生器主风阻尼单向阀关(F.C)	XCV1105	(2)	ZCA1105
再生器主风事故蒸汽阀开(F.O)	XCV1106	(1)	ZCA1106
备用			
备用			
主风机组(B1101)保机运行至 I -2)	FV1115	(1)	
备用主风机组(B1102)保机运行(至 I -3)	FV1116	(1)	
外取热器A主流化风调节阀关(F.C)	FV1117	(1)	
外取热器A返回管提升风调节阀关(F.C)	XCV1404	(2)	
外取热器B主流化风调节阀关(F.C)			
增压风阻尼单向阀关(F.C)			
增压机组B1103A停车(至电气)			
增压机组B1103B停车(至电气)			

350万吨/年重油催化裂化装置分馏工段仿真系统

任务一　认识工艺流程

一、装置简介

350万吨/年重油催化裂化联合装置，包括反应-再生、分馏、吸收稳定（包括气压机）、能量回收机组、余热锅炉、产品精制和余热回收部分共七个部分。

装置设计原料分为近期和远期，近期原料为42％的大庆减压蜡油和58％大庆减压渣油的混合油，残炭为5.05％；远期为92％RDS尾油、5.53％的减压蜡油和1.51％的减压渣油的混合油，残炭为5.85％。

二、工艺流程说明

1. 分馏

分馏塔（T1201）共有34层塔盘，塔底部装有7层人字挡板。由沉降器来的反应油气进入分馏塔底部，通过人字形挡板与循环油浆逆流接触洗涤反应油气中催化剂并脱过热，使油气呈"饱和状态"进入分馏塔进行分馏，油气经过分馏后得到气体、粗汽油、轻柴油、回炼油、油浆。为提供足够的内部回流和使塔的负荷分配均匀，分馏塔分别设有四个循环回流。

分馏塔顶油气经分馏塔顶油气-除盐热水换热器（E1201A-H）换热后，再经分馏塔顶油气干式空冷器及分馏塔顶油气冷凝冷却器（E1202A-P、E1203A-H）冷至40℃进入分馏塔顶油气分离器（V1203）进行气、液、水三相分离。分离出的粗汽油经粗汽油泵（P1202A、B）分成两路，一路作为吸收剂经粗汽油冷却器（E1220）使其温度降至35℃泵入吸收塔（T1301），另一路作为反应终止剂泵入提升管反应器终止段入口。富气进入气压机（C1301）。含硫的酸性水流入酸性水缓冲罐（V1207），用酸性水泵（P1203A、B）抽出，一部分作为富气洗涤水、提升管反应器终止剂，另一部分送出装置。

分馏塔多余热量分别由顶循环回流、一中段循环回流、二中段循环回流及油浆循环回流取走。

顶循环回流自分馏塔第四层塔盘抽出，用顶循环油泵（P1204A、B）升压，经原料油-顶循环油换热器（E1206A、B）、顶循环油-热水换热器（E1204A-D）温度降至95℃左右后再经顶循环油空冷器（E1205A-D）调节温度至80℃左右返回分馏塔第1层。

一中段回流油自分馏塔第21层抽出，用一中循环油泵（P1206A、B）升压，经稳定塔底重沸器（E1311）、原料油-分馏一中段油换热器（E1207）、分馏一中段油-热水换热器（E1208）换热，将温度降至200℃左右返回分馏塔第16、18层。

轻柴油自分馏塔第15、17层自流至轻柴油汽提塔（T1202），汽提后的轻柴油由轻柴油泵（P1205A、B）抽出后，经原料油-轻柴油换热器（E1210A、B）、轻柴油-富吸收油换热器（E1211）、轻柴油-热水换热器（E1212A、B）、轻柴油空冷器（1213A-D）换热冷却至60℃后，再分成两路：一路作为产品出装置；另一路经贫吸收油冷却器（E1214A、B）使其温度降至35℃送至再吸收塔（T1303）作再吸收剂。

二中及回炼油自分馏塔第33层自流至回炼油罐（V1202），经二中及回炼油泵（P1207A、B）升压后一路与回炼油浆混合后进入提升管反应器，另一路返回分馏塔第33层，第三路作为二中段循环回流，经过换热器（E1209）产生3.5MPa级饱和蒸汽后，将温度降至270℃返回塔内，第四路作为油浆过滤系统浸泡油。

油浆自分馏塔底分为两路，一路由循环油浆泵（P1208A-C）抽出后经原料油-循环油浆换热器（E1215A、B）、循环油浆蒸汽发生器（E1216A-D）产生3.5MPa级饱和蒸汽将温度降至250℃左右后，分上下两路返回分馏塔。另一路由产品油浆泵（P1209A、B）抽出后再分为两路，一路作为回炼油浆与回炼油混合后直接送至提升管反应器（R1101），另一路经油浆过滤器后，经产品油浆冷却器（E1217A、B；E1218A、B）冷却至90℃，作为产品油浆送出装置。

为防止油浆系统设备及管道结垢，设置油浆阻垢剂加注系统。桶装阻垢剂先经化学药剂吸入泵（P1103）泵入化学药剂罐（V1105），然后由化学药剂注如泵（P1101A、B）连续注入循环油浆泵（P1208A-C）入口管线。

2. 吸收稳定

从V1203来的富气进入气压机一段进行压缩，然后由气压机中间冷却器冷至40℃后，进入气压机中间分离器（V1302）进行气、液分离。分离出的富气再进入气压机二段，二段出口压力（绝）为1.6MPa。气压机二段出口富气与解吸塔顶气及富气洗涤水汇合后，先经压缩富气干式空冷器（E1301A-D）冷凝后与吸收塔底油汇合进入压缩富气冷凝冷却器（E1302A-D）进一步冷却至40℃后，进入气压机出口油气分离器（V1302）进行气、液、水分离。

经V1302分离后的气体进入吸收塔（T1301）进行吸收，作为吸收介质的粗汽油分别自第4层或第13、19层进入吸收塔，吸收过程放出的热量由两中段回流取走。其中一中段回流自第7层塔盘下集油箱流入吸收塔一中回流泵（P1305A、B），升压后经吸收塔一中段油冷却器（E1303）冷至35℃返回吸收塔第八层塔盘；二中段回流自第30层塔盘下集油箱抽出，由吸收塔二中回流泵（P1306）送至吸收塔二中段油冷却器（E1304）冷至35℃返回吸收塔第31层塔盘。

经吸收后的贫气至再吸收塔（T1303）用轻柴油作吸收剂进一步吸收后，干气分为三路，一路至提升管反应器作预提升干气；另一路作油浆过滤器反冲洗干气；第三路至产品精制脱硫，送出装置。塔底富吸收油经过与轻柴油换热（E1211）后，返至分馏塔T1201第13层。

凝缩油由解吸塔进料泵（P1303A、B）从V1302抽出后进入解吸塔（T1302）第1层，由解吸塔中段重沸器（E1306）、解吸塔底重沸器（E1310）提供热源，以解吸出凝缩油中C_2及小于C_2组分。解吸塔中段重沸器（E1306）采用热虹吸式，以稳定汽油为热源；采用热虹吸式的解吸塔底重沸器（E1310）以1.0MPa蒸汽为热源，凝结水进入凝结水罐（V1304）经凝结水-热水换热器（E1312A、B）送至电厂。脱乙烷汽油由塔底脱乙烷汽油泵抽出，经稳定塔进料换热器（E1305）与稳定汽油换热后，送至稳定塔（T1304）进行多组分分馏，稳定塔底重沸器（E1311）也采用热虹吸式并由分馏塔一中段循环回流油提供热量。液化石油气从稳定塔顶馏出，经稳定塔顶油气干式空冷器（E1315A-F）、稳定塔顶冷凝冷却器（E1316A-F）冷至40℃后进入稳定塔顶回流罐（V1303）。经稳定塔顶回流油泵（P1308A、B）抽出后，一部分作稳定塔回流，其余作为液化石油气产品送至产品精制脱硫、脱硫醇。稳定汽油自稳定塔底先经稳定塔进料换热器（E1305）、解吸塔中段重沸器（E1306）、稳定汽油-热水换热器（E1307A、B）分别与脱乙烷汽油、解吸塔中段油、热水换热后，再经稳定汽油干式空冷器（E1308A-D）、稳定汽油冷却器（E1309A、B）冷却至40℃，一部分由稳定汽油泵（P1309A、B）经补充吸收剂冷却器（E1314）冷至35℃后送至吸收塔作吸收剂，另一部分作为产品至产品精制脱硫醇。

任务二　熟悉设备列表

序号	代　号	名　　称	备　注
1	E1201A-H	分馏塔顶油气-除盐水换热器	
2	E1202A-P	分馏塔顶油气干式空冷器	
3	E1203A-H	分馏塔顶油气冷凝冷却器	
4	E1204A-D	顶循环油-热水换热器	
5	E1205A-D	顶循环油空气冷却器	
6	E1206A-B	原料油-顶循环油换热器	
7	E1207	分馏一中段油-原料油换热器	
8	E1208	分馏一中段油-热水换热器	
9	E1209	分馏二中段油蒸汽发生器	
10	E1210A-B	原料油-轻柴油换热器	
11	E1211	轻柴油-富吸收油换热器	
12	E1212A-B	轻柴油-热水换热器	
13	E1213A-D	轻柴油空冷器	
14	E1214A-B	贫吸收油冷却器	
15	E1215A-B	原料油-循环油浆换热器	
16	E1216A-D	循环油浆蒸汽发生器	
17	E1217A-B	产品油浆冷却器	
18	E1218A-B	产品油浆冷却器	
19	E1220	粗汽油冷却器	
20	E1221A-B	原料油开工加热器	
21	E1301A-D	压缩富气干式空冷器	
22	E1302A-D	压缩富气冷凝冷却器	
23	E1303	吸收塔一中段油冷却器	
24	E1304	吸收塔二中段油冷却器	
25	E1305	稳定塔进料换热器	
26	E1306	解析塔中段重沸器	

序号	代 号	名 称	备 注
27	E1307A-B	稳定汽油-热水换热器	
28	E1308A-D	稳定汽油干式空冷器	
29	E1309A-B	稳定汽油冷却器	
30	E1310	解析塔底重沸器	
31	E1311	稳定塔底重沸器	
32	E1312A-B	凝结水-热水换热器	
33	E1314	补充吸收剂冷却器	
34	E1315A-D	稳定塔顶油气干式空冷器	
35	E1316A-F	稳定塔顶冷凝冷却器	
36	P1201A/B	原料油泵	
37	P1202A/B	粗汽油泵	
38	P1203A/B	酸性水泵	
39	P1204A/B	顶循环油泵	
40	P1205A/B	轻柴油泵	
41	P1206A/B	一中泵	
42	P1207A/B	回炼油泵	
43	P1208A/B/C	循环油浆泵	
44	P1209A/B	产品油浆泵	
45	P1210A/B	封油泵	
46	P1302A/B	气压机一段出口凝液泵	
47	P1303A/B	解析塔进料泵	
48	P1304A/B	吸收塔底油泵	
49	P1305A/B	吸收塔一中段回流泵	
50	P1306A/B	吸收塔二中段回流泵	
51	P1307A/B	稳定塔进料泵	
52	P1308A/B	稳定塔顶回流泵	
53	P1309A/B	稳定汽油泵	
54	T1201	分馏塔	
55	T1202	轻柴油气提塔	
56	T1301	吸收塔	
57	T1302	解析塔	
58	T1303	再吸收塔	
59	T1304	稳定塔	
60	V1201	原料油罐	
61	V1202	回炼油罐	
62	V1203	分馏塔顶油气分离器	
63	V1206	封油罐	
64	V1207	酸性水缓冲罐	
65	V1302	气压机出口油气分离器	
66	V1303	稳定塔顶回流罐	
67	V1304	凝结水罐	

任务三　熟悉仪表列表

序号	仪表号	说　　明	单位	量程	正常值	报警值
		控制仪表				
1	FRC1201	回炼油流量控制	t/h	0～120.0		
2	FRC1202	低压蒸气流量控制	t/h	0～3.0		
3	FRC1203	开工冷回流流量控制	t/h	0～160.0		
4	FRC1205	循环油浆流量控制	t/h	0～1200.0		
5	FRC1206	循环油浆流量控制	t/h	0～380.0		
6	FRC1208	分馏一中段油流量控制	t/h	0～600.0		
7	FRC1215	分馏二中段油流量控制	t/h	0～300.0		
8	FRC1216	开工加热蒸汽流量控制	t/h	0～50.0		
9	FRC1218	酸性水回流流量控制	t/h	0～25.0		
10	FRC1219	粗汽油流量控制	t/h	0～250.0		
11	FRC1220	酸性水流量控制	t/h	0～60.0		
12	FRC1221	柴油汽提蒸汽流量控制	t/h	0～6.0		
13	FRC1222	柴油流量控制	t/h	0～200.0		
14	FRC1223	贫吸收油流量控制	t/h	0～250.0		
15	FRC1224	顶循环油流量控制	t/h	0～800.0		
16	FRC1225	产品油浆流量控制	t/h	0～60.0		
17	FRC1301	补充吸收剂流量控制	t/h	0～300.0		
18	FRC1302	吸收塔底油流量控制	t/h	0～600.0		
19	FRC1310	解析塔进料流量控制	t/h	0～600.0		
20	FRC1313	酸性水流量控制	t/h	0～20.0		
21	FRC1314	稳定塔进料流量控制	t/h	0～600.0		
22	FRC1315	解析塔加热蒸汽流量控制	t/h	0～65.0		
23	FRC1317	稳定汽油流量控制	t/h	0～250.0		
24	FRC1318	液化石油气回流流量控制	t/h	0～250.0		
25	FRC1319	液化石油气流量控制	t/h	0～80.0		
26	LDCA1502	富气压缩机中间罐界位控制	%	0～100.0		
27	LDIC1207	塔顶油气分离器界位控制	%	0～100.0		
28	LDIC1305	压缩机出口油气分离器界位控制	%	0～100.0		
29	LDIC1312	稳定塔顶回流罐界位控制	%	0～100.0		
30	LIC1601A	中压汽水分离器液位控制	%	0～100.0		
31	LIC1602A	中压汽水分离器液位控制	%	0～100.0		
32	LIC1603A	中压汽水分离器液位控制	%	0～100.0		
33	LICA1206	塔顶油气分离器液位控制	%	0～100.0		
34	LICA1208	酸性水缓冲罐液位控制	%	0～100.0		
35	LICA1212	轻柴油汽提塔液位控制	%	0～100.0		
36	LICA1301	吸收塔底液位控制	%	0～100.0		
37	LICA1302	吸收塔一中段液位控制	%	0～100.0		
38	LICA1303	吸收塔二中段液位控制	%	0～100.0		

序号	仪表号	说　明	单位	量程	正常值	报警值
		控制仪表				
39	LICA1304	再吸收塔液位控制	%	0～100.0		
40	LICA1306	压缩机出口油气分离器液位控制	%	0～100.0		
41	LICA1307	解吸塔底液位控制	%	0～100.0		
42	LICA1308	凝结水罐液位控制	%	0～100.0		
43	LICA1311	稳定塔底液位控制	%	0～100.0		
44	LICA1313	稳定塔顶回流罐界位液位控制	%	0～100.0		
45	LICA1501	富气压缩机中间罐液位控制	%	0～100.0		
46	PIC1204	轻柴油压力控制	kPa	0～400.0		
47	PIC1313	稳定塔顶压力控制	MPa	0～1.6		
48	PIC1902	封油泵后压力控制	MPa	0～4.0		
49	PRC1201	分馏塔顶压力控制	MPa	0～0.4		
50	PRC1303	再吸收塔顶压力控制	MPa	0～2.0		
51	TRC1201	分馏塔顶温度	℃	0～200.0		
52	TRC1202	分馏一中段回流温度	℃	0～300.0		
53	TRC1206	分馏塔 18 层温度	℃	0～400.0		
54	TRC1301	解吸塔底温度	℃	0～300.0		
55	TRC1302	稳定塔顶温度	℃	0～300.0		
56	TRC1303	稳定塔底温度	℃	0～300.0		
57	TRC1320	解吸塔中段回流温度	℃	0～200.0		

任务四　熟悉装置主要现场阀列表

序号	阀门位号	说　明	备注
1	VI1V1201	V1201 补油线入口阀门	
2	VI2V1201	V1201 原料油出口阀门	
3	VI3V1201	V1201 混合原料入口阀	
4	VI4V1201	混合原料边界阀	
5	VX1P1201	P1201 出口原料油去循环线手阀	
6	VX1T1202	T1201 柴油抽出阀门	
7	VX2T1202	T1201 柴油抽出阀门	
8	V1FV1205	分馏二中返回现场阀	
9	V2FV1205	分馏二中循环现场阀	
10	VI1T1201B	T1201 油浆抽出阀	
11	VI2T1201B	V1202 开工塔外循环线现场阀	
12	VXHLY	T1201 回炼油抽出阀	
13	VX1P1208	循环油浆去开工线现场阀	
14	VI3E1218	E1218 出口开工循环线现场阀	

序号	阀门位号	说　明	备注
15	VI4E1218	E1218 出口紧急放空线现场阀	
16	VX1V1203	V1203 粗汽油回流现场阀	
17	VI1V1203	V1203 粗汽油去 P1204 现场阀	
18	VI2V1203	V1203 粗汽油去反应器现场阀	
19	VX5V1203	粗汽油出装置现场阀	
20	VICYBJ	柴油出装置现场阀	
21	VXTC1301	气压机汽轮机入口蒸汽阀	
22	VI1C1301	凝缩油至 V1302 现场阀	
23	VI2C1301	凝缩油至 V1203 现场阀	
24	VI1T1303	贫吸收油进 T1303 现场阀	
25	VI2T1303	贫吸收油返回现场阀	
26	VI3T1303	干气去精制现场阀	
27	VI6T1303	干气放火炬现场阀	
28	VX2T1303	干气进装置现场阀	
29	VI1V1303	不凝气出装置现场阀	
30	VI2V1303	不凝气去 V1203 现场阀	
31	VI1P1309	稳定汽油出装置现场阀	
32	VI2P1309	稳定汽油出装置现场阀	

任务五　掌握操作规程

一、冷态开车

1. 开车前准备

① 水、电、汽、风、瓦斯系统全部畅通，能保证充足的供应；

② 装置水联运，试压完成；

③ 检查电机、机泵、仪表的运行状况完成；

④ 检查管线及设备是否有泄漏现象完成。

2. 引油建立循环

（1）收柴油，建立封油循环

① 改通柴油罐区至 V1206 收柴油流程，保持 FV1222 阀门关闭；

产品线

柴油罐区 ▶◀━━▶ FV1222 ▶◀━━▶ LV1901 ▶◀━━▶ V1206

② 联系电工给 P1210AB 送电；

③ 确认 P1210AB 达到备用条件；

④ 确认 V1206 顶放空畅通；

⑤ 关闭 V1206 底放空；

⑥ 联系罐区收柴油；

⑦ 打开 FV1222 副线阀门；

⑧ 调整 FRC1222 副线手阀、LRC1901，控制收油速度；

⑨ 确认 V1206 液位 80%；

⑩ 联系罐区停止收油；

⑪ V1206 脱水；

⑫ 改通封油自循环流程；

⑬ 启动 P1210，建立封油自循环；

⑭ PRC1902 投自动，SP＝2.4MPa；

⑮ 控制 V1206 液位 50%；

⑯ 确认封油系统自循环正常。

（2）建立原料油循环

① 关闭 V1202 底放空阀；

② 关闭 V1201 至 V1202 连通阀；

③ 改通 V1202 油气挥发线去 T1201 流程；

④ 改通收原料油流程，保持界区阀门关闭；

⑤ 确认原料油界区盲板拆除；

⑥ 改好原料油开路循环流程；

⑦ 联系罐区收原料油；

⑧ 打开原料油线界区阀；

⑨ 联系电工给 P1201AB 送电；

⑩ 确认 P1201AB 达到备用条件；

⑪ 联系原料罐区向装置送原料油；

⑫ 稍开原料泵入口导淋，确认原料油来到，关闭原料油泵入口导淋；

⑬ 调整 TRCA1205，OP＝50%；

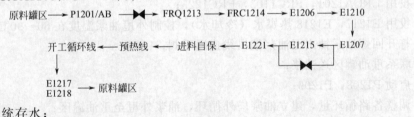

⑭ 脱尽系统存水；

⑮ 启动 P1201，建立原料油循环；

⑯ 调整 FRCA1214，控制原料油循环量；

⑰ 投用 FRQ1213，油表运行正常；

⑱ 确认 FRCA1214 不小于 100t/h；

⑲ 确认原料油循环正常；

⑳ 预热备用泵；

㉑ 投用热油系统拌热线。

（3）建立二中塔外循环

① 确认 V1202 顶泄压线与 T1201 连通，罐底排凝；

② 改好二中循环流程，关闭 V1202 底排凝；

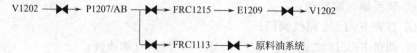

③ 联系电工给 P1207AB 送电；

④ 确认 P1207AB 达到备用条件；

⑤ 投用 FV1205，FV1113，E1209；

⑥ 打开补油线向 V1202 补油；

⑦ V1202 液面达 30% 时，停止补油。关闭补油线；

⑧ 启用 P1207，建立回炼油循环；

⑨ 调整 FRC1205，FRC1113，控制回炼油循环量；

⑩ 调整 V1202 液面 20%～30%；

⑪ 确认回炼油循环正常；

⑫ 备用泵预热；

（4）建立油浆塔外循环

① 确认产品油浆线，紧急外甩线界区两块盲板拆除；

② 联系电工给 P1208ABC，P1209/AB 送电；

③ 确认 P1208ABC，P1209/AB 达到备用条件；

④ 改通油浆塔外循环流程；

⑤ 改通产品油浆外送流程；

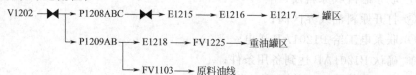

⑥ 脱尽系统存水；

⑦ 确认 T1201 底抽出阀关；

⑧ 投用 LRCA1201，FRC1103，FRC1225；

⑨ 投用 E1217，E1218 热媒水（冷却水），控制外甩油浆温度在 80～90℃；

⑩ 打开回炼油罐抽出至油浆抽出线连通手阀；

⑪ 联系重油罐区送油浆；

⑫ 启动 P1208，P1209；

⑬ 调整各路循环量，建立油浆塔外循环，油浆外甩至重油罐区；

⑭ 确认油浆塔外循环正常；

⑮ 确认油浆外送正常；

⑯ 预热备用泵；

⑰ 调整 FRC1225，控制原料油线温度不低于 80℃；

⑱ 配合热工岗位建立热媒水循环；

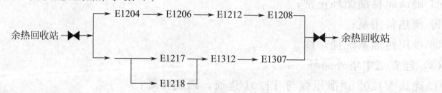

⑲ 确认热媒水系统循环正常。

3. 投用 E1221 蒸汽加热器，循环升温

① 改通加热蒸汽自管网至 E1221 流程。

② 将蒸汽缓慢引至 FV1216 前，排尽凝结水。

③ 缓慢引蒸汽入 E1221，出口至含油凝结水系统。

④ 各热油泵给封油。

⑤ 调节 FRC1216 使 TRCA1205 缓慢升温至 120℃。

⑥ 调节 FRC 使 TRCA1205 继续升温至 200～220℃。

⑦ 联系保运，组织系统热紧。

⑧ 配合热紧。

⑨ 投用油浆抗垢剂。

注：1. 二中发汽、油浆发汽上水至 50％时，建立二中、油浆循环

2. 反再系统 350℃恒温结束，稳定精制系统充压收油完毕，分馏三路循环正常，原料油循环温度 200～220℃

3. 反再系统 540℃恒温结束，分馏塔外循环正常，稳定、精制系统准备完毕，气压机低速运行

---

4. 拆大盲板，建立塔内油浆循环

（1）拆大盲板

① 关闭分馏塔顶蝶阀；

② 关闭空冷前手阀；

③ 关闭 E1203 出口手阀；

④ 开大 T1201、T1202 吹扫蒸汽，T1201 顶大量见蒸汽；

⑤ 确认分馏塔顶见汽 30min；

⑥ 关小 T1201、T1202 蒸汽；

⑦ 控制 T1201 微正压；

⑧ 检查 T1201 底放空，保证不抽负压；

⑨ 联系拆大盲板；

⑩ 配合拆大盲板。

⑪ 确认大盲板拆除完毕。

⑫ 确认反应分馏系统连通；

⑬ E1201 引入除盐水；

⑭ E1203 引入循环水；

⑮ 打开分馏塔顶蝶阀；

⑯ 打开 E1201 入口阀。排净油气大管内的空气；

⑰ 打开 E1203 出口阀；

⑱ 打开空冷前手阀；

⑲ 确认水汽走正常流程。

（2）酸性水外送

① 联系三催化接收酸性水；

② LIC1208 投自动，SP＝40％；

③ 确认 V1207 液位；

④ 启动 P1203；

⑤ 确认酸性水外送正常。

（3）收汽油，顶循环系统充汽油

① 改通罐区至 V1203 收汽油流程；

罐区 ▶◀ 产品精制 ── 粗汽油组立 ▶◀ V1203

② 联系罐区收汽油；

③ 调整阀门开度控制 V1203 收汽油速度；

④ V1203 液位 80%，停止收油；

⑤ 联系电工给 P1202 送电；

⑥ 确认 P1202 达到备用条件；

⑦ 改通顶循充汽油线流程；

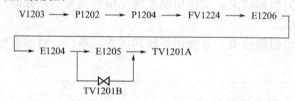

⑧ 调整 TRC1201AB、FRC1224，OP 值为 50%；

⑨ 启动 P1202，充完汽油线后停泵；

⑩ 投用 E1204 热媒水；

⑪ 脱尽系统存水。

（4）建立塔内油浆循环，投用冷回流

① 开大 T1201 底放空阀，大量见汽后关闭；

② 缓慢打开事故旁通入分馏塔阀门；

③ 确认 T1201 见液位；

④ 打开 T1201 底油浆抽出阀；

⑤ 缓慢打开 T1201 油浆循环上下返塔阀；

⑥ 关闭油浆循环上、下返塔至 V1201 阀门；

⑦ 关闭 V1202 底至 T1201 抽出连通阀；

⑧ 投用 T1201 底搅拌油浆；

⑨ 投用 T1201 底放空防焦线；

⑩ 投用 LV1201；

⑪ LRC1201 投自动，SP=30%；

⑫ 调整各路循环；

⑬ 改通冷回流入 T1201 流程；

⑭ 启动 P1202；

⑮ 调整 FRC1203，控制 T1201 顶温≤120℃。

稳定状态

大盲板拆除，反应分馏连通，塔内油浆循环正常，原料预热温度 200℃

5. 分馏准备接收反应油气

（1）柴油系统和一中油系统管线充柴油

① T1202 抽出阀关闭；

② 改通柴油和一中油系统管线充柴油流程，E1213 柴油出口至 V1206 阀关闭；

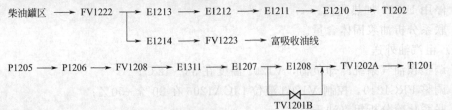

③ 系统脱水；

④ 打开 E1213 柴油出口至 V1206 阀门；

⑤ 确认 FV1223、P1206 导淋处排凝阀见油，关闭 E1213 柴油出口至 V1206 阀门。

（2）机泵送电

① 联系给下列机泵送电：

P1203AB、P1204AB、P1205AB、P1206AB、E1202、E1205、E1213。

② 确认以上机泵、空冷达到备用条件。

（3）流程准备

改通下列流程：

① 顶循环；

② 一中循环；

③ 贫吸收油循环流程；

④ V1207 酸性水去三催化污水汽提流程；

⑤ 改通酸性水由 V1203 去 V1207 流程；

⑥ 二中循环；

⑦ 投用海水冷却器。E1220，E1214。

6. 分馏塔建立回流，调整操作

（1）建立顶循环回流

① 调整 FRC1203 控制塔顶温度 TI1201 为 110～120℃；

② 开空冷，控制富气温度为 38～42℃；

③ 启动 P1204；

④ 调整 FRC1224、FRC1203 和 TRC1201，控制塔顶温度 TI1201 为 110～120℃。

（2）建立一中循环回流，E1208 上水（热媒水）。

① 启动泵 1206；

② 调 FRC1208、TRC1202，控制好一中段温度。

（3）建立二中循环，二中塔外循环改为二中返塔

① 调整 FRC1215，控制二中循环油量，控制好二中段温度；

② 调整 FRC1201，控制好回炼油返塔量；

③ 调整 FRC1113，控制好回炼油回炼量。

（4）调整油浆循环

① 调整 FRC1205、FRC1206 循环量，控制人字挡板温度 TI1207B 为 330～340℃；

② 调整 FRC1206，控制 T1201 底温度 TI1217 为 330～350℃；

③ 调整 FRC1215，控制 T1201 底液位为 30%～70%；

④ 调整 FRC1103，控制好油浆回炼量；

⑤ 控制油浆外甩温度 TI1243≤100℃；

⑥ 停用 E1221 加热蒸汽；

⑦ 联系分析油浆固体含量。

（5）粗汽油外送

① 调整顶油气系统冷却负荷，V1203 温度在 38～42℃；

② 调整 FRC1219，控制 V1203 液位 LICA1206 在 30%～50%；

③ 联系化验分析粗汽油干点。

（6）柴油外送

① 联系罐区停收轻柴油；

② 改通轻柴油去罐区流程；

③ 改通 T1202 轻柴油抽出流程；

④ 联系罐区外送轻柴油；

⑤ 确认 T1202 见液位；

⑥ 启动 P1205；

⑦ 控制 LICA1212 为 20%～80%；

⑧ 联系化验采轻柴油分析凝固点、闪点；

⑨ 确认凝固点、闪点合格。

（7）调整 T1201 操作

① 全面调整分馏塔操作；

② 控制 T1201 顶 TI1201 温度 120℃；

③ 控制 T1201 底 TI1217 温度≤350℃；

④ 控制 T1201 底 LRCA1201 为 30%～50%；

⑤ 控制油浆外送温度≤100℃；

⑥ 控制轻柴油出装置温度 40～60℃；

⑦ 控制 V1206 液面 60%；

⑧ 控制 V1202 液面 30%～50%；

⑨ 控制 V1203 液面，LRCA1206 在 30%～60%；

⑩ 控制油浆外甩量 FRC1225 为进料量的 7%～10%；

⑪ 控制如下质量指标：

a. 粗汽油干点≤203℃；

b. 轻柴油凝固点≤10℃，闪点≥65℃；

c. 油浆固体含量≤6g/L。

7. 稳定系统开工操作

（1）稳定系统引瓦斯

① 打开瓦斯至 V1302 手阀，向稳定系统引瓦斯；

② 引瓦斯流程：

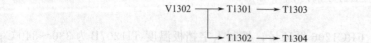

③ 逐一打开导淋放净存水，见瓦斯后关闭；

④ 当稳定系统压力与管网压力平衡后，停止引瓦斯；

⑤ 联系化验室采样分析氧含量，化验合格后停止引瓦斯；

⑥ T1301、T1303、E1310、E1311 底注意切水；

⑦ 检查有无泄漏；

⑧ 检查导淋是否全部关闭。

（2）炉点火反再升温，分馏、稳定引油循环

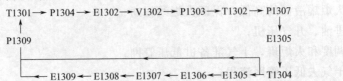

① 联系调度及汽油区准备好开工用汽油；

② 确认装置边界不合格汽油线盲板已经拆除；

③ 转好稳定汽油线充汽油流程；

④ 装置边界→不合格汽油组立→稳定汽油流控阀副线→E1309→E1308→E1307→E1306 →E1305→T1304；

⑤ 通知汽油区向装置送油；

⑥ 当稳定塔 T1304 液面至 30% 时，通知外操向吸收塔收油；

⑦ 开 P1309 向 T1301 送油；

⑧ 调节 FIC1302A 控制阀控制补充吸收剂流量；

⑨ T1301 液面至 30% 后联系外操向 V1302 送油；

⑩ 接到内操通知后开 P1304 向 V1302 送油；

⑪ 调节 FIC1302A 控制阀控制吸收塔底油流量；

⑫ V1302 液面至 30% 后联系外操向 T1302 送油；

⑬ 接到内操通知后开 P1303 向 T1302 送油；

⑭ 调节 FIC1310A 控制阀控制凝缩油流量；

⑮ T1302 液面至 30% 后联系外操向 T1304 送油；

⑯ 接到内操通知后开 P1307 向 T1304 送油；

⑰ 调节 FIC1314A 控制阀控制脱乙烷汽油流量；

⑱ T1304 液面至 30% 后向 T1301 转油；

⑲ 各塔液面至 40% 后停止收油，三塔循环流程建立起来；

⑳ 加强各塔、容器切水；

㉑ 联系仪表校对各液面、流量、温度是否准确；

㉒ 将 1.0MPa 蒸汽引至 E1310 入口阀前，切净水；

㉓ 经常检查火炬罐液面，液面高马上处理；

㉔ 经常检查设备有无泄漏；

（3）装催化剂两器流化，稳定保持三塔循环

① 冷却器 E1302A、B、C、D 上水；

② 冷却器 E1303 上水；

③ 冷却器 E1304 上水；

④ 冷却器 E1314 上水；

⑤ 冷却器 E1315 上水；

⑥ 各空冷器做好启用准备；

⑦ 联系热工岗位准备投用 E1310；

⑧ 与热工岗位联系转好含油凝结水流程；

⑨ 开控制阀 FRC1314，E1310 进蒸汽；

⑩ 调节 FRC1314 控制阀，控制升温速度 30～50℃/h；

⑪ 调节 FRC1314 控制阀，控制解吸塔底温度 120℃；

⑫ 注意火炬罐液面的高低，保证火炬线畅通；

⑬ 反应进油、开气压机；

⑭ 通知调度和火炬班，干气准备进低压管网；

⑮ 转好干气去低压管网流程；

⑯ 联系气压机岗位转好压缩富气至 E1301 流程；

⑰ 压缩富气进稳定后，用 PRC1303 控制稳再吸收塔压力；

⑱ 随着压缩富气量的增加，逐渐提高再吸收塔压力；

⑲ 联系分馏岗位转好粗汽油至 T1301 流程；

⑳ T1301 接收粗汽油，控制好塔底液面；

㉑ 开 P1305 建立一中回流；

㉒ 调节 LIK1302A 控制阀，控制一中流量；

㉓ 开 P1306 建立二中回流；

㉔ 调节 LIK1303A 控制阀，控制二中流量；

㉕ 调节 E1303、E1304、E1314，控制吸收塔顶温度小于 45℃；

㉖ 联系调度及汽油区，稳定汽油走不合格线送至罐区；

㉗ 打开不合格汽油线手阀，向罐区送油；

㉘ 用 FRC1217 控制稳定塔底液面及外送汽油量；

㉙ 分馏一中循环建立后，用 TV1303 控制稳定塔底温度；

㉚ 用 TV1303 逐渐提高稳定塔底温度；

㉛ 随着稳定塔底温度升高，注意稳定塔顶压力变化情况；

㉜ 用 PIK1313A、PIK1413B 控制稳定塔顶压力；

㉝ 稳定塔升压速度要慢；

㉞ 联系化验室、调度，做好化验分析的准备工作；

㉟ 根据粗汽油和压缩富气量的变化，调整吸收稳定操作；

㊱ 联系调度及汽油区，做好合格汽油出装置的准备工作；

㊲ 联系产品精制，做好汽油脱硫醇装置进汽油的准备；

㊳ 稳定汽油 10%点、干点合格后，稳定汽油送入汽油脱硫醇岗位；

㊴ 联系调度和球罐，做好接收液化气的准备工作；

㊵ 打开液化气至产品精制手阀；

㊶ V1303 液面达到 20%，通知外操开泵 P1308；

㊷ V1303 见液面后开 P1308；

㊸ 用 FRC1318 控制液化气回流量；

㊹ 用 FRC1318 控制液化气去产品精制流量；

㊺ 用 FRC1318 控制 V1303 液面；

㊻ 注意火炬罐液面的高低，保证火炬线畅通；
㊼ 确认贫、富吸收油流程已改好；
㊽ 通知分馏岗位，投用贫富吸收油；
㊾ 打开 FRC1223，贫吸收油进再吸收塔；
㊿ 当再吸收塔液面达 30%时，联系反应岗位注意反应压力变化；
(51) 与分馏岗位联系后，打开 LICA1304，向分馏送富吸收油；
(52) 控制稳再吸收塔液面；
(53) 控制稳贫吸收油量；
(54) 调节 LICA1304 控制阀，控制 T1303 液面，严防干气带油进入管网，同时防止干气串入 T1201 中；
(55) 调整操作，控制各参数在正常范围内。

二、正常停车

1. 分馏岗位停工操作

① 调整 LICA1212、LICA1901，控制 T1202、V1206 液面 70%；
② 停运油浆过滤系统；
③ 转好油浆紧急外甩流程；
④ E1218 投用热媒水；
⑤ 调节 FRC1225，控制产品油浆外送温度≤100℃；
⑥ 将所有扫线蒸汽引至扫线点，脱水，排凝；
⑦ 调节 FRC1219，控制 V1203 液面 30%左右；
⑧ 确认分馏塔顶蝶阀处于完好状态；
⑨ 反应切断进料；
⑩ 联系储运车间重油罐区，油浆紧急外甩；
⑪ 用手阀调节紧急外甩量，控制紧急外甩温度≤100℃；
⑫ 联系生产调度及储运车间，轻柴油走不合格罐；
⑬ 联系生产调度及储运车间，汽油改走不合格罐；
⑭ 确认各回流泵抽空；
⑮ 停泵 P1201、P1204、P1206、P1207；
⑯ 启用冷回流。调整 FRC1203，控制 T1201 顶温度≤130℃；
⑰ 联系热工岗位，停油浆、二中发汽；
⑱ 将油浆、二中改走副线；
⑲ 联系原料罐区向罐区给蒸汽扫线；
⑳ 联系稳定岗位停再吸收塔吸收油，将再吸收塔吸收油压入 T1201 中；
㉑ 联系热工岗位停热媒水，除盐水（各换热器放水）；
㉒ 停空冷 E1202、E1205、E1213；
㉓ 停循环水（各冷却器放水）；
㉔ 各给汽点给汽，将返塔管线中存油扫入分馏塔（T1201）中；
㉕ 停用冷回流，V1203 中存油全部送入不合格罐；
㉖ 确认反再系统催化剂卸完；
㉗ 停止油浆循环，T1201 底油全部送入重油罐区；

㉘ 装置全面扫线。

2. 系收稳定系统停工操作

（1）反应降温降量降压

① 降低各塔、容器液面至 30％；

② 联系调度及罐区，做好不合格汽油出装置的准备工作；

③ 联系调度干气准备转至低压管网；

④ 联系火炬班干气准备转至低压管网；

⑤ 联系三苯干气准备转至低压管网；

⑥ 调节 FRC1315 控制阀，T1302 塔底温度不低于 120℃；

⑦ 调节 TRC1303 控制阀，维持 T1304 热源保证产品质量合格。

（2）反应切断进料，气压机停运

① 气压机停运后，通知外操将干气转至低压瓦斯管网；

② 接到内操通知后，打开至低压管网手阀；

③ 迅速关闭干气至产品精制手阀；

④ 调节 PRC1303 控制阀，再吸收塔保持压力；

⑤ 调节 TRC1303 控制阀，维持 T1304 热源；

⑥ 稳定塔底热源不足，可适当降低塔顶温度；

⑦ 当稳定塔底温度低于 150℃，稳定汽油转不合格罐；

⑧ 联系罐区，调度将不合格汽油送至不合格罐；

⑨ 打开稳定汽油至不合格线阀，将稳定汽油送至不合格罐；

⑩ 关闭稳定汽油去产品精制手阀；

⑪ 稳定塔压力低，不合格汽油外送困难，通知外操用泵 P1309 外送；

⑫ 打开 P1309 出口至稳定汽油组立手阀，关闭 T1304 自压阀；

⑬ 调节 FRC1315 控制阀，T1302 塔底温度不低于 120℃；

⑭ 温度低于 50℃关闭 FRC1315 手阀；

⑮ 调节 TRC1320 控制阀，逐渐降低 T1302 中段热源；

⑯ 调节 TRC1303 控制阀，逐渐降低 T1304 热源；

⑰ 关闭 FRC1301 控制阀，补充吸收剂停进 T1301；

⑱ 吸收一中、二中液面、流量波动大，通知外操停泵；

⑲ 接到内操通知后，停 P1305；

⑳ 接到内操通知后，停 P1306；

㉑ 调节 FRC1302 控制阀，将 T1301 油全部送至 V1302 内；

㉒ T1301 液面空后，FRC1302 流量波动，通知外操；

㉓ 吸收塔底油泵，P1304 抽空后停泵；

㉔ 调节 FRC1310 控制阀，将 V1302 油全部送至 T1302 内；

㉕ V1302 液面空后，FRC1310 流量波动，通知外操；

㉖ 解吸塔进料泵 P1303 抽空后停泵；

㉗ E1306 热源全部切除，稳定汽油走旁路（TV1302B 全开）；

㉘ 开 E1306 底放油线手阀；

㉙ 逐渐关闭 FRC1315，解吸塔底降温；

㉚ 关闭 1.0MPa 蒸汽进 E1310 手阀;

㉛ 与热工岗位联系,关闭凝结水去组立手阀;

㉜ 调节 FRC1314 控制阀,将 T1302 油全部送至 T1304 内;

㉝ T1302 液面空后,FRC1314 流量波动,通知外操;

㉞ 稳定塔进料泵 P1307 抽空后停泵;

㉟ 调节 FRC1317 控制阀,将油全部送至罐区;

㊱ T1304 液面空后,FRC1317 流量波动,通知外操;

㊲ 稳定汽油泵 P1309 抽空后停泵;

㊳ 关闭 FRC1318 停液态烃回流;

㊴ 调节 FRC1319 控制阀,将液化气全部送至产品精制;

㊵ V1303 液面空后,停 P1308;

㊶ 联系分馏岗位停贫吸收油,关闭 FRC1223 控制阀;

㊷ 关闭 FRC1223 手阀;

㊸ 通知反应岗位,注意反应压力;

㊹ 调节 LICA1304 控制阀,将油全部压至 T1201 内;

㊺ T1303 液面空后,关闭 LICA1304 手阀。

(3) 吸收-稳定系统降压

① 联系火炬班及调度,准备向火炬线卸压;

② 调节 PRC1303 控制阀,缓慢降低 T1303 压力;

③ 打开不凝气至低压瓦斯管网线手阀;

④ 调节 PIK1313A 控制阀,缓慢降低 T1304 压力;

⑤ 当再吸收塔压力低于 0.3MPa,通知外操干气停止进低压管网;

⑥ 关闭干气去低压管网手阀;

⑦ 打开干气放火炬手阀,向火炬线泄压;

⑧ 当稳定塔压力低于 0.3MPa,关闭 PIK1313A 控制阀;

⑨ 关闭不凝气至低压瓦斯管网线手阀;

⑩ 停 E1301、E1308、E1315,百叶窗全部关闭;

⑪ 关闭冷却器 E1302 上水阀、回水阀,并放净存水;

⑫ 关闭冷却器 E1303 上水阀、回水阀,并放净存水;

⑬ 关闭冷却器 E1304 上水阀、回水阀,并放净存水;

⑭ 关闭冷却器 E1314 上水阀、回水阀,并放净存水;

⑮ 关闭冷却器 E1316 上水阀、回水阀,并放净存水;

⑯ 当吸收-稳定系统压力低于 0.1MPa,停止向火炬线卸压;

⑰ 关闭不凝气至低压瓦斯管网线手阀;

⑱ 与调度及供排水车间联系,稳定系统准备用水顶油;

⑲ 打开 P1308 入口中水手阀,向 V1303 内送水;

⑳ V1303 见液面后开 P1308;

㉑ 调节 FRC1318 控制阀,向 T1304 内送水;

㉒ T1304 见液面后开 P1309;

㉓ 调节 FRC1301 控制阀,向 T1301 内送水;

㉔ T1301 见液面后开 P1304;

○25 T1301 一中见液面后开 P1305，顶出管内存油；

○26 T1301 二中见液面后开 P1306，顶出管内存油；

○27 调节 FRC1302 控制阀，向 V1302 内送水；

○28 V1302 见液面后开 P1303；

○29 调节 FRC1310 控制阀，向 T1302 内送水；

○30 T1302 见液面后开 P1307；

○31 调节 FRC1314 控制阀，向 T1304 内送水；

○32 T1304 见液面后开 P1309；

○33 开稳定汽油至不合格线手阀；

○34 开稳定汽油至产品精制线手阀；

○35 不合格汽油出装置边界见水后，关闭稳定汽油至不合格线手阀；

○36 产品精制见水后，关闭稳定汽油至产品精制线手阀；

○37 水循环冲洗、顶油过程中各塔、容器控制低液面；

○38 关闭 P1308 入口中水手阀；

○39 循环 2h 后停 P1303、P1304、P1307、P1308、P1309；

○40 用泵将水送至产品精制；

○41 逐一打开各塔、罐、换热器轻污油线阀；

○42 开 P1311 将油全部送至不合格汽油线。

三、正常调节

1. 分馏塔底液面控制

控制范围：30%～80%。

控制目标：设定的分馏塔液面波动范围±3%。

相关参数：油浆上返塔流量 FR1205、温度 TI1223；反应进料 FRCA1214；反应温度 TRCA1101；油浆回炼量 FRC1103；以上参数波动会引起分馏塔底液面 LRCA1201 波动。

控制方式：分馏塔底液面正常时用产品油浆出装置流量控制阀来调节的，出装置流量大，分馏塔底液面底。出装置流量小，分馏塔底液面高。

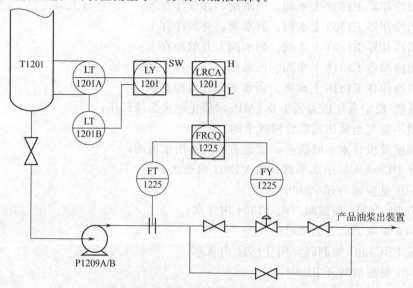

正常调整：

影响因素	调整方法
油浆外甩量	油浆外甩量,塔底液面低
上返塔流量	流量大,塔底液面高
反应温度	反应温度高,塔底液面低
反应进料量	进料量大,塔底液面高

异常调节：

现　象	原　因	处理方法
分馏塔底液面高	仪表失灵阀关	现场改侧线,联系仪表处理
分馏塔底液面高	反应切断进料	投用紧急放空线
分馏塔底液面低	外甩量过大	降低外甩量;补原料油

2. V1203 液面控制

控制范围：30%～80%。

控制目标：设定的粗汽油罐（V1203）液面波动范围±5%。

相关参数：反应温度 TRCA1101；反应进料 FRCA1214；分馏塔顶温度 TRC1201、冷后温度 TI1231；冷回流 FRC1203，粗汽油罐水包液面 LDIC1207。以上参数波动会引起粗汽油罐 V1203 液面 LRCA1206 波动。

控制方式：粗汽油罐（V1203）正常时用去吸收塔的流量来调节。粗汽油量大,粗汽油罐（V1203）液面底。粗汽油量小,粗汽油罐（V1203）液面高。

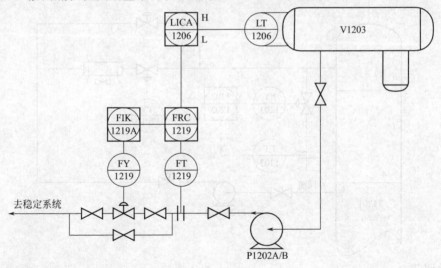

正常调整：

影响因素	调整方法
T1201 顶温高 V1203 液面高	控制好顶温在范围内
V1203 水包液面高	控制好 V1203 水包液面
冷回流的使用	及时补充

异常调节：

现　　象	原　　因	处理方法
V1203 液面上升	仪表故障	现场改侧线，联系仪表处理
V1203 液面上升	冷却器内漏	停冷却器，加强切水
V1203 液面上升	操作冲塔	启用冷回流，控制 T1201 顶温

当粗汽油泵出现问题，粗汽油外送困难时，此时分馏系统退守状为：反应切断进料，塔底液面 LRCA1201 正常，塔顶温度控制在指标内，粗汽油罐液面正常，封油罐液面正常。

参数：分馏塔顶温度≤130℃，分馏塔底液面 30％～50％，封油罐液面 50％～80％。

3. 粗汽油干点控制

控制范围：干点≤203℃。

控制目标：干点 ±5℃。

相关参数：顶回流流量 FRC1224；顶回流返塔温度 TI1219；冷回流流量 FRC1203；以上参数波动会引起分馏塔顶温度 TRC1201 波动。

控制方式：汽油干点是通过调节分馏塔顶循环冷、热流控制阀改变其返塔温度或调节返塔流量来调节分馏塔顶温度来控制的。一般以调节返塔温度为主，调节返塔流量为辅，在特殊情况下，可启用冷回流来控制塔顶温度。

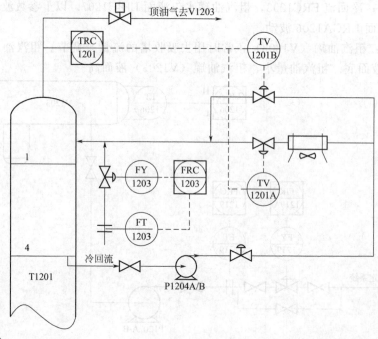

正常调节：

影响因素	调整方法
顶循环回流返塔温度变化	调整好返塔温度
顶循环回流返塔流量变化	调整好返塔流量
启用冷回流量的变化	缓慢投用冷回流

异常调节：

现象	原因	处理方法
汽油干点高	顶循环回流中断	启用冷回流
	冲塔	降量，启用冷回流

此时分馏系统退守状态为：反应岗位降量生产，分馏系统加大各返塔量，降低各返塔温度。投用冷回流。联系生产调度，不合格汽油转入不合格罐

参数：分馏塔顶温度≤130℃、分馏塔底温度≤350℃

4. 轻柴油质量

控制范围：凝固点≤10℃，闪点≥57℃；

控制目标：凝固点 ±2℃，闪点±5℃。

相关参数：一中段返塔温度 TI1206B；一中段返塔流量 FRC1208；汽提蒸汽流量 FRC1221。以上参数波动会影响轻柴油质量。

控制方式：轻柴油凝固点是通过一中段回流返塔温度及一中段回流流量来控制分馏塔一中温度来控制的。一般以调节返塔温度为主，调节返塔流量为辅。轻柴油闪点是通过调节轻柴油汽提塔汽提蒸汽量来控制的。

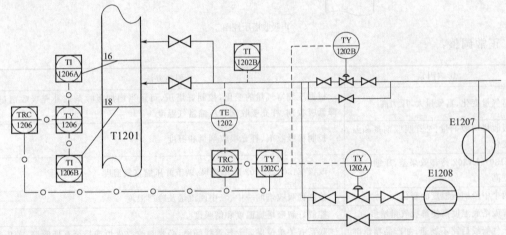

正常调节：

影响因素	调整方法
一中段回流温度变化	控制稳回流温度
一中段回流流量变化	控制稳回流流量
汽提蒸汽量的变化	蒸汽量大，闪点高

异常调节：

现　象	原　因	处理方法
一中段温度升高	一中回流中断	加大油浆、顶循环回流
一中段温度升高	冲塔	轻柴油补一中段

5. 再吸收塔压力 PRC1303

控制范围：再吸收塔压力 PRC1303：1.0～1.3MPa。

控制目标：正常操作中再吸收塔压力应控制在上述范围内，保证干气质量合格，保证干气外送正常，防止气压机出口憋压造成气压机喘振。

相关参数：气压机出口压力 PR1503A；干气脱硫塔压力 PIC3205；以上参数波动会引起再吸收塔压力 PRC1303 波动。

控制方式：再吸收塔压力由压控阀通过控制干气出装置流量来控制再吸收塔压力。

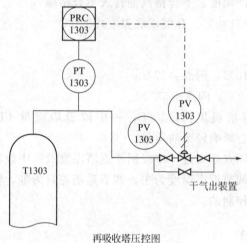

再吸收塔压控图

正常调整：

影响因素	调整方法
富气量变化,富气量大,压力高	根据压缩富气量的变化,控制好塔压,可适当增加吸收剂或补充吸收剂量,降低吸收剂、补充吸收剂和压缩富气温度
吸收塔吸收剂量、补充吸收剂量和温度变化	控制稳吸收剂、补充吸收剂量和温度
E1301、E1302 冷却效果差,压缩富气温度高	改善 E1301、E1302 冷却效果,调节好压缩富气温度
两个中段回流温度的变化	控制稳吸收塔的一中、二中回流量及冷后温度
解吸塔底温度高使解吸气量增多	控制好解吸塔底温度和解吸度
干气管线后路不畅通,如产品精制部分出现操作波动或吸收塔压控阀失灵	联系有关单位保证干气管线畅通,必要时改放火炬或排至瓦斯管网,若压控阀失灵,改手动或副线控制,联系仪表处理

异常处理：

现象	原因	处理方法
再吸收塔压力急剧上升	再吸收塔压控阀故障全关	立即到现场打开压控阀副线阀,控制再吸收塔压力在正常范围内,同时联系仪表修控制阀
再吸收塔压力下降,干气流量上升,严重时造成干气带液	再吸收塔压控阀故障全开	立即到现场改用副线阀控制压力,控制再吸收塔压力在正常范围内,同时联系仪表修控制阀
压力上升,开压控阀副线压力没有变化	干气后路堵	立即联系调度及火炬班,向低压管网或火炬系统卸压。反应岗位可根据实际情况适当降量

6. 解吸塔底温度 TI1324

控制范围：解吸塔底温度 TI1324：115～140℃。

控制目标：正常操作中解吸塔底温度控制在上述范围内，保证液化气 C_2 合格，但解吸塔底温度不宜控制过高，以避免解吸过度，影响干气质量。

相关参数：E1310 气相返塔温度 TRC1323；E1306 气相返塔温度 TRC1320；解吸塔进料量：FRC1310；1.0MPa 蒸汽温度及流量：TI1326；FRC1315；以上参数波动会引起解吸塔底温度 TI1324 波动。

控制方式：正常解吸塔底温度控制是通过调解 1.0MPa 蒸汽流量，来控制 E1310 气相返塔温度，由 FRC1315 与 TRC1323 组成串级控制回路进行控制，进而达到控制塔底温度的目的。

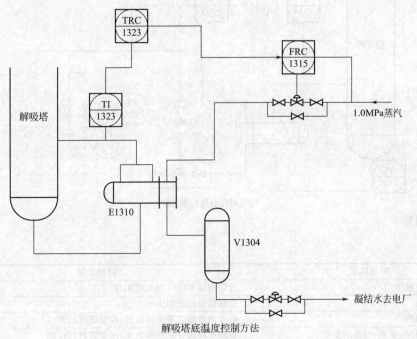

解吸塔底温度控制方法

正常调整：

影响因素	调整方法
塔底热源 E1310、E1306 温度的变化	操作时要保持热源平稳,保证塔底温度不波动
进料温度变化	调节好 E1310 温度,保证进料温度恒定
进料量及组成的变化	根据进料量及组成变化,相应调节好塔底温度
压力变化	控制好解吸塔压力平稳
仪表失灵	改手动或现场改走副线控制,并联系仪表修理

异常处理：

现象	原因	处理方法
解吸塔底温度急剧下降	解吸塔底热源中断;	增加中段重沸器取热量,同时立即查找原因,尽快恢复热源
解吸气量过大、解吸塔底温度高	解吸塔底温度高	立即降低解吸塔底温度,使解吸气量维持在正常水平
干气带液	解吸过度或解吸压力低	立即降低解吸塔底温度,提高解吸塔压力

7. 稳定汽油 10％点温度的控制

控制范围：稳定汽油 10％点控制在 44～60℃。

控制目标：正常操作中稳定塔底温度控制在上述范围内，波动±1℃。

相关参数：E1311 返塔温度 TRC1303；稳定塔进料量：FRC1314；稳定塔进料温度：TI1327；以上参数波动会引起解吸塔底温度 TI1325 波动。

控制方式：汽油 10％点控制是通过调节 E1311 冷流、热流控制阀，由 TRC1303 来控制 E1311 返塔温度，进而达到控制汽油 10％点的目的。

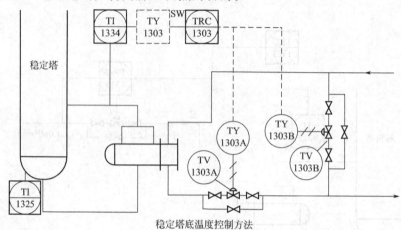

稳定塔底温度控制方法

正常调整：

影响因素	调整方法
E1311 返塔温度	适当调节 E1311 的返塔温度
稳定塔压力	控制稳定塔的压力
稳定塔顶温度	适当调节稳定塔顶回流量,控制塔顶温度
稳定塔进料量、位置、组分的变化	按照进料组分或季节变化,改变进料口位置
稳定塔液面变化	控制稳定塔液面
仪表失灵	及时改手动或副线控制,并联系仪表处理

异常处理：

现象	原因	处理方法
稳定塔压力下降	稳定塔底热源中断;稳定塔底温控阀失灵	立即查找原因,尽快恢复热源
稳定塔压力急剧上升	稳定塔底热源波动;稳定塔底温控阀失灵	立即降低稳定塔底温度,稳定塔底温控阀改手动控制,联系仪表修理
稳定塔底温度波动	脱乙烷汽油流量波动;分馏一中段流量波动	平稳脱乙烷汽油流量,分馏一中段流量,必要时控制阀改手动

四、事故处理

1. 装置晃电

事故原因：供电系统故障。

事故现象：装置照明短暂灭后又恢复，部分转动设备停止，DCS 报警。

处理方法:

① 现场启动应运转转动设备(必须先关闭泵出口阀门);

② 注意启泵的顺序:封油泵、原料泵、塔顶回流泵、中段油泵、柴油泵、粗汽油泵、稳定进料泵,解析塔进料泵,吸收塔底泵,稳汽外送泵;

③ 启动相应停运空冷风机;

④ 注意冷却水、蒸汽及净化风的压力变化;

⑤ 逐步恢复正常操作条件。

2. 压缩富气中断事故处理

事故现象:

① 吸收塔、再吸收塔压力下降;

② 出口流量回零。

事故原因:

① 反应切断进料;

② 气压机停。

事故处理:

① 通知值班生产调度;

② 通知车间技术人员或值班人员;

③ 关闭气压机出口去吸收系统阀门;

④ 关闭富气水洗水阀门;

⑤ 减少或停止干气出装置,保持吸收稳定系统压力;

⑥ 降低液态烃出装置量,保持 V1303 液面,液面低于 1/3 时停止液态烃出装置;

⑦ 降低 E1306、E1310、E1311 热源温度或将热源去副线;

⑧ 联系分馏岗位切除再吸收塔,保持各塔、容器液面,并保持住系统压力。

事故无法消除时,装置操作退守到以下状态:

① 装置切断进料,稳定三塔循环;

② 若短时间不能恢复粗汽油直接去稳定,进行单塔稳定操作。

3. 分馏塔顶循环中断

事故原因:顶循环泵故障停车。

事故现象:顶循环无流量,分馏塔顶温度升高。

处理方法:

① 现场启动顶循环备用泵;

② 投用分馏塔顶开工冷回流,控制分馏塔顶温度;

③ 调整操作。

4. 分馏塔一中段油中断

事故原因:分馏塔一中段泵故障停车。

事故现象:一中段无流量,分馏塔顶温度升高。

处理方法:

① 现场启动一中段备用泵;

② 投用分馏塔顶开工冷回流,控制分馏塔顶温度;

③ 调整操作。

5. 分馏塔回炼油中断

事故原因：分馏塔回炼油泵故障停车。

事故现象：回炼油和分馏二中无流量，回炼油罐液位上涨，分馏塔顶温度升高。

处理方法：

① 现场启动回流油泵备用泵；

② 投用分馏塔顶开工冷回流，控制分馏塔顶温度；

③ 调整操作。

6. 分馏塔底液位高

事故原因：分馏塔产品油浆泵故障停车。

事故现象：产品油浆无流量，分馏塔底液位上涨。

处理方法：

① 现场启动产品油浆泵备用泵；

② 降低循环油浆上返塔量；

③ 调整操作。

7. 分馏塔顶回流罐液位高

事故原因：分馏塔产品油浆泵故障停车。

事故现象：粗汽油量下降，分馏塔顶回流罐液位上涨。

处理方法：

① 提高粗汽油去吸收塔流量；

② 启动冷回流降低分馏塔顶温度；

③ 调整操作。

8. 循环油浆中断

事故原因：分馏塔循环油浆泵故障停车。

事故现象：分馏塔循环油浆上下返塔流量下降，分馏塔顶温度上升。

处理方法：

① 现场启动循环油浆泵备用泵；

② 启动冷回流降低分馏塔顶温度；

③ 调整操作。

9. 解吸塔重沸器热源中断

事故原因：解吸塔底加热蒸汽中断。

事故现象：解吸塔温度下降。

处理方法：

① 恢复解吸塔重沸器热源；

② 调整操作。

10. 循环水中断

事故原因：停循环水。

事故现象：各冷换设备后温度升高。

处理方法：

① 现场启动备用空冷器；

② 切断稳定系统富气进料，吸收稳定保压，三塔循环；

③ 调整操作。

11. 海水中断

事故原因：停海水。

事故现象：各冷换设备后温度升高。

处理方法：

① 现场启动备用空冷器；

② 调整操作。

12. 分馏塔冲塔

事故原因：

① 反应深度过低或总进料量大幅度下降，使塔顶负荷过低；

② 反应深度过大或总进料大幅度增加，使塔顶负荷过大；

③ 一中段泵抽空，引起顶回流泵抽空；

④ 处理量过小，塔顶温度过低，回流带水；

⑤ 打冷回流带水；

⑥ 机泵故障或仪表失灵；

⑦ 分馏塔顶结盐。

事故现象：

① 分馏塔中段温度升高；

② 分馏塔顶温度升高；

③ 粗汽油颜色变黑；

④ 轻柴油颜色变黑。

处理方法：

① 启用冷回流控制分馏塔顶温度；

② 调整好分馏塔各取热负荷分配；

③ 联系反应岗位降量，控制好反应压力；

④ 将汽油转入不合格罐；

⑤ 将轻柴油转入不合格罐；

⑥ 启用轻柴油补一中段，控制好中段温度；

⑦ 塔顶结盐，装置降量，水洗分馏塔。

事故无法消除时，装置操作应退守到以下状态：装置降量生产；启用轻柴油补一中段泵入口。

任务六　熟悉复杂控制回路

一、串级控制

串级控制的切除与投用主要表现在副回路的本地、远程上。

1. 串级控制的投用（本着先副后主的原则）

① 在副回路手动、本地控制下调节副回路将主回路的主参数调节接近设定值后，副回路改自动。此时副回路仍为本地控制状态（L）。

② 将副回路的本地改为远程控制状态（R）。

③ 调节主回路输出，使副回路测量值与设定值接近。

④ 主回路切自动，串级投用完毕。

2. 串级控制的切除

① 主、副回路切手动。

② 副回路打本地控制。切除完毕

注意：在软件的开工过程中不建议投入串级或自动，在手动状态下进行调节。待装置基本达到稳定状态投入。

序号	主回路	副回路	功 能 说 明
1	LRC1206	FRC1219	分馏塔顶油气分离器(V1203)液位控制
2	LRC1208	FRC1220	酸性水缓冲罐(V1207)液位控制
3	LIC1212	FIC1222	轻柴油汽提塔(T1202)液位控制
4	LIC1307	FRC1314	解析塔(T1302)底液位控制
5	TRC1301	FRC1315	解析塔(T1302)底温度控制
6	LIC1301	FRC1302	吸收塔(T1301)底液位控制
7	FRC1307	PRC1303	再吸收塔(T1303)顶干气流量控制
8	LIC1311	FRC1317	稳定塔(T1304)底液位控制
9	LIC1313	FRC1319	稳定塔顶回流罐(V1303)液位控制
10	TRC1302	FRC1318	稳定塔(T1304)顶温度控制

二、分程控制

① 本装置只有一个分程控制，即稳定塔回流罐（V1303）顶压力控制（PIC1313）。其中 PIC1313 可以控制两个执行机构，分别为 PIK1313B 和 PIK1313A，分别对应补压控制阀 PV1313B 和放压控制阀 PV1313A（后面简称 A 阀和 B 阀）。

② 控制器 PIC1313 的输出值在 0～50％之间，当输出值增大时，对应的是 B 阀从 100％～0 的实际开度（实际现场阀位逐渐关小）。控制器 PIC1313 的输出值在 50％～100％之间，输出值增大时，对应的实际情况是 B 阀全部关闭，A 阀逐渐开大（0～100％）。

任务七　熟悉工艺卡片

项　目	单位	正常值	控制指标	备　注
分馏塔顶温度	℃	125	105～140	
分馏塔底温度	℃	330	≤350	
分馏塔顶压力	MPa	0.2		
稳定塔压力	MPa	1.0	0.9～1.05	
解吸塔压力	MPa	1.3	1.1～1.4	
吸收塔压力	MPa	1.1	1.0～1.3	
分馏塔底液位	%	50	30～80	
稳定塔顶温度	℃	60	50～75	
稳定塔底温度	℃	160	150～190	
解吸塔顶温度	℃	45	30～80	
解吸塔底温度	℃	125	110～150	

任务八 掌握事故项目列表

1. 基本项目列表

序号	项 目 名 称	项目描述	处理方法
1	正常开车	基本项目	见操作规程
2	正常停车	基本项目	见操作规程
3	晃电事故	特定事故	见操作规程
4	富气中断	特定事故	见操作规程
5	分馏塔顶循中断	特定事故	见操作规程
6	分馏塔一中段油中断	特定事故	见操作规程
7	回炼油泵故障回炼油中断	特定事故	见操作规程
8	分馏塔底液位高	特定事故	见操作规程
9	分馏塔顶回流罐液位高	特定事故	见操作规程
10	循环油浆中断	特定事故	见操作规程
11	解吸塔重沸器热源中断	特定事故	见操作规程
12	停循环水	特定事故	见操作规程
13	分馏塔冲塔	特定事故	见操作规程
14	稳定塔重沸器热源中断	特定事故	见操作规程
15	正常运行	基本项目	见操作规程

2. 组合项目列表

序号	项 目 名 称	项目描述	处理方法
1	冷态(P1201AH)	见备注	见备注
2	冷态(E1203JG)	见备注	见备注
3	冷态(FV1223K)	见备注	见备注
4	冷态(FRC1205PY)	见备注	见备注
5	冷态(P1205AH/FRC1219PY)	见备注	见备注
6	冷态(P1206AH/FIK1310AK/TRC1323PY)	见备注	见备注
7	冷态(P1208AH/FIK1302AK/E1305JG/TV1303K)	见备注	见备注
8	停车(P1304AH)	见备注	见备注
9	停车(P1303AH/FIK1219AK)	见备注	见备注
10	停车(P1307AH/FV1206K/FV1315K)	见备注	见备注
11	停车(P1309AH/FIK1310AK/FIK1205AK/FV1222K)	见备注	见备注
12	晃电事故(PV1303K)	见备注	见备注
13	富气中断(FV1222K)	见备注	见备注
14	分馏塔顶循中断(FIK1205AK/P1206AH)	见备注	见备注
15	分馏塔一中段油中断(P1208AH)	见备注	见备注
16	回炼油泵故障回炼油中断(P1304AH/PV1303K/TV1201K)	见备注	见备注
17	稳态调节(晃电事故/PV1303K/FIK1208AK/TV1201K)	见备注	见备注
18	稳态调节(停循环水/晃电事故/PV1303K/FIK1205AK)	见备注	见备注

19	稳态调节（TV1201K/E1203JG/FIK1314AK）	见备注	见备注
20	稳态调节（TRC1201PY）	见备注	见备注
21	稳态调节（P1204AH/FIK1205AK）	见备注	见备注
22	稳态调节（P1205AH/FV1206K/LV1304K）	见备注	见备注
23	稳态调节（海水温度升高）	见备注	见备注
24	稳态调节（循环水温度降低）	见备注	见备注

备注：列表中事故干扰设计符号说明

K——卡（阀门、仪表）；

H——坏（机泵类动力设备）；

JG——结垢（换热器）；

PY——漂移（仪表）。

处理方法：在流程图中按组合键"Ctrl＋M"，调出如下处理画面后，在相应的列表中选中待修目标（也可以从顶部文本框中输入待修项目的位号），然后点击"处理"按钮，即可完成修理步骤。

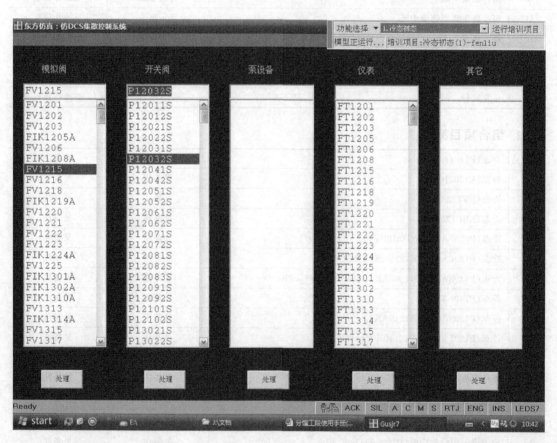

注意："处理"按钮只需单击一次即可，修理后被修复对象即刻归"0"，修理后 3s 内被修复对象无法操作。

详细使用方法请参阅"系统平台使用手册"。

任务九 读识仿真 PI&D 图

1. 分馏系统图

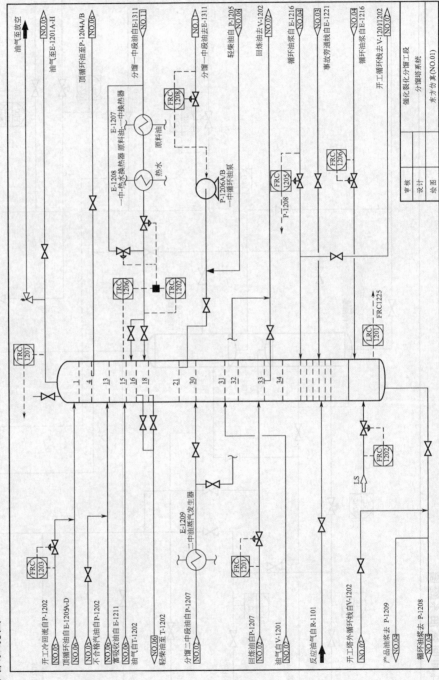

2. 原料和回炼油系统图

催化裂化分馏工段
原料和回炼油系统
东方仿真 (NO.02)

3. 原料油系统图

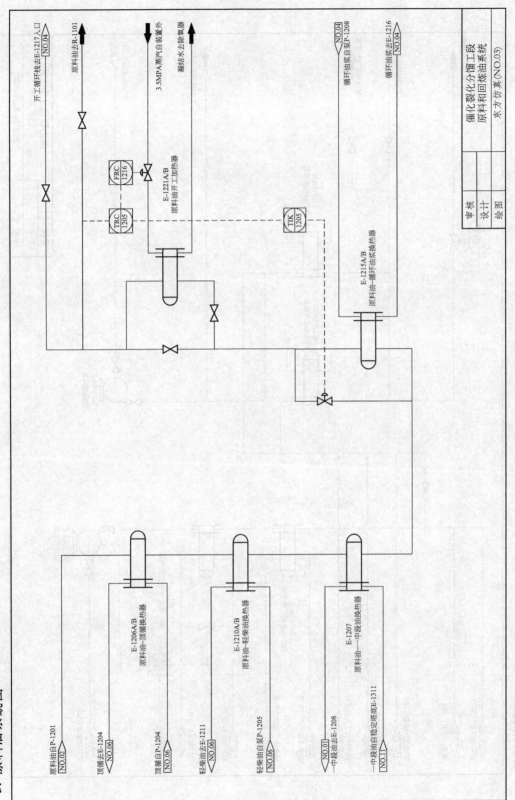

| 催化裂化分馏工段 |
| 原料和炼油回炼系统 |
| 东方仿真(NO.03) |

审核		
设计		
绘图		

4. 油浆系统图

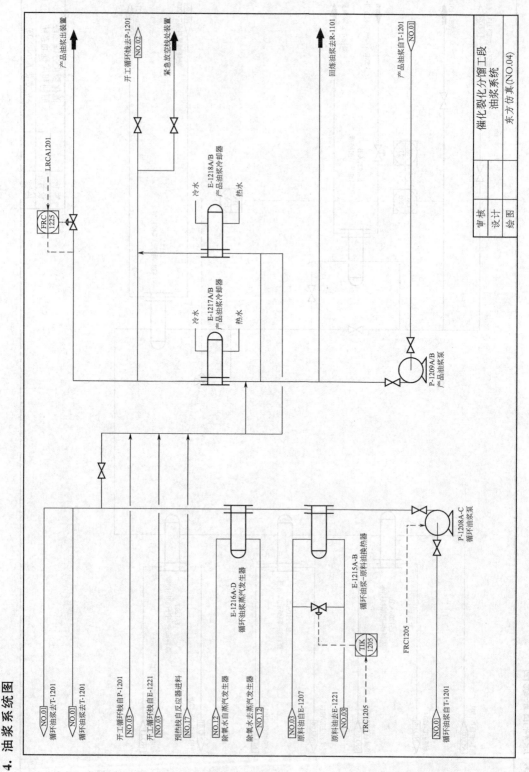

5. 分馏塔顶油气图

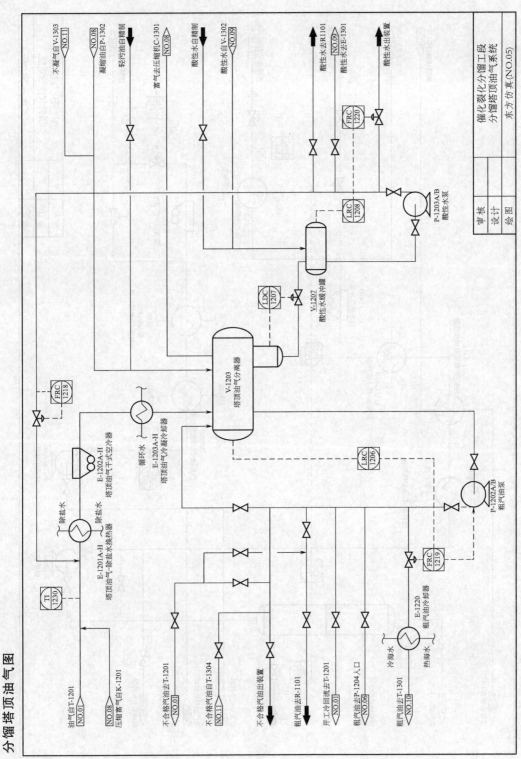

6. 顶循和柴油系统图

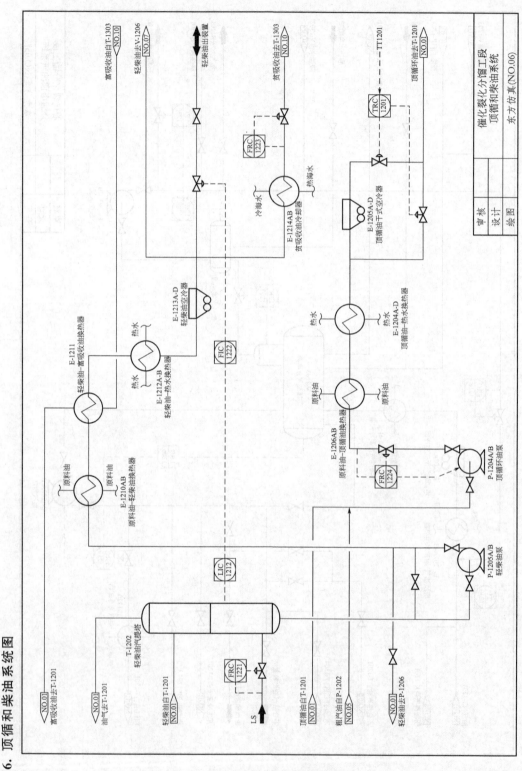

催化裂化分馏工段
顶循和柴油系统

东方仿真（NO.06）

7. 封油系统图

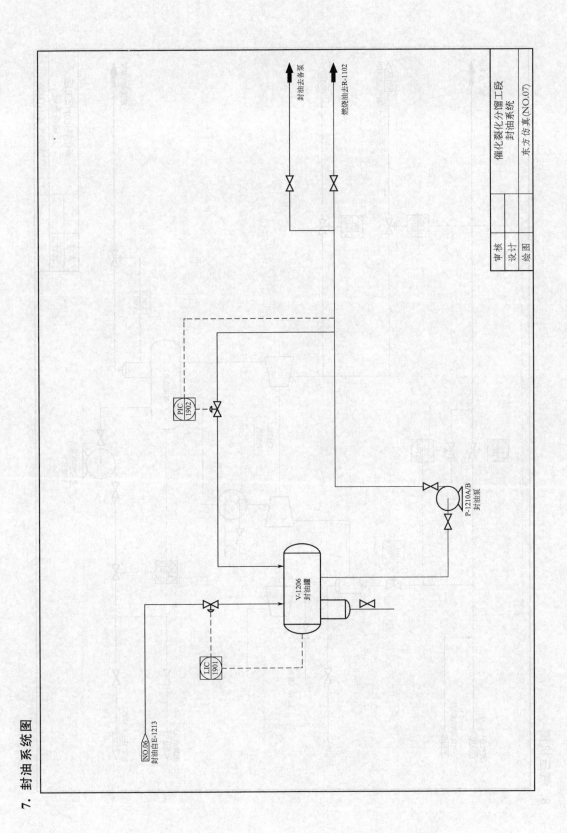

8. 气压机图

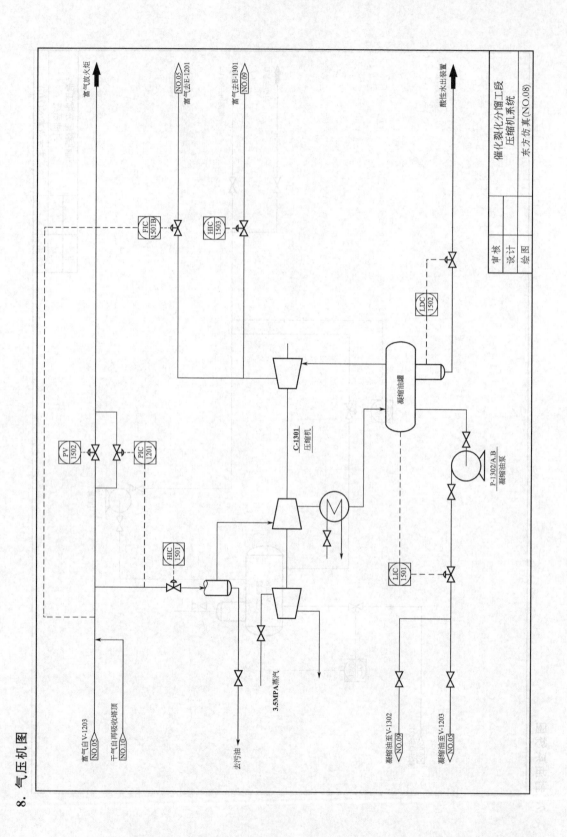

9. 解吸塔图

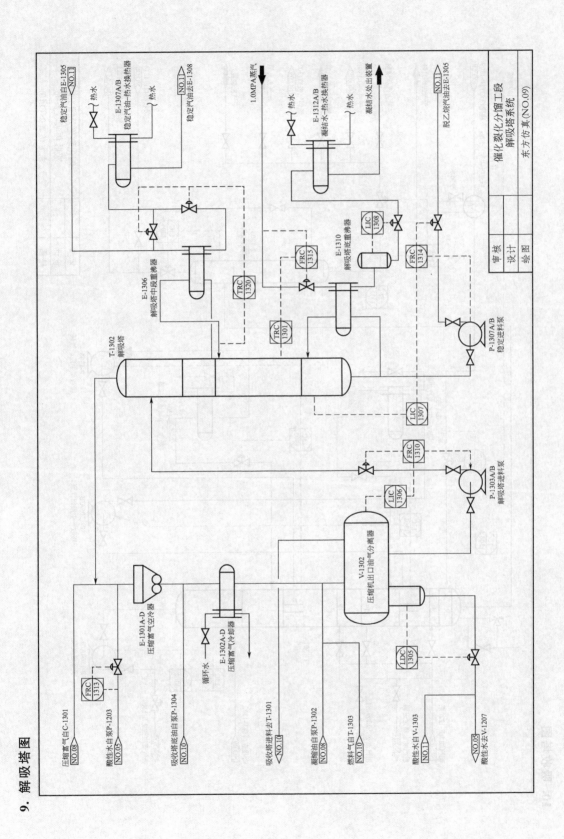

10. 吸收塔图

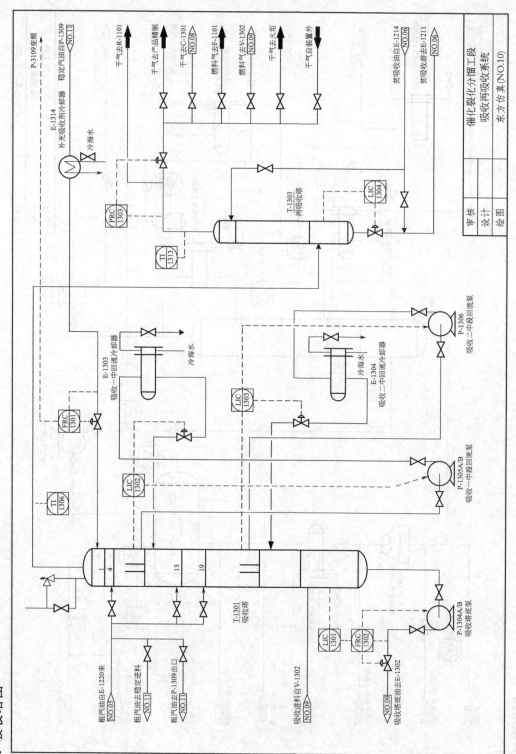

11. 稳定塔图

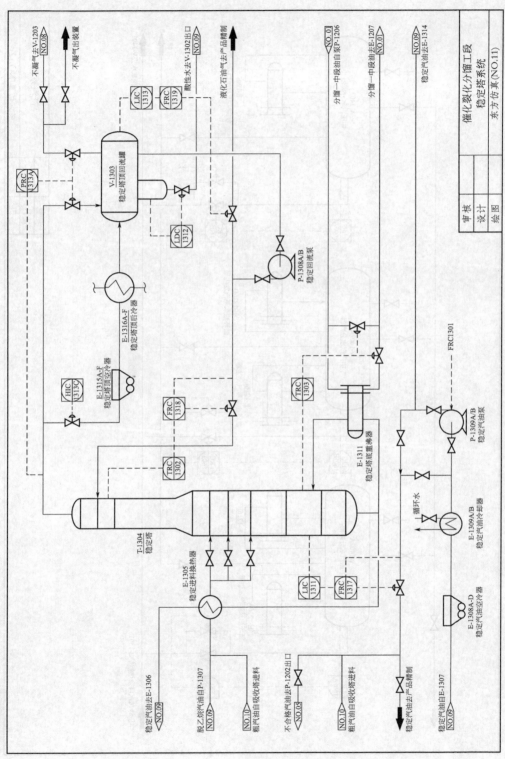

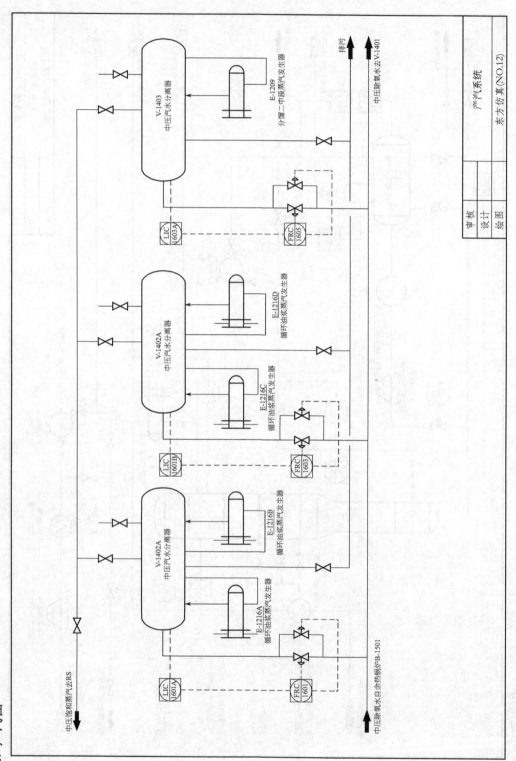

13. 热水图

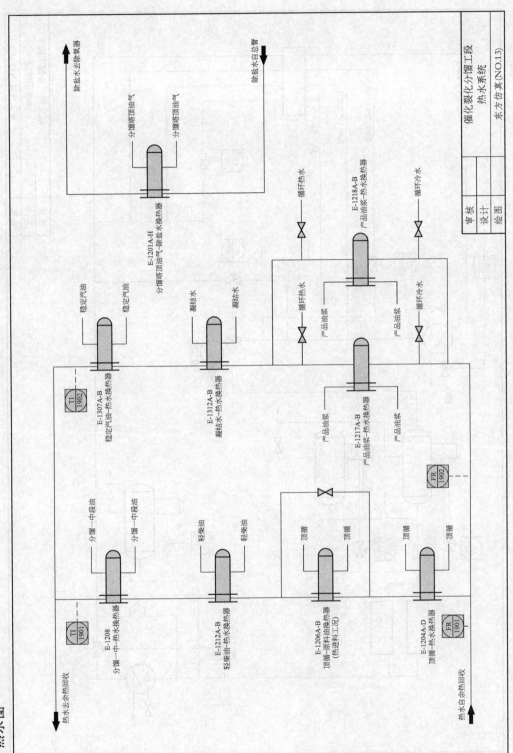

除盐水去除氧器

除盐水自总管

分馏塔顶油气

分馏塔顶油气

E-1201A-H
分馏塔顶油气-除盐水换热器

TI
1902

稳定汽油

稳定汽油

E-1307A-B
稳定汽油-热水换热器

凝结水

凝结水

E-1312A-B
凝结水-热水换热器

循环热水

循环热水

产品油浆

产品油浆

E-1218A-B
产品油浆-热水换热器

循环冷水

循环冷水

产品油浆

产品油浆

E-1217A-B
产品油浆-热水换热器

FR
1902

TI
1901

分馏一中段油

分馏一中段油

E-1208
分馏一中-热水换热器

轻柴油

轻柴油

E-1212A-B
轻柴油-热水换热器

顶循

顶循

E-1206A-B
顶循-原料油换热器
(热进料工况)

顶循

顶循

E-1204A-D
顶循-热水换热器

FR
1901

热水去余热回收

热水自余热回收

催化裂化分馏工段
热水系统
东方仿真 (NO.13)

审核
设计
绘图

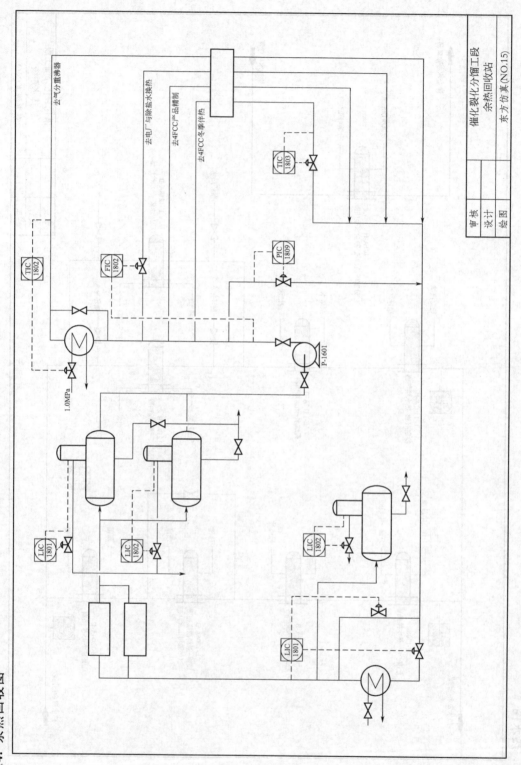

14. 余热回收图

催化裂化分馏工段
余热回收站
东方仿真 (NO.15)

15. 循环水图

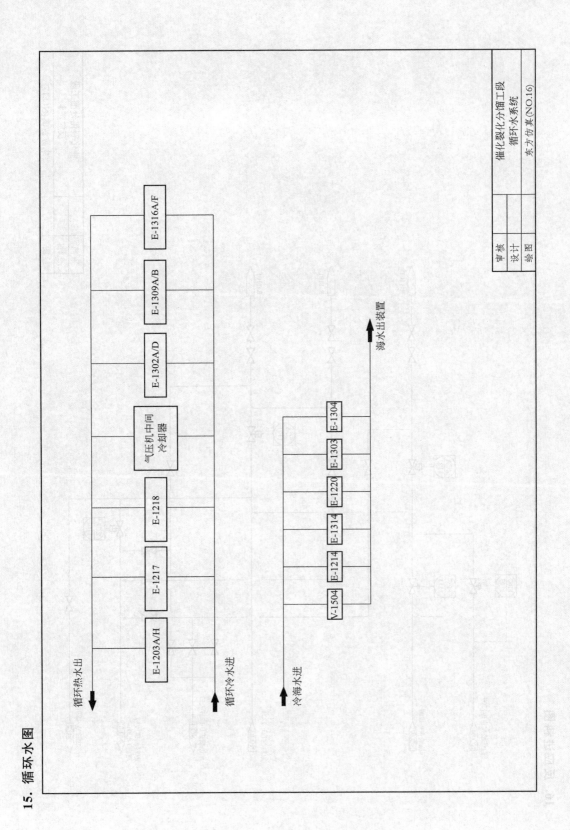

		催化裂化分馏工段
审核		循环水系统
设计		东方仿真(NO.16)
绘图		

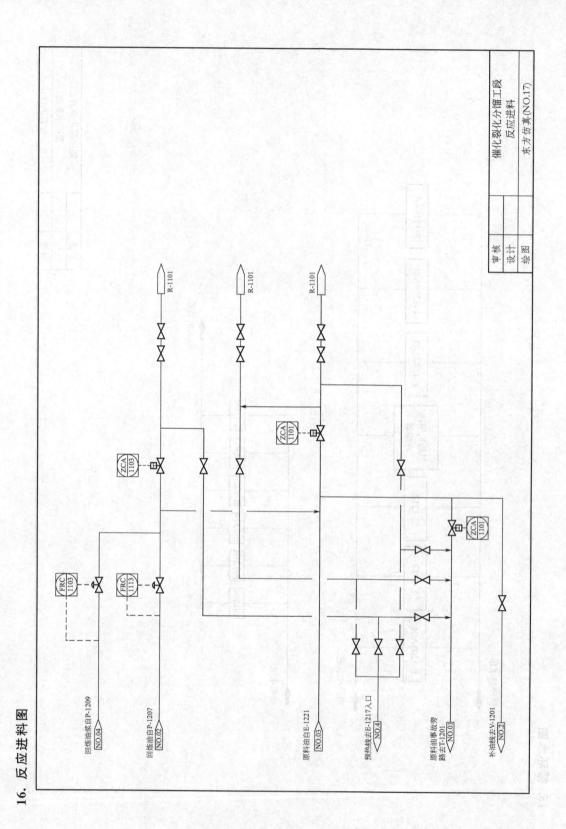

任务十　读识现场图和 DCS 图

1. 发汽现场图

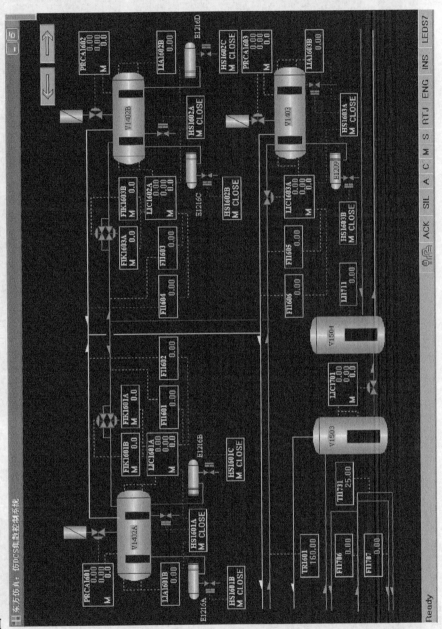

2. 低温热现场图

3. 分馏主画面图

4. 分馏塔上部现场图

5. 分馏塔中部现场图

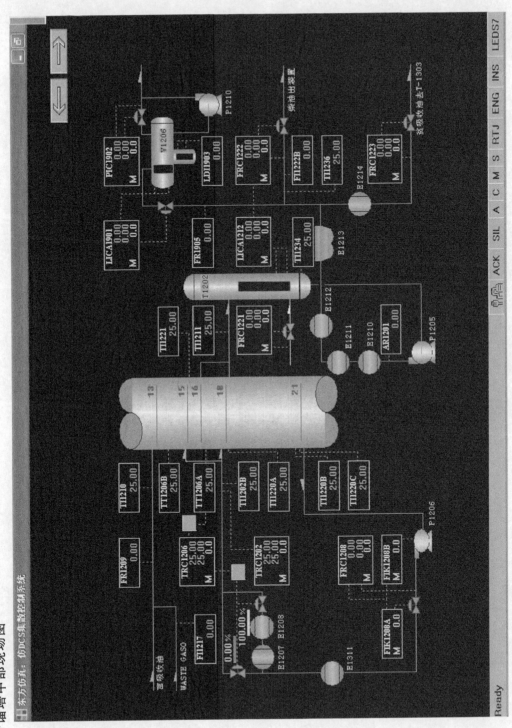

6. 分馏塔下部现场图

分馏塔下部现场图

7. 分馏塔温度显示图

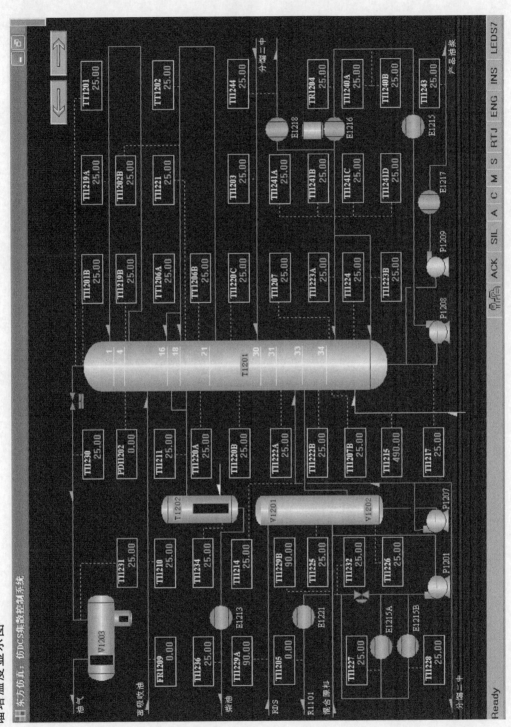

8. 稳定主画面图

东方仿真：仿DCS集散控制系统

9. 吸收塔和再吸收塔现场图

10. 解吸塔现场图

东方仿真：仿DCS集散控制系统

11. 稳定塔现场图

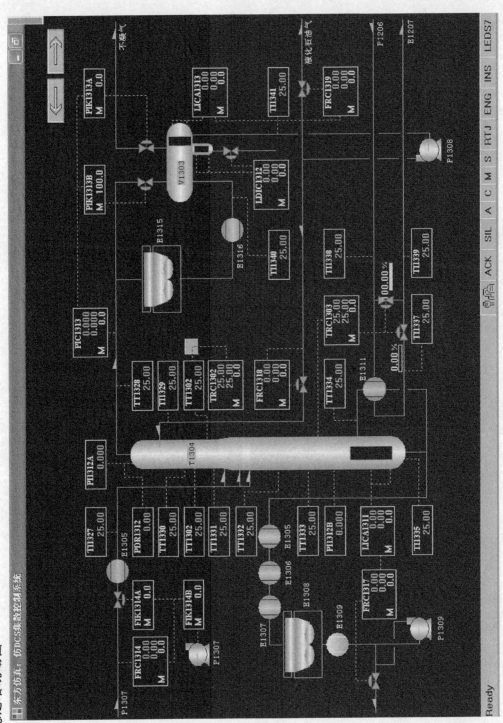

12. 气压机流程现场图

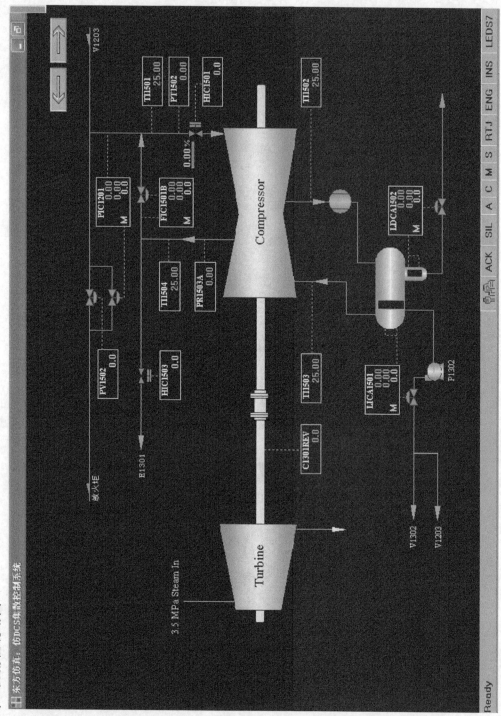

13. 分馏塔下部现场图（上）DCS 图

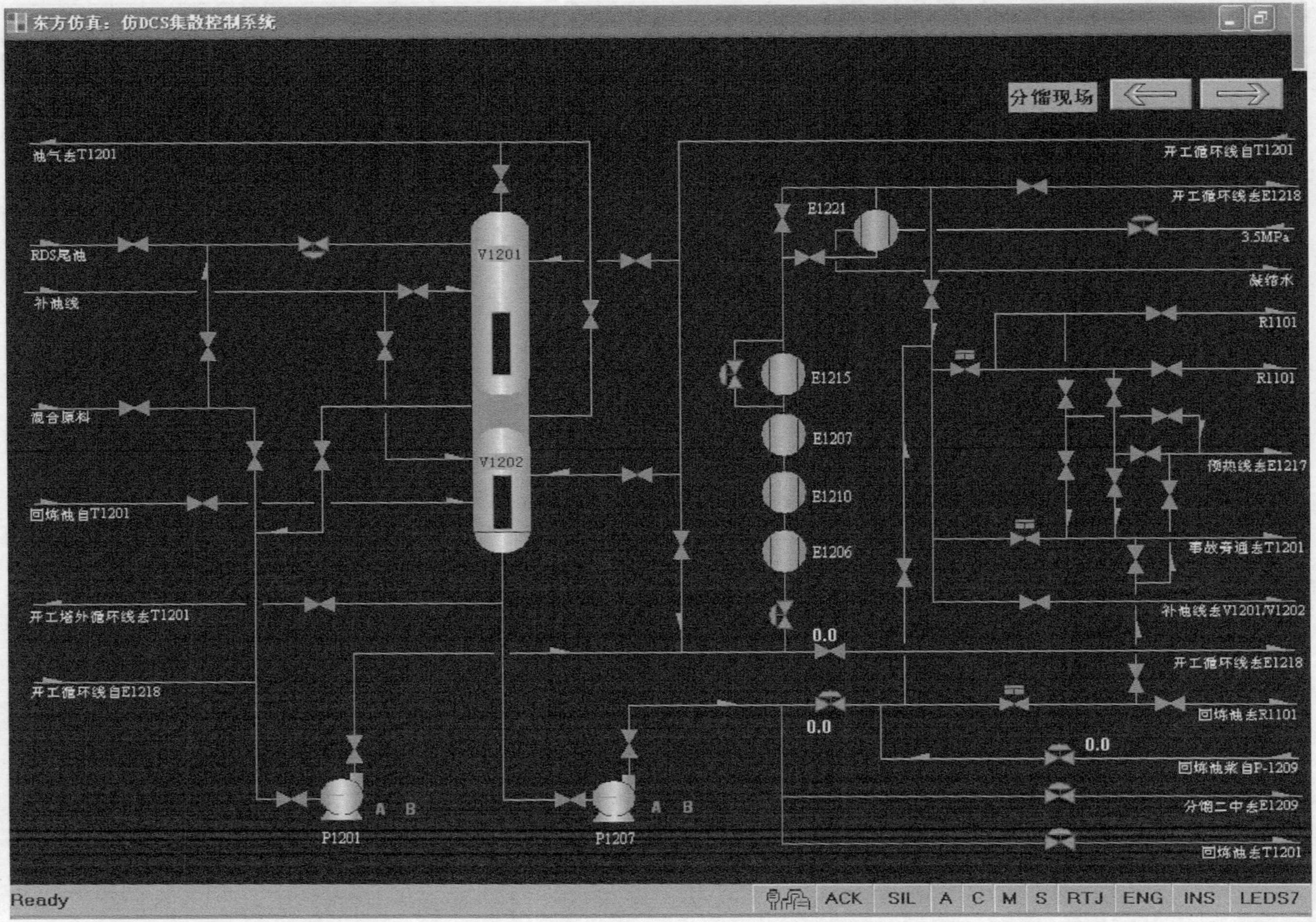

14. 分馏塔下部（下）DCS 图

15. 分馏塔中部 DCS 图

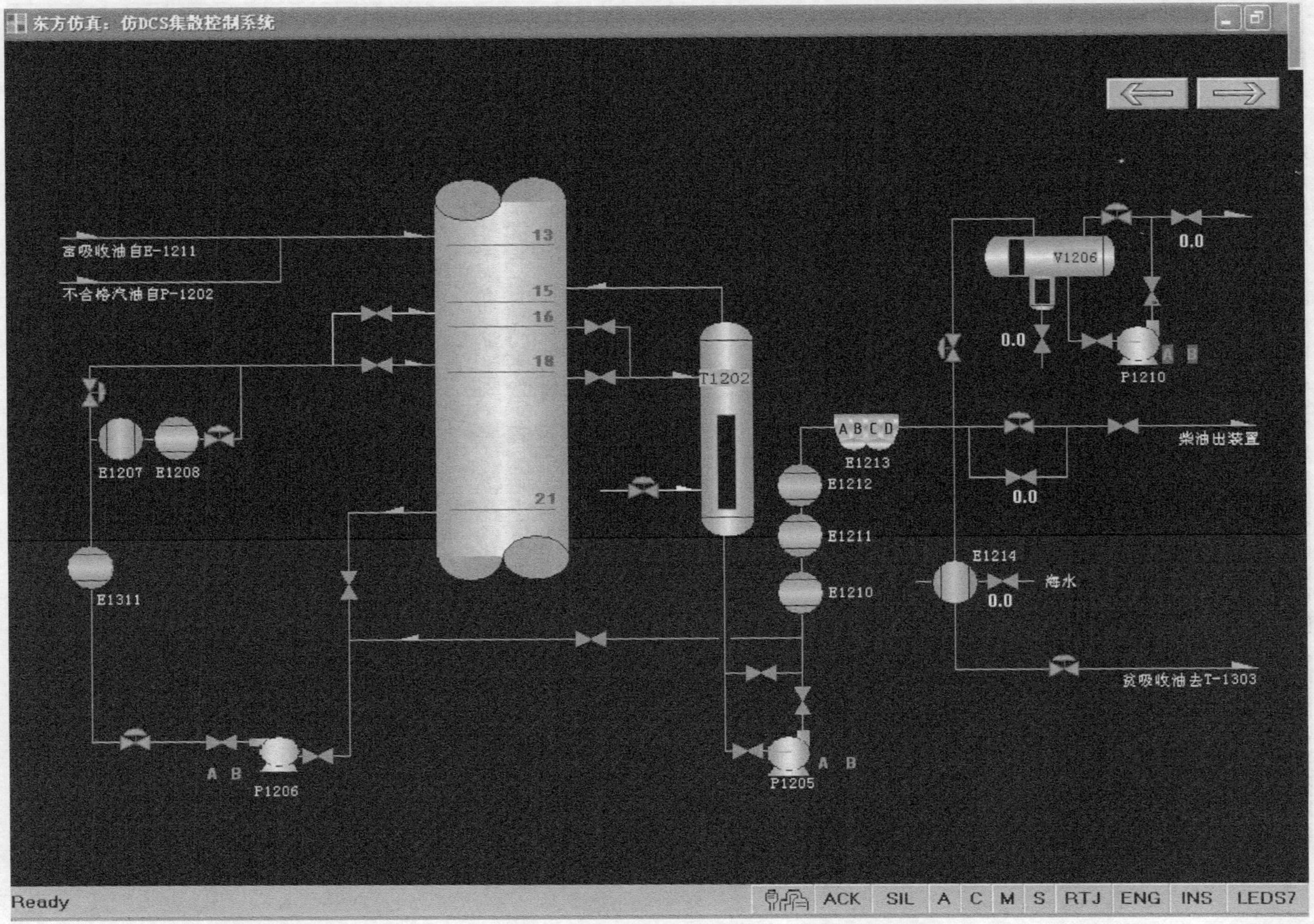

分馏塔上部 DCS 图

17. 气压机流程 DCS 图

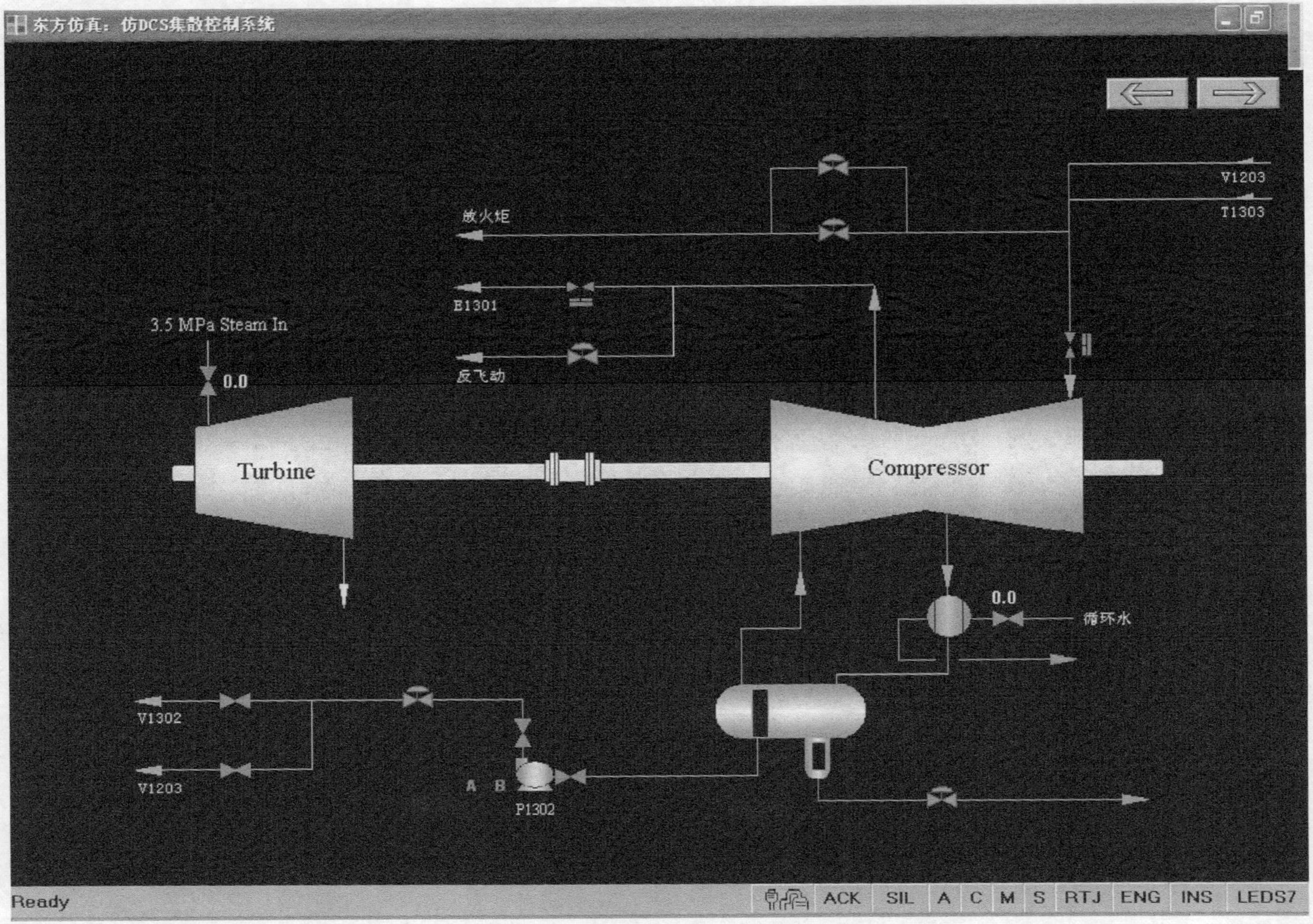

图 9-45 气压机流程 DCS 图

18. 吸收塔和再吸收塔 DCS 图

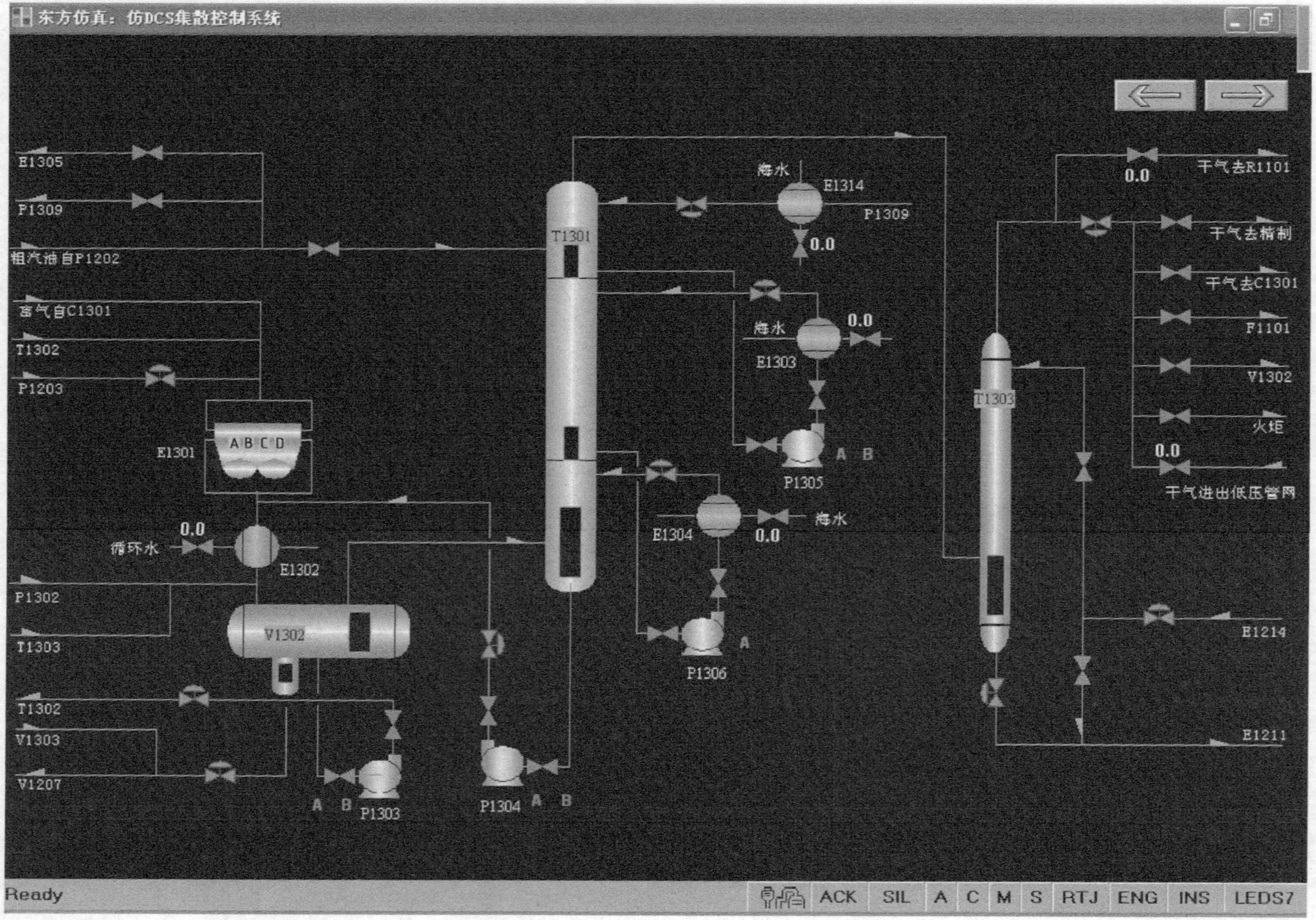

19. 解吸塔 DCS 图

20. 稳定塔 DCS 图

稳定塔 DCS 图

21. 发汽 DCS 图

东方仿真：伪DCS集散控制系统

项目十
260万吨柴油加氢装置仿真系统

任务一　认识工艺流程

一、装置的概况

世界范围内环保要求日趋严格，石油产品的质量标准也越来越苛刻。硫含量是反映柴油产品质量的重要指标之一，欧洲已在 2009 年开始实施硫含量小于 $10\mu g/g$ 的欧 V 排放标准。虽然各国的柴油产品规格不尽相同，但可以肯定的是硫含量小于 $10\mu g/g$ 的超低硫柴油（ULSD）将是未来全世界炼油企业追求的主要目标。

为了适应国家柴油环保质量升级的要求，采用石油化工科学研究院开发的柴油加氢精制（RTS）技术，建设一套处理量为 260 万吨/年的柴油加氢精制（RTS）装置，生产硫含量 $10\mu g/g$ 的超低硫柴油（ULSD）。

RTS 技术采用一种或两种非贵金属加氢精制催化剂，将柴油的超深度加氢脱硫通过两个反应器完成。第一反应器为高温、高空速反应区，在第一个反应区中完成大部分易脱硫硫化物的脱硫和几乎全部氮化物的脱除；第二反应区为低温、高空速反应区，脱除了氮化物的原料在第二个反应区中完成剩余硫化物的彻底脱除和多环芳烃的加氢饱和，并改善油品颜色。RTS 技术的柴油产品硫含量 $<10\mu g/g$、多环芳烃 $<11\%$，色度号（D1500）<0.5。

装置设计规模为 260 万吨/年，年开工时数为 8400h。操作弹性：$60\%\sim110\%$。

本装置由反应部分（包括压缩机）、分馏部分、循环氢脱硫、低分气脱硫和公用工程五部分组成。

二、装置流程说明

1. 原料系统

装置原料的来源为蒸馏直馏煤柴油经过 FT50102，通过控制阀 FV50102 控制流量进进入原料缓冲罐 D801A。为避免意外情况下造成罐区的原料泵憋压，装置在界区设有原料经过 E816 水冷器后返回罐区线，当原料缓冲罐 D801A 的液面超高时，切断原料进罐阀门，同时打开原料返回罐区的阀门。

D801A 内原料油由罐底侧面抽出经升压泵 P815A/B 升压至 1.5MPa 后由液控 LV50201 控制进原料油过滤器 SR801 进行过滤，SR801 为原料油自动反冲洗过滤器，其主要特点是当过滤器前后压差达到设定值后可自动进行反冲洗，并且在任意反洗期间一列过滤器器处于反冲洗状态时，其他过滤器仍处于工作状态，可以不间断的过滤原料介质。冲洗时排出污油进入反冲洗污油罐 D818，通过液位自动控制器经 P811A/B 加压后进污油线送至污油罐区，反冲污油出装置设有流量指示 FT50501。原料升压泵 P815A 出口另有两路去向，一路去热低分 D804 出入口以便开工时建立原料、分馏系统的循环流程；另一路去不合格油线，为停工退油时使用。

滤后原料油进精制柴油与原料油换热器（E815A/B）壳程换热后进滤后原料缓冲罐 D801B，滤后原料油经反应进料泵 P801A/B 升压至 9.90MPa 左右进入反应系统，反应系统进料量由 FV50902 控制。为保证安全运行，P801A/B 各设有一套最小流量控制阀 FV50301、FV50302，启泵或停泵时首先开启最小流量控制阀，以保证泵能够在大于泵的最低设计流量的工况下运行，防止对其造成损坏。为方便开启，P801A/B 出口阀设有电动控制头。为了合理利用能源，通过液力透平 K803 将热高分至热低分的能量加以利用为 P801A 提供动力。FV50902 设有流量低低联锁控制，当流量达到联锁报警值时，触发流量联锁开关，关闭 FV50902、UV50901，防止串压事故发生；同时传递信号至反应加热炉联锁开关，关闭加热炉主火嘴瓦斯线联锁阀，防止加热炉超温；同时关闭热高分进 K803 的流量阀 UV50303。

滤前原料罐 D801A 采用瓦斯密封系统，由分程压控阀 PV50101A/B 控制压力为 0.05MPa；滤后原料罐 D801B 采用氮气密封系统，由分程压控阀 PV50201A/B 控制压力为 0.6MPa。D801A/B 底部设有退油线，停工时可将罐内存油经不合格线送回原料罐区。为防止原料油中夹杂水分进入反应系统，D801A 采取侧面抽出方式，底部设有脱水线。

原料系统图见图 10-1。

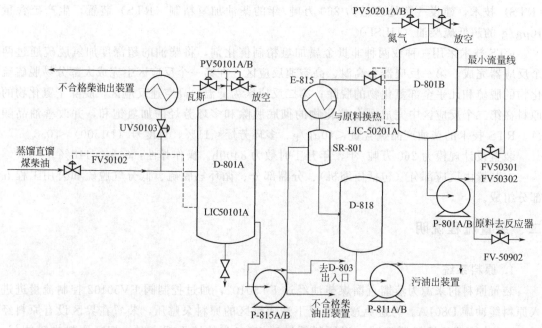

图 10-1 原料系统图

2. 反应进料及产物换热系统

反应进料泵 P-801A/B 出口的原料油进原料油与 R-802 出料换热器（E801A/B），再与自热高分气与循环氢换热器 E804A/B 壳程来的循环氢混合，依次进入反应产物与混氢油换热器 E802B、A 壳程与 E803 来的反应生成油换热，然后分四路进入反应加热炉 F801 辐射室，加热到反应器入口所需的温度。与 E804 壳程来的循环氢混合后进反应器 R801。

加热炉 F801 出口温度分别由 TIC50704-PICA50702 串级控制，通过控制进入加热炉的瓦斯的压力控制来控制炉出口温度。F801 主火嘴及长明灯瓦斯线均设有瓦斯切断阀，燃料气总管设有压力低低报警开关，同时反应炉出口设有炉出口温度超高联锁开关，当压力低或者炉出口温度超高时会自动切断 F801 主火嘴与长明灯火嘴瓦斯切断阀；当主火嘴瓦斯联锁切断阀联锁条件满足时，会自动切断主火嘴瓦斯，并同时停运反应进料泵，以防止超温事故发生。

P801B 出口设有高压氢气线，停工时可以将进料线中存油吹扫至反应系统。E801A/B 壳程设有旁路温控阀 TV50906，可以控制反应产物自 R802 出来进热高分 D802 的温度。E804 壳程来循环氢分两路，一路由 FV50601 控制作为炉后混氢进 E803 壳程与反应产物换热，然后与加热炉 F801 出口混氢油混合进 R801。

混氢油自加热炉 F801 出来与 E803 来混氢混合后，从 R801 顶部进入反应器，自上而下在反应器中与催化剂密切接触，发生一系列脱 S、脱 N、脱 O 以及烯烃、芳烃饱和等反应，这些反应均为放热反应，因此，反应混合物自上而下流经催化剂床层时，温度逐步上升，为了限制温升和控制反应速率，在第二、三催化剂床层之前各有一路从循环氢压缩机 K802 出来的急冷氢打入来调节床层温度，分别用温控阀 TV50804、TV50806 来控制流量，经验表明，加氢处理操作若任一床层的温升超过 55℃ 时，就会有操作不稳定而存在危险的可能，因此，正常操作时，任一床层的温升一般不超过 50℃。

反应器 R801 有三个床层，在进料管以下和床层之间设有分配盘，以保证物流一进入催化剂床层就有良好的气液分布，反应物流的良好分布可防止出现热点和最大限度发挥催化剂的性能，以及保持催化剂的寿命。在每一个床层的上部和下部床层平面上设有 4 个测温点，用于检测物流通过床层的温差，在床层上相同高度但不同平面部位所测出的温度变化能表明物流是否有沟流现象。在反应器的入口管、急冷氢管和反应产物出口管上都设有测压点，通过 PDI50802、PDI50803 可分别测量第一床层、第一和第二床层以及整个床层的压降。反应器 R801 内径为 4.2m，设计压力 9.2MPa，设计温度 430℃，在反应器外壁的不同高度分别设有 18 个表面测温点，用以检测反应器筒体温度。

反应产物从 R801 底部出来后，首先进 E803 管程与壳程的炉后混氢换热，然后再进入 E802A/B 管程与原料油换热，通过温控阀 TV50908 控制进 R802 入口温度，换热至 280℃ 进入 R802。反应器 R802 内径为 3.6m，设计压力 9.2MPa，设计温度 400℃，在反应器外壁的不同高度分别设有 8 个表面测温点，用以检测反应器筒体温度。

反应产物从 R802 底部出来后，首先进 E801A/B 管程与壳程原料油换热，通过温控阀 TV50906 控制进热高分 D802 的温度，换热至 240℃ 左右进入热高分 D802。

反应进料及产物换热系统见图 102。

3. 高分系统

在热高分 D802 内，反应产物分离为生成油和富氢气，富氢气从分离器顶部出来先进 E804 管程与 K802 来的循环氢换热后再与加氢注水混合进高压空冷器 A801 冷却至 45℃ 左右进冷高分 D804，A801 出口设有温度控制 TIC51203，通过变频器调节空冷电机转速从而达到控制温度的目的。D802 底生成油可以经分两路过底部液控阀 LV51003A、LV51003B 控制，减压后进入热低分 D803。当液力透平 K803 投用时，通过流量控制阀 FV51002 来控制去 K803 的流量，然后通过液控阀 LV51003B 控制 D802 液面；当液力透平未投用时，才

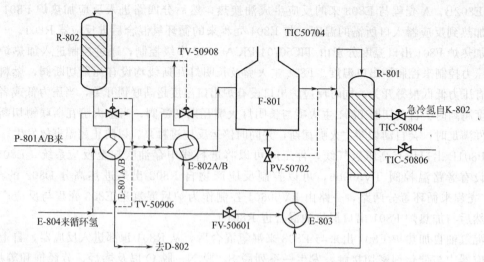

图 102　反应进料及产物换热系统图

采用液控阀 LV51003A 来控制 D802 液面。为防止串压，LV51003A、LV51003B、FV51002
设有液位低低联锁，当液位低低时，自动切断以上控制阀。

在冷高分 D804 内富氢气进一步发生气、油、水三相分离，顶部气体作为循环氢去凝聚
器 D808；顶部还可以通过 FV51301 向低分气脱硫系统排空，达到排废氢的目的。油相经液
控阀 LV51301A/B 减压后进冷低分 D805。酸性水则由界控阀 LV51306A/B 送出装置。
LV51301A/B、LV51306A/B 均设有液位低低联锁。

冷高分的温度是通过开关热高分气空冷器的风扇来调节，热高分空冷器还配有 4 台变频调
速电机，因此可以根据需要设定冷高分温度。温度降低，会有较多的轻烃冷凝溶解于液相中，
因而提高了循环气的氢纯度。但在低温时，水从液体烃中的分离难以完全。一般来说，水从轻
的油品的分离是十分容易的。总的来说，冷高分的温度在操作允许下应尽可能保持低些。

高分系统见图 10-3。

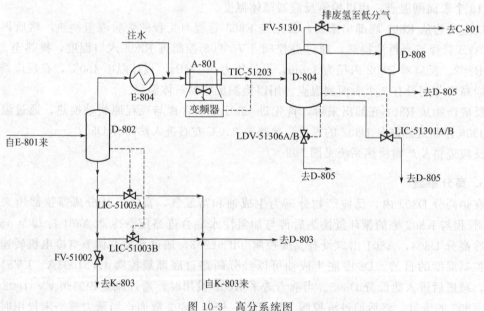

图 10-3　高分系统图

4. 低分系统

热低分 D803 内生成油进行气液相分离后，顶部富气经热低分气空冷器 A802 冷却至45℃左右进冷低分 D805，底部生成油经流量指示表 FE51101 后由液控阀 LV51101 减压后去硫化氢汽提塔 C802、D803 入口线与底出口线均设有 P815A 来开工线，便于开工时建立原料分馏系统循环流程。顶部设有自 D806 入口线来的新氢或中压氮线，可作为建立 D803 操作压力用。A802 前可以进行注水，可以避免铵盐在 A802 管束内积聚。

A802 来低分气、D804 来轻油以及 D808 来烃类在冷低分 D805 内进一步进行气液分离，顶部气体经压控阀 PV51401 送去低分气脱硫后再去膜分离装置回收氢气。底部生成油经液控阀 LV51402 进入低分油与精制柴油的换热器（E810）的壳程，换热后与热低分油混合进入 C802。酸性水由界控阀 LDV51403、LDV51401 送出与冷高分酸性水汇合出装置。

低分系统见图 10-4。

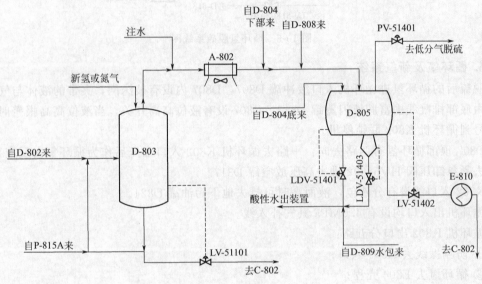

图 10-4　低分系统图

5. 循环氢脱硫系统

为保证循环氢纯度，减少设备腐蚀，设有循环氢脱硫系统。D804 顶循环氢首先进凝聚器 D808，底部凝聚的烃类送去 D805。顶部气体由底部进入循环氢脱硫塔 C801，自下而上与顶部来的贫胺液逆向接触，将硫化氢脱除。顶部脱硫后的循环氢去循环机入口缓冲罐 D807，底部富胺液去胺液闪蒸罐 D813。贫胺液自装置外进来经液控 LV51701 进贫胺液缓冲罐 D815，自罐底抽出由 P806A/B 抽出加压，经流控阀 FV51703A 进入 C801 顶部。C801 设有差压指示，以保证循环氢脱硫塔能有良好的操作.

循环氢去 C801 设有副线，由手操器 HV51801 控制流量，可根据生产需要适当调整 C801 负荷。C801 液控阀设有液位低低联锁，以防串压事故发生。C801 设有排油线，可将聚集烃类排去 D813，以保证 C801 正常操作。

胺液升压泵 P806 设有小流量线。FV51701、FV51702 设有流量低低联锁，当流量低低时，联锁关闭 FV51703A、UV51701，防止串压事故发生，同时停运 P806，避免损坏设备。

胺液缓冲罐 D815 顶部采用氮气封，由 PV51701A/B 分程控制操作压力。

循环氢脱硫系统见图 10-5。

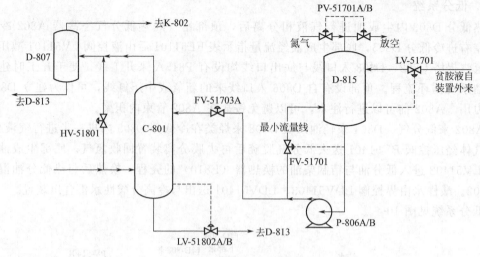

图 10-5　循环氢脱硫系统图

6. 循环氢及新氢系统

脱硫后的循环氢进循环机入口缓冲罐 D807，D807 内设有破沫网，夹带的液体与气相分离后由底部排凝线去富胺液闪蒸罐 D813。D807 设有液位高高开关，当液位高高报警时，传送信号到循环机 K802 联锁停机。

D807 顶部循环氢有两路去向：一路去循环机 K802 入口加压后作为循环氢去反应系统；一路去紧急卸压阀 HV51902 排去高压放空罐 D817。

K802 入口线设有分液包，液面高时可排去地下污油罐 D824。

循环机出入口均设有 4.0MPa 氮气补入线。

循环机 K802 出口分五路：

① 防喘振线去 A801 入口；

② 循环氢去 E804 壳程；

③ 床层冷氢去 R801；

④ 循环氢压缩机干气密封；

⑤ 吹扫氢去 P801B 出口。

新氢自重整氢气管网以及高纯度氢管网来进装置，经流量表后与膜分离渗透汽合并后进入新氢机入口缓冲罐 D806，顶部新氢去新氢机 K801A/B，底部液体经排凝线去 D817。D806 设有液位高高报警去新氢机停机联锁。

D806 入口线设有 1.3MPa 氮气补入线、新氢机入口阀内设有 1.3MPa 氮气线，作为机体置换及系统充压用。

新氢机出口去循环机出口总线设有隔断阀，以方便系统隔离。新氢机出口返入口线设有水冷器 E805，出口高压氢气经压控阀 PV51801A 后经冷却返回 D806 入口，避免高温氢气对新氢机造成影响。PV51801A 控制 C801 顶压力，达到对系统压力的目的。D806 顶压力控制通过 PV52101 排放火炬量控制。

循环氢及新氢系统见图 10-6。

7. 注水系统

除盐水、净化水自装置外来，经流量表、液控阀 LV51601 后进入注水罐 D814，由注水

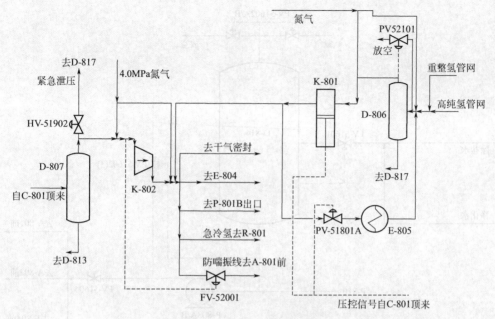

图 10-6　循环氢及新氢系统图

泵 P808 自罐底抽出，加压后由流控阀 FV51604A 控制作为加氢注水进入系统。在除盐水中断的情况下，可在装置边界将除盐水改为净化水做应急水源使用。加氢注水点有三处：A801 入口线、E804 管程入口线和 A802 入口线。为减少空冷 A801 腐蚀，P808 入口管线设有自 P810 来的缓蚀剂。为防止除盐水内溶解氧气，注水罐设有氮封线，由压控阀 PV51602A/B 控制氮封压力。

P808 设有低流量线，流控阀 FV51602A、FV51603A 设有低低流量联锁，当流量低低报警时自动切断流量控制阀，防止串压，同时停运 P808。

进料的硫化物和氮化物在加氢精制过程中分别生成硫化氢和氨，硫化氢和氨在热高分气空冷器的温度下化合生成硫氢化铵（NH_4HS），且硫氢化铵约在 100℃ 以下结晶成为固体。为防止硫氢化铵固体堵塞和腐蚀热高分气空冷器，要在空冷器上游的热高分气管线中注入除盐水（或净化水），硫氢化铵溶于水中并从高压分离器底部排出。

除盐水不能注在热高分气温度高得足以使水相全部汽化的部位，否则会使非挥发物沉积于热高分气的管线内。如注水之前热高分气温度太低，硫氢化铵就会成固体沉积下来。这样，除盐水注入点的热高分气温度必须在 100℃ 和水的露点之间。注入的水量应是尽可能大且不能少于设计值。设计的注水量定为 25t/h，可使在注入点处硫氢化铵都能溶解在水溶液中。

在注水系统中，有往水中注入缓蚀剂的措施，操作人员可视操作情况决定是否注入缓蚀剂。往水中注入缓蚀剂目的是缓蚀剂在空冷器管子内表面生成一层坚硬的硫化铁，足以阻止进一步的腐蚀。

注水系统如图 10-7 所示。

8. 硫化氢汽提塔系统

设立硫化氢汽提塔 C802 的目的是低分来的生成油去分馏塔前先除去硫化氢和部分轻质气体，避免对下游设备的腐蚀，并回收轻组分。

热低分油与冷低分油混合后进入硫化氢汽提塔 C802。C802 共有 24 层塔盘，进料口

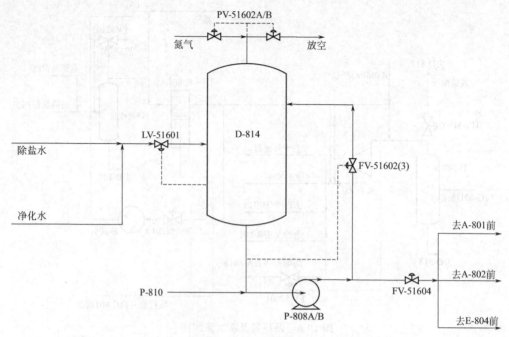

图 10-7　注水系统图

设在 4、5 层塔盘之间，塔底吹入加热炉 F802 对流室来的过热蒸汽，将轻组分与硫化氢进行充分汽提，塔顶轻组分经塔顶空冷 A803、水冷 E806 冷却至 40℃ 左右进入塔顶回流罐 D809 进行气、液、水三相分离。底部酸性水经界控阀 LDV52302 自压至酸性水线，与 D805 酸性水混合送出装置。顶部富含硫化氢的瓦斯经压控阀 PV52301 与富液闪蒸罐 D813 顶部气体合并作为含硫干气出装置。轻烃由塔顶回流泵 P802A/B 加压后一部分经由液控阀 LV52301 送出装置，一部分作塔顶冷回流由 FV52203 与 TIC52201 串级控制 C802 顶温。当不需要外送轻烃时，可以采取全回流操作。脱硫化氢塔的进料温度主要由热高分进料温度决定。

塔底生成油经 FV52202 与 LIC52201 串级控制自压至 E807 壳程换热后进分馏塔 C803 作进一步分离。

C802 入口线设有短循环流程，当反应系统事故停车或开停工时，可将低分生成油改出分馏系统，分馏系统闭路循环，从而缩短开停工时间。

为减轻硫化氢对塔顶系统的腐蚀，塔顶出口管线设有注缓蚀剂线，采取连续注入的方式。

C802 塔底设有连接至 P802 进口的碱洗管线。由于 C802 富含 H₂S，长时间运行后会生成 FeS，而 FeS 遇空气即自燃，因此在停工后需对 C802 进行碱洗，避免停工后出现 FeS 自燃而损坏设备的情况。

硫化氢汽提塔系统如图 10-8 所示。

9. 分馏塔系统

自 C802 底来的生成油经产品柴油与分馏塔进料换热器（E807A/B）换热后进入分馏塔 C803。

C803 共有 30 层塔盘，进料口选择在 12～13 层塔盘之间，塔底采用重沸炉 F802 加热，重沸炉共有四路进料，设计循环量 300t/h。塔底油由重沸炉泵 P803 抽出加压后，经四路流

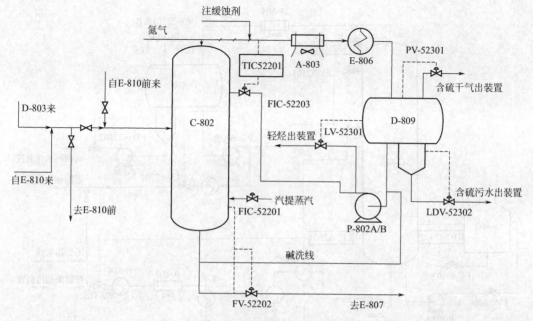

图 10-8　硫化氢汽提塔系统图

控阀 FV52401 首先进入 F801、F802 共用的对流室与 F801、F802 辐射室来的高温烟气换热，然后进入 F802 辐射室加热。重沸炉出口温度由 TIC52402 与 PV52402 串级控制在312℃左右。重沸炉的作用是提供热量，保证分馏塔操作。

塔顶产物经空冷 A804 冷却至 50℃进入塔顶回流罐 D810，进行气、液、水三相分离，生成的石脑油产品由 P805 加压，一路经水冷 E808 冷却至 40℃以下由液控阀 LV52701 控制去产品罐区，一路作为塔顶冷回流由 TIC52501A 与 FV52501 串级控制 C803 顶温。塔顶压控方案采用 PV52501A/B 分程控制的方法，补充压控介质为燃料气缓冲罐 D822 出口线上引出的瓦斯气。D810 底部酸性水经泵 P824 加压后通过界控阀 LDV52702 后至含硫污水出装置。在开工时，石脑油也可通过开工循环线将石脑油送至 D801A 再退油出装置。

塔底生成油经塔底泵 P804 加压，先后经 E807 管程与分馏塔进料、E809A/B 管程与脱氧水、E810 壳程与低分油、E813 管程与除氧水、E815A/B 管程与原料油、E811 管程与除盐水换热后，进产品柴油空冷 A805A～H 冷却后，进水冷器 E814 冷却至 48℃左右由塔底流控阀 FV52601 控制送出装置。为便于隔离，各换热器管程均设有出入口阀、副线阀、放空阀。空冷 A805 出入口设有隔断阀。C803 液面控制通过 LIC52501 与 FV52601 串级控制来实现。

E809 管程出口线设有短循环馏程，当需要分馏系统改短循环操作时，产品柴油自 E809后改去 C802 入口；低分油则由去 C802 入口改至进 E810 管程至界区改长循环或改去不合格线返回原料罐区。

产品柴油出装置界区三路：一路去产品柴油罐区，一路去长循环线返回至原料罐 D801A 入口总线，一路去不合格线返回原料罐区。

汽提塔系统如图 10-9 所示。

10. 蒸汽发生器系统

蒸汽发生器系统由蒸汽发生器 E809A/B、汽包 D8026、加药系统、排污系统等组成。

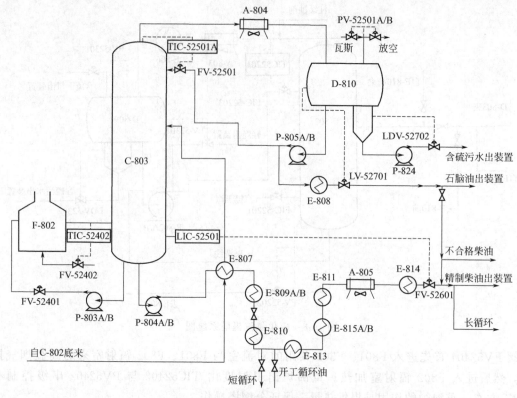

图 10-9 汽提塔系统图

蒸汽发生器（E809A/B）的作用是提供热量及热交换场所。其热量来源为 E809 管程来的产品柴油，由汽包来的脱氧水在此经换热达到饱和蒸汽温度后返回汽包。汽包的作用是提供饱和蒸汽汽、液分离的场所，向蒸汽发生器提供脱氧水，接受蒸汽发生器产生的饱和蒸汽。

除盐水自总管上来，经 E811 壳程与精制柴油换热，经过液控阀 LV52601 后进入除氧器 D825 进行除氧，成为除氧水之后经除氧水泵 P817 加压后经过 E813 壳程与精制柴油换热，经汽包液控阀 LV53802 进入汽包 D826，自降液管进入 E809 壳程，换热后沿上升管返回汽包，进行汽液分离后，饱和蒸汽自顶部排气口经由压控阀 PV53801 去 F801、F802 共用的对流室加热后并入 1.0MPa 蒸汽管网。分离出的水继续循环使用。为提高蒸汽品质，防止汽包内结垢，汽包系统设有成套加药系统。包括加药泵、加药罐等。所用药剂为磷酸三钠，用除氧水稀释后用泵 PA801 加入汽包。为保证汽包内脱氧水水质，汽包设有连续排污与间断排污线，所排污水经排污扩容冷却器 D829 排入排污降温池，冷却后就地排入含油污水管网。

蒸汽发生系统见图 10-10。

11. 余热回收系统

为提高加热炉热效率，充分利用烟道气热量，本装置设有余热回收系统。本系统由鼓风机 B802、引风机 B801 及空气预热器等组成。预热器采用热管式空气预热器。新鲜空气经鼓风机加压后进空气预热器加热，再经一次、二次风门进加热炉辐射室参与燃烧产生高温烟道气。烟道气在引风机抽力作用下，经对流室、预热器放热后进烟囱放入大气。B802 通过调节 HV58105 控制入炉空气量来控制 F801、F802 炉膛氧含量；炉膛负压则通

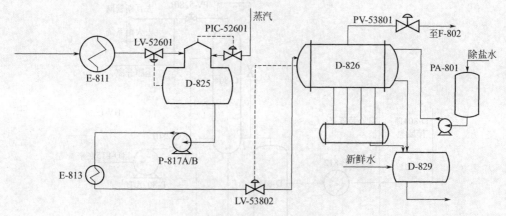

图 10-10　蒸汽发生系统图

过控制 B801 入口挡板开度来控制。当鼓风机故障或其他原因停运时，为保障加热炉燃烧所需空气，会联锁打开 F801、F802 自然通风风门挡板；同时为防止炉膛负压过大，抽灭火嘴，鼓风机停运会联锁停运引风机 B801，关 B801 入口 HV58103 挡板，开烟囱挡板 HV58101。

　　余热回收系统见图 10-11。

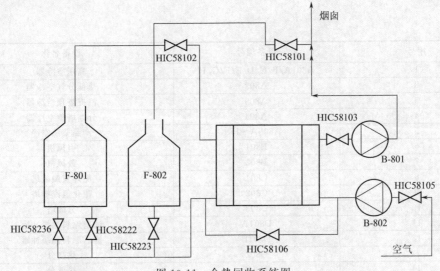

图 10-11　余热回收系统图

12. 低分气脱硫

　　自冷低分 D805 顶部低分气和冷高分 D804 排废氢与新重整和润滑油加氢装置的低分气合并后经水冷器 E812 后进入低分气分液罐 D811。D811 顶部气体自低分气脱硫塔 C804 下部进入 C804，底部进入地下污油罐 D824。气体经过脱硫后从 C804 顶部出来后经压控阀 PV52801 后分三路：一路去膜分离装置；一路去瓦斯管网；一路去高压放空罐 D817。

　　贫胺液自 D815 底部抽出经 P807 加压后从 C804 顶部进入，贫胺液在塔内经过吸收 H_2S 后变成富液自 C804 塔底抽出经液控阀 LV52802 进入富胺液闪蒸罐 D813。

　　低分气脱硫及膜分离系统见图 10-12。

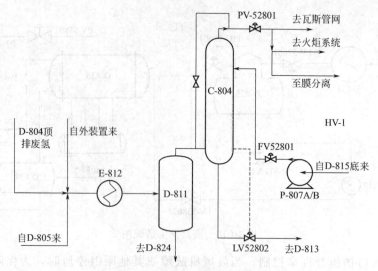

图 10-12 低分气脱硫及膜分离系统

任务二 熟悉设备列表

序号	设备编号	设备名称
1	A801A/B/C/D/E/F/G/H	高压空冷器
2	A802	热低分气空冷器
3	A803	汽提塔顶空冷器
4	A804	分馏塔顶空冷器
5	A805A~H	产品柴油空冷
6	B801	引风机
7	B802	鼓风机
8	C801	循环氢脱硫塔
9	C802	硫化氢汽提塔
10	C803	分馏塔
11	D801A	滤前原料油缓冲罐
12	D801B	滤后原料油缓冲罐
13	D802	热高分
14	D803	热低分
15	D804	冷高分
16	D805	冷低分
17	D806	新氢机入口缓冲罐
18	D807	循环机入口缓冲罐
19	D808	凝聚器
20	D809	汽提塔回流罐
21	D810	分馏塔顶回流罐
22	D811	低分气分液罐
23	D813	胺液闪蒸罐
24	D814	注水罐
25	D815	贫胺液缓冲罐
26	D817	高压放空罐
27	D818	反冲洗污油罐

序号	设备编号	设备名称
28	D819A/B	缓蚀剂罐
29	D820	低压放空罐
30	D824	地下污油罐
31	D825	除氧器
32	D826	汽包
33	D829	排污扩容冷却器
34	E801A/B	反应产物/原料油换热器
35	E802A/B	反应产物/混氢油换热器
36	E803	反应产物/混氢换热器
37	E804	热高分气/混氢换热器
38	E805	新氢机出口返回线水冷器
39	E806	汽提塔顶水冷器
40	E807A/B	分馏塔底生成油/分馏塔进料换热器
41	E808	分馏塔顶水冷器
42	E809A/B	蒸汽发生器
43	E810	低分油/精制柴油的换热器
44	E811	除盐水/精制柴油换热器
45	E812	低分气水冷器
46	E813	除氧水/精制柴油换热器
47	E815A/B	塔底生成油/原料油换热器
48	E816	返罐区原料油换热器
49	E818	污油出口换热器
50	E819A/B	新氢压缩机级间水冷器
51	E821A/B	新氢压缩机水路水冷器
52	F801	反应进料加热炉
53	F802	分馏塔底重沸炉
54	K801A/B	新氢机压缩机
55	K802	循环氢压缩机
56	K803	液力透平压缩机
57	P801A/B	反应进料泵
58	P802A/B	汽提塔顶回流泵
59	P803A/B	F802 重沸炉泵
60	P804A/B	分馏塔底泵
61	P805A/B	分馏塔顶回流泵
62	P806A/B	胺液升压泵
63	P807A/B	贫胺液进 C804 泵
64	P808A/B	注水泵
65	P809A/B	硫化剂进料泵
66	P810A/B/A	缓蚀剂进料
67	P812	污油泵
68	P813	污油泵
69	P815A/B	原料升压泵
70	P816	污油泵
71	P817A/B	除氧水泵
72	P818A/B/C/D	新氢压缩机润滑油泵
73	P820A/B	新氢压缩机水泵
74	P824	含硫污水抽出泵
75	P825A/B	含油污水泵
76	PA801	加药泵
77	R801	反应器
78	R802	反应器
79	SR801	原料油过滤器

任务三 熟悉仪表列表

编号	位号	单位	量程	正常值
1	FICQ50102	t/h	0～600	307.8
2	FICA50301	t/h	0～450	309.5
3	FICA50302	t/h	0～450	0
4	FIC50601	t/h	0～10000	1678
5	FICA50902A	t/h	0～400	309.5
6	FIC51002	t/h	0～300	200
7	FIC51002	t/h	0～300	200
8	FIC51301	t/h	0～4500	0
9	FICA51602A	t/h	0～35	25
10	FICA51603A	t/h	0～35	0
11	FICA51604A	t/h	0～35	25
12	FIC51701A	t/h	0～100	70
13	FIC51702A	t/h	0～100	0
14	FICA51703A	t/h	0～110	77
15	FIC52201	t/h	0～6	2.5
16	FIC52202	t/h	0～400	309.033
17	FIC52203	t/h	0～18	11.644
18	FICA52401A	t/h	0～120	73.68
19	FICA52402A	t/h	0～120	73.68
20	FICA52403A	t/h	0～120	73.68
21	FICA52404A	t/h	0～120	73.68
22	FIC52501	t/h	0～25	12.4233
23	FICQ52601	t/h	0～450	300.145
24	FICQ52701	t/h	0～18	8.286
25	FIC52801	t/h	0～10	7.0
26	FIC52801	t/h	0～10	7.0
27	FIC57211	m³/h	0～400000	225000
28	LICA50101A	%	0～100	50
29	LICA50201A	%	0～100	50
30	LICA51003	%	0～100	50
31	LICA51101	%	0～100	50
32	LICA51301	%	0～100	50
33	LICA51306	%	0～100	50
34	LICA51401	%	0～100	50
35	LICA51402	%	0～100	50
36	LICA51403	%	0～100	50
37	LICA51601	%	0～100	50
38	LICA51701	%	0～100	50
39	LICA51801	%	0～100	0

编号	位号	单位	量程	正常值
40	LICA51802	%	0~100	50
41	LICA52201	%	0~100	50
42	LICA52301	%	0~100	50
43	LICA52302	%	0~100	50
44	LICA52501	%	0~100	50
45	LICA52601	%	0~100	50
46	LICA52701	%	0~100	50
47	LDICA52702	%	0~100	50
48	LICA52802	%	0~100	50
49	LIC52901	%	0~100	50
50	LIC53802	%	0~100	50
51	TIC50704	℃	25~500	347.8
52	TIC50804	℃	25~450	355
53	TIC50806	℃	25~450	360
54	TIC50906	℃	25~350	240
55	TIC50908	℃	25~450	280
56	TICA51102	℃	25~250	50
57	TIC51203A	℃	25~100	50
58	TICA52201	℃	25~250	127.4
59	TIC52402A	℃	25~400	312
60	TIC52501A	℃	25~250	166
61	TIC52605A	℃	25~250	150
62	TIC52605A	℃	25~250	150
63	TICA52701	℃	25~150	50.4
64	PICA50101	MPa	0~0.1	0.05
65	PICA50201	MPa	0~1	0.6
66	PICA50702	MPa	0~1	0.178
67	PIC51401	MPa	0~4	2.4
68	PICA51602	MPa	0~0.4	0.2
69	PICA51701	MPa	0~0.6	0.2
70	PIC51801A	MPa	0~10	7.15
71	PIC51801B	MPa	0~10	7.15
72	PICA51801	MPa	0~10	7.15
73	PICA52101	MPa	0~2	1.6
74	PICA52301	MPa	0~1.5	0.85
75	PICA52402	MPa	0~0.6	0.064
76	PICA52501	MPa	0~0.4	0.12
77	PIC52601	MPa	0~0.04	0.02
78	PICA52801	MPa	0~4	2.2
79	PICA53402	MPa	0~1.0	0.7
80	PIC53505	MPa	0~1.6	1.0
81	PIC53506	MPa	0~1.0	0.4
82	PIC53801	MPa	0~1.6	1.2
83	PICA58119	kPa	−300~100	−20
84	PICA58120	kPa	−300~100	−20

任务四　掌握装置主要现场阀列表

序号	阀门位号	描述	所在画面
1	VIJH	焦化汽柴油自罐区边界阀	01x
2	VIJH	催化柴油自罐区边界阀	01x
3	VI2ZL	1号直馏煤柴油自装置来边界阀	01x
4	VI1ZL	3号直馏煤柴油自装置来边界阀	01x
5	VI1ZL	开工油阀	01x
6	VX1P815	开工油至D803阀	01x
7	VX2P815	停工退油线阀	01x
8	VX1WY	重污油出装置阀	01x
9	VX2WY	重污油去P812阀	01x
10	VX1D818	原料油过滤器退油线阀	01x
11	VITY	D801B退油至P815阀	01x
12	VX1P801	原料油进料泵吹除用循环氢阀	01x
13	VIK803	液力透平入口阀	01x
14	VOK803	液力透平出口阀	01x
15	VIE803	炉前混氢阀	01x
16	VI1P808	反应注水入E804阀	01x
17	VI1/2/3/4A801	反应注水入A801阀	01x
18	VI2P808	反应注水入A802阀	02x
19	VI1D803	D803垫油阀	02x
20	VI2D803	原油至D803后垫油阀	02x
21	VI3D803	D803底污油排放阀	02x
22	VI1D814	除盐水入D814阀	04x
23	VI2D814	净化水入D814阀	04x
24	VX1P810	缓蚀剂至D814阀	04x
25	VX2P810	缓蚀剂至C802阀	04x
26	VI3D805	含硫污水出装置总阀	04x
27	VI1D805	低分气去脱硫塔阀	04x
28	VI2D805	废氢排放至低分气排放管线阀	05x
29	VI1C802	开工循环线在C802前阀	05x
30	VI2C802	C802前进油截止阀	05x
31	VI3C802	分馏短循环回C802阀	05x
32	VI1D809	C802回流罐含硫气体至催化阀	05x
33	VI2D809	C802回流罐含硫气体至放空阀	05x
34	VI5E808	石脑油出装置边界阀	05x
35	VI1P824	D810污水泵旁路阀	06x

序号	阀门位号	描述	所在画面
36	VI2P824	D810 污水至含硫污水排水总管阀	06x
37	VI3P824	D810 污水至含硫污水池阀	06x
38	VX3D810	含硫污水池出水阀	06x
39	VIF802	蒸汽管网至 F802 对流段阀	06x
40	VIS802	蒸汽在 F802 对流段出口放空阀	06x
41	VX1E809	分馏开工油短循环阀	06x
42	VI1E809	开工油至 E813 前阀	06x
43	VI1E814	精制柴油出装置阀	06x
44	VI6E814	不合格柴油出装置阀	07x
45	VI2E814	不合格石脑油循环阀	07x
46	VI3E814	开工循环线阀	07x
47	VI5E814	E816 退油阀	07x
48	VI5E814	停工退油线阀	07x
49	VI7E814	不合格柴油出装置截止阀	07x
50	VX1C804	C804 旁路阀	07x
51	VX2E812	低分气自重整预加氢来阀	07x
52	VI1C804	低分气脱硫后至膜分离系统阀	07x
53	VI2C804	低分气脱硫后至燃料气管网阀	07x
54	VI3C804	低分气脱硫后至高压火炬阀	07x
55	VI1D813	含硫气体至 D809 阀	07x
56	VI2D813	含硫气体至高压火炬阀	07x
57	VX1D819A	D819A 缓蚀剂除盐水阀	08x
58	VX1D819B	D819B 缓蚀剂除盐水阀	08x
59	VI1D819A	缓蚀剂出 D819A 阀	08x
60	VI1D819B	缓蚀剂出 D819B 阀	08x
61	VX1D816A	D816A 硫化剂阀	08x
62	VX1D816B	D816B 硫化剂阀	08x
63	VI1D816A	硫化剂出 D816A 阀	09x
64	VI1D816B	硫化剂出 D816B 阀	10x
65	VIXHS	循环冷水进阀	10x
66	VOXHS	循环冷水回阀	10x
67	VI1ZQ	1.0MPa 蒸汽边界阀	10x
68	VI2ZQ	汽包蒸汽并网阀	10x
69	VI3ZQ	蒸汽凝液回水阀	10x
70	VI1/2/3/4/5/6/7/8/9/10ZQ	3.5MPa 蒸汽相关阀	10x
71	VI1RL	燃料气边界阀	10x
72	VI2RL	燃料气边界阀	10x

任务五　熟悉工艺卡片

序号		项目	参数	
1		反应器入口氢分压/MPa(G)	6.4	
2		主催化剂体积空速/h⁻¹	1.5	
3		反应器入口氢油比/m³/m³	400	
			初期	末期
4		化学氢耗(质量分数)/%	0.58	0.54
5	第一反应器温度/℃	第一床层 入口/出口温度	342/366	377/391
		第二床层 入口/出口温度	356/369	382/400
		第三床层 入口/出口温度	359/370	387/400
		催化剂床层温升	48	45
		平均反应温度	362	391
6	第二反应器温度/℃	床层入口/出口温度	280/284	318/322
		催化剂床层温升	4	4
		平均反应温度	282	320
7		新氢压缩机 入口/出口压力/MPa(G)	1.6/8.9	1.6/9.1
		额定流量/(m³/h)	29804	
8		循环氢压缩机 入口/出口压力/MPa(G)	7.1//8.9	7.1/9.1
		额定流量/(m³/h)	246800	
9		热高压分离器 温度/℃	240	
		压力/MPa(G)	7.30	
10		冷高压分离器 温度/℃	50	
		压力/MPa(G)	7.15	
11		热低压分离器 温度/℃	240	
		压力/MPa(G)	2.45	
12		冷低压分离器 温度/℃	50	
		压力/MPa(G)	2.40	
13		循环氢脱硫塔 塔顶压力/MPa(G)	7.10	
		塔顶温度/℃	48	
		塔底温度/℃	54	
14		硫化氢汽提塔 塔顶压力/MPa(G)	0.9	
		塔顶温度/℃	127	
		塔底温度/℃	229	
15		产品分馏塔 塔顶压力/MPa(G)	0.15	
		塔顶温度/℃	156	
		塔底温度/℃	292	
16		反应进料加热炉 入口温度/℃	334	373
		出口温度/℃	348	384
		设计负荷/kW	14530	
17		分馏塔底再沸炉 入口温度/℃	293	290
		出口温度/℃	313	310
		设计负荷/kW	13500	
18		富液闪蒸罐操作压力/MPa(G)	0.12	
		操作温度/℃	60	

任务六　掌握操作规程

一、正常开车

1. 准备
系统吹扫、单机试运、气密、水联运、烘炉等开工准备阶段完成，具备开车条件。

2. 公用工程
装置内公用工程系统首先处理完毕，投用水、电、蒸汽、风、氮气、火炬等，随时可用。

3. 氮气置换，反应系统循环升温
① 打开循环氢压缩机连锁阀后的氮气阀向反应系统引氮气，临氢系统置换至合格；
② 系统压力升至 2.0MPa；
③ 启动循氢机；
④ 电加热炉升温至 150℃；
⑤ 各容器置换合格后充压至正常。

4. 催化剂干燥
注：由于考试时间关系，仿真软件中省略。

5. 新氢置换及气密
① 启动新氢机引氢气置换（氢气纯度≥80％）；
② 分别进行 2.0MPa、3.0MPa、5.0MPa 和 7.2MPa 气密；
③ 反应器进行急冷氢实验；
④ 进行紧急泄压实验。

6. 催化剂预硫化
① 反应系统引开工油对催化剂润湿，外甩 2h 后建立循环；
② 反应器入口温度向 175℃升温；
③ 反应系统升压至正常操作压力；
④ 控制好高分入口温度，适时投用 A801；
⑤ 当反应器入口温度达到 175℃时，启动 P809A，B，向系统注硫；
⑥ 按下表控制好催化剂湿法硫化温度、时间及注硫速度：

反应器入口温度/℃	升温速度/(℃/h)	时间/h	硫化剂注入速度/(kg/h)	高分尾气 H_2S 含量%
175	—	3	起始注硫量不大于 450	实测
175→230	10～15	8		
230	—	8	温波穿透后注硫量提高到不大于 65 kg/	0.3～0.5
230→290	10～15	6	×10⁴m³（循环氢量）	实测
290	—	8		0.5～1.0
290→320	10～15	6	待硫穿透后按高分尾气硫化氢含量调整	1.0～1.5
320	—	2		1.0

⑦ 硫化结束后将反应器入口温度降至280℃准备引油初活稳定；

⑧ 改通低分油到分馏系统流程，开不合格柴油出装置阀退硫化油（关闭分馏系统短循环）。

7. 切换原料油与注水

① 催化剂预硫化完成后换进正常原料油；

② 启动注水泵向反应流出物空冷前注入脱盐水；

③ 根据原料油性质调整反应器入口温度（控制反应入口升降温速度不大于10℃/h）；

④ 按要求控制好各部工艺参数。

8. 分馏部分开工

（1）冷油运

① 按以下流程送入开工油：

开工油界区→D801A→P815→C802→C803→E807→E809→E810

C802

② 塔C802建立正常液位时停止进油，建立冷油循环；

③ C803底液位达30％时，开P804的控制阀；

④ 塔C803建立正常液位时停止进油，建立冷油循环（正常循环量）。

（2）热油运

① 维持冷油运时各塔、容器压力，液位正常；

② 分馏塔重沸炉按规程点火升温，炉出口按要求逐步升温至工艺控制指标；

③ 控制好稳定塔底重沸器出口温度；

④ 根据温度情况启动各空冷器，水冷器。

（3）调整操作出合格产品

① 反应系统引稳定油后低分油改入分馏系统；

② 注意调整操作，控制好C802塔底温度，避免塔底油带水；

③ 分馏塔液位上升时，启动C803液控，不合格柴油经不合格油线出装置；

④ 分馏塔顶回流罐液位上升时，建立塔顶正常回流；

⑤ 按规程启动注缓蚀剂泵，向塔顶管线注缓蚀剂；

⑥ 按工艺控制指标调整各部操作，精制柴油、石脑油合格后，各种产品改进成品罐。

9. 循环氢脱硫塔/低分气脱硫系统开工

① 把贫液缓引进冲罐D815充液，启动泵P806/7，向C801/4打液，冲洗塔盘建立液位后，打开塔底富液控制阀，建立循环；

② 循环稳定后，逐渐关闭C801/4旁路阀；

③ 循环氢脱硫/低分气脱硫引入系统后，调整各个指标，直至正常。

10. 汽包投用

① 投用除氧水罐；

② 建立汽包液位，逐步将 E-809 负荷加大；

③ 汽包产汽正常后，关闭到加热炉对流段过热蒸汽并切换蒸汽至管网。

二、正常调节

正常运行时，应尽量调整各工艺参数到正常值（参照工艺卡片），并维持平稳生产。

三、正常停车

1. 系统降温、降压，停进料

① 把反应温度逐步降温至 300℃，进料量逐步降低到 180t/h，负荷降至 80％以下时停液力透平；降温降量过程中 D801A、D801B 液位降低到 30％左右；

② 装置产品改不合格线，低分气改高压火炬线，C802 干气改放空；

③ 反应停进料，反应系统循环带油；

④ 循环氢脱硫塔切旁路，停注水；

⑤ 当反应系统不再向分馏系统退油时，分馏系统改短循环循环，流程如下：塔-C802（管）→E807（壳）→C803→P804→E807（管）→ E809（管）→E810（管）→塔 C802；

⑥ 原料系统退油。

2. 热氢带油和氮气脱氢

① 循环带油结束后，逐步将反应系统温度提高到 350℃热氢气提。循环带油至热氢气提期间控制好各塔罐液位及保证加热炉正常运行；

② 热氢气提结束后反应系统降温降压；

③ 反应器入口温度降到 250℃、D802 压力降到 2.5 MPa 后，引氮气恒温脱氢。恒温脱氢期间高分向低分减油。

3. 反应系统降温降压及氮气置换

① 恒温脱氢结束后反应系统向 60℃降温，加热炉出口温度降至 100℃以下加热炉熄火；

② 催化剂床层最高点温度低于 60℃以下停循环机；

③ 反应系统泄压，引氮气置换至合格；

4. 分馏、脱硫系统降温及退油、退液

① 产品改不合格线后，分馏系统降温；

② C802 塔底温度降至 200℃以下停气提蒸汽；

③ F802 出口降至 100℃以下停循环，分馏系统退油、退液；

④ 分馏、脱硫系统降压，停电气设备。

四、事故处理

所有质量控制除无法控制或特殊要求以外其余按正常值控制

1. 新鲜进料中断

事故原因：上游装置故障或进料管线堵塞、破裂等。

事故现象：新鲜进料流量指示 FIQ50108 迅速减小，原料油缓冲罐 D801A 液位迅速下降。

处理方法：

① 启动紧急自保按钮 HS50101，将新鲜进料切出装置；

② 开 D801A 进口开工长循环线阀；

③ 开精制柴油出装置阀组处开工长循环线阀；

④ 开石脑油至开工长循环线阀；

⑤ 关闭精制柴油出装置阀，关闭石脑油出装置阀，装置实现闭路循环；

⑥ 逐步打开 C801 旁路；

⑦ 降低反应炉出口温度至 320℃，处理量降到 230 t/h；

⑧ 停液力透平；

⑨ 降低反应炉出口温度至 300℃，处理量降到 180 t/h；

⑩ 停注水；

⑪ 控制各塔罐液位正常；

⑫ 分馏降温、自产蒸汽改加热炉后放空；

⑬ 系统保压，等待恢复进料。

2. 冷高分窜冷低分

事故原因：LT51301 仪表故障指示。

事故现象：冷低分 D805 压力快速上升，火炬流量激增。

处理方法：

① 立即按启动联锁 UC51301，现场确认实际液位，D807、D808 及时切液。

② 将冷低分压力控制在正常值以下；

③ 提高冷高分界位至 70% 左右；

④ 修复 LT51301；

⑤ 当冷高分液位恢复至 20% 以上后投用联锁切断阀；

⑥ 低分压力按正常控制，冷高分液位暂按 20% 控制平稳，其余系统恢复正常。

3. 汽包干锅

事故原因：给水泵停。

事故现象：E809 管程出口柴油温度上升；汽包液位指示为零；汽包发汽温度上升，流量下降；除氧水流量、压力降低。

处理方法：

① 迅速关闭给水泵出口阀；

② 打开 E809、E813 管程副线；

③ 控制好精制柴油出装置温度；

④ 引管网低压蒸汽至 F802 对流室，汽包改顶部就地放空；

⑤ 汽包具备投用条件后，重新注入除氧水建立液位；

⑥ 逐步加大 E809 管程热负荷，调节操作重新投用汽包；

⑦ 汽包温度、压力指标正常后并入管网。

4. 晃电 (停 P803、停新氢压缩机)

事故原因：供电系统故障。

事故现象：装置照明短暂灭后又恢复，P803停运，新氢压缩机停，ESD系统动作。

处理方法：

① 关闭新氢返回线截止阀；

② 关闭 F-802 燃料气截止阀；

③ 关闭 P803 出口阀；

④ 柴油改不合格线；

⑤ 启动新氢压缩机；

⑥ 启动 P803 后再开炉前瓦斯手阀；

⑦ 逐步恢复正常操作条件；

⑧ 柴油改合格线，关不合格产品线。

5. 新氢中断

事故原因：外围管线大面积泄漏。

事故现象：D807 压力下降，新氢进 D806 流量指示大幅度下降或回零。

处理方法：

① 停运新氢压缩机；

② 关闭边界外新氢进装置阀；

③ 装置改大循环，石脑油改回原料罐；

④ 将循环氢脱硫塔系统切除；

⑤ 反应降温降量，停液力透平。

⑥ 停加氢进料泵，分馏系统短循环降温到280℃；

⑦ 对流段蒸汽放空，关闭蒸汽并网阀；

⑧ 处理过程中系统压力不得低于5.0MPa。

6. 循环氢中断

事故原因：循环氢压缩机故障。

事故现象：循环氢流量指示 FIA51001A 快速下降回零；床层温度上升；触发联锁 UC51002，反应加热炉 F801 联锁熄主火嘴，反应进料泵 P801 联锁停泵，液力透平 K803 联锁停机，液力透平进料阀联锁切断；触发联锁 UC50301，关进料切断阀 UV50901，关 P801 出口电动阀，反应进料控制阀调节器 FIC50902A 输出置零。

处理方法：

① 通知调度，将新鲜进料切出装置，外操至现场停 P815，关闭加热炉主火嘴手阀；

② 关进料泵出口手阀，液力透平进口阀门，投用热高分液控阀 LV51003B；

③ 开大新氢压缩机进气量，开足废氢排放阀 FV51301，保持反应器床层有气体流动，控制反应器床层温度以免超温；

④ 系统压力降至 3.0MPa 以下时，停用新氢压缩机，循环机出口补入中压氮气（4.0MPa）系统置换；

⑤ 分馏系统改短循环，向 280℃ 降温，自产蒸汽改加热炉后放空。

⑥ 控制好高低分及循环氢脱硫塔液位

⑦ 停循环氢脱硫系统。

7. 贫胺液中断

事故原因：上游装置来贫胺液中断导致贫胺液缓冲罐液位低低联锁，贫胺液进装置控制阀 LV51701 故障，贫胺液升压泵故障，贫胺液升压泵出口至 C801 控制阀故障。

事故现象：贫胺液流量指示 FT51703A 下降为零，贫胺液升压泵 P806 联锁停泵、贫胺液联锁切断阀 UV51701 关闭，贫胺液至 C801 进料控制阀调节器 FICA51703A 输出置零，贫胺液缓冲罐 D815 液位低低。

处理方法：

① 低分气改出高压火炬；

② 循环氢脱硫塔切旁路；

③ 停低分气贫胺液泵；

④ 旁路联锁，复位联锁；

⑤ 贫胺液恢复后启动 P-806B；

⑥ 胺液建立后脱硫化氢塔投用；

⑦ 启动低压贫胺液泵；

⑧ 低分气改膜分离系统；

⑨ 投用联锁。

8. P804 着火

事故原因：P804 泄漏着火。

事故现象：P804 附近有火苗（在总貌图上有显示）。

处理方法：

① 手动启动塔底速关阀联锁；

② 关闭 P804 至 E807 前阀；

③ 手动启动联锁停炉 F802；

④ 关闭 P804 后管线截止阀；

⑤ 关闭 C802 入 C803 流量控制下游阀；

⑥ 反应系统改循环逐步降温至 300℃、逐步降量至 180t/h；

⑦ 关闭汽提蒸汽；

⑧ 关闭进 C802 截止阀；

⑨ 启动联锁，将进料改回罐区；

⑩ 引 1.0MPa 蒸汽进 F-802 对流段换热后放空阀，关闭蒸汽并网阀。汽包就地放空。

9. 反应器 R801 超温

事故原因：反应加剧或入口温度过高。

事故现象：某床层温度升高。

处理方法：

① 手动开大冷氢阀降温，降下一床层入口温度，避免造成飞温事故；

② 降低 F801A 燃料气；

③ 开大 E801/E802 副线；

④ 增加循环机负荷、开废氢排放，稳定系统压力；

⑤ 装置改循环降低新鲜进料负荷；

⑥ 装置改不合格，关闭产品线；

⑦ 处理过程中 D802 入口温度不得大于 270℃。

五、扣分项说明

仿真软件中扣分项包括以下情况：

① 违章操作；

② 超温、超压；

③ 满塔、满罐；

④ 未遵守降温降量原则；

⑤ 升降温、升降压速度过快；

⑥ 操作参数超过设备设计值；

⑦ 违章切除联锁或触发联锁；

⑧ 设备材质要求。

六、项目列表

序号	项 目 名 称	项 目 描 述	处理办法
1	正常开车	基本项目	同操作规程
2	正常停车	基本项目	同操作规程
3	正常运行	基本项目	同操作规程
4	事故初态	特定事故	同操作规程
5	新鲜进料中断	特定事故	同操作规程
6	高分窜低分	特定事故	同操作规程
7	汽包"干锅"	特定事故	同操作规程
8	晃电(停 P-803)	特定事故	同操作规程
9	新氢中断	特定事故	同操作规程
10	循环氢中断	特定事故	同操作规程
11	贫胺液中断	特定事故	同操作规程
12	P-804 着火	特定事故	同操作规程
13	反应器 R-801 床层超温	特定事故	同操作规程

任务七　读识现场图和 DCS 图

1. 总貌图

东方仿真: 仿DCS集散控制系统

16:29:26　PIA52405　PVLO　F-802出口总管压力

原料油系统

高低压分离器系统

汽提塔系统

分馏塔底重沸炉系统

循环氢脱硫系统

加热炉及空气预热系统

硫化剂及缓蚀剂系统

公用工程系统

新氢压缩机气路

新氢压缩机水路

反应系统

新氢及循环氢压缩机系统

分馏塔系统

精制柴油换热系统

低分气脱硫系统

蒸汽发生器系统

加热炉快开风门

火炬污油系统

新氢压缩机油路

SIS画面总貌

报警层　ACK　SIL　A　C　M　S　RTJ　ENG　INS　事故处理

Ready

2. 反应系统图

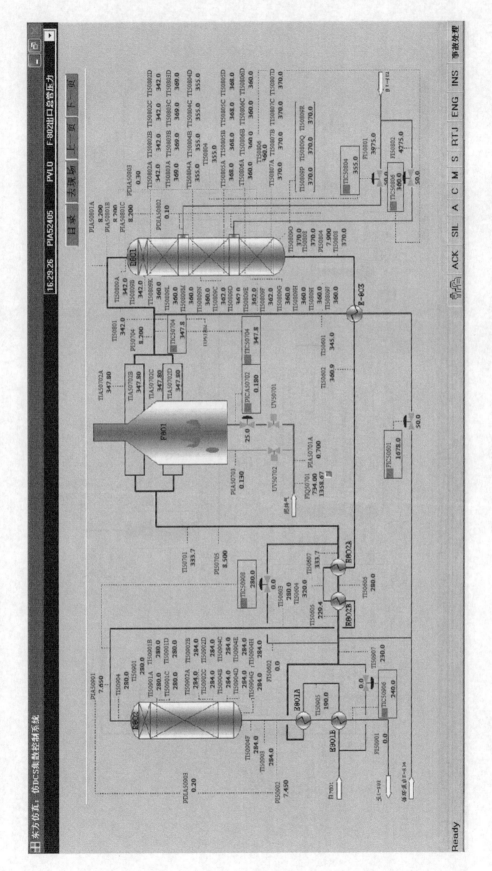

3. 高低压分离器系统图

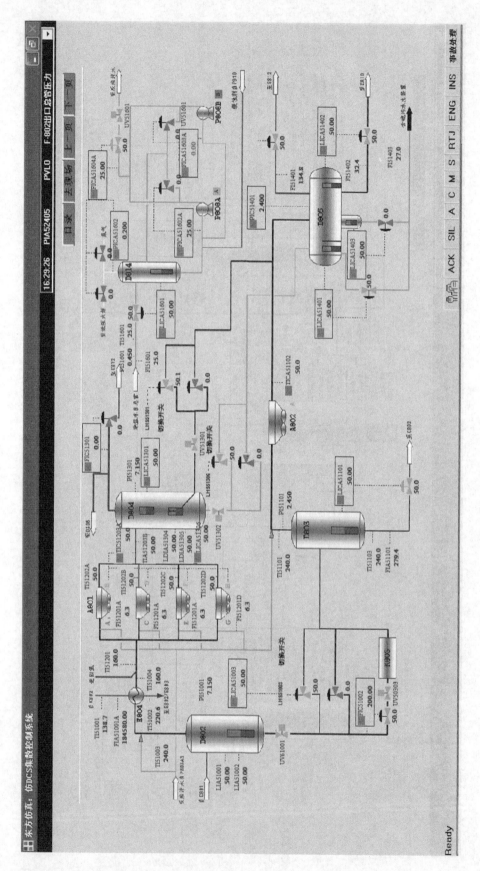

4. 新氢及循环氢压缩机系统图

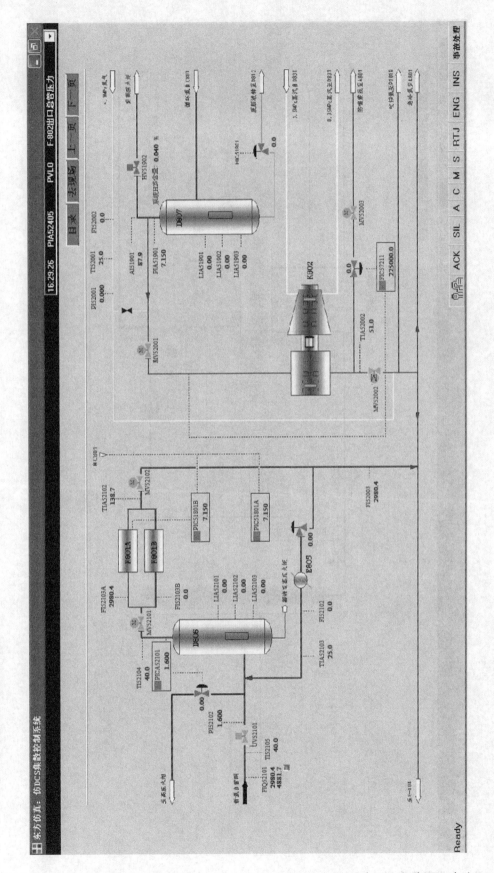

5. 汽提塔系统图

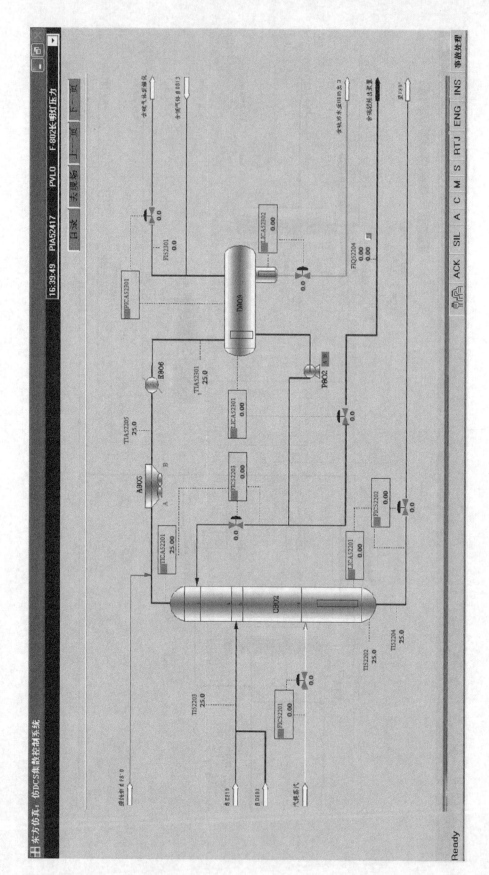

6. 分馏系统图

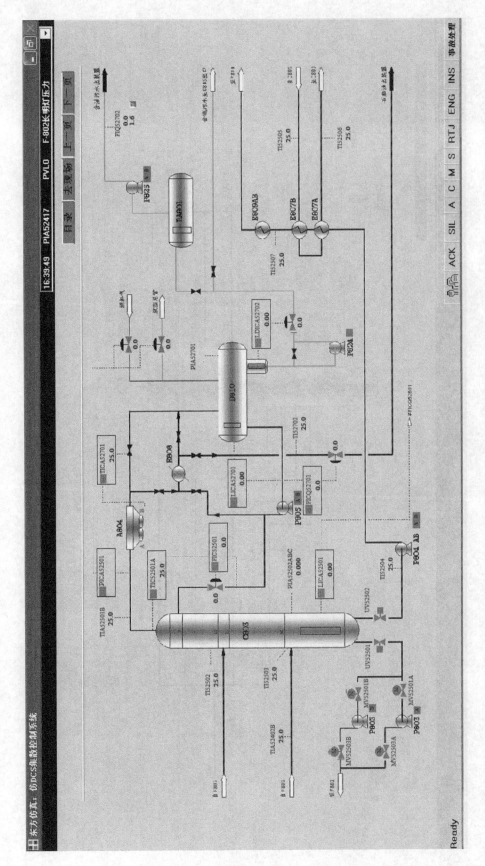

7. 分馏塔底重沸炉系统图

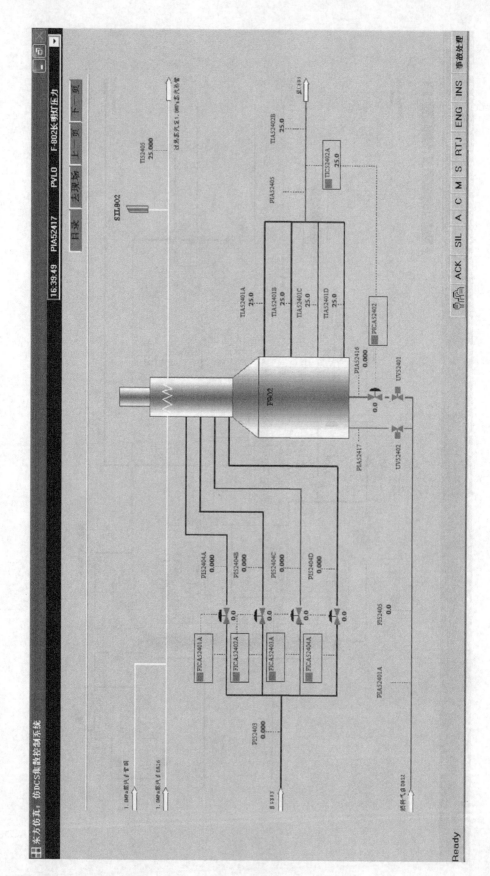

8. 精制柴油换热系统图

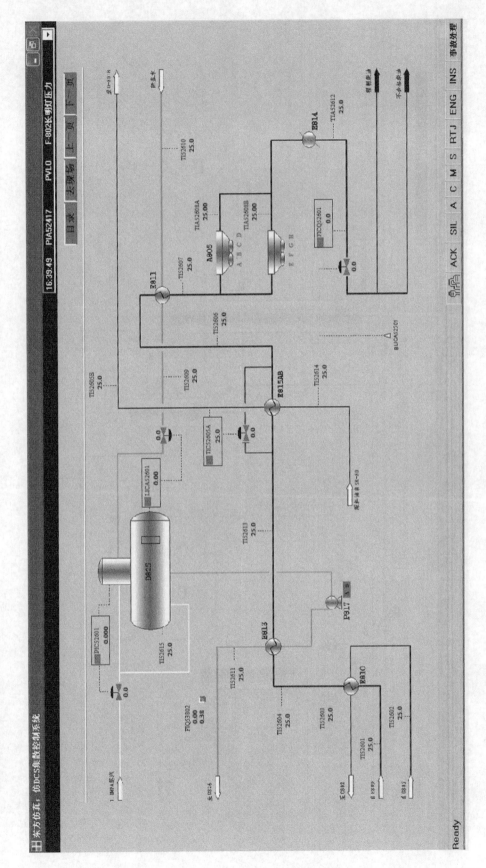

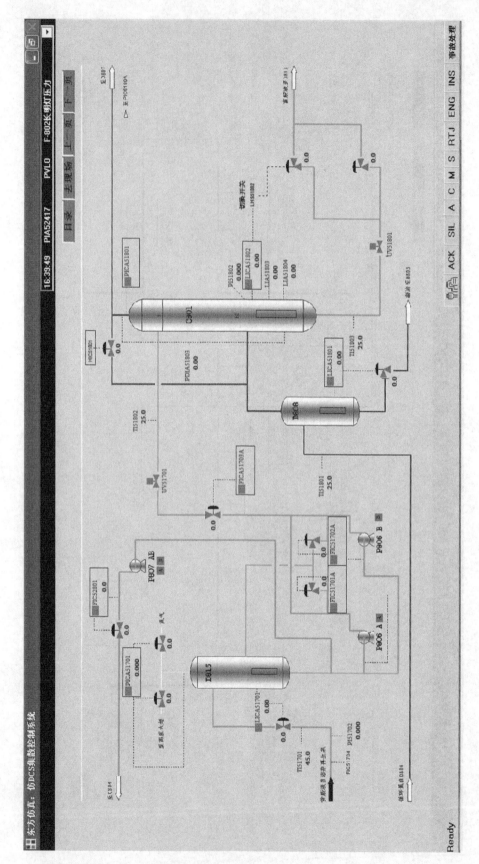

10. 低分气脱硫系统图

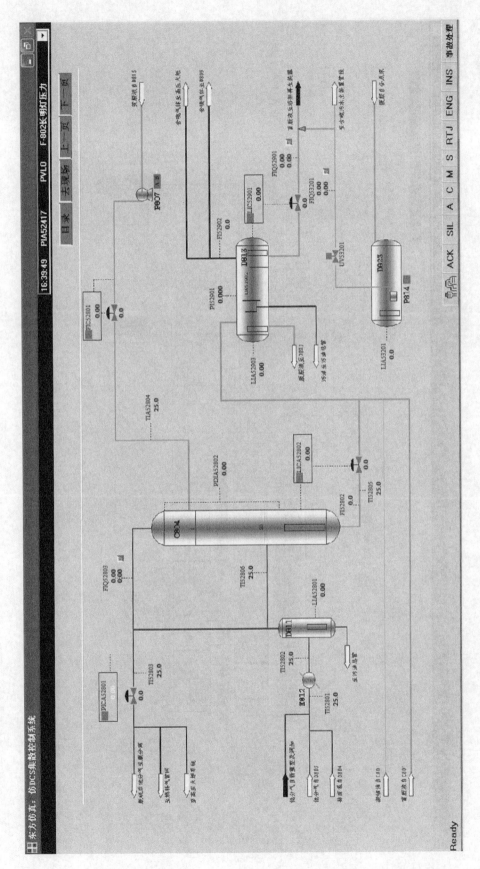

11. 蒸汽发生器系统图

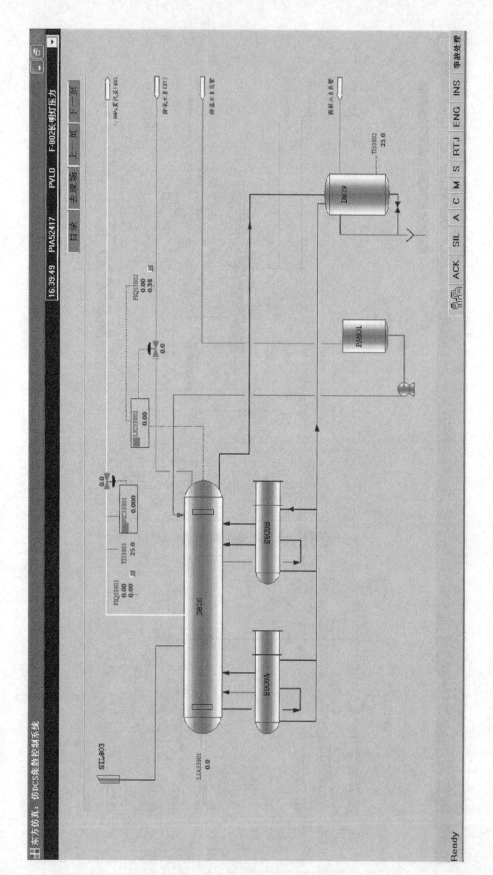

12. 加热炉及空气预热系统图

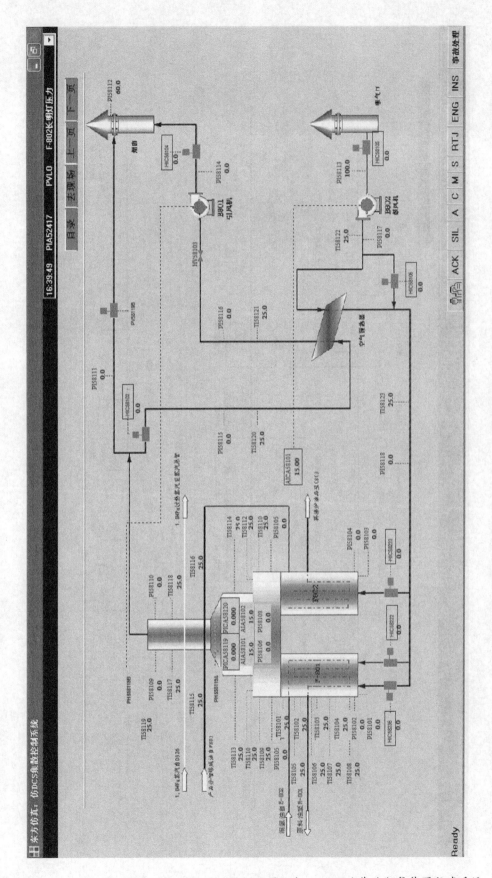

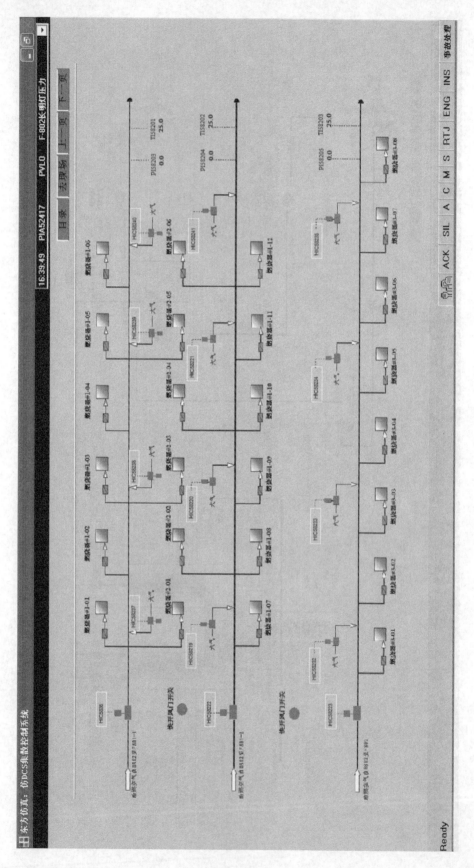

14. 硫化剂及缓蚀剂系统图

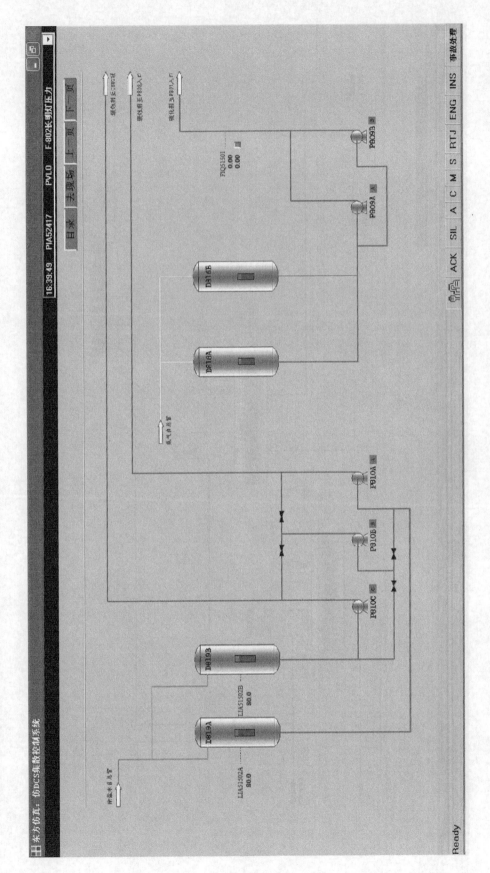

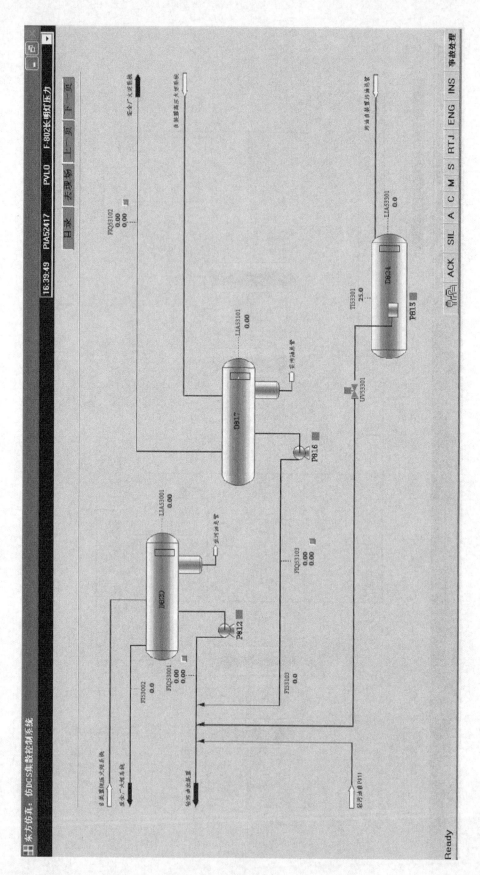

16. 公用工程系统图

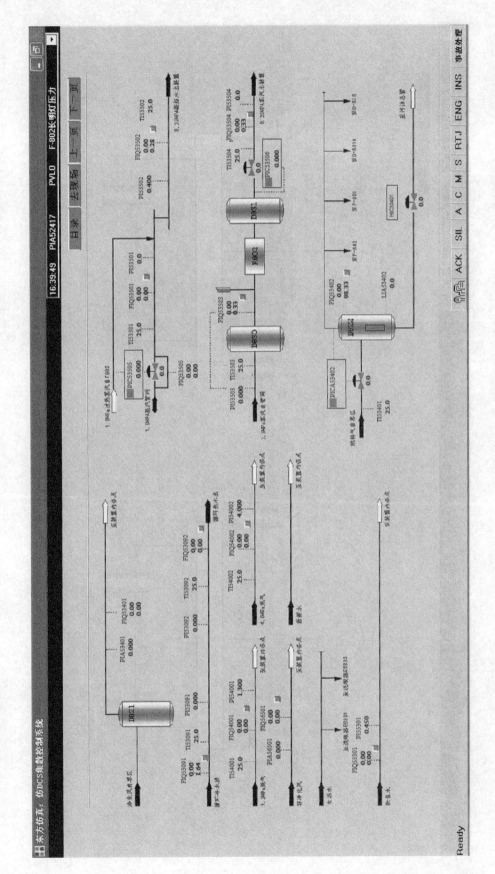

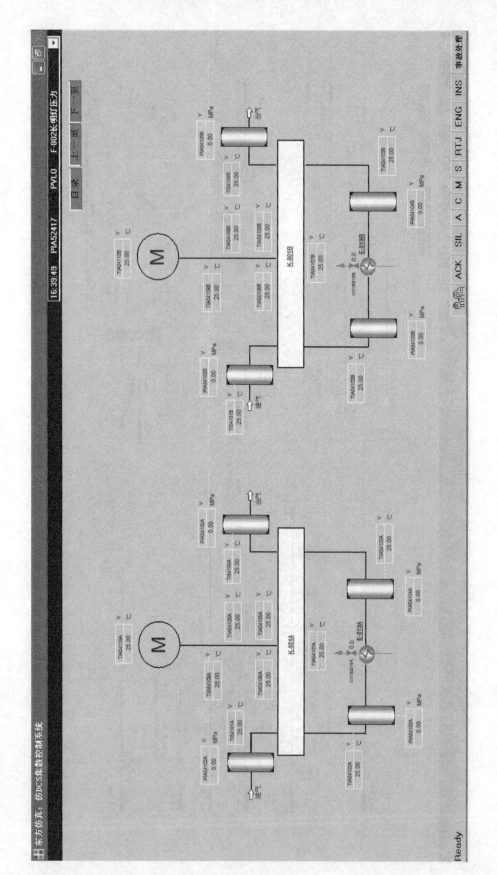

18. 新氢缩机水路图

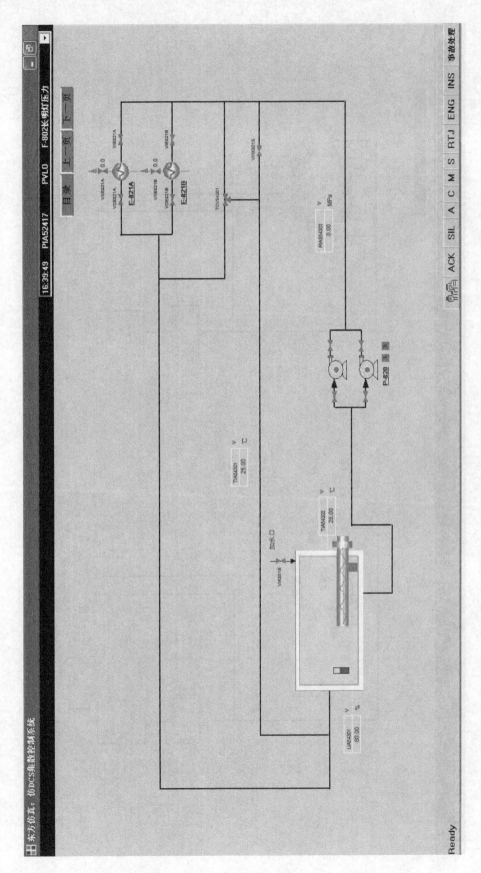

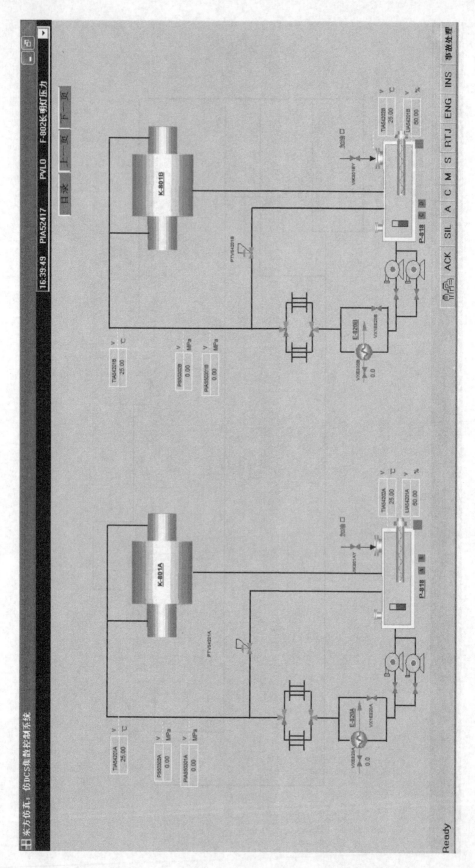

19. 新氢压缩机油路图

20. 原料油系统图

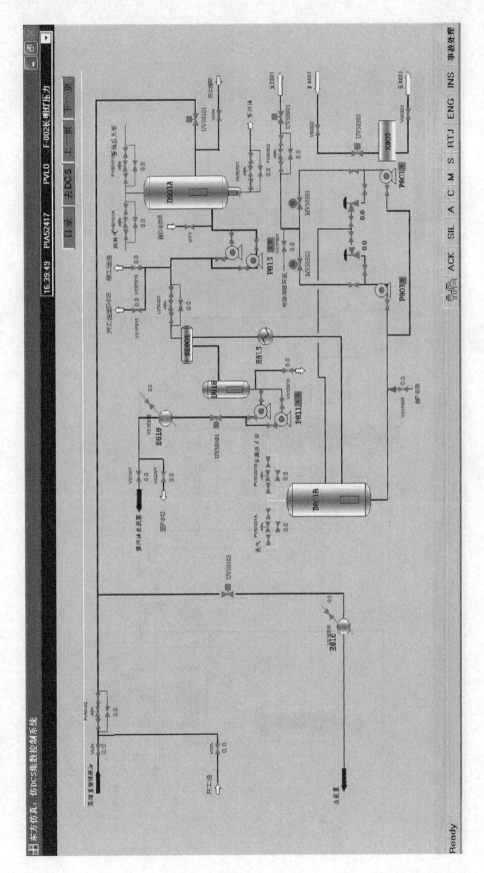

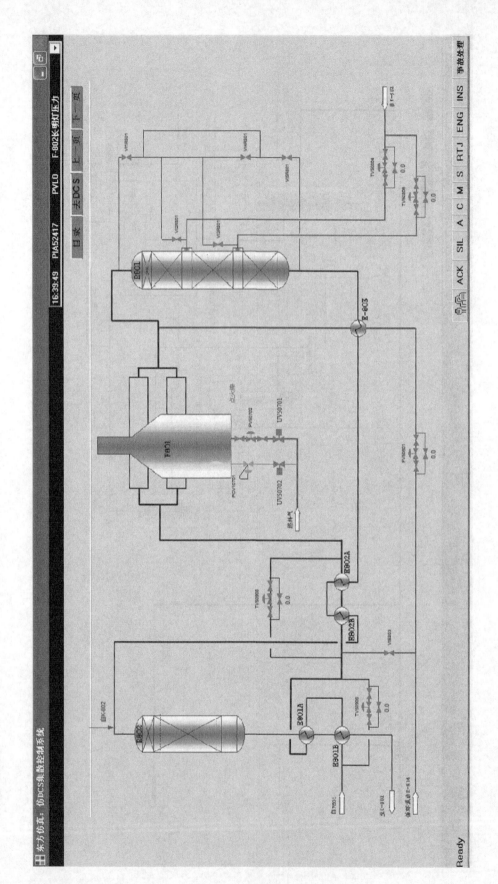

22. 高低压分离器系统图

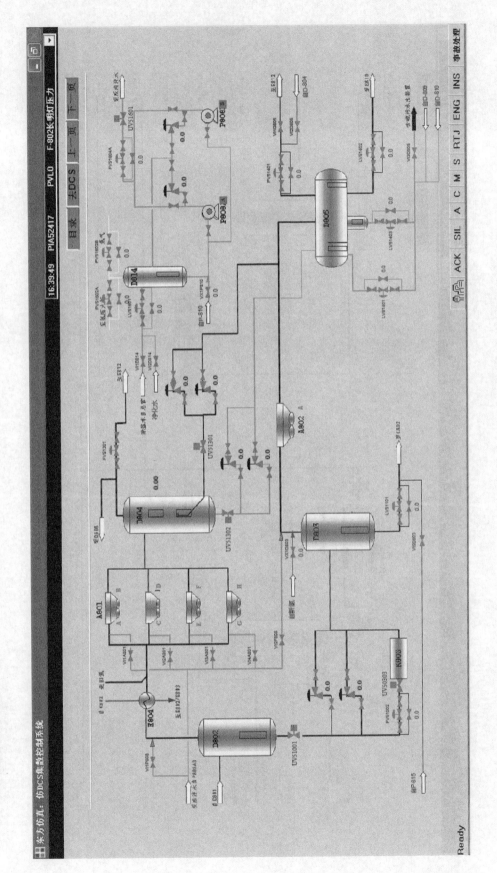

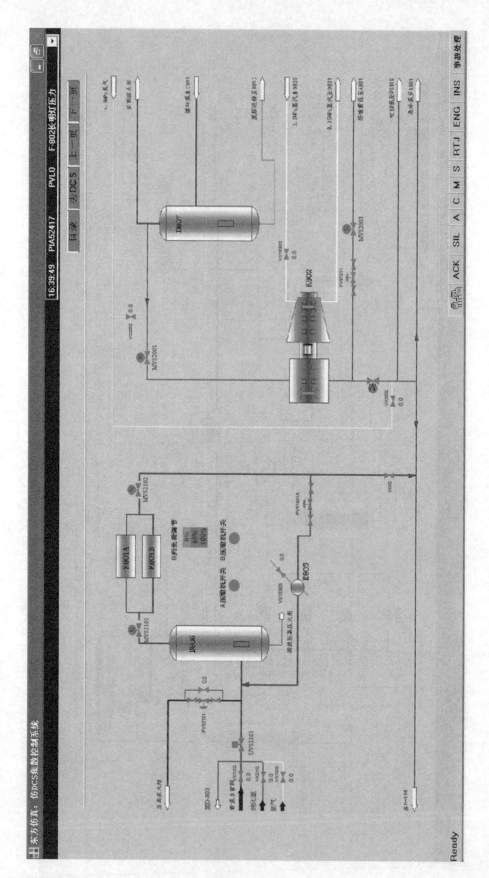

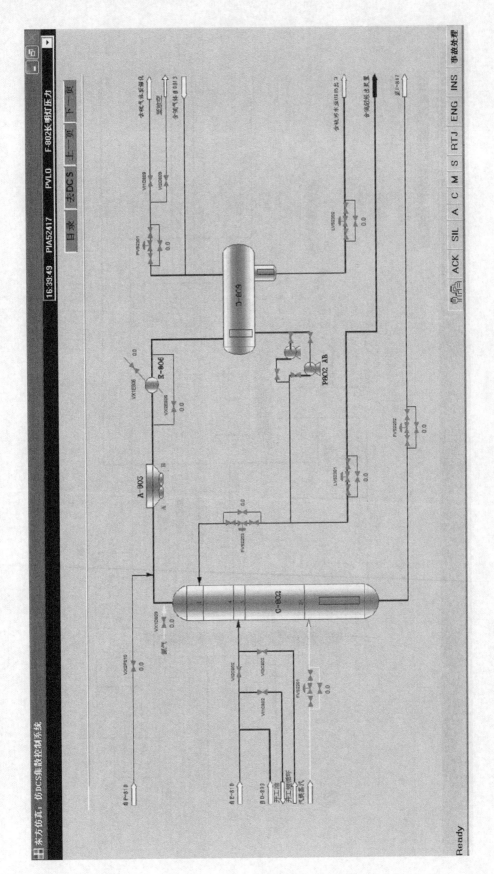

25. 分馏塔系统图

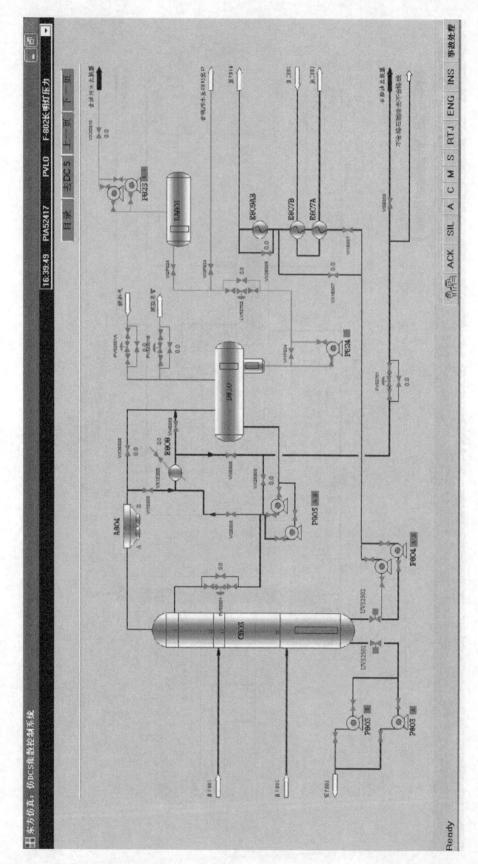

26. 分馏塔底重沸炉系统图

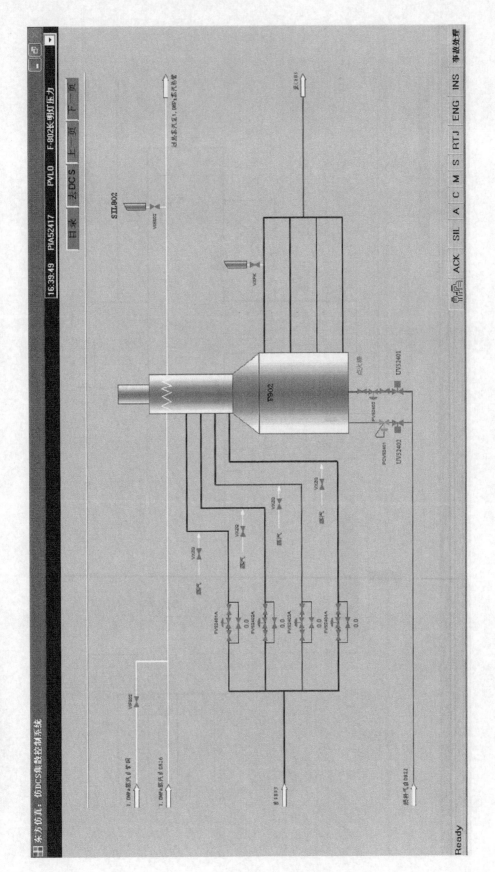

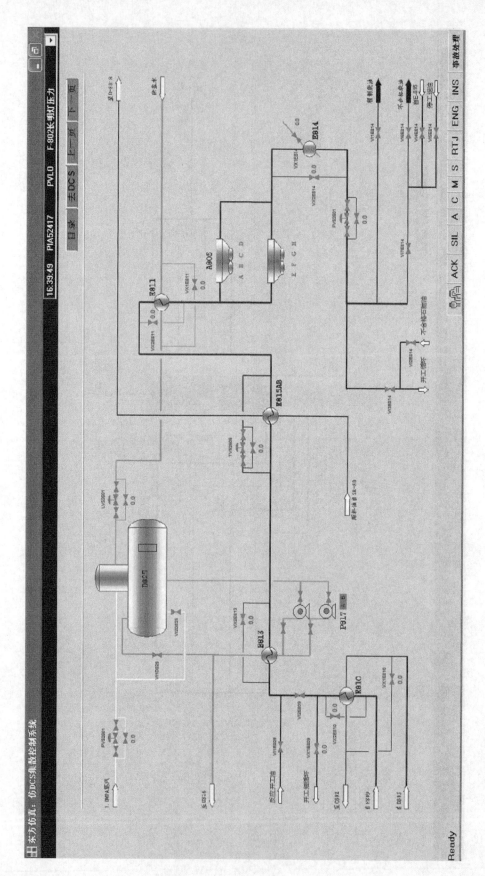

28. 循环氢脱硫系统图

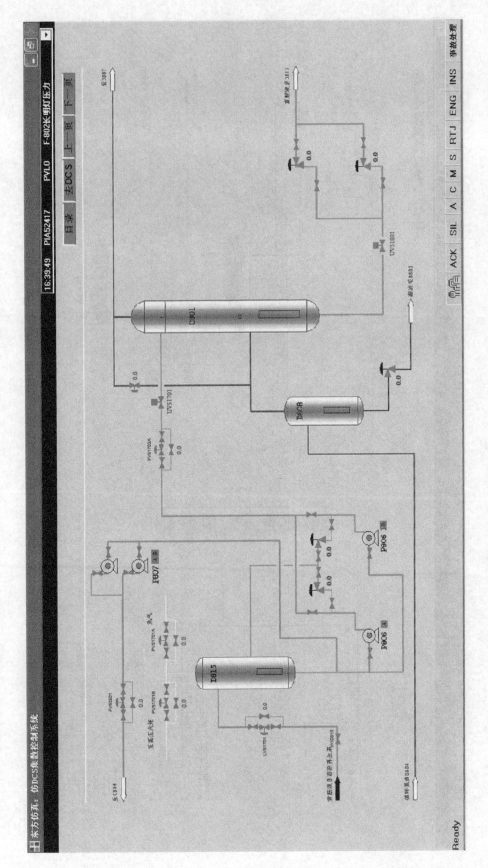

29. 低分气脱硫系统图

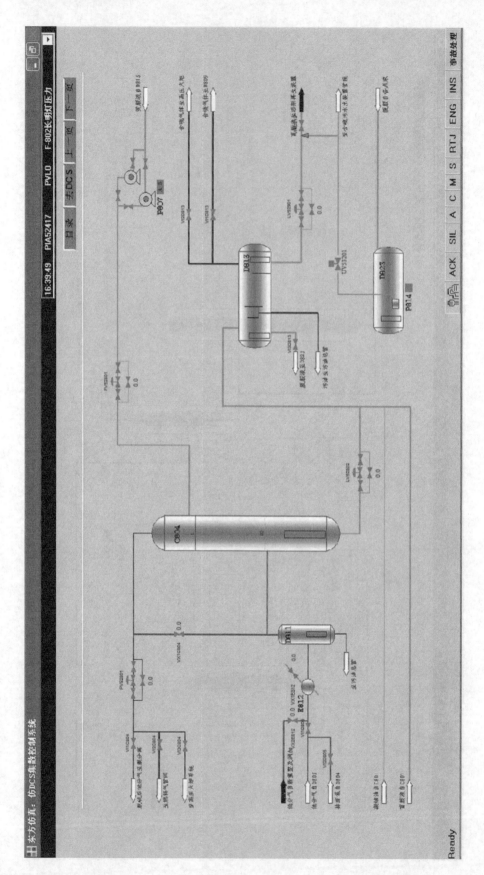

30. 蒸汽发生器系统图

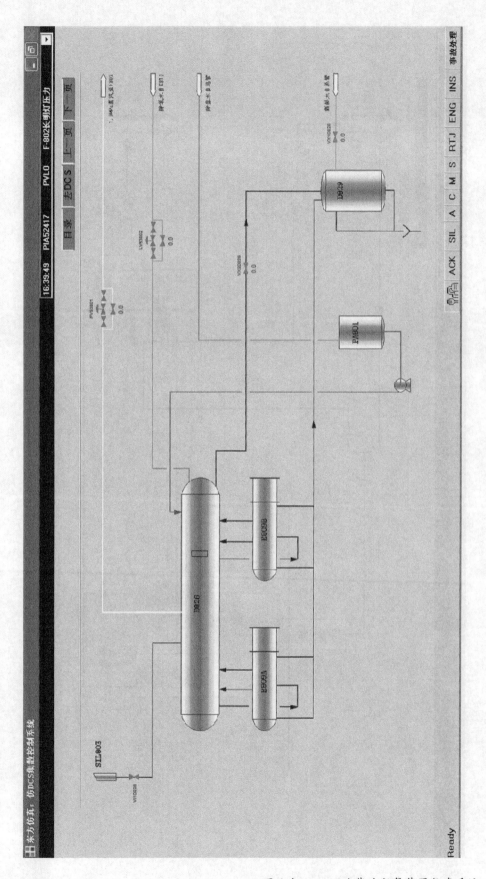

31. 加热炉及空气预热系统图

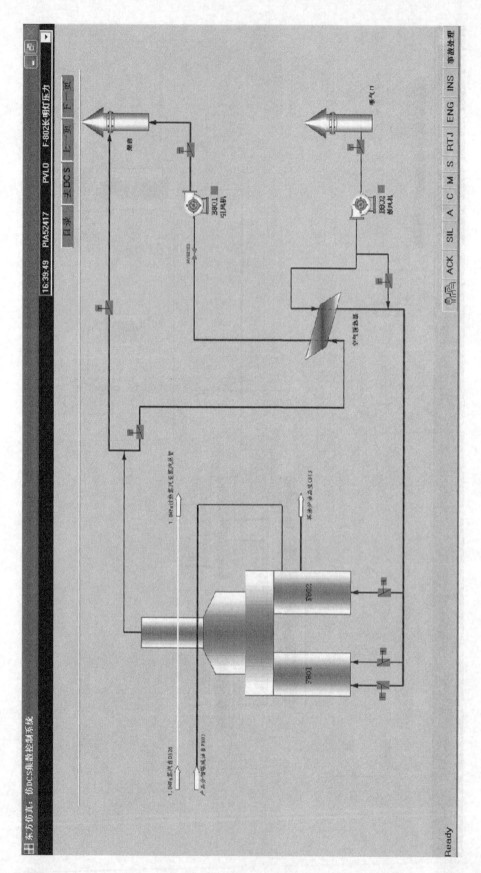

32. 加热炉快开风门图

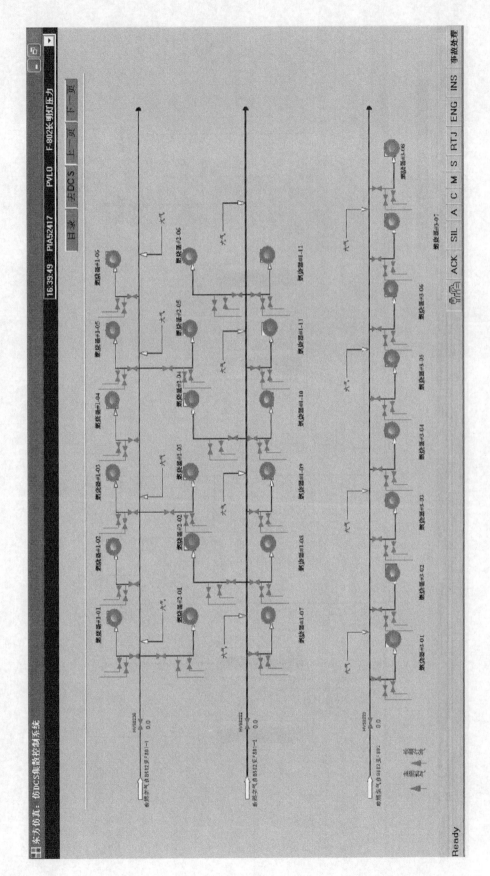

33. 硫化剂及缓蚀剂系统图

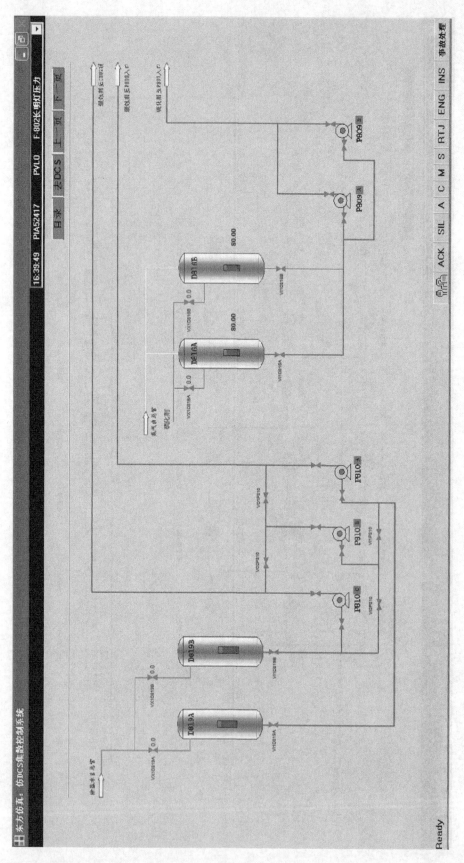

34. 火炬污油系统图

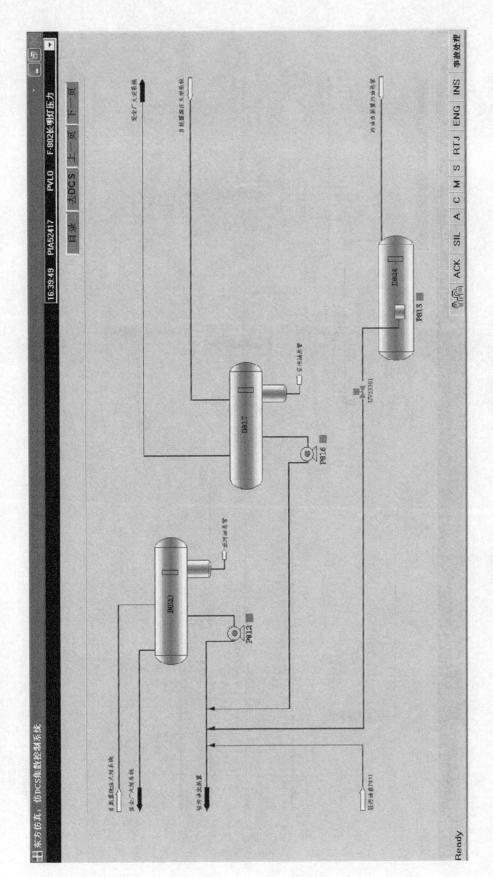

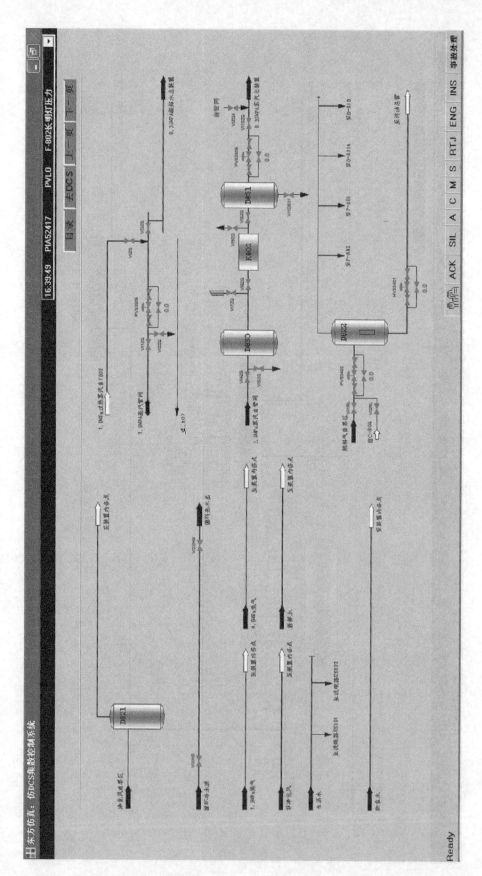

任务八　读识联锁图

1. SIS 总貌图

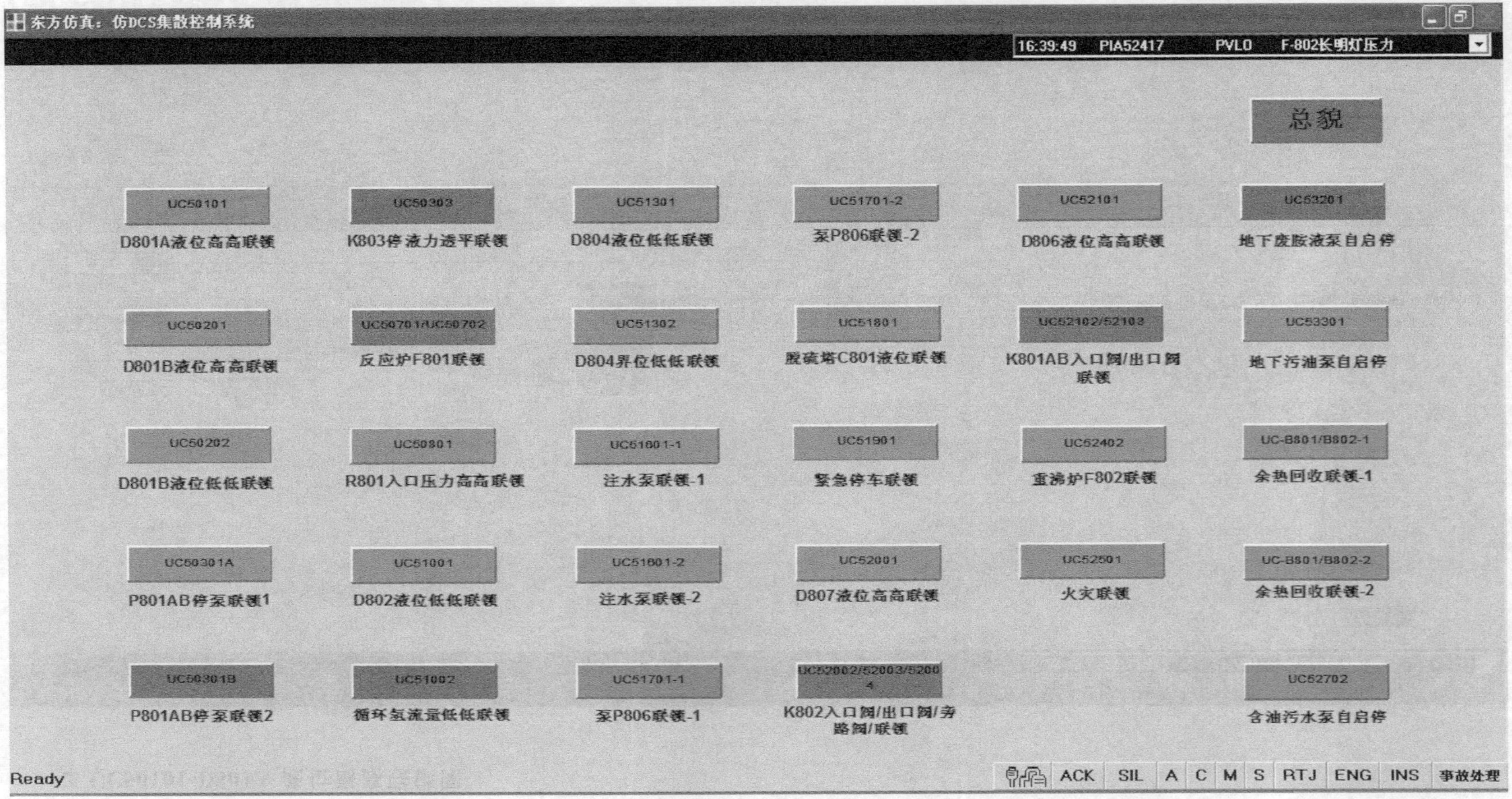

2. UC50101 D801A 液位高高联锁图

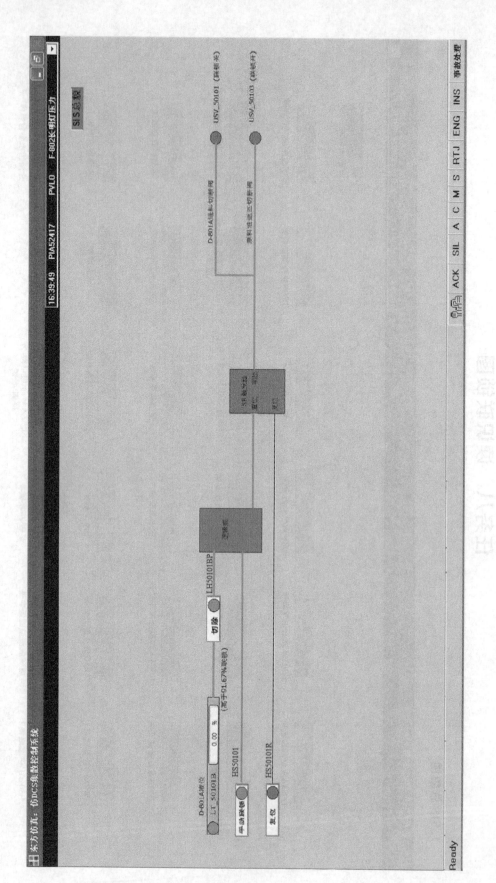

3. UC50201 D801B 液位高高联锁图

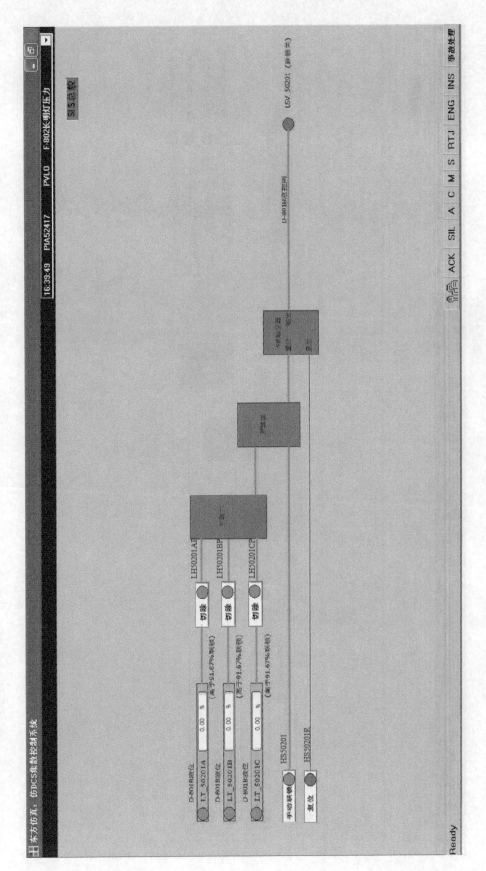

4. UC51001 热高分罐 D802 液位低低联锁图

5. UC51002 循环氢流量低低联锁图

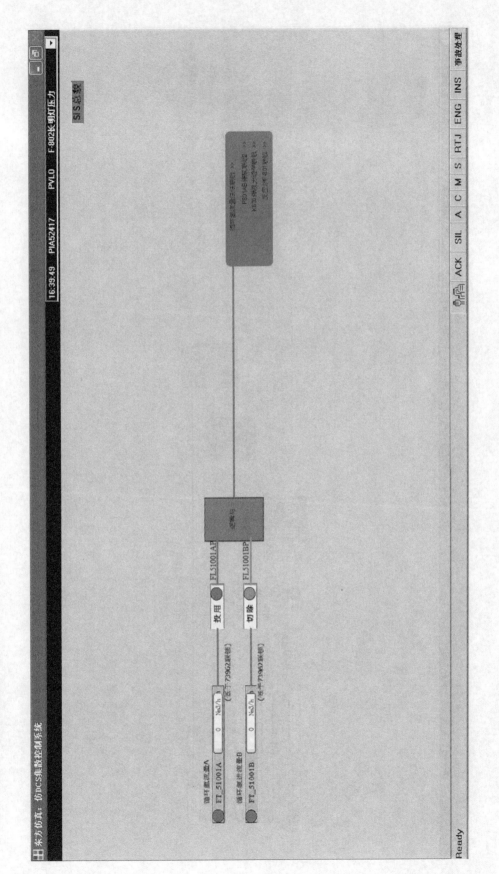

6. UC51301 D804 液位低低联锁图

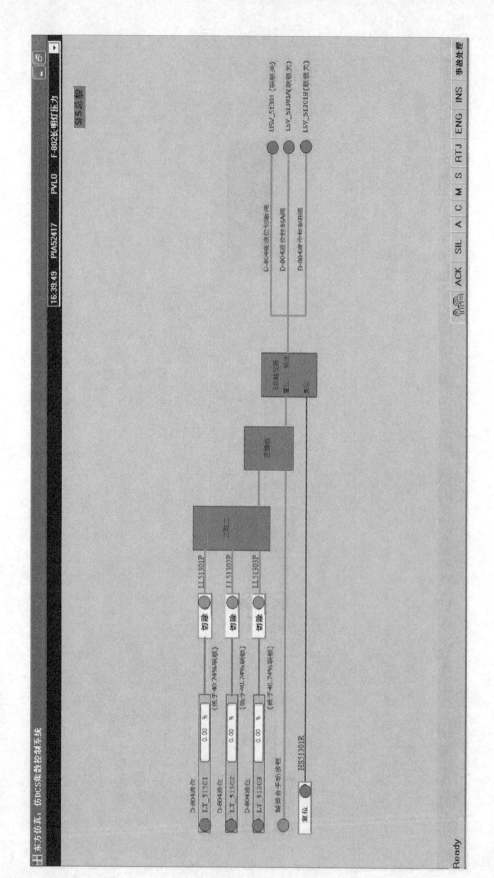

7. UC51302 D804 界位低低联锁图

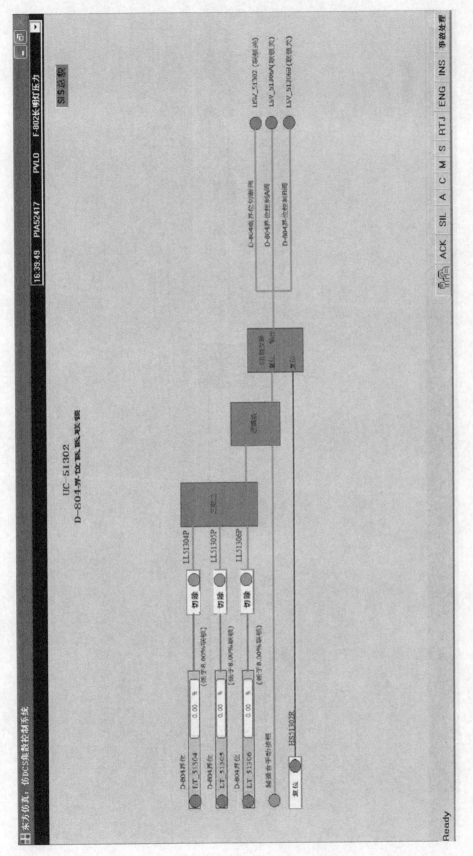

8. UC51601-1 注水泵联锁 1 图

9. UC51001-2 注水泵联锁 2 图

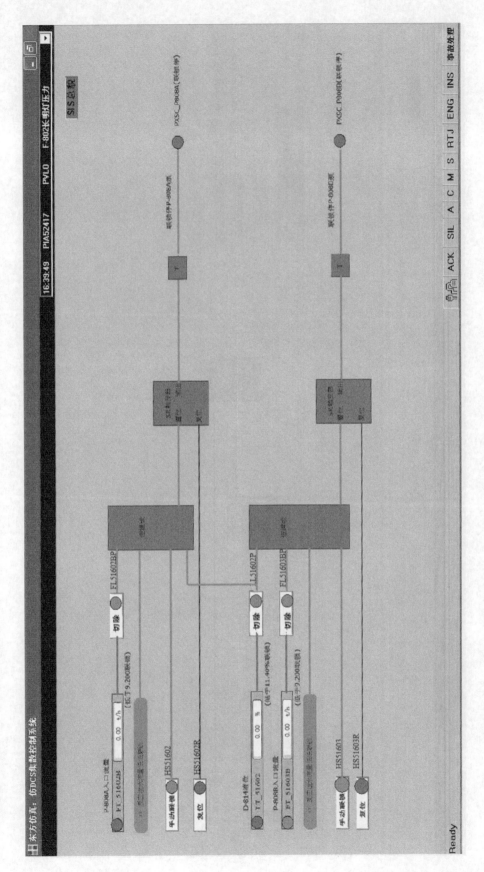

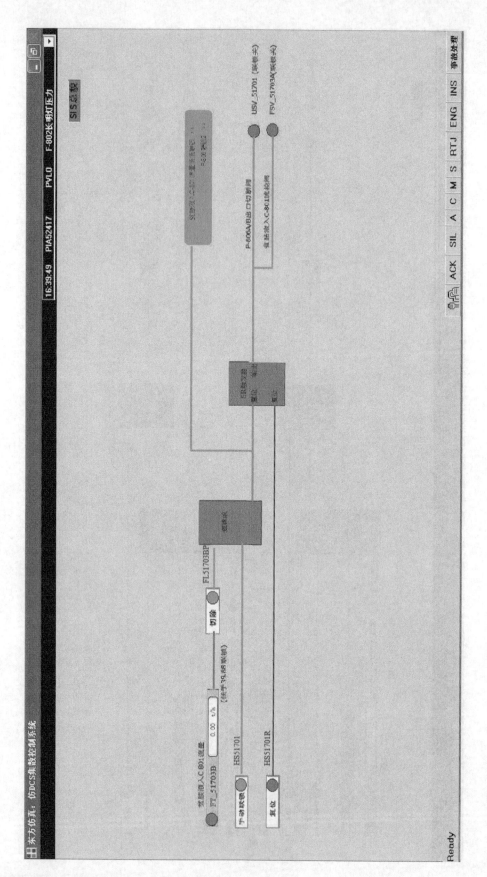

11. UC51701-2 P806 联锁 2 图

12. UC51801 脱硫塔 C801 液位联锁图

13. UC50801 R801 入口压力高高联锁图

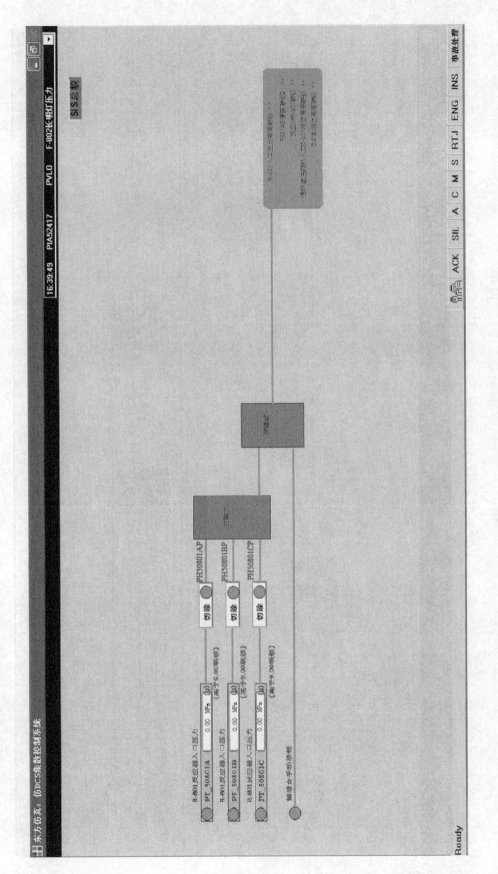

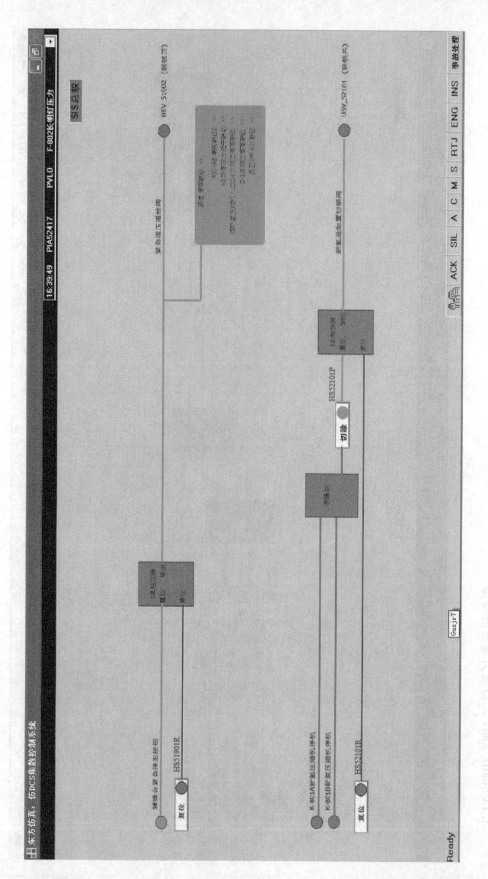

15. UC52001 循环氢压缩机入口 D801 液位高高联锁图

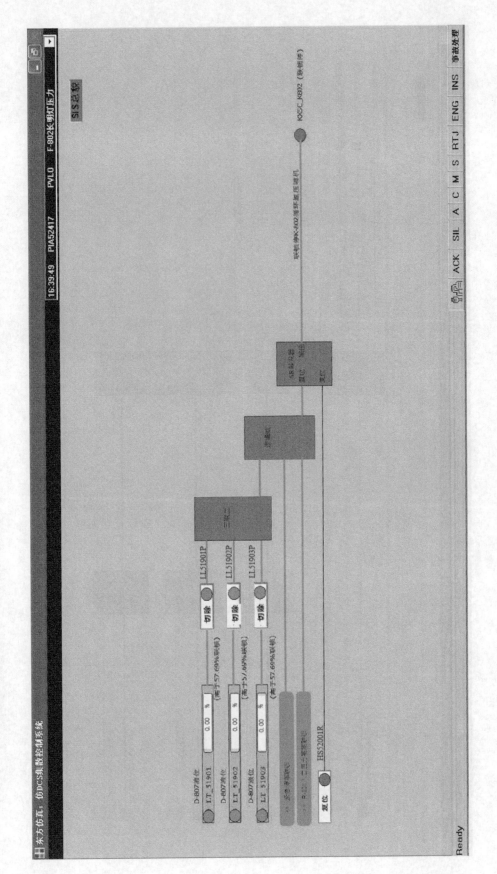

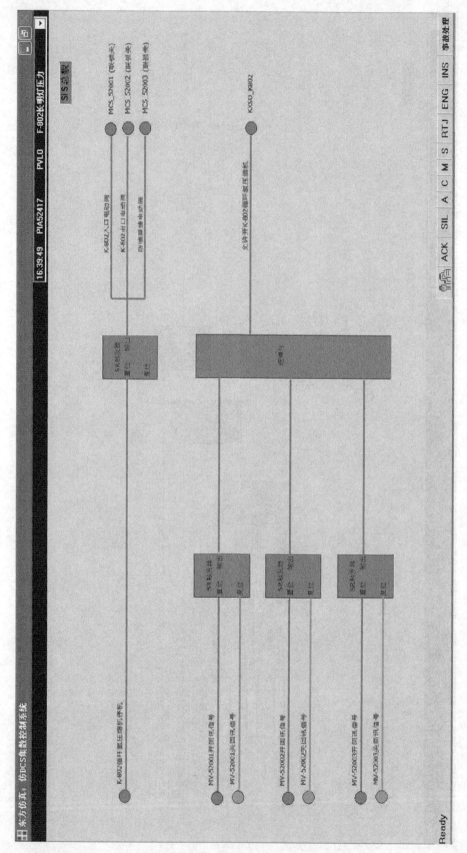

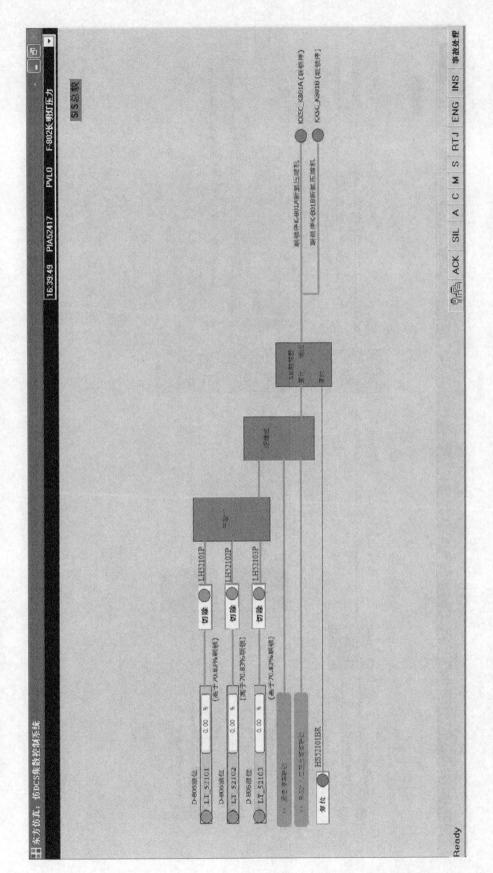

18. UC52102/52103 K801AB 入口阀/出口阀联锁图

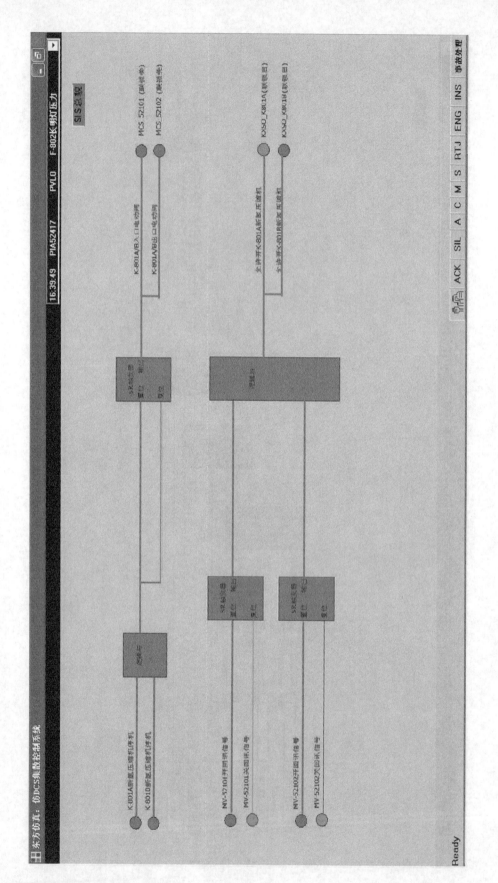

图18-18 K801AB入口阀/出口阀联锁图

19. UC52402 重沸炉 F802 联锁图

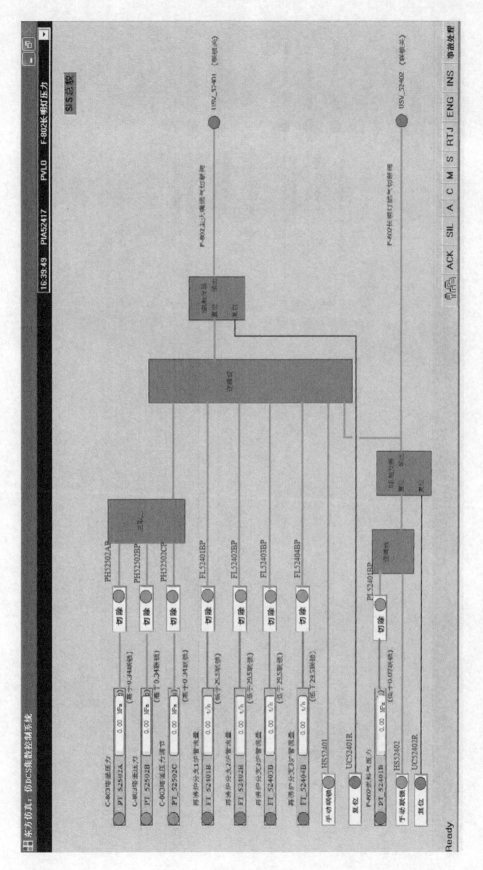

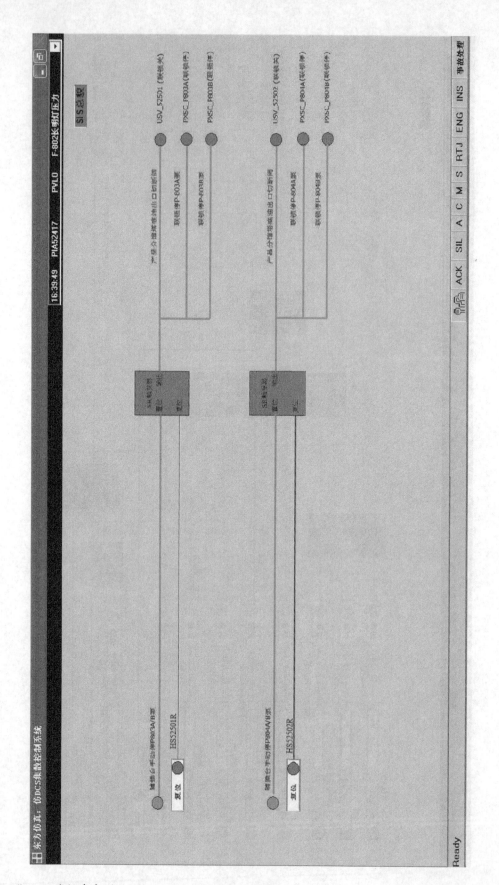

21. UC53201 地下废胺液泵自启停图

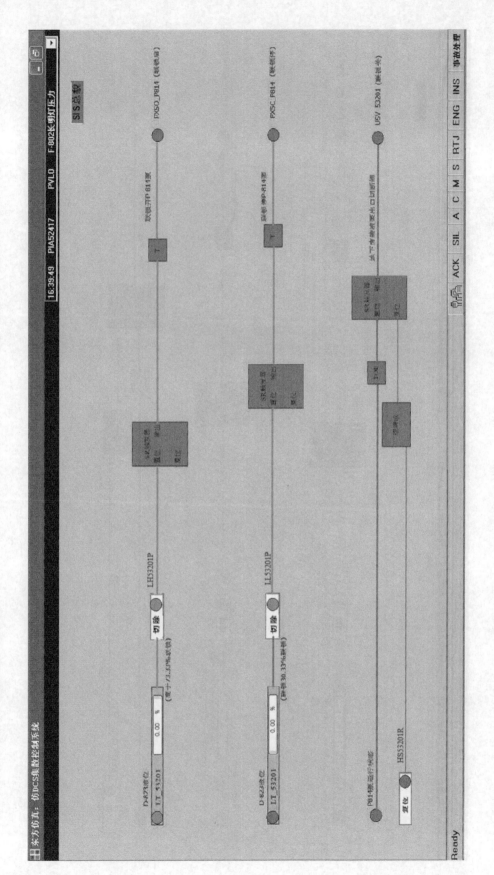

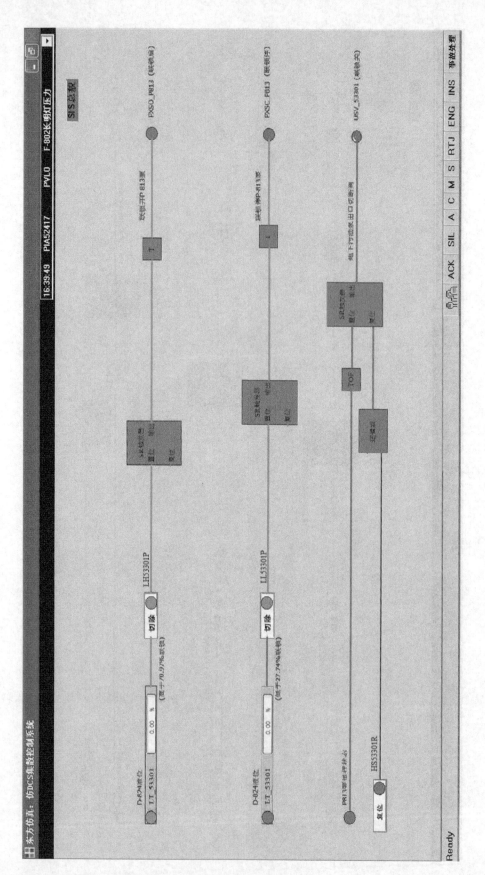

23. UC50202 D801B 液位低低联锁图

东方仿真：仿DCS集散控制系统

16:39:49　PIA52417　PVLO　F-802长明灯压力

SIS总貌

LS50201AP　切除
LS50201BP　切除
LS50201CP　切除

D-801B液位　LT_50201A　0.00 %
D-801B液位　LT_50201B　0.00 %
D-801B液位　LT_50201C　0.00 %

Ready

ACK SIL A C M S RTJ ENG INS 事故处理

24. UCB801/B802 余热回收联锁 1 图

东方仿真: 仿DCS集散控制系统

16:39:49　PIA52417　PVLO　F-802长明灯压力

SIS总貌

工程师
余热回收联锁

联锁停E-801引风机　　BXSC_B801 (联锁投用)

联锁停B-802鼓风机　　BXSC_B802 (联锁投用)

SIS报警　复位　输出　复位

空气预热器空气侧出口压力　PT_58118　0.00 Pa　(低于100报警)　　切除　PT58118P

空气预热器烟气侧入口温度　YT_58120　25.00 ℃　(高于350报警)　　切除　TH58120P

空气预热器烟气侧出口温度　TT_58121　25.00 ℃　(高于250报警)　　切除　TH58121P

空气预热器烟气侧入口压力　PT_58115　0.00 Pa　(低于-100报警)　　切除　PT58115P

HV-58102六回环信号

PV-58104关闭信号

切除　B80BP

棒加热炉鼓风引风机　HS58101R　复位

Ready

ACK　SIL　A　C　M　S　RTJ　ENG　INS　事故处理

25. UCB801/B802 余热回收联锁 2 图

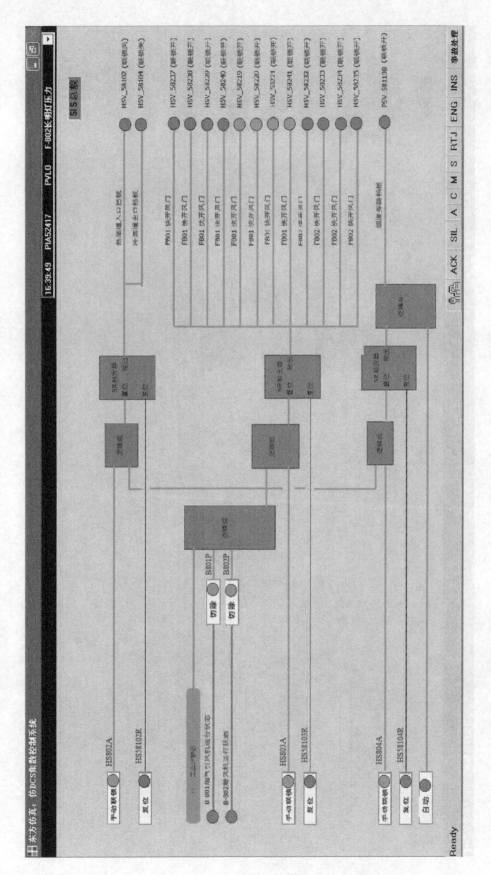

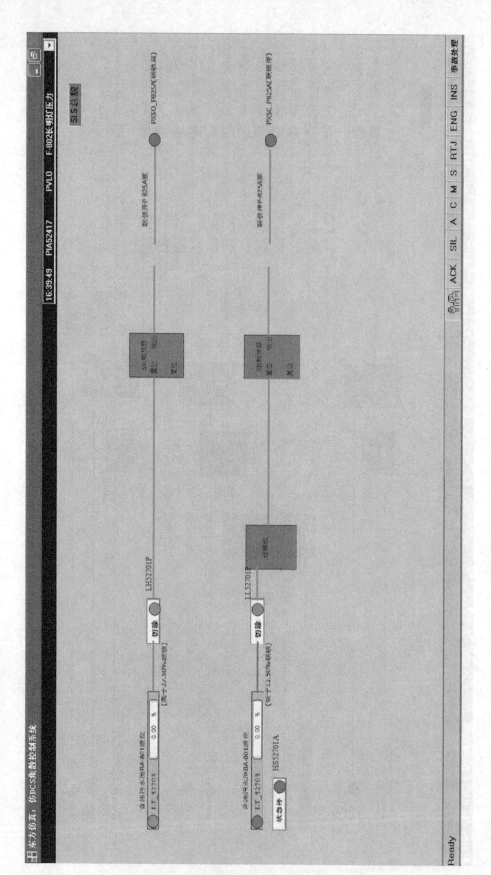

27. UC50301A P801AB 停泵联锁 1 图

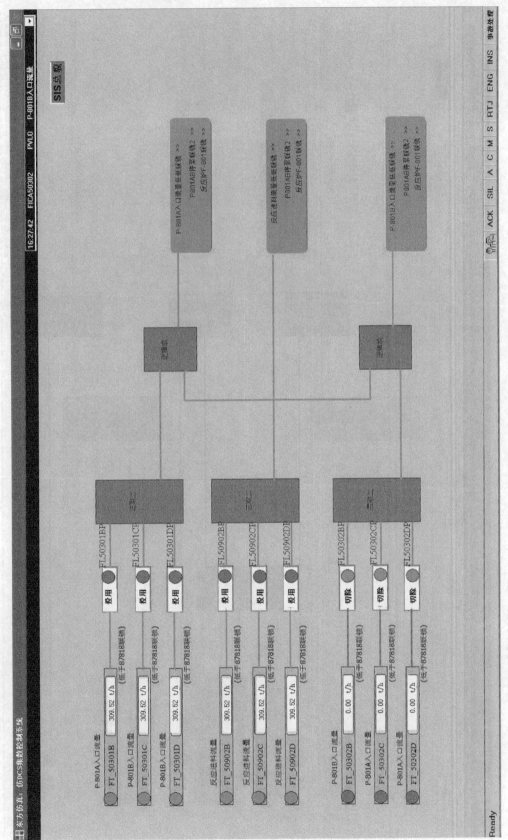

28. UC50301B P801AB 停泵联锁 2 图

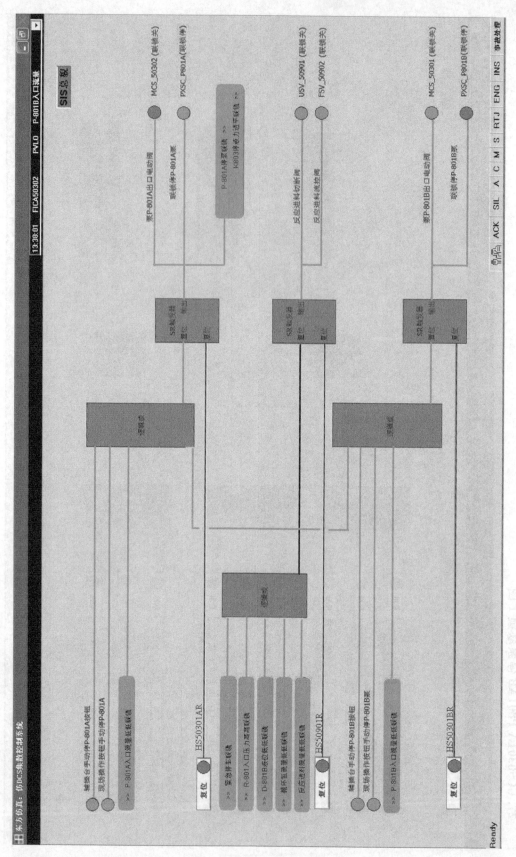

29. UC50303 K803 停液力透平联锁图

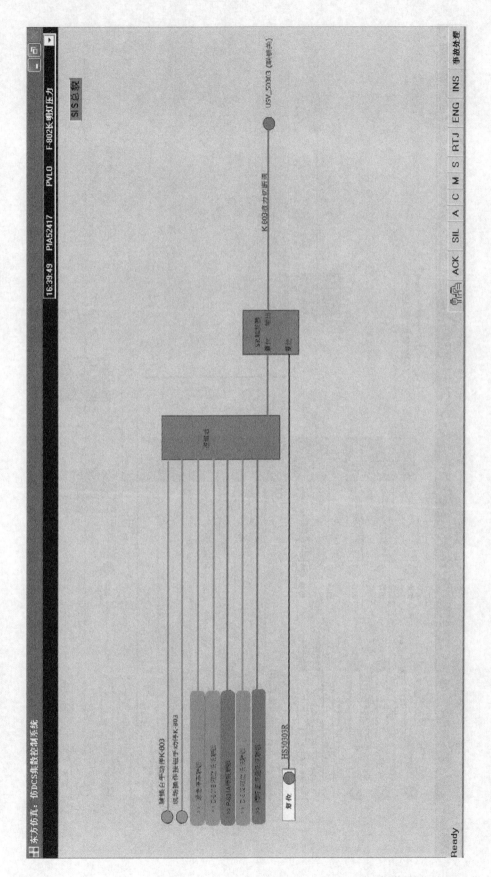

30. UC50701/UC50702 反应炉 F801 联锁图

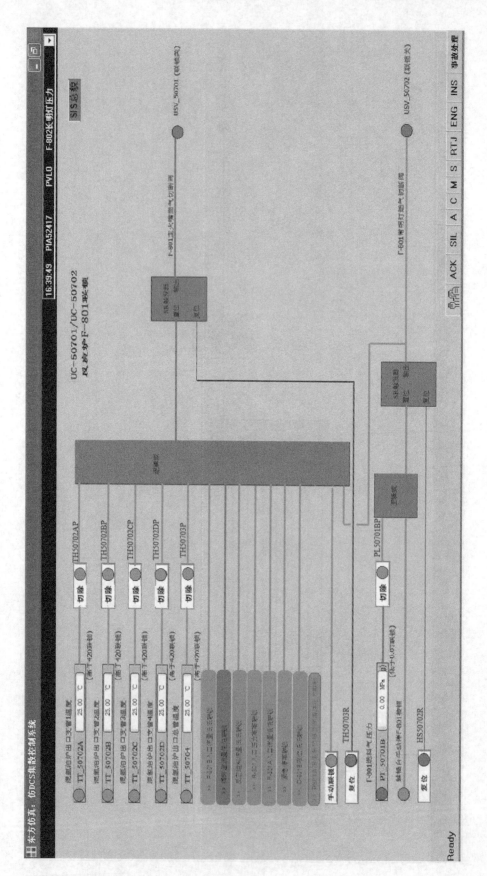

项目十一

延迟焦化装置仿真系统

任务一　认识工艺流程

一、装置简介

本 100 万吨/年延迟焦化装置设计是以减压渣油为主要原料进行二次加工的装置。年处理减压渣油能力为 100 万吨（80 万～110 万吨/年）。主要产品为汽油、柴油、石油焦，副产品有干气、液化气、蜡油。

装置工艺上采用一炉两塔、单井架水力除焦，无堵焦阀密闭放空的先进工艺。装置主体包括焦化、分馏、吸收稳定三部分，系统配套有配电、仪表室，高、低压水泵房，压缩机房，焦炭储运装车场等。装置设计规模为加工 100×10^4 t/a 高凝减压渣油，设计循环比为 0.4，额定工况下在 0.3～0.45 之间可调。生焦周期为 24h。装置还包括了吸收稳定操作单元，以回收焦化富气中的液态烃。

装置包括反应、分馏、吸收稳定、压缩机等系统，还包括焦炭塔水力除焦和天车装置等辅助系统。

二、工艺流程说明

实际装置存在的设备，但是不在仿真软件模拟范围之内的，均以下划线标注。

1. 反应部分工艺流程

150℃减压渣油从装置外来，进入原料缓冲罐 D3101，经原料油泵 P3101 抽出，送入柴油原料油换热器（E3101/A～H）、蜡油原料油换热器（E3102A～F）、蜡油回流原料油换热器（E3103/A～F），换热后（246℃）分两股进入分馏塔（C3102），在分馏塔内与来自焦炭塔（C3101A、B）的高温油气接触换热，高温油气中的循环油馏分被冷凝，原料油与冷凝的循环油一起进入分馏塔底，经加热炉辐射进料泵 P3102 升压后进入加热炉对流室，过对流段加热到 430℃左右，进入辐射段。

加热炉进料经加热炉辐射段加热至 500℃左右，出加热炉经四通阀进入焦炭塔底部。高温进料在高温和长停留时间的条件下，在焦炭塔内进行一系列的热裂解和缩合等反应，最后生成焦炭和高温油气。高温油气和水蒸气混合物自焦炭塔顶大油气线去分馏塔下部，焦炭在焦炭塔内沉积生焦，当焦炭塔生焦到一定高度后停止进料，切换到另一个焦炭塔内进行生焦。切换后，老塔用 1.0MPa 蒸汽进行小吹汽，将塔内残留油气吹至分馏塔、保护中心孔、维持延续焦炭塔内的反应。然后再改为大吹汽、给水进行冷焦。焦炭塔吹汽、冷焦时产生的大量高温蒸汽（≥180℃）及少量油气进入接触冷却塔，产生的塔底油用接触冷却塔塔底泵抽出，经水箱冷却器（E3114）冷却到110℃，部分泵入接触冷却塔顶做洗涤油，部分送入本装置污油脱水罐 D3203A、B。接触冷却塔顶蒸汽及轻质油气经塔顶空冷器（A3105）、水冷器（E3112）后入接触冷却塔顶油水分离器（D3108）分离，分离出的污油送入本装置污油脱水罐 D3203A、B 或送出装置，污水排入储焦池或冷焦水罐 D3201，不凝气进入放火炬罐 D3115。

焦炭塔在大吹汽完毕后，由冷焦水泵 P3202 抽冷焦水储罐 D3204 内的冷焦水送至焦炭塔进行冷焦。当冷焦水从塔顶溢流进入冷焦水除油罐时。冷焦水除油罐内的冷焦水经冷焦提升泵 P3201 送至旋流除油器 D3206 除油，最后进空冷 A3201 进行第二次冷却，冷至50℃以下进入冷焦水储罐内循环使用。当焦炭塔顶温度降至80℃以下，冷焦完毕，停冷焦水泵，塔内存水经放水线放净，塔内保证微正压，焦炭塔移交除焦班除焦。

除焦班以高压水将焦炭塔内焦炭清除出焦炭塔，除焦完毕，将空塔上好顶、底盖后，再对焦炭塔进行赶空气、蒸汽试压、预热，当焦炭塔底温度预热至330℃左右时，恒温1h左右。甩净甩油罐 D3107 内存油，焦炭塔就可转入下一轮生焦生产。

2. 分馏部分工艺流程

高温油气和蒸汽自焦炭塔顶至分馏塔下部换热段，再经过洗涤板，从蒸发段上升进入蜡油集油箱以上分馏段分离，分馏出富气、汽油、柴油和蜡油馏分；分馏塔底油一路做辐射进料，另一路自塔底抽出，经泵 P3109 升压后分两路，一路去换热段的第4层塔板，另一部分返回到换热段下部。

蜡油自分馏塔（C3102）蜡油集油箱分两部分抽出，一部分蜡油去蜡油汽提塔（C3103），塔顶油气返回焦化分馏塔32层，塔底油由泵 P3107 升压后依次进入原料蜡油换热器（E3102/A～F）、除氧水-蜡油换热器（E3106/A、B）、蜡油空冷器（A3104/A、B）和蜡油后冷器（E3111/A、B），冷却到90℃左右后出装置；另一部分蜡油自流入蜡油回流泵（P3108）入口，经泵升压后依次进入原料油-蜡油回流换热器（E3103A～F）、稳定塔底重沸器（E3303）和蜡油回流蒸汽发生器（E3108），换热后分两路，一路进入蜡油集油箱下的洗涤板作为洗涤油，另一路返回分馏塔（C3102）第31层塔板作为上回流，以调节蜡油集油箱气相温度。

中段回流从分馏塔（C3102）第18层塔板抽出，经中段回流泵（P3106/A、B）升压后送至解吸塔底重沸器（E3302），作为重沸器的热源，再经中段回流蒸汽发生器（E3107/A、B），发汽后分两路，一路返回分馏塔（C3102）第16层塔板作为回流，另一路去焦炭塔顶做急冷油。

柴油由柴油泵（P3105/A、B）从分馏塔（C3102）第14层抽出，经原料油-柴油换热器（E3101/A～H）后分两路，一路直接返塔12层作为回流；另一路经过富吸收油-柴油换热器（E3105/A、B）和柴油空冷器（A3103/1～3）冷却后又分两路，一路出装置；另一路经柴油吸收剂泵（P3117/A、B）升压后经柴油吸收剂冷却器（E3109）进一步冷却到40℃后，送往再吸收塔（C3203）作吸收剂，富吸收剂再经换热后返分馏塔第12层。

分馏塔顶循环回流从分馏塔第3层自流进入燃料气-顶循换热器（E3104），换热后经顶循环回流泵（P3104/A、B）升压至顶循空冷器（A102/A～D），冷却后返塔顶层。

分馏塔顶油气经分馏塔顶空冷器（A3101/A～C）冷却到40℃后，进入分馏塔顶油气分离罐（D3103），分离出粗汽油、富气和含硫污水。粗汽油经粗汽油泵（P3103/A、B）升压后送至吸收稳定系统。富气去富气压缩机（K3301），含硫污水用含硫污水泵（P3116/A、B）升压后分三路，一路送出装置，一路去分馏塔顶空冷器前油气线作洗涤水，另一路去压缩富气空冷器前富气线作洗涤水。

3. 稳定部分工艺流程

从分馏塔顶回流罐（D3103）出来的富气被压缩机（K3301）加压，压缩后气体与解吸塔顶解吸气及吸收塔底泵 P3306 来的饱和吸收油混合经湿空冷器（A3301）冷却至 40℃后，进入油气分离器（D3301），分离出富气和凝缩油，为了防止设备腐蚀，在 A3301 前注入洗涤水，酸性水靠自压从 D3301 排出，和 D3103 的含硫污水汇合送出装置。

从压缩机出口油气分离器（D3301）来的富气进入吸收塔（C3301）下部，从分馏部分来的粗汽油以及稳定系统来的补充吸收剂分别由 3 层和 1 层打入，与气体逆流接触。为了保证吸收塔的吸收效果，在吸收塔中部设有一个中段回流，分别从第 15 层抽出经吸收塔中段冷却器（E3305/A、B）冷却，然后返回塔的第 16 层上方，以取走吸收过程中放出的热量。吸收塔底的饱和吸收油经泵 P3306/A、B 加压后，进入湿空冷（A3301）前。

从吸收塔顶出来的贫气进入再吸收塔（C3303）底部，与从分馏部分来的贫吸收油逆流接触，以吸收贫气携带的汽油组分，从再吸收塔顶排出的干气送往催化脱硫装置，塔底富吸吸收油返回分馏塔 12 层。

自压缩机出口油气分离器 D3301 出来的凝缩油经 P3301/A、B 加压后，经解吸塔进料换热器（E3301）与稳定汽油换热到后，进入解吸塔（C3302）上部，解吸塔底热源由分馏塔中段回流提供，解吸塔顶气体至湿空冷（A3301）前与压缩富气、饱和吸收油混合，通过解吸以除去凝缩油中被过度吸收下来的 C_2 和 C_1 组分。

从 C3302 塔底的脱乙烷汽油与稳定塔底油换热后进入稳定塔（C3304），塔底稳定汽油被加热至 170℃左右以脱除汽油中 C_3、C_4 组分。塔底重沸器由分馏塔蜡油回流供热，C_4 及 C_4 以下轻组分从 C3304 顶馏出，分两路；一路经热旁路进稳定塔顶回流罐 D3302，另一路经湿空冷（A3302）冷凝冷却到约 40℃；进入回流罐（D3302），D3302 液化气用泵 P3304加压，一部分作为塔顶回流，另一部分作为产品送出装置。塔底的稳定汽油先与脱乙烷汽油（稳定塔进料）和凝缩油（解吸塔进料）换热后，再进稳定汽油空冷器（A3303），冷却到40℃，其中部分作为产品送出装置去石脑油加氢装置处理。部分用泵 P3303 打入塔 C3301顶作为补充吸收剂。

任务二　熟悉设备列表

序号	代号	名称	备注
1	D3101	原料缓冲罐	
2	D3103	分馏塔顶油气分离器	
3	D3105	蒸汽发生汽包	
4	D3107	甩油罐	
5	D3108	接触冷却塔顶油水分离器	

序号	代号	名称	备注
6	D3111	封油罐	
7	D3114	燃料气分液罐	
8	D3301	压缩机出口油气分离器	
9	D3302	稳定塔顶回流罐	
10	E3101A～H	原料-柴油换热器	
11	E3102A～F	原料-蜡油换热器	
12	E3103A～F	原料-蜡油回流换热器	
13	E3104	燃料气-顶循换热器	
14	E3105A,B	富吸收油-柴油换热器	
15	E3106A,B	除氧水-蜡油换热器	
16	E3107A,B	中循蒸汽发生器	
17	E3108	蜡油回流蒸汽发生器	
18	E3109	柴油吸收剂冷却器	
19	E3110	封油冷却器	
20	E3111A,B	蜡油后冷器	
21	E3112A～D	接触冷却塔顶后冷器	
22	E3113	接触冷却塔底重沸器	
23	E3114A,B	冷却塔底油及甩油冷却水槽	
24	E3301	解吸塔进料换热器	
25	E3302	解吸塔底重沸器	
26	E3303	稳定塔底重沸器	
27	E3304	稳定塔进料换热器	
28	E3305A,B	吸收塔中段冷却器	
29	A3101A～F	分馏塔顶空冷器	
30	A3102A～D	顶循空冷器	
31	A3103A～C	柴油空冷器	
32	A3104A～D	蜡油空冷器	
33	A3105A～H	接触塔顶空冷器	
34	A3201A～I	冷焦水空冷器	
35	A3301A～B	压缩富气空冷器	
36	A3302A～B	稳定塔顶空冷器	
37	A3303A～B	稳定汽油空冷器	
38	C3101A(B)	焦炭塔	
39	C3102	分馏塔	
40	C3103	蜡油汽提塔	
41	C3104	放空塔	
42	C3301	吸收塔	
43	C3302	解吸塔	
44	C3303	再吸收塔	
45	C3304	稳定塔	
46	K3301	压缩机	
47	P3101/A,B	原料油泵	

序号	代号	名称	备注
48	P3102/A,B	辐射进料泵	
49	P3103/A,B	粗汽油泵	
50	P3104/A,B	顶循环油泵	
51	P3105/A,B	柴油及回流泵	
52	P3106/A,B	中段回流泵	
53	P3107/A,B	蜡油泵	
54	P3108/A,B	蜡油回流泵	
55	P3109	塔底循环油泵	
56	P3110/A,B	接触冷却塔底污油泵	
57	P3111/A,B	接触冷却塔顶污油泵	
58	P3112/A,B	开工泵	
59	P3113	甩油及开工泵	
60	P3114/A,B	封油泵	
61	P3116/A,B	分馏塔顶含硫污水泵	
62	P3117/A,B	柴油吸收剂泵	
63	P3118	消泡剂注入撬计量泵	
64	P3124	缓蚀剂注入撬计量泵	
65	P3125	增液剂注入撬计量泵	
66	P3301/A,B	解吸塔进料泵	
67	P3302/A,B	稳定塔进料泵	
68	P3303/A,B	稳定汽油泵	
69	P3304/A,B	液化气泵	
70	P3305/A,B	吸收塔中段回流泵	
71	P3306/A,B	吸收塔底泵	
72	P3308	凝缩油泵	
73	K3102	鼓风机	
74	K3103	引风机	

任务三　熟悉仪表列表

序号	仪表号	说　　明	单位	量程	正常值	报警值
		控制仪表				
1	FC3102	分馏塔进料流量控制	t/h	0～180.0	132.0	
2	FC3103	柴油外送流量控制	t/h	0～80.0	51.0	
3	FC3104	蜡油外送流量控制	t/h	0～60.0	13.0	
4	FC3201	一路炉管入口注气	kg/h	0～800.0	300.0	
5	FC3202	二路炉管入口注气	kg/h	0～800.0	300.0	
6	FC3203	三路炉管入口注气	kg/h	0～800.0	300.0	

序号	仪表号	说　　明	单位	量程	正常值	报警值
		控制仪表				
7	FC3204	四路炉管入口注气	kg/h	0～800.0	300.0	
8	FC3205	一路炉管弯脖注气	kg/h	0～800.0	300.0	
9	FC3206	二路炉管弯脖注气	kg/h	0～800.0	300.0	
10	FC3207	三路炉管弯脖注气	kg/h	0～800.0	300.0	
11	FC3208	四路炉管弯脖注气	kg/h	0～800.0	300.0	
12	FC3209	一路炉管辐射注气	kg/h	0～800.0	300.0	
13	FC3210	二路炉管辐射注气	kg/h	0～800.0	300.0	
14	FC3211	三路炉管辐射注气	kg/h	0～800.0	300.0	
15	FC3212	四路炉管辐射注气	kg/h	0～800.0	300.0	
16	FC3213	一路炉进料量控制	t/h	0～60.0	40.0	L：30 LL：20
17	FC3214	二路炉进料量控制	t/h	0～60.0	40.0	L：30 LL：20
18	FC3215	三路炉进料量控制	t/h	0～60.0	40.0	L：30 LL：20
19	FC3216	四路炉进料量控制	t/h	0～60.0	40.0	L：30 LL：20
20	FC3271	急冷油流量控制	t/h	0～60	10.0	
21	FC3272	甩油罐流量控制	t/h	0～200		
22	FC3275	冷焦水流量控制	t/h	0～300		
23	FC3401	分馏塔顶回流量控制	t/h	0～200	81.0	
24	FC3402	分馏塔冷回流流量控制	t/h	0～25		
25	FC3403	柴油返塔量控制	t/h	0～100	24.0	
26	FC3404	中段返塔量控制	t/h	0～150	33.0	
27	FC3405	蜡油上返塔量控制	t/h	0～40	7.0	
28	FC3406	蜡油下返塔量控制	t/h	0～50	18.0	
29	FC3434	酸性水至 A3301 流量控制	kg/h	0～8000		
30	FC3435	酸性水至分馏塔顶流量控制	kg/h	0～5000		
31	FC3501	接触冷却塔顶流量控制	t/h	0～80		
32	FC3503	接触冷却塔底回流量控制	t/h	0～85		
33	FC3611	补充吸收剂流量指示	t/h	0～60	15.84	
34	FC3615	再吸收流量控制	t/h	0～30	22.64	
35	FC3652	稳定塔顶回流量控制	t/h	0～25	7.01	
36	LC3101	原料缓冲罐液控	%	0～100	50	
37	LC3274	甩油罐液位控制	%	0～100	50	
38	LC3301	封油罐液位控制	%	0～100	50	H：85 L：35

序号	仪表号	说　　明	单位	量程	正常值	报警值
		控制仪表				
39	LC3401	分馏塔底液位控制	%	0～100	50	H：80 L：35
40	LC3403	蜡油集油箱液位控制	%	0～100	50	
41	LC3405	蜡油汽提塔液位控制	%	0～100	50	
42	LC3431	D-3103 液位控制	%	0～100	50	H：80 L：20
43	LC3501	接触冷却塔底液位控制	%	0～100	50	
44	LC3503	D-3108 液位控制	%	0～100	50	
45	LC3601	凝缩油罐液位控制	%	0～100	50	
46	LC3611	吸收塔中段集油箱液位控制	%	0～100	50	
47	LC3612	吸收塔底液位控制	%	0～100	50	
48	LC3613	再吸收塔底液位控制	%	0～100	50	
49	LC3651	稳定塔底液位指示	%	0～100	50	
50	LC3652	液化气罐液位控制	%	0～100	50	
51	LdC3433	粗汽油罐界位控制	%	0～100	50	
52	LdC3505	D-3108 界位控制	%	0～100	50	
53	LdC3602	凝缩油罐界位控制	%	0～100	50	
54	PC3235A	炉膛负压	Pa	−50～0	−20.0	
55	PC3235C	炉膛负压	Pa	−50～0	−20.0	
56	PC3256	瓦斯罐压力控制	MPa	0～0.6	0.3	
57	PC3301	封油罐压力控制	MPa	0～2.5		
58	PC3401	分馏塔顶压力控制	MPa	0～0.3	0.13	
59	PC3613	再吸收塔顶压力控制	MPa	0～2	1.0	
60	PC3631	解析塔顶压力控制	MPa	0～2.5	1.4	
61	PC3651	稳定塔顶压力指示	MPa	0～2.5	1.0	
62	PC3652	液化气罐压力控制	MPa	0～2.5	0.9	
63	TC3202	一路炉出口温度	℃	0～800	498.0	
64	TC3203	二路炉出口温度	℃	0～800	498.0	
65	TC3204	三路路出口温度	℃	0～800	498.0	
66	TC3205	四路炉出口温度	℃	0～800	498.0	
67	TC3271	焦炭塔顶温度控制	℃	0～800	415.0	
68	TC3401	分馏塔顶温度控制	℃	0～200	110.0	
69	TC3410	分馏塔换热段温度控制	℃	0～600	370.0	
70	TC3412	蒸发段温度控制	℃	0～600	365.0	
71	TC3501	接触冷却塔顶回流温度控制	℃	0～400		
72	TC3636	解析塔底温度控制	℃	0～400	150.0	
73	TC3655	稳定塔底温度控制	℃	0～400	170.0	
74	AIC3231	炉氧含量控制	%	0～21	4.0	

序号	仪表号	说　　明	单位	量程	正常值	报警值
		显示仪表				
75	FI3251	瓦斯流量	t/h	0～2.0	0.6	
76	FI3252	瓦斯流量	t/h	0～2.0	0.6	
77	FI3253	瓦斯流量	t/h	0～2.0	0.6	
78	FI3254	瓦斯流量	t/h	0～2.0	0.6	
79	FIA3931	压缩机入口流量	m³/h	0～16000	10110.0	
80	FIA3933	压缩机出口流量	m³/h	0～16000	10110.0	
81	FIQ3101	原料罐入口流量	t/h	0～200	132.0	
82	FIQ3255	燃料气流量	t/h	0～10	3.0	
83	FIQ3432	污水流量	t/h	0～10.0		
84	LI3102	原料罐液位	%	0～100	50.0	
85	PI3201	加热炉入口压力指示	MPa	0～10	3.5	
86	PI3207	加热炉出口压力	MPa	0～4.0	0.4	
87	PI3208	加热炉出口压力	MPa	0～4.0	0.4	
88	PI3209	加热炉出口压力	MPa	0～4.0	0.4	
89	PI3210	加热炉出口压力	MPa	0～4.0	0.4	
90	PI3231	烟气压力	Pa	−2000～0.0	−500.0	
91	PI3232	烟气压力	Pa	−2000～0.0	−1500.0	
92	PI3233	空气压力	Pa	0～4000	1500.0	
93	PI3234	空气压力	Pa	0～2000	300.0	
94	PI3255	燃料气压力	MPa	0～1.0	0.3	
95	PI3271A	焦炭塔A塔塔顶压力指示	MPa	0～0.25	0.2	
96	PI3271B	焦炭塔B塔塔顶压力指示	MPa	0～0.25	0.2	
97	PI3401	分馏塔顶压力	MPa	0～1.0	0.13	
98	PI3402	分馏塔底压力指示	MPa	0～1.0	0.15	
99	PI3611	吸收塔顶压力指示	MPa	0～2.0	1.2	
100	PI3932	压缩机入口压力指示	MPa	0～0.6	0.05	
101	PI3935	压缩机出口压力指示	MPa	0～2.0	1.4	
102	TI3101A	原料罐入口温度	℃	0～300	150.0	
103	TI3101B	原料罐出口温度	℃	0～300	150.0	
104	TI3103	原料油温度	℃	0～400	246.0	
105	TI3201	加热炉入口温度指示	℃	0～800	317.0	
106	TI3202A	加热炉出口温度	℃	0～800	498.0	
107	TI3203A	加热炉出口温度	℃	0～800	498.0	
108	TI3204A	加热炉出口温度	℃	0～800	498.0	
109	TI3205A	加热炉出口温度	℃	0～800	498.0	
110	TI3244	烟气温度	℃	0～400	300.0	

序号	仪表号	说　　　明	单位	量程	正常值	报警值
		显示仪表				
111	TI3245	烟气出口温度	℃	0～400	180.0	
112	TI3246	空气温度	℃	0～400	150.0	
113	TI3402	顶循回流温度	℃	0～400	70.0	
114	TI3404	顶循抽出温度	℃	0～400	140.0	
115	TI3414	分馏塔显示温度	℃	0～400	150.0	
116	TI3420	柴油流出温度指示	℃	0～400	230.0	
117	TI3421	蜡油馏出温度指示	℃	0～600	360.0	
118	TI3431	粗汽油罐入口温度指示	℃	0～100	40.0	
119	TI3611	吸收塔顶温度指示	℃	0～100	41.0	
120	TI3612	补充吸收剂温度指示	℃	0～100	40.0	
121	TI3620	吸收塔底温度指示	℃	0～200	45.0	
122	TI3638	解析塔底温度指示	℃	0～400	150.0	
123	TI3651	稳定塔顶温度指示	℃	0～100	60.0	
124	TI3656	稳定塔底温度指示	℃	0～400	170.0	
125	TI3948	压缩机入口温度	℃	0～100	40.0	
126	TIA3951	压缩机出口温度	℃	0～200	120.0	

任务四　掌握装置主要现场阀列表

序号	阀门位号	说明	备注
1	VI1D3101	D-3101 原料入口阀	
2	VI2D3101	D-3101 原料入口阀	
3	VI3D3101	D-3101 平衡线阀	
4	VI4D3101	甩油出装置阀	
5	VI5D3101	甩油阀	
6	VI6D3101	D-3101 开工蜡油进料阀	
7	VI7D3101	D-3101 开工柴油进料阀	
8	VI8D3101	甩油去 D3101 闭路循环阀	
9	V1P3112A	开工泵原料油入口阀	
10	V2P3112A	开工泵焦化油入口阀	
11	V3P3112A	开工泵甩油入口阀	
12	V4P3112A	开工泵原料油出口阀	
13	V5P3112A	开工泵焦化油出口阀	

序号	阀门位号	说明	备注
14	V6P3112A	开工泵甩油出口阀	
15	V1P3112B	开工泵原料油入口阀	
16	V2P3112B	开工泵焦化油入口阀	
17	V3P3112B	开工泵塔底循环油入口阀	
18	V4P3112B	开工泵原料油出口阀	
19	V5P3112B	开工泵焦化油出口阀	
20	V6P3112B	开工泵甩油出口阀	
21	V7P3112B	开工泵塔底循环油出口阀	
22	VOTP3112A	开工泵透平出口阀	
23	VXTP3112A	开工泵透平入口调节阀	
24	VOTP3112B	开工泵透平出口阀	
25	VXTP3112B	开工泵透平入口调节阀	
26	VI1F3101	加热炉出口阀	
27	VI2F3101	加热炉出口阀	
28	VI3F3101	加热炉出口退油阀	
29	VI4F3101	加热炉出口退油阀	
30	VSF3101A	加热炉吹扫蒸汽阀	
31	VSF3101B	加热炉吹扫蒸汽阀	
32	VX1F3101	加热炉蒸汽阀	
33	VX2F3101	加热炉蒸汽阀	
34	VX3F3101	加热炉蒸汽阀	
35	VX4F3101	加热炉蒸汽阀	
36	V1FV3220	加热炉蒸汽阀	
37	V2FV3220	加热炉蒸汽阀	
38	V3FV3220	加热炉蒸汽阀	
39	V4FV3220	加热炉蒸汽阀	
40	VX1BHZQ	加热炉保护蒸汽入口阀	
41	VX2BHZQ	加热炉保护蒸汽入口阀	
42	VX1BHFK	加热炉保护蒸汽放空阀	
43	VX1BHFK	加热炉保护蒸汽放空阀	
44	UV3251	加热炉瓦斯入口截止阀	
45	UV3252	加热炉瓦斯入口截止阀	
46	UV3253	加热炉瓦斯入口截止阀	
47	UV3254	加热炉瓦斯入口截止阀	
48	PCV3256A	加热炉长明灯入口截止阀	

序号	阀门位号	说明	备注
49	PCV3256B	加热炉长明灯入口截止阀	
50	PCV3256C	加热炉长明灯入口截止阀	
51	PCV3256D	加热炉长明灯入口截止阀	
52	UV3255	加热炉长明灯入口截止总阀	
53	HV3231	加热炉快开风门	
54	HV3233	加热炉快开风门	
55	HV3235	加热炉快开风门	
56	HV3237	加热炉快开风门	
57	VI1C3101A	焦炭塔焦化油入口阀	
58	VI1C3101B	焦炭塔焦化油入口阀	
59	VI2C3101A	焦炭塔顶部进料阀	
60	VI2C3101B	焦炭塔顶部进料阀	
61	VI1C3101	焦炭塔开工阀	
62	V1QYKGX	粗汽油出装置现场阀	
63	V2QYKGX	粗汽油去 E-3304 现场阀	
64	V3QYKGX	粗汽油去吸收塔现场阀	
65	V4QYKGX	粗汽油收油进料阀	
66	V1CYKGX	柴油进出装置现场阀	
67	V2CYKGX	开工柴油现场阀	
68	V1LYKGX	蜡油进出装置现场阀	
69	V2LYKGX	开工蜡油现场阀	
70	V3LYKGX	开工蜡油去接触冷却阀	
71	VI1C3102	分馏塔进料上截止阀	
72	VI2C3102	分馏塔进料下截止阀	
73	VX1D3301	D-3301 瓦斯充压阀门	
74	VI1C3303	再吸收塔顶部进料截止阀	
75	VI2C3303	再吸收塔吸收剂旁路截止阀	
76	VI1C3102	分馏塔上进料现场阀	
77	VI2C3102	分馏塔下进料现场阀	
78	VGLLC102	分馏塔蜡油抽出根部阀	
79	VGLC102	分馏塔蜡油抽出根部阀	
80	VGZC102	分馏塔中段抽出根部阀	
81	VGCC102	分馏塔柴油抽出根部阀	
82	VGDC102	分馏塔顶循抽出根部阀	
83	VI1E3104	燃料汽进装置阀	

序号	阀门位号	说明	备注
84	VI1D3103	D-3103 富气出口阀	
85	V4QYKGX	P-3103 跨线阀	
86	VI1FK	紧急放空油现场阀	
87	VI2FK	紧急放空油现场阀	
88	VIWY	甩油污油出装置现场阀	
89	VI1C3101	焦炭塔开工线总阀	
90	VX3C3101A	焦炭塔塔底甩油现场阀	
91	VX3C3101B	焦炭塔塔底甩油现场阀	
92	VLJ1C3101	冷焦水现场阀	
93	VLJ2C3101	冷焦水现场阀	
94	VZQ1C3101	低压吹汽现场阀	
95	VZQ2C3101	低压吹汽现场阀	
96	VLJC3101	焦炭塔放水总阀	
97	VHXC3101A	焦炭塔呼吸阀	
98	VHXC3101B	焦炭塔呼吸阀	
99	VYLC3101A	焦炭塔溢流水阀	
100	VYLC3101B	焦炭塔溢流水阀	
101	VX1D3107	甩油罐顶部气相出口阀	
102	VX2D3107	甩油罐甩油去 E-3114B 现场阀	
103	VI3D3105	蒸汽发生器出口阀	
104	VX2D3105	蒸汽发生器放空阀	
105	VI1C3302	解吸塔进料阀	
106	VI2C3302	解吸塔进料阀	
107	VI1C3304	稳定塔进料阀	
108	VI2C3304	稳定塔进料阀	
109	VI3C3304	稳定塔进料阀	
110	VOFV3651	稳定汽油出装置边界阀	
111	V2FV3651	稳定汽油去不合格线阀	
112	VIQYWS	稳定汽油外送现场阀	
113	VI1D3302	D-3302 不凝气出装置	
114	VI2D3302	不凝气去压缩机现场阀	
115	VX1D3301	吸收系统充压阀	
116	VXCK3301	K-3301 出口放空阀	
117	VIE3101	E-3101 入口阀	
118	VOE3101	E-3103 出口阀	
119	VPE3101	原料换热器旁路	

任务五　掌握操作规程

注：实际装置要求的操作，但是不在仿真软件模拟范围之内的，均以下划线标注。

一、冷态开车

1. 开车前准备

① 水、电、汽、风、瓦斯系统全部畅通，能保证充足的供应；

② 装置水联运，氮气试压完成；

③ 检查电机、机泵、仪表的运行状况完成；

④ 检查管线及设备是否有泄漏现象完成；

⑤ 联系好开工柴油、汽油和蜡油并作好化验准备，并将各重油线给上伴热。

2. 收蜡油，闭路循环升温 350℃

（1）分馏塔收汽油

① 打开汽油边界阀、稳定汽油去不合格线阀、不合格汽油外送阀；

② 打开 P3103 跨线阀、汽油液位控制阀；

③ 分馏塔顶回流罐 D3103 液位升到 70％以上，关闭 P3103 跨线阀。

分馏塔收汽油主要操作要点：

▲ 打开汽油边界阀；

▲ 打开稳定汽油去不合格线阀；

▲ 打开不合格汽油外送阀；

▲ 打开 P3103 跨线阀；

▲ 打开汽油液位控制阀；

▲ 分馏塔顶回流罐 D3103 液位；

▲ 关闭 P3103 跨线阀。

（2）分馏系统收蜡油、蜡油开路循环

① 改好收蜡油流程：与蜡油相关的阀门处于相应状态，关闭分馏塔除塔底循环回流和原料进口以外的所有塔壁阀门；

② 当原料罐液面为 10％，分馏塔液位达到 30％，打通分馏塔后加热炉→焦炭塔→甩油罐→E-3114→甩油出装置流程；

③ 启动开工泵；

④ 原料系统开路，蜡油出装置；

⑤ 开路 3h 后，原料罐 80％、分馏塔液位达到 70％时，联系调度停输蜡油进装置，停收蜡油；

⑥ 外操加强巡检和设备检查，防止跑油、泄漏，处理设备问题；

⑦ 内操继续考核调整仪表、电器、机泵。

反应分馏系统收蜡油操作要点：

▲ 打开蜡油出装置边界阀；

▲ 蜡油甩油头；

▲ 关闭蜡油甩油头阀门；

▲ 打开蜡油去 D3101 开工阀；

▲ 打开蜡油并原料线阀；

▲ 打开 D3101 液位控制阀；

▲ D3101 液位控制；

▲ 打开原料罐顶平衡线阀；

▲ 打开原料换热器旁路阀；

▲ 打开分馏塔进料控制阀；

▲ 打开分馏塔底上进料阀；

▲ 打开分馏塔底下进料阀；

▲ 打开分馏塔上进料控制阀；

▲ 打开分馏塔下进料控制阀；

▲ 打开 P3101 入口阀；

▲ 启动 P3101A；

▲ 启动 P3101B；

▲ 打开 P3101 出口阀；

▲ 打开加热炉出口闸阀；

▲ 打开加热炉出口闸阀；

▲ 打开焦炭塔开工阀；

▲ 打开焦炭塔 C101A 开工阀；

▲ 打开焦炭塔 C101A 甩油阀；

▲ 打开甩油罐入口阀；

▲ 打开加热炉一路进料流量控制阀；

▲ 打开加热炉二路进料流量控制阀；

▲ 打开加热炉三路进料流量控制阀；

▲ 打开加热炉四路进料流量控制阀；

▲ 打开 P3112 分馏塔底油出口阀；

▲ 打开 P3112 分馏塔底油入口阀；

▲ 打开 P3112 透平蒸汽出口阀；

▲ 打开 P3112 透平蒸汽入口阀；

▲ 打开甩油罐顶现场阀；

▲ 打开甩油去 E3114B 阀；

▲ 打开甩油出装置阀；

▲ 打开甩油出装置总阀，蜡油开路循环；

▲ 打开 P3113 出口阀；

▲ 打开 P3113 入口阀；

▲ 打开 P3113 蒸汽出口阀；

▲ 打开 P3113 蒸汽入口阀。

(3) 接触冷却塔收蜡油

① 引蜡油进接触冷却塔，接触冷却塔底建立液位；

② 打通接触冷却塔底→P3110→E3114A→接触冷却塔顶流程；

③ 接触冷却塔塔底系统油运，塔底液位100％时，接触冷却系统停收蜡油。

接触冷却塔收蜡油操作要点：

▲ 打开接触冷却塔收蜡油阀；

▲ 打开 C3104 塔底蜡油入口阀；

▲ 接触冷却塔停收蜡油；

▲ 打开接触冷却塔顶回流控制阀；

▲ 投用 E3114A；

▲ 打开 P3110A 入口阀；

▲ 启动 P3110A；

▲ 打开 P3110A 出口阀；

▲ 打开 D3108 放空阀；

▲ 投用空冷器 A3105；

▲ 打开 C3104 加热蒸汽阀。

（4）蜡油闭路循环，升温控制到350℃

① 蜡油改闭路循环；

② 控制原料缓冲罐和分馏塔液位，达到70％～80％；

③ 接到停收蜡油通知后，关闭蜡油出装置最后一道阀门；

④ 利用循环流量控制分馏塔底、原料缓冲罐、甩油罐液面平衡，同时检查液面变化趋势，防止油积存到焦炭塔中，控制不要满液面；

⑤ 控制各塔、器、罐的温度、压力、液位在指标范围（蜡油升温过程中原料罐液面下降较多时，应再次收蜡油）；

⑥ 加热炉出口按照≤50℃/h的速度升温；

⑦ 根据加热温度需要，点火盆，调整火盆数量，燃料压力保持在正常运行范围内；

⑧ 随着加热炉升温，当烟气出口温度达到180℃时，加热炉由自然通风改强制通风，投用引、送风机及预热器；

⑨ 改好收油流程，联系调度收汽油，需汽油100t左右；D3103 液面控制在50％左右；视分馏塔顶温度，打冷回流，控制塔顶温度不大于130℃；

⑩ 分馏塔底油温达到200℃时，分馏塔底温度达到200℃，开始预热 P3109 和 P3102A；

⑪ 分馏塔底温达到280～300℃，P3101 运转正常，系统脱水干净，启动 P3109、P3102 A 或 B 建立循环；

⑫ 分馏塔底循环正常后，通知外操分馏塔蜡油抽出以上管壁阀全部打开；

⑬ 蜡油闭路循环升温到350℃，联系热紧，处理问题；

⑭ 汽包上水，蒸发器进水，汽包开排空；

⑮ 调整蜡油闭路循环量不低于100m³/h，闭路循环正常；

⑯ 各侧线泵在泵房内入口排凝脱水；

⑰ 除焦班在炉出口300℃循环时对焦炭塔塔底、塔底端节、塔顶热紧；

⑱ 加热炉对流室炉管300℃时通管网蒸汽并放空；

⑲ 当分馏塔压力达到5kPa时，联系调度，投用、大小放火炬，焦化富气去火炬；

⑳ 打开放空塔顶线去火炬线阀；

㉑ 给上四通阀（包括其他电动阀门）汽封蒸汽，试翻电动阀门正反方向360°角两次；

㉒ 当炉出温度到达 350℃时，恒温，检查设备问题，配合处理；

㉓ 继续考核调整仪表、电器、机泵；

㉔ 说明：加热炉应控制升温速度。

蜡油闭路循环操作要点：

▲ 关闭蜡油去 D3101 开工阀；

▲ 打开甩油闭路循环阀；

▲ 关闭甩油出装置阀；

▲ 控制 D3101 液位；

▲ 控制分馏塔底液位；

▲ 控制甩油罐液位。

加热炉点火升温操作要点：

▲ 打开燃料气进装置阀；

▲ 打开燃料气罐 D3114 压力控制阀；

▲ 打开 D3114 顶闸阀；

▲ 瓦斯压力控制；

▲ 开副烟道挡板；

▲ 开副烟道挡板；

▲ 开主烟道挡板；

▲ 炉膛吹扫；

▲ 加热炉自然通风；

▲ 打开长明灯进气阀；

▲ 插入点火棒；

▲ 开长明灯入口阀；

▲ 打开瓦斯进料控制阀；

▲ 打开瓦斯进料控制阀；

▲ 打开瓦斯入口阀；

▲ 开四路风门；

▲ 打开鼓风机入口挡板；

▲ 开鼓风机；

▲ 关加热炉自然通风；

▲ 打开烟气预热器入口挡板；

▲ 打开引风机入口挡板；

▲ 启动引风机；

▲ 关闭烟道总挡板；

▲ 甩油冷却水槽上水；

▲ 打开 E3103 后阀；

▲ 打开 E3101 前阀；

▲ 关闭原料换热器旁路阀；

▲ 加热炉出口温度恒温 250℃；

▲ 加热炉出口温度恒温 300℃；

▲ 打开加热炉保护蒸汽入口阀。

汽包投用操作要点：

▲ 汽包开排空；

▲ 打开汽包液位控制阀；

▲ 打开汽包去加热炉现场阀；

▲ 打开汽包去加热炉控制阀；

▲ 打开汽包去加热炉控制阀；

▲ 关闭气包放空阀；

▲ 打开过热蒸汽去管网现场阀；

▲ 打开过热蒸汽去汽提塔现场阀；

▲ 关闭加热炉保护蒸汽入口阀；

▲ 关闭加热炉保护蒸汽入口阀；

▲ 关闭加热炉保护蒸汽放空阀；

▲ 关闭加热炉保护蒸汽放空阀。

（5）稳定系统收瓦斯、汽油，三塔循环

① 瓦斯充压：稳定系统瓦斯充压到 0.7MPa 左右；吸收系统瓦斯充压到 0.8MPa 左右。解吸塔充压；

②收汽油：根据装置外油品走向，打通吸收稳定收汽油流程：稳定汽油出装置阀→粗汽油直接出装置线→C3301→P3301→D3301→P3302→C3302→P3302→C3304→P3303→C3301；

依照三塔循环流程，C3301、D3301、C3302、C3304 收汽油，50%液面以后停收汽油，停各泵静止 2h 脱水，加强 E3302、E3303 脱水。

③ 冷换设备开始给水。

吸收稳定部分收汽油操作要点：

▲ 打开 D3302 不凝气至管网现场阀，打开 D3302 压力控制阀；

▲ 打开稳定塔顶压力控制阀；

▲ 关闭 D3302 不凝气至管网现场阀；

▲ 打开吸收塔顶充压阀；

▲ 打开解析塔顶压力控制阀；

▲ 关闭吸收塔顶充压阀；

▲ 打开汽油去吸收塔 C3301 现场阀；

▲ 打开吸收塔中段回流控制阀；

▲ 打开 E3305 冷却水阀；

▲ 启动 P3305；

▲ 打开吸收塔底汽油流量控制阀；

▲ 启动 P3306；

▲ 打开解吸塔入口流量控制阀；

▲ 打开解吸塔进料阀；

▲ 启动 P3301；

▲ 解吸塔底液位；

▲ 打开解吸塔液位控制阀；

▲ 打开稳定塔进料阀；

▲ 启动 P3302；

▲ 关闭汽油阀，停收汽油；

▲ 关闭稳定汽油不合格线现场阀；

▲ 打开汽油返吸收塔流量控制阀；

▲ 启动 P3303。

3. 引渣油，切换四通阀

（1）加热炉继续升温 380℃，切换减渣

① 输出各线系统能正常使用；

② 根据加热温度需要调整火嘴数量，燃料压力保持在正常运行范围内；

③ 导通减压渣油进焦化流程；

④ 渣油线提前暖线；

⑤ 加热炉出口按照≤50℃/h 的速度升温；

⑥ 安排班组电动阀门给汽封蒸汽，半小时试翻电动阀门正反方向一次；

⑦ 蜡油升温达 380℃时，恒温，辐射泵正常运转 12h 以上；

⑧ 联系调度引减压渣油入装置；

⑨ 引渣油，通知罐区，油头外甩，甩净后入 D3101；

⑩ 蜡油改开路循环；

⑪ 检查、监护汽泵的运行状态，根据需要调整汽泵的甩油速度。

（2）升温调整操作，投用中压蒸汽

① 加热炉火嘴全部点燃，调整火焰质量，由内操用控制阀控制温度；

② 加热炉继续升温，当炉出口温度达到 400℃时，投用加热炉注汽，控制调节阀总流量 2100kg/h；

③ 控制甩油出装置温度不大于 90℃。炉总量控制 100t/h 左右，同时每半小时活动四通阀一次，四通阀给汽封（由专人负责）；

④ 水箱加水，并保持温度 70～90℃，后期温度较高时，水箱可停止加热，大量加水溢流，以防止甩油温度过高；

⑤ 分馏改好分馏塔回流流程，加强泵入口脱水，各侧线流程全部打通，只留泵出口阀作为控制阀，做好转入正常的准备；

⑥ 停污油线外甩，装置内循环；

⑦ 用渣油入 D3101 量控制各塔、罐液位；

⑧ 污油线扫线备用，伴热线开；

⑨ 稳定维持三塔循环；

⑩ 说明：加热炉应控制升温速度。

加热炉升温切换减渣操作要点：

▲ 打开分馏塔底循环泵出口阀；

▲ 启动 P3109；

▲ 启动 P3102；

▲ 关闭 P3112A 蒸汽入口阀；

▲ 关闭 P3112A 蒸汽出口阀；

▲ 关闭 P3112A 分馏塔底油出口阀；

▲ 关闭 P3112A 分馏塔底油入口阀；

▲ 加热炉出口恒温 350℃；

▲ 加热炉出口恒温 380℃；

▲ 打开甩油出装置阀改开路循环；

▲ 关闭甩油出装置并原料线阀；

▲ 打开焦炭塔顶油气出口阀；

▲ 打开焦炭塔顶油气出口阀；

▲ 打开 D3103 气相出口阀；

▲ 打开富气放空阀；

▲ 分馏塔顶压力控制；

▲ 关闭甩油去 D3101 阀；

▲ 渣油甩油头；

▲ 关闭渣油甩油头阀门；

▲ 打开渣油进装置阀，切换渣油进料；

▲ 开加热炉注气阀。

（3）升温到 430℃，切四通，迅速升温到 500℃

① 加快焦炭塔甩油速度，控制 E3114 甩油出口温度不大于 110℃，此项工作应由专人负责；

② 再次活动四通阀（由专人负责）；

③ 分馏塔根据塔内热负荷情况，通知建立冷回流；

④ 当焦炭塔底存油不多（D3107 液面不大于 50％时），炉出口温度以 50℃/h 的速度升至 430℃，切换四通阀，焦炭塔由开工线改下进料；

⑤ 接到班长切换四通阀通知后，打开开工塔底进料隔断阀门，关闭开工塔底甩油阀门，将四通阀由开工线位置切到开工塔底，正常进料生产；

⑥ 四通阀切换后，迅速将炉温升至 500℃。

切换四通，调整操作主要操作要点：

▲ 打开焦炭塔底渣油进料阀；

▲ 炉出口温度达到 430℃；

▲ 切换四通阀到焦炭塔底部进料；

▲ 关闭焦炭塔底部甩油阀；

▲ 关闭焦炭塔开工线阀；

▲ 关闭焦炭塔开工线阀；

▲ 关闭甩油泵 P3113 蒸汽入口阀；

▲ 关闭甩油泵 P3113 蒸汽出口阀；

▲ 关闭甩油泵 P3113 出口阀；

▲ 关闭甩油泵 P3113 入口阀；

▲ 关闭甩油阀；

▲ 关闭甩油罐油气出口阀；

▲ 关闭开工循环线阀；

▲ 加热炉四路进料提量；

▲ 启动空冷器 A3101；

▲ 打开汽油回流控制阀；

▲ 启动汽油泵 P3103；

▲ 打开污水出装置阀；

▲ 启动 P3116；

▲ 打开顶循流量控制阀；

▲ 启动顶循空冷器 A3102；

▲ 启动 P3104；

▲ 打开中段循环流量控制阀；

▲ 启动 P3106；

▲ 打开急冷油流量控制阀；

▲ 打开柴油回流控制阀；

▲ 启动 P3105；

▲ 启动柴油空冷器；

▲ 打开柴油外送流量控制阀；

▲ 打开蜡油回流控制阀；

▲ 打开蜡油回流控制阀；

▲ 启动 P3108；

▲ 打开蜡油液位控制阀；

▲ 启动蜡油空冷器；

▲ 打开蜡油外送控制阀；

▲ 启动 P3107。

4. 全面调整操作

（1）分馏系统建立回流

① 根据塔内热分布情况，尽快建立顶循回流，并适当减少冷回流，视分馏塔顶油气温度增开空冷风机，控制空冷器出口温度不大于 50℃；

② 打通各产品出装置流程，蜡油从出装置阀后给汽暖线；

③ 顶循环建立后，依次建立各回流，视蜡油汽提塔液位及时向装置外送油，调整好汽提蒸汽量。

（2）稳定系统投用压缩机收富气，转入生产

① 改好收压缩富气流程，准备接收富气；各冷却器、蒸发空冷器给水；稳定岗位加强火炬系统检查，确保火炬系统畅通；

② 当气压机运行正常后，稳定接收压缩富气，关小压缩机出口放火炬阀，直至关死，接收富气；注意气压机去稳定管线杜绝存水；

③ 逐渐将 C3303 压力提高至 1.0MPa，用压控阀控制压力；C3303 顶干气出装置；

④ 引柴油吸收剂至 C3303，富吸收油返回 C3102；

⑤ 分馏中段回流、蜡油回流正常后，接收分馏热源，E3302、E3303 升温；

⑥ 投富气水洗，D3301 底酸性水外送出装置；

⑦ 液化气、稳定汽油出装置。

（3）调整操作，转入正常生产

① 将各分支逐步提量至 35t/h；

② 焦炭塔顶压力 0.13MPa 时，联系热紧；

③ 关闭四通阀上去开工线阀门，打开开工线去放空线阀门，到焦炭塔顶打开安全阀手阀，关闭开工塔线顶开工线阀门，使开工塔安全阀放空线投入安全阀使用状态；

④ 焦炭塔开工线、甩油线、分馏外甩线扫线；

⑤ 焦炭塔温度逐渐升高以后，注意检查大油气管线去分馏系统膨胀情况；

⑥ 检查各注汽点压力是否正常；

⑦ 调整炉火燃烧均匀；

⑧ 控制好炉膛负压及氧含量；

⑨ 调整好全塔热平衡及各回流取热比例，控制好各回流量；

⑩ 按产品控制指标，调整各产品质量，保证各部位温度平稳；

⑪ 封油改自产蜡油，并处理封油线；

⑫ 加强各岗位巡检和设备检查，防止跑油、泄漏，处理设备问题；

⑬ 继续考核调整仪表、电器、机泵。

压缩机吸收稳定系统投用操作要点：

▲ 关闭富气放空阀；

▲ 打开压缩机出口安全阀副线阀；

▲ 打开压缩机入口阀；

▲ 打开压缩机反飞动阀；

▲ 启动压缩机；

▲ 关闭压缩机出口安全阀副线阀；

▲ 打开压缩富气出口阀；

▲ 启动富气空冷器 A-3301；

▲ 打开再吸收塔顶压力控制阀。

5. 启动化学试剂系统，联锁投用

① 在加热炉出口温度达到 450℃ 以上后，投用缓蚀剂罐，增液剂罐，消泡剂罐充液，启动 P-3124，P-3125，P-3118；

② 在加热炉出口温度达到 450℃ 以上后，联锁投用。

二、正常停车

1. 停工准备

(1) 车间基础工作准备

① 停工用具，阀门扳手、润滑油料、劳保用品准备齐全；

② 消防、气防器材齐全好用并摆放整齐，消防蒸汽正常，排水畅通；

③ 监视器、定点对讲系统好用，各岗电话好用；

④ 准备好各岗位停工操作记录、交接班日记；

⑤ 装置停工方案、盲板方案、扫线流程图上墙，责任分工明确；

⑥ 下水井畅通，检查消防设施保证完好；

⑦ 摘除联锁。

(2) 反应系统工艺准备

① 确认焦炭塔新塔除焦结束，预热正常，达到正常换塔要求；

② 确认焦炭塔开工线扫通，达到停工要求；

③ 重污油线扫线贯通，改好甩油罐污油直接外甩流程，E3114 充好冷却水，达到正常使用状态；

④ 冷焦水罐 D3201 和 D3202/A 内污油溢流到 D3202/B 内，D3202/B 内污油全部溢流到污油罐 D3203 内，D3203 脱净存水后污油外送出装置；

⑤ P3112 和 P3113 预热；

⑥ P3113 出入口扫线做停工退油准备。

（3）分馏系统准备工作

① 拆除 P3103 入口的水线盲板；

② 确认封油系统的正常循环；

③ 试通放火炬线，确保畅通好用；

④ 分馏塔回流罐存高液面。

（4）稳定系统准备工作

① 停富气水洗，关富气水洗器壁阀。酸性水全部外送；

② 停再吸收塔，关闭吸收油调节阀及柴油吸收剂泵 P3117（含前后阀），将塔底富吸收油全部压入分馏塔后，关闭塔底富吸收油调节阀；

③ 准备好润滑油桶，停工后气压机卸油；

④ 拆除 P3304 入口水盲板。

2. 降温、降量、切换四通阀，停压缩机

（1）加热炉降温、降量

① 新塔预热正常；

② 降辐射入炉流量：降量速度为 10t/h，此时加热炉出口温度保持正常指标，将加热炉辐射量降到 120t/h（总量）；

③ 提加热炉注汽：在降量的同时将炉注汽每点增加到 420kg/h。降量至要求值后，炉出口迅速由 498℃降低到 460℃，降量降温过程中注意系统压力变化；

④ 原料液面降至 30% 以下。

加热炉降温降量操作要点：

▲ 加热炉降量；

▲ 加热炉降温；

▲ 加大加热炉注汽。

（2）切换四通阀，老塔冷焦，新塔减渣开路；停压缩机

① 四通阀切向停工塔开工线前 10min 将辐射出口温度降至 480℃；

② 当炉出口降至 460℃时，将四通阀迅速改为开工线，改新焦炭塔上部进料，老塔进行正常处理，关闭急冷油阀门并扫线，做好甩油工作；通知调度降低减渣进装置量；

③ 切换正常后，加热炉出口按≤60℃/h 的速度降温；降量同时要将注汽量加大；

④ 切换四通阀后，老塔做冷焦处理；

⑤ 外操根据情况对称熄灭部分火盆（保留长明灯）；

⑥ 加热炉降温降量时，注意分馏塔液面及温度情况，及时调整回流量；

⑦ 注意各机泵运行情况，发现抽空时，应及时停泵；

⑧ 当中段回流量为零时，停中段回流泵；

⑨ 柴油泵抽空时，停柴油泵；

⑩ 蜡油泵抽空后，停蜡油泵；

⑪ 汽包产汽量为零时，自产蒸汽改放空；

⑫ 随前部降量，富气和粗汽油来量逐渐减少，稳定系统应及时减少出装置量，维持系统压力、物料平衡，并与厂调度，大催化联系注意干气管网压力；

⑬ 用反飞动维持气压机转数，当气压机转数降至 8000r/min 时，手动降速，直至停机；

⑭ 稳定系统切出，富气放火炬；

⑮ 当 E3303 返塔油气＜150℃时，粗汽油改直接出装置；停吸收塔补充吸收剂，将吸收塔、解析塔、压缩机入口分液罐油倒入稳定塔，抓紧向装置外送；

⑯ 解析塔底、稳定塔底热源切除降温。

切换四通，老塔处理操作要点：

▲ 打开焦炭塔 B 顶油气出口阀；

▲ 打开焦炭塔 B 底部甩油阀；

▲ 打开 D3107 入口阀；

▲ 打开甩油去 E3114 阀；

▲ 打开甩油出装置阀；

▲ 打开甩油出装置阀；

▲ 打开 P3113 出口阀；

▲ 打开 P3113 入口阀；

▲ 打开 P3113 蒸汽出口阀；

▲ 打开 P3113 蒸汽入口阀；

▲ 焦炭塔预热温度；

▲ 打开焦炭塔开工线阀；

▲ 打开焦炭塔 B 开工线阀；

▲ 切换四通阀到开工线；

▲ 打开老塔进料短节吹扫蒸汽阀；

▲ 关闭焦炭塔 A 进料阀；

▲ 关闭老塔进料短节吹扫蒸汽阀；

▲ 打开吹汽放空线阀；

▲ 打开焦炭塔吹汽放空阀；

▲ 关闭焦炭塔顶油汽去分馏塔阀；

▲ 焦炭塔大给汽；

▲ 打开冷焦水控制阀；

▲ 焦炭塔给水；

▲ 打开焦炭塔顶溢流水阀；

▲ 关闭冷焦水给水阀；

▲ 关闭溢流水阀；

▲ 打开呼吸阀；

▲ 打开冷焦水放水阀；

▲ 打开焦炭塔底盖阀门；

▲ 焦炭塔切焦；

▲ 打开焦炭塔 B 吹汽放空阀；

▲ 关闭焦炭塔 B 油汽去分馏塔阀；

▲ 打开接触冷却塔液位控制阀；

▲ 控制接触冷却塔液位；

▲ 控制甩油温度。

3. 降温、切辐射泵，加热炉降温熄火

（1）加热炉降温，停辐射泵，反应系统扫线

① 炉出口温度以≤60℃/h 速度降温；

② 当辐射出口降至 380℃时，停注汽；

③ 当炉出口温度在 350℃以下时，原料缓冲罐控制低液面（10%），做停进渣油准备工作；

④ 停减渣入装置，当原料泵抽空后，停 P3101，将油从罐底扫入分馏塔；

⑤ 炉出口温度达 350℃以下时，停辐射泵，切换蒸汽往复泵；

⑥ 辐射出口降至 350℃时，通知外操加热炉熄全部火盆，保留长明灯；

⑦ 辐射出口降至 300℃时，由强制通风改自然通风；

⑧ 辐射出口 280℃以下，熄灭全部长明灯，逐渐关小一、二次风门，烟道挡板全开，保持炉膛温度缓慢下降；

⑨ 卸下长明灯软管连接；

⑩ 用往复泵将分馏塔底油抽净，分馏塔底给汽扫线，过加热炉，将油扫至甩油罐；甩油罐抽空后，将油扫至重污油线至罐区。（中间可在原料集合管处加蒸汽打接力扫线）；

⑪ 新塔进行吹汽冷却，吹汽通过油气线进入分馏塔，将油气线处理干净；

⑫ 油气线扫净后，向 C3104 吹扫；

⑬ C3104 塔内污油送出装置，蒸塔蒸汽给上，向火炬线吹扫（也可改放空）。

加热炉降温操作要点：

▲ 加热炉降温；

▲ 停三点注汽；

▲ 加热炉自然通风；

▲ 停鼓风机；

▲ 炉出口 280℃，熄长明灯；

▲ 加热炉熄火；

▲ 总烟道挡板全开。

（2）分馏系统退油，水顶汽油

① 间断开分馏塔各侧线泵，将存油抽净；

② 各侧线泵抽空后给汽扫线，将各回流油扫入分馏塔；

③ 分馏塔底油也通过蒸汽往复泵 P3112 直接外送；

④ 控制 E3114 出口温度不大于 90℃；

⑤ 打开 P3103 入口水线，启动 P3103 按正常流程水顶汽油出装置；

⑥ 联系罐区，见水 1～2h 后停泵 P3103。

分馏系统停工操作要点：

▲ 压缩机降速；

▲ 压缩机停机；

▲ 富气放火炬；

▲ 关闭粗汽油泵出口阀；

▲ 停粗汽油泵；

▲ 关闭顶循环泵出口阀；

▲ 停顶循环泵；

▲ 关闭污水泵出口阀；

▲ 停污水泵 P-3116；

▲ 关闭中段循环泵出口阀；

▲ 停中段循环泵；

▲ 关闭柴油泵出口阀；

▲ 停柴油泵；

▲ 关闭蜡油泵出口阀；

▲ 停蜡油泵；

▲ 关闭蜡油泵出口阀；

▲ 停蜡油泵；

▲ 关闭原料泵出口阀；

▲ 停原料泵；

▲ 关闭辐射泵出口阀；

▲ 停辐射泵；

▲ 打开加热炉炉管蒸汽扫线阀；

▲ 关闭加热炉炉管蒸汽扫线阀；

▲ 关闭 P3113 出口阀；

▲ 关闭 P3113 入口阀；

▲ 关闭 P3113 蒸汽出口阀；

▲ 关闭 P3113 蒸汽入口阀；

▲ 排原料罐液位；

▲ 排分馏塔底液位；

▲ 排甩油罐液位；

▲ 排蜡油集油箱液位；

▲ 排分馏塔回流罐液位；

▲ 排分馏塔回流罐界位。

(3) 稳定系统退油，水顶液化气

① 停气压机后，保持系统压力，靠系统压力将 D3301、C3301、C3302、C3304 油压出装置；

② 联系调度将再吸收塔顶干气外送出装置由放火炬线泄压；

③ 联系大催化，改放水流程，启动 P3304 泵水顶液化气。

吸收稳定系统停工操作要点：

▲ 关闭 P3117 出口阀；

▲ 停运 P3117；

▲ 关闭补充吸收剂控制阀；

▲ 关闭稳定汽油泵出口阀；

▲ 停稳定汽油泵；

▲ 关闭吸收塔中段回流泵出口阀；

▲ 停吸收塔中段回流泵；

▲ 关闭吸收塔底泵出口阀；

▲ 停吸收塔底泵；

▲ 关闭解吸塔进料泵出口阀；

▲ 停解吸塔进料泵；

▲ 关闭稳定塔进料泵出口阀；

▲ 停稳定塔进料泵；

▲ 排解析塔底液位；

▲ 排稳定塔底液位；

▲ 排吸收塔底液位；

▲ 排再吸收塔底液位；

▲ 排富气分液罐液位；

▲ 排富气分液罐界位。

蒸汽发生系统停工操作要点：

▲ 打开加热炉保护蒸汽放空阀；

▲ 打开加热炉保护蒸汽放空阀；

▲ 关闭汽提蒸汽入口阀；

▲ 打开低压保护蒸汽入口阀；

▲ 打开低压保护蒸汽入口阀；

▲ 打开 D3105 放空阀门；

▲ 关闭 D3105 蒸汽出口阀门；

▲ 排蒸汽发生器液位。

（4）停化学试剂

① 关闭化学试剂进装置阀

② 停 P3124、P3125、P3118

三、正常调节

1. 焦炭塔顶温度控制

控制目标：418℃；

相关参数：加工量，原料性质，焦炭塔的预热时间、汽提量；

控制方式：主要通过急冷油的流量控制塔顶温度；

正常调整：

影响因素	调整方法
急冷油实际流量	检查流程及阀门开度，调整流量
炉出口温度变化	调整炉出口温度
处理量	调节循环比，保证辐射量稳定
小吹汽和新塔预热	调整急冷油量和急冷油的投用时间

异常处理：

现象	影响因素	处理方法
焦炭塔顶温高	仪表故障	仪表改手动或切除控制阀门改副线控制,联系仪表维护人员处理故障
	焦炭塔冲塔	见事故处理"焦炭塔冲塔"

2. 焦炭塔顶压力控制

控制目标：0.20MPa；

控制范围：焦炭塔顶压力<0.23 MPa；

相关参数：蒸发段压力、加工量、原料性质、焦炭塔的试压、预热、汽提、给水操作；

控制方式：生产中主要受控于分馏塔蒸发段压力,由分馏塔顶压控进行调整；

焦炭塔压力控制主要为了保证焦炭质量,避免弹丸焦,提高保证装置收率；

正常调整：控制加工量、总液收不高于正常水平、老塔处理过程中控制给汽给水量。

影响因素	调整方法
分馏塔蒸发段压力变化	适当调整分馏塔顶压力
给水、给汽量大,压力高	适当减少给水、给汽量
处理量大	调节循环比,保证辐射量不要过大
小吹汽和新塔预热	调整急冷油量和急冷油的投用时间

异常处理：

现象	影响因素	处理方法
焦炭塔压力高(冲塔)	仪表故障	根据相关参数维持生产稳定,联系仪表处理故障
	分馏系统压力过高 新塔预热后油没甩净	调整压缩机转速,降低分馏压力
	冷焦时,吹汽量/给水量过大	适当减小吹汽和给水量
	加热炉注汽量突然增大	降低炉吹汽量
	焦炭塔顶油气线结焦严重	联系高压水清理塔顶油气线出口
	分馏塔底液面过高,没过大油气线入口位置	迅速降低分馏塔底液面
	当焦炭塔顶压力达0.23MPa采取措施而无效时,可由16.5m放空改往吹汽放空系统。	

3. 炉出口温度的控制

控制目标：498℃；

控制范围：加热炉出口温度495～505℃；

相关参数：辐射进料量、温度、瓦斯压力及组成、注汽量；

控制方式：串级控制,通过对加热炉出口温度（主回路）的设定由加热炉炉膛温度（副回路）对燃料气控制阀开度进行调整；

加热炉出口温度控制主要为了保证焦炭质量,提高装置总液收；

正常调整：

影响因素	调整方法
辐射量、注汽量突然变化	联系调度,查明原因,尽量平稳辐射量或者注汽量
瓦斯压力波动	联系调度,立即分析出造成瓦斯压力波动的原因并消除,加强平稳操作
进料量变化	调整瓦斯控制阀开度或者调整火盆

异常处理:

现象	影响因素	处理方法
炉火燃烧不好,炉出口温度下降过大	瓦斯罐带液	立即切液,保证生产
	阻火器堵塞	切换阻火器,拆洗堵塞阻火器
	仪表故障	根据相关参数改为手动或改副线处理仪表,维持生产稳定,联系仪表处理故障
炉出口温度大幅度升高	加热炉进料量大幅下降	检查辐射泵,串级控制改手动,加大炉管注汽,防止结焦,根据情况做相应处理
	瓦斯压力突然升高	关小瓦斯控制阀,防止加热炉正压,回火
	燃料气控制阀或者加热炉进料控制阀故障	现场改手动,控制加热炉负压,调整炉火燃烧良好,联系仪表处理

4. 加热炉氧含量的调节方法

控制目标:4%;

相关参数:鼓风机出口流量,引风机出口流量,二次风门开度,炉体漏风量;

控制方式:鼓风机入口蝶阀控制加热炉氧含量;

加热炉氧含量是加热炉运转的一个重要指标,它是加热炉热效率的重要体现;同时反映出炉火燃烧情况的好坏;

正常调整:

影响因素	调整方法
入炉空气量的变化	调整鼓风机入口挡板
引风量的变化	调整引风机入口蝶阀
炉膛负压变化	调整对流室出口四个小挡板和四个风道小挡板。平稳炉膛负压。

异常处理:

现象	影响因素	处理方法
加热炉氧含量为零	鼓风机故障	连锁开快开风门
	AV3231突然自动关闭	开快开风门,然后现场按鼓风机启动启动程序加热炉进风
	氧化锆仪表显示故障	所有烟道挡板,风道挡板,现场改手动,维持火苗正常,联系仪表尽快处理
加热炉氧含量突然升高	引风机故障	连锁开总烟道挡板
	炉膛小烟道PV3235A～D挡板关闭	内操活动小挡板,外操迅速跑现场,现场改就地手摇,联系仪表处理
	操作问题,给风量突然变大,炉膛正压	内操室观察监视器,关小鼓风机入口挡板,联系外操调整操作
	仪表故障,内操室监视器无问题	所有烟道挡板,风道挡板现场改手动,维持火苗正常,联系仪表尽快处理
氧含量一直偏高,不能调整下来	加热炉漏风严重	具体检查,联系相关部门进行封堵

5. 炉膛负压的调节方法

控制目标：$-20\sim-40Pa$；

控制范围：加热炉烟气入对流处（即炉膛辐射与对流联接处）负压为$-50\sim-10Pa$；

相关参数：鼓风机出口流量，引风机出口流量，二次风门开度；

控制方式：加热炉 F3101 有两个炉膛，每个炉膛有两个小烟道挡板。由控制器 PC3235A、PC3235C 分别控制南北两个炉膛负压。每个控制器控制两个小烟道挡板来控制炉膛负压；

正常调整：

影响因素	调整方法
入炉空气量的变化	调整鼓风机入口挡板
引风量的变化	DCS 手动调节对流室出口四个小挡板和四个风道小挡板。平稳炉膛负压

异常处理：

现象	影响因素	处理方法
炉膛负压绝对值突然升高	鼓风机故障	连锁开快开风门
	AV3231 突然自动关闭	开快开风门，然后现场按鼓风机启动启动程序加热炉进风
	仪表故障	所有烟道挡板，风道挡板，现场改手动，维持火苗正常，联系仪表尽快处理
炉膛正压	引风机故障	连锁开总烟道挡板
	炉膛小烟道 PV3235A～D 挡板关闭	内操活动小挡板，外操迅速跑现场，现场改就地手摇，联系仪表处理
	仪表故障，内操室监视器无问题	所有烟道挡板，风道挡板现场改手动，维持火苗正常，联系仪表尽快处理

6. 塔顶温度的控制

控制目标：$100\sim120℃$；

相关参数：顶回流返塔温度；冷回流流量；顶回流流量；中部温度；

控制方式：顶循流量与塔顶温度串级控制，冷回流 FC3402 作为备用手段；

正常调整：

影响因素	调整方法
顶循环回流温度	顶循回流温度高，塔顶温度高；反之，塔顶温度低
冷回流量	提高冷回流量，塔顶温度低；反之，塔顶温度高
顶回流流量	提高顶循回流量，塔顶温度低；反之，塔顶温度高
中部温度、柴油回流量和温度	提高中部温度，塔顶温度高；反之，塔顶温度低，柴油回流同理
炉管注汽量变化	查明原因，调整炉管注汽量

异常处理：

现象	影响因素	处理方法
分馏塔顶温度高，汽油干点高	焦炭塔小吹汽	吹汽期间适当降低分馏塔顶压力和温度。保证干点合格
	仪表故障	仪表改手动或切除控制阀门改副线控制，联系仪表维护人员处理故障
顶温低汽油干点低	机泵抽空或故障(包括中段，柴油，顶循，粗汽油泵)	增大冷回流或增加顶循环回流量；切换机泵，如仍无法控制联系常减压装置降低处理量
	塔顶压力升高	调整气压机转速，降低塔顶压力或提高塔顶温度保证汽油干点
	焦炭塔预热，热源不足	平稳预热，提高中段温度，降低塔顶压力，尽量减小分馏塔波动。保证干点合格
	仪表故障	仪表改手动或切除控制阀门改副线控制联系仪表维护人员处理故障

7. 塔顶压力的控制

分馏塔塔顶压力制约着整个装置的压力变化，除去固定的管路压降和固定的分馏塔部分压降，相当于压缩机的入口压力、焦炭塔的塔顶压力控制。塔顶压力改变，影响精馏效果和整个装置的平稳操作；分馏塔顶压力由压缩机转数和反飞动量控制。在压缩机能处理的前提下，由其调整压力；压缩机出现故障停机，压缩机连锁启动，自动打开大放火炬50％；

控制目标：0.11MPa；

控制方式：压缩机转速调整塔顶压力；

相关参数：分馏塔顶温度，中段、柴油回流温度及回流量，压缩机转速；

正常处理：

影响因素	调整方法
压缩机转速	提高转速分馏塔压力降低。保证压缩机流量的前提下，调整转速。
小吹汽量	小吹汽量大，塔顶压力高；调整小吹汽量
加工量	加工量大，油气量增大，会造成分馏塔压力变高。调整循环比，调整辐射量，调整分馏塔各回流，保证汽液相平衡
炉管注汽量变化	注汽量增大，会造成分馏塔汽相负荷过大，引起压力高；查明原因，调整炉管注汽量

异常处理：

现象	影响因素	处理方法
塔顶压力高	塔顶空冷堵	联系相关部门处理
	机泵故障，顶循或中段回流中断	切换机泵，查明原因，迅速建立回流
	仪表故障	参考其他相关参数，维持正常操作，联系仪表维护人员处理故障
	焦炭塔冲塔	尽量平稳操作；开小放，降低分馏压力
塔顶压力低	焦炭塔预热，造成油气量减少	提高蒸发段温度；提高中段温度
	仪表故障	参考其他相关参数，维持正常操作，联系仪表维护人员处理故障

8. 蒸发段温度的控制

蒸发段温度的改变主要是改变循环比，蒸发段温度越低，循环比越大；反之蒸发段温度高，循环比小，所以控制蒸发段温度就要控制循环比，控制循环比主要调节 TV3410A 和 TV3410B 进料量的比例和蜡油下回流量；TV3410A 和 TV3410B 是反方向控制的两个阀门，所取信号为同一值；

控制目标：365 ℃；

控制方式：主要由上进料控制蒸发段上部温度温度；

相关参数：进料温度，进料量，高温油气出口温度及流量，蜡油回流量；

正常调整：

影响因素	处理方法
蜡油下回流量	下回流量大,蒸发段温度降低;反之升高
蜡油下回流回流温度	调整蜡油三通阀开大,回流温度提高,在保证稳定系统热源的情况下调整操作
分馏塔上、下进料变化	调节上、下进料控制阀门,上进料量提高,蒸发段温度降低反之温度升高
焦炭塔来油气温度升高,油气量增加	增大急冷油注入量,提高蜡油下回流流量和上进料量
焦炭塔换塔操作	减少急冷油注入量,降低蜡油下回流流量和上进料量

异常处理：

现象	影响因素	处理方法
蒸发段温度高	焦炭塔冲塔	增大急冷油注入量,适当提高蜡油下回流流量和上进料量
	仪表故障	仪表由自动改手动控制,参考其他相关参数,维持正常操作,联系仪表维护人员处理故障
	焦炭塔预热造成油油气量减少	适当减少急冷油注入量,降低蜡油下回流流量和上进料量
	原料换后温度或进装置温度低	提高原料换后温度或者通知车间调整渣出口温度
	原料泵故障	切换备用泵,如仍无法解决,切换蒸汽泵代替原料泵,降量维持生产
	蜡油回流泵故障	切换备用泵,如仍无法解决,用蜡油补回流线维持生产,降量。紧急处理故障泵
蒸发段温度低	仪表故障	仪表由自动改手动控制,参考其他相关参数,维持正常操作,联系仪表维护人员处理故障
	辐射泵故障,高温油气量减少	迅速切换备用泵,不能启动,按紧急停工处理

9. 塔底温度控制

分馏塔塔底温度上限受焦化油在塔底结焦程度的限制，下限受加热炉热负荷和循环比下限的限制，如果温度过低，会影响整个塔的热平衡和物料平衡。

控制目标：305℃；

相关参数：焦炭塔来高温油气温度、油气量，原料下进料量、温度；

控制方式：主要由进塔油气量和上、下进料量调节；

正常调整：

影响因素	处理方法
上、下进料量变化,蒸发段温度变化	下进料量小,造成分馏塔底液面底,塔底温度高;应调节上、下进料控制阀门,稳定蒸发段温度
油气温度和油气量变化	调整焦炭塔急冷油注入量,稳定焦炭塔顶温度

异常处理：

现象	影响因素	处理方法
塔底温度高	原料泵故障	切换备用泵,如仍无法解决,切换蒸汽泵代替原料泵,降量维持生产
塔底温度低	辐射泵故障	切换备用泵,如仍无法解决,切换蒸汽泵代替辐射泵,降量装置按紧急停工循环处理。

10. 蜡油集油箱液面控制

控制目标：50%；

控制方式：抽出量液面控制；

相关参数：蜡油上回流量及温度，柴油抽出量，蒸发段温度，中段温度；

正常处理：蜡油集油箱液面主要是由蜡油抽出量来自动调节；

正常调整：

影响因素	处理方法
蜡油上回流量及温度变化	上回流量小容易造成集油箱液面下降。调整蜡油上回流控制阀,蜡油上回流流量或调整换热温度
柴油抽出量变化	柴油抽出量过小,容易造成柴油抽出层液相负荷过大,柴油组分下移,调整柴油出装置控制阀,控制柴油抽出量
蒸发段温度变化	蒸发段温度高会造成集油箱液面高,反之,则液面高。调节原料上、下控制阀来改变上、下进料量,改变蒸发段温度
中段温度变化	中段温度低会造成中段抽出塔盘液相负荷大,液相组分下移,影响集油箱液面。调整中段回流量,控制中段回流温度

异常处理：

现象	影响因素	处理方法
集油箱液面高	蜡油抽出控制阀失灵	仪表由自动改手动控制,参考其他相关参数,维持正常操作,联系仪表维护人员处理故障
集油箱液面高	蜡油回流泵故障	切换备用泵,若无法运转,用外送补回流;增大外送泵的流量。维持生产,紧急抢修

11. 塔底液面控制

分馏塔塔底液面是整个焦化装置操作的关键，因此，其变化反映了全塔物料平衡和热平衡的状况，塔底液面控制不稳，全塔操作就不可能平稳。液面过低容易造成辐射进料泵和循环油泵抽空，导致加热炉进料中断，严重影响加热炉和焦炭塔操作，液面过高会淹没反应油气入口，使系统憋压，造成严重后果。

控制目标：50%；

控制方式：采用入塔新鲜原料量和分馏塔底液面串级调节控制；

相关参数：塔底温度；辐射进料量；塔顶压力；

正常调整：

影响因素	处理方法
辐射进料量变化	调整辐射量,调整装置循环比
蒸发段温度变化	调整上、下进料量,稳定蒸发段温度
塔顶压力变化	调整压缩机转速,调整分馏塔压力
焦炭塔预热和切换	造成油气量减少,提高蒸发段温度,减少急冷油量

异常处理：

现象	影响因素	处理方法
塔底液面高	焦炭塔冲塔	降低分馏塔压力，尽量平稳分馏塔操作。
	蜡油汽提塔或原料罐满溢流	设法降低汽提塔和原料罐液面。提高中段、集油箱温度，加大蜡油、柴油抽出量
	辐射进料泵故障	切换换泵，加热炉加大吹汽，注意焦炭塔压力变化
塔底液面低	原料带水	原料泵抽空，迅速切换，改蒸汽泵
	原料泵故障或抽空	换泵，没有备用泵时可启动蒸汽往复泵代替，降低处理量维持生产，紧急抢修

12. 稳定塔压力控制

控制范围：稳定塔顶压力 PC3651：1.0～1.2MPa；

控制目标：正常操作中稳定塔顶压力应控制在上述范围内，保证汽油、液化气质量合格；

相关参数：解析塔底解析温度 T3638；进料量 FC3632；解析塔顶压力 PC3631；塔顶液化气冷后温度 T3660；塔顶回流量 FC3652；塔顶回流罐液位 LC3652；稳定塔底温度 T3656；以上参数波动会引起稳定塔顶压力 PC3651 波动；

控制方式：稳定塔顶压力 PC3651 为可变分程控制，现采用热旁路控制；

正常操作：由稳定塔顶压力热旁路控制阀来调节。即在压力高时，关小热旁路控制阀，压力低时开大热旁路控制阀，必要时，通过不凝气阀，少量外排可直接放至瓦斯管网；需要外放火炬时要联系调度，可放火炬；

正常调整：

影响因素	调整方法
富气量变化，富气量大，压力高	根据压缩富气量的变化，控制好塔压，可适当调整补充吸收剂量，联系机组调整压缩富气温度
吸收塔吸收剂量、补充吸收剂量和温度变化	控制稳吸收剂、补充吸收剂量和温度

异常处理：

现象	原因	处理方法
稳定塔压力上升	解吸效果差，进料中 C₂组分偏高引起稳定塔压力高	适当提高解吸塔底温度，或调整吸收效果
	若塔顶冷凝器冷却效果不好，导致压力升高	通过不凝气阀，少量外送 调节冷却器取热量，改善冷却效果；联系调度，降低循环水温度
	塔顶回流量变化引起压力变化	通过不凝气阀，少量外送；适当调整塔顶回流量
	稳定塔底温度变化引起稳定塔压力变化	通过不凝气阀，少量外送；调整并稳住塔底温度
	装置打回流量过大，吸收过度	适当调整回流量
	冷回流带水或泵抽空	应及时排除罐下部的凝结水或切换泵。若泵长时间抽空稳定塔冲塔时，应及时降低塔底温度，并在泵正常后先开大回流待基本正常后再外送，防止液化气带汽油。联系调度，粗汽油改走不合格线

13. 再吸收塔压力控制

控制范围：再吸收塔压力 PC3613：1.0～1.3MPa；

控制目标：正常操作中再吸收塔压力应控制在上述范围内，保证干气质量合格，保证干气外送正常，防止气压机出口憋压造成气压机喘振；

相关参数：压缩机出口压力 P3601；吸收塔顶压力 P3611；

控制方式：再吸收塔压力由压控阀 PC2303 控制，通过控制干气出装置流量来控制再吸收塔压力和吸收塔顶压力；

正常调整：

影响因素	调整方法
富气量变化,富气量大,压力高	根据压缩富气量的变化,控制好塔压,可适当调整补充吸收剂量,联系机组调整压缩富气温度
吸收塔吸收剂量、补充吸收剂量和温度变化	控制稳吸收剂、补充吸收剂量和温度
机间冷却器冷却效果差,压缩富气温度高	改善机间冷却器冷却效果,调节好压缩富气温度
解吸塔底温度高使解吸气量增多	控制好解吸塔底温度和解吸度
后路不畅或控制阀故障	联系调度,查明原因。若压控阀失灵,改手动或副线控制,联系仪表处理

异常处理：

现象	原因	处理方法
再吸收塔压力急剧上升	再吸收塔压控阀故障全关	立即到现场打开压控阀副线阀,控制再吸收塔压力在正常范围内,同时联系仪表修控制阀
再吸收塔压力下降,干气流量上升,严重时造成干气带液	再吸收塔压控阀故障全开	立即到现场改用副线阀控制压力,控制再吸收塔压力在正常范围内,同时联系仪表修控制阀
压力上升,开压控阀副线压力没有变化	干气后路堵	立即联系调度,紧急时,可按稳定系统停工保压处理

14. 解吸塔底温度

控制范围：解吸塔底温度 T3638：135～165℃；

控制目标：正常操作中解吸塔底温度控制在上述范围内，保证液化气 C_2 合格，但解吸塔底温度不宜控制过高，以避免解吸过度，影响干气质量；

相关参数：E3302 气相返塔温度 TC3636；解吸塔进料温度：TC3632；解吸塔进料量：FC3631；以上参数波动会引起解吸塔底温度 T3638 波动；

控制方式：正常解吸塔底温度控制是通过三通阀调节进入 E3302 分馏中段回流流量，由 TC3636 来控制 E3302 返塔温度，进而达到控制塔底温度的目的；

正常调整：

影响因素	调整方法
塔底热源返塔温度的变化	操作时要保持热源平稳,保证塔底温度不波动
进料温度变化	调节好稳塔底温度,保证进料温度恒定
进料量及组成的变化	根据进料量及组成变化,相应调节好塔底温度
压力变化	控制好解吸塔压力平稳(压缩机出口压力平稳)
仪表失灵	改手动或现场改走副线控制,并联系仪表修理

异常处理：

现象	原因	处理方法
解吸塔底温度急剧下降	解吸塔底热源中断	增加中段重沸器取热量,同时立即查找原因,尽快恢复热源
解吸气量过大、解吸塔底温度高	解吸塔底温度高	立即降低解吸塔底温度,使解吸气量维持在正常水平
干气带液	解吸过度或解吸塔压力低	立即降低解吸塔底温度,提高解吸塔压力

15. 稳定汽油蒸汽压控制

控制范围：稳定汽油夏季≤67kPa，冬季 80≤kPa；

控制目标：正常操作中稳定塔底温度保证蒸汽压合格，但稳定塔底温度不宜控制过高，以避免影响液化气 C_5 含量；

相关参数：塔顶温度，塔顶压力，进料温度，进料位置变化；

控制方式：正常稳定汽油的蒸汽压是由塔顶压力和温度决定，必要时调整进料位置；

正常调整：

影响因素	调整方法
稳定塔底温度	塔底温度高,蒸气压低
稳定塔压力	压力高,蒸气压低
稳定塔顶温度	塔顶温度降低,汽油蒸气压降低
稳定塔进料量、位置、组分的变化	按照进料组分或季节变化,改变进料口位置;冬季上进料口,夏季下进料口
稳定塔液位变化	控制稳定塔液位
换热器漏	检修换热器

四、事故处理

1. 辐射泵漏油着火

事故原因：机泵温度变化剧烈，密封材料不好，冷却水中断，年久腐蚀等导致泵漏油着火。

事故现象：机泵泄漏着火。

处理原则：

① 如果已经着火，迅速判断火源，并立即停泵，向班长报警；

② 如果无法停泵，通知电工停电；

③ 将与该泵相关的管线关闭，切断油品来源；

④ 打开消防蒸汽或用灭火器灭火；

⑤ 根据火情对其他岗位进行相应生产调整；

⑥ 退守状态：紧急停工处理，按循环方案处理。

辐射泵漏油着火事故处理主要操作步骤如下。

（1）辐射泵漏油着火——停辐射泵

① 关辐射泵出口阀；

② 停辐射泵 P3102。

（2）加热炉降温降量

① 加热炉出口温度降温至 430℃；

② 打开 P3112B 出口阀；

③ 打开 P3112B 入口阀；

④ 打开 P3112B 蒸汽出口阀；

⑤ 打开 P3112B 蒸汽入口阀；

⑥ 加热炉进料降量至 30t/h。

（3）加大注气量

加大加热炉注汽至 400kg/h。

（4）原料闭路循环，老塔处理

① 打开焦炭塔 B 开工线阀；

② 打开焦炭塔 B 甩油阀；

③ 打开甩油罐入口阀；

④ 切换四通阀到开工线；

⑤ 打开 P3113 出口阀；

⑥ 打开 P3113 入口阀；

⑦ 打开 P3113 蒸汽出口阀；

⑧ 打开 P3113 蒸汽入口阀；

⑨ E3114B 上水；

⑩ 打开甩油去 E-3114 阀；

⑪ 打开甩油出装置阀；

⑫ 打开甩油并闭路循环阀；

⑬ 打开渣油甩油头阀门；

⑭ 关闭渣油进料阀；

⑮ 打开焦炭塔老塔短节蒸汽吹扫；

⑯ 关闭老塔进料阀；

⑰ 关闭焦炭塔老塔短节蒸汽吹扫；

⑱ 打开吹汽放空线阀；

⑲ 打开焦炭塔吹汽放空阀；

⑳ 关闭焦炭塔顶油汽去分馏塔阀；

㉑ 焦炭塔给汽；

㉒ 打开接触冷却塔液位控制阀。

（5）加热炉处理

① 加热炉降温；

② 停三点注汽；

③ 引蜡油顶装置内渣油循环。

（6）其他停工操作

焦炭塔给水切焦，分馏系统停工，吸收稳定停工同停工操作。

2. 装置瞬时停电

事故原因：供电系统故障。

事故现象：装置照明短暂灭后又恢复，部分转动设备停止，DCS 报警。

处理原则：

① 现场启动应运转转动设备（必须先关闭泵出口阀门）；

② 注意启泵的顺序：鼓风机、引风机、封油泵、塔顶回流泵、蜡油泵、中段油泵、粗汽油泵，稳定进料泵，解析塔进料泵，吸收塔底泵，稳汽外送泵；

③ 启动相应停运空冷风机；

④ 注意冷却水，蒸汽及净化风的压力变化；

⑤ 逐步恢复正常操作条件。

装置瞬时停电（晃电）事故处理主要操作步骤：

① 打开加热炉烟道总挡板；

② 启动鼓风机；

③ 关闭加热炉快开风门；

④ 启动引风机；

⑤ 关闭加热炉烟道总挡板；

⑥ 关闭封油泵出口阀；

⑦ 启动封油泵 P3114；

⑧ 打开封油泵出口阀；

⑨ 关闭顶循环泵出口阀；

⑩ 启动顶循环泵 P3104；

⑪ 打开顶循环泵出口阀；

⑫ 关闭蜡油泵出口阀；

⑬ 启动蜡油泵 P3108；

⑭ 打开蜡油泵出口阀；

⑮ 关闭中段油泵出口阀；

⑯ 启动中段油泵 P3106；

⑰ 打开中段油泵出口阀；

⑱ 关闭粗气油泵出口阀；

⑲ 启动粗气油泵 P3103；

⑳ 打开粗气油泵出口阀；

㉑ 关闭稳定进料泵出口阀；

㉒ 启动稳定进料泵 P3302；

㉓ 打开稳定进料泵出口阀；

㉔ 关闭解析塔进料泵出口阀；

㉕ 启动解析塔进料泵；

㉖ 打开解析塔进料泵出口阀；

㉗ 关闭吸收塔底泵出口阀；

㉘ 启动吸收塔底泵；

㉙ 打开吸收塔底泵出口阀；

㉚ 关闭稳定汽油泵出口阀；

㉛ 启动稳定汽油泵 P3303；

㉜ 打开稳定汽油泵出口阀；

㉝ 启动空冷器 A3101；

㉞ 启动空冷器 A3102；
㉟ 启动空冷器 A3103；
㊱ 启动空冷器 A3104；
㊲ 启动空冷器 A3301。

3. 装置长时间停电

事故现象：装置照明熄灭，转动设备停止，DCS 声光报警。
事故原因：错误的电器作业，大机组启动，供电系统故障。
处理原则：
① 加热炉紧急熄火、降温，按紧急停工（紧急停炉）处理；
② 以最快速度，将加热炉管线扫出（防止中压蒸汽无）；
③ 辐射泵出口扫线；
④ 分馏改放火炬，稳定系统保压；
⑤ 冷却水槽紧急上水；
⑥ 启动蒸汽往复泵走水槽子、重污油线退油；
⑦ 退守状态：紧急停工，按装置循环处理。
装置长时间停电事故处理主要操作步骤如下。
(1) 紧急停炉
① 开加热炉主烟道挡板；
② 关闭加热炉燃料气联锁阀；
③ 开炉膛吹扫。
(2) 加热炉加大注汽
加大加热炉注汽（FT3212.PV）。
(3) 原料改开路循环，老塔处理
① 压缩机入口放火炬；
② 打开甩油去 E-3114 阀；
③ 打开甩油出装置阀；
④ 打开甩油出界区阀；
⑤ 打开四通阀后紧急放空阀；
⑥ 切换四通阀到开工线；
⑦ 打开开工泵 P3112A 入口阀；
⑧ 打开开工泵 P3112A 出口阀；
⑨ 打开开工泵 P3112A 蒸汽出口阀；
⑩ 打开开工泵 P3112A 蒸汽入口阀；
⑪ 打开开工泵 P3112B 入口阀；
⑫ 打开开工泵 P3112B 入口阀；
⑬ 打开开工泵 P3112B 蒸汽出口阀；
⑭ 打开开工泵 P3112B 蒸汽入口阀；
⑮ 打开老塔进料短节吹扫蒸汽；
⑯ 关闭焦炭塔 A 进料阀；
⑰ 关闭老塔进料短节吹扫蒸汽；

⑱ 打开吹汽放空线阀；

⑲ 打开焦炭塔吹汽放空阀；

⑳ 关闭焦炭塔顶油汽去分馏塔阀；

㉑ 打开焦炭塔给水给汽总阀；

㉒ 焦炭塔给汽；

㉓ 打开接触冷却塔液位控制阀。

（4）引蜡油顶渣油循环，加热炉处理过程操作步骤

① 停三点注汽；

② 加热炉自然通风；

③ 总烟道挡板全开；

④ 引蜡油顶装置内渣油循环。

（5）其他系统停工操作

分馏系统，吸收稳定系统操作步骤同停工操作

4. 加热炉瓦斯严重带油

事故现象：

① 烟囱冒黑烟；

② 炉膛温度上升，炉出口温度上升。

事故原因：燃料气罐未及时脱油或系统瓦斯严重带油。

处理原则：

① 调整瓦斯量，保证炉膛温度不超标；

② 脱尽燃料气罐内存油；

③ 联系调度，查明瓦斯带油原因并进行处理；

④ 如加热炉熄灭，重新点火。

瓦斯带油事故处理主要操作步骤如下。

① 瓦斯控制阀投手动；

② 关小瓦斯，控制炉出口温度；

③ 打开燃料气罐 D3114 排液阀；

④ 燃料气罐 D3114 液位排空；

⑤ D3114 排液后关闭排液阀。

5. 加热炉炉管烧穿破裂着火

事故现象：

① 炉膛温度急剧上升，氧含量下降或为零；

② 烟筒冒黑烟，炉膛发暗；

③ 严重时，炉子周围淌油着火，辐射泵压力下降。

事故原因：

① 炉管长时间失修，膨胀鼓泡、脱皮、管色变黑以致破裂；

② 局部过热烧穿，如燃料油、燃料气带油喷入炉管上燃烧；火嘴不正，火焰直扑炉管；

③ 炉管检修中遗留的质量上的缺陷；

④ 炉管材质不好，受高温氧化及油料的冲蚀腐蚀发生砂眼或裂口；

⑤ 炉管偏流，造成过热。

处理原则：

① 关瓦斯入炉联锁阀，控制阀，长明灯联锁阀、加热炉熄火；

② 关阻火器后手阀；

③ 开炉膛吹扫蒸汽；

④ 切断加热炉进料，停辐射泵；

⑤ 确认辐射泵停运，关泵出口阀；

⑥ 通知调度、车间值班、消防队；

⑦ DCS室加热炉改自然通风，停鼓引风机；

⑧ 退守状态：紧急停工处理，按停炉处理；

加热炉炉管烧穿破裂事故处理主要操作步骤如下。

（1）紧急停炉过程操作步骤

① 关闭瓦斯入炉联锁阀；

② 关闭加热炉瓦斯进料控制阀；

③ 关闭加热炉火嘴根部阀；

④ 关闭加热炉长明灯根部阀；

⑤ 关闭长明灯进口总阀（UV3255.OP）；

⑥ 打开加热炉总烟道挡板（HIC3245.OP）；

⑦ 停引风机（PI1K3103.PV）；

⑧ 停鼓风机（PI1K3102.PV）；

⑨ 打开炉膛吹扫蒸汽阀；

⑩ 关闭加热炉进料控制阀；

⑪ 关闭加热炉辐射泵出口阀；

⑫ 停辐射泵；

⑬ 打开加热炉烟道总挡板。

（2）原料开路循环，老塔处理过程操作步骤

① 打开甩油去 E-3114 阀；

② 打开甩油出装置阀；

③ 切换四通阀到开工线；

④ 打开 P3112B 甩油出口阀；

⑤ 打开 P3112B 入口阀；

⑥ 打开 P3112B 蒸汽出口阀；

⑦ 打开 P3112B 蒸汽入口阀；

⑧ 打开渣油甩油阀；

⑨ 关闭渣油进料阀；

⑩ 打开老塔进料短节蒸汽吹扫阀；

⑪ 关闭老塔塔底进料阀；

⑫ 关闭老塔进料短节蒸汽吹扫阀；

⑬ 打开吹汽放空线阀；

⑭ 打开焦炭塔吹汽放空阀；

⑮ 关闭焦炭塔顶油汽去分馏塔阀；

⑯ 焦炭塔给汽。

（3）加热炉处理过程操作步骤

① 加热炉降温；

② 停三点注汽；

③ 加热炉自然通风；

④ 引蜡油顶装置内渣油循环。

（4）其他系统停工操作

分馏系统，吸收稳定系统停工过程操作步骤同停工操作

6. 停除氧水

事故现象：除氧水压力低报警，汽包液位急剧下降。

事故原因：管线破裂，动力系统问题。

处理原则：

① 汽包改排空；

② 加热炉对流室通保护低压蒸汽，放空。

停除氧水事故处理主要操作步骤：

① 关闭汽提塔汽提蒸汽入口阀；

② 关闭过热蒸汽并管网阀；

③ 加热炉保护蒸汽放空；

④ 加热炉对流通保护蒸汽；

⑤ 关闭汽包蒸汽出口阀；

⑥ 汽包改排空；

⑦ 全关 E-3107 温度控制阀；

⑧ 全关 E-3108 温度控制阀。

7. 中压蒸汽压力大幅度下降或中断应急处理

事故现象：

① 主蒸汽压力下降；

② 加热炉注汽量大幅下降；

③ 焦炭塔压力有所降低。

事故原因：

① 动力锅炉或大催化发汽故障；

② 蒸汽管线泄漏严重。

处理原则：

① 联系调度、动力车间、大催化了解中断原因；

② 现场查看炉注汽的单向阀、控制阀、法兰处是否有泄漏，回油情况；

③ 现场查看中压蒸汽集合管总管压力，不低于 1.8MPa 进行维持生产；

④ 压力过低（低于 1.0MPa），加热炉适当降温，长时间（10min 以后）按紧急停炉处理；

⑤ 退守状态：紧急停工，按装置循环处理。

中压蒸汽中断事故处理主要操作步骤如下。

（1）紧急停炉

关闭中压蒸汽流量控制阀。

（2）降温降量过程操作步骤

① 加热炉降温至 380℃；

② 加热炉将量 30t/h。

（3）原料循环过程操作步骤

① 打开甩油去 E-3114 阀；

② 打开甩油出装置阀；

③ 打开甩油并循环线阀；

④ 打开焦炭塔 B 塔底甩油阀；

⑤ 打开 D3107 入口阀；

⑥ 打开焦炭塔开工线阀；

⑦ 打开焦炭塔 B 开工线阀；

⑧ 切换四通阀到开工线；

⑨ 打开 P3113 出口阀；

⑩ 打开 P3113 入口阀；

⑪ 打开 P3113 蒸汽出口阀；

⑫ 打开 P3113 蒸汽入口阀；

⑬ 打开老塔进料短节吹扫蒸汽阀；

⑭ 关闭焦炭塔 A 进料阀；

⑮ 关闭老塔进料短节吹扫蒸汽阀；

⑯ 打开吹汽放空线阀；

⑰ 打开焦炭塔吹汽放空阀；

⑱ 关闭焦炭塔顶油汽去分馏塔阀；

⑲ 打开焦炭塔底给水给汽总阀；

⑳ 焦炭塔大给汽。

（4）其他

① 引蜡油顶渣油出装置循环；

② 分馏系统，吸收稳定系统停工见停工操作。

8. 原料中断

事故现象：

① 进装置压力降低，流量为零；

② D101 液面急剧下降。

事故原因：

① 原料中断；

② 控制阀失灵；

③ 进装置阀门开度过小。

处理原则：

① 联系调度，尽快恢复原料供应；

② 加大蜡油回流量；

③ 降低处理量；

④ 原料中断时间长，不能维持生产时降温闭路循环。

原料中断事故处理主要操作步骤如下。

（1）加热炉降温降量

① 加热炉进料降量 30t/h；

② 炉出口降温 380℃。

（2）原料循环

① 加热炉降温；

② 打开甩油去 E-3114 阀；

③ 打开甩油出装置阀；

④ 打开焦炭塔开工线阀；

⑤ 打开焦炭塔 B 开工线阀；

⑥ 打开焦炭塔 B 甩油阀；

⑦ 打开 D3107 入口阀；

⑧ 切换四通阀到开工线；

⑨ 打开焦炭塔老塔短节蒸汽吹扫；

⑩ 打开 P3113 出口阀；

⑪ 打开 P3113 入口阀；

⑫ 打开 P3113 蒸汽出口阀；

⑬ 打开 P3113 蒸汽入口阀；

⑭ 关闭焦炭塔 A 进料阀；

⑮ 关闭焦炭塔老塔短节蒸汽吹扫；

⑯ 打开吹汽放空线阀；

⑰ 关闭焦炭塔顶油汽去分馏塔阀；

⑱ 打开焦炭塔吹汽放空阀；

⑲ 打开焦炭塔 A 给水给汽总阀；

⑳ 焦炭塔给汽。

（3）其他

① 引蜡油顶装置内渣油循环；

② 分馏系统和吸收稳定系统停工同停工操作。

9. 蜡油冷后温度过高

事故现象：

① 蜡油出装置温度增高；

② 冷却器排水温度增高。

事故原因：

① 蜡油量过大；

② 冷却器结垢。

处理原则：

① 查找蜡油量增大的原因，采取相应措施；

② 加大冷却水量或者投用备用冷却器。

蜡油冷后温度过高事故处理主要操作步骤：

① 开大蜡油水冷阀；

② 启动备用空冷。

10. 柴油冷后温度过高

事故现象：柴油出装置温度增高；

事故原因：

① 柴油量过大；

② 柴油空冷效率下降。

处理原则：

① 查找柴油量增大的原因，采取相应措施；

② 重新启用柴油空冷或者启用柴油备用空冷器。

柴油冷后温度过高事故处理主要操作步骤：

① 启动备用柴油空冷器；

② 降低柴油出装置量。

11. 原料泵故障

事故现象：

① 原料泵停车；

② 备用泵不能启动。

事故原因：原料泵故障。

处理原则：

① 启动开工泵；

② 降量生产。

原料泵故障事故处理主要操作步骤如下。

（1）启动开工泵

① 打开 P3112A 出口阀；

② 打开 P3112A 入口阀；

③ 打开 P3112A 蒸汽出口阀；

④ 打开 P3112A 蒸汽入口阀。

（2）系统降量

加热炉进料降量。

12. 引风机自停

事故现象：

① 引风机停；

② 加热炉炉膛负压升高。

事故原因：引风机故障。

处理原则：

① 打开加热炉烟道总挡板；

② 鼓风机停运。

③ 开加热炉快开风门。

引风机自停事故处理主要操作步骤：

① 打开主烟道挡板；

② 关闭烟气预热器入口挡板；

③ 关闭引风机入口挡板；

④ 加热炉自然通风；

⑤ 停鼓风机；

⑥ 关闭鼓风机入口挡板。

13. 压缩富气中断

事故现象：

① 富气量为零；

② 稳定系统压力迅速下降；

③ 分馏塔压力升高。

事故原因：气压机故障。

处理原则：

① 停止干气外送保持系统压力，D3103 顶气体改大、小放火炬；

② 停富气注水，粗汽油继续进 C3301 保证汽油蒸气压合格；

③ 保持稳定塔适当塔顶回流、压力、温度，保证汽油蒸气压合格；

④ 若脱乙烷汽油不能送入稳定塔，停补充吸收剂，并将粗汽油直接改进稳定塔，保持稳定塔适当塔顶回流、压力、温度，保证汽油蒸气压合格正常出系统；

⑤ 保证 D3302 液面和塔顶回流，必要时停液化气外送；

⑥ 压缩富气恢复正常后，重新调整操作。

压缩富气中断事故处理主要操作步骤：

① 压缩机入口富气放火炬；

② 关闭压缩机出口富气阀；

③ 关闭压缩机入口阀；

④ 停富气注水；

⑤ 干气停止外送，系统保压；

⑥ 稳定系统保压；

⑦ 打开粗汽油出装置阀，粗气油直接出装置；

⑧ 关闭粗气油去吸收塔阀；

⑨ 关闭稳定汽油出装置阀，维持三塔循环；

⑩ 打开 C3303 贫吸收油副线阀；

⑪ 关闭 C3303 贫吸收油进料阀；

⑫ 关闭 C3303 液位控制阀。

14. 瓦斯压力下降或中断应急处理

事故现象：

① 瓦斯压力指示大幅度下降；

② 加热炉出口温度、炉膛温度急剧下降。

事故原因：

① 催化装置故障；

② 瓦斯压控阀失灵。

处理原则：

① 联系调度了解瓦斯压力下降情况；

② 瓦斯压控阀失灵，缓慢开开副线，联系仪表维修控制阀；

③ 如果是压力下降，开大瓦斯控制阀；

④ 调整火盆前截止阀开度，保证炉膛温度；

⑤ 退守状态：管网瓦斯中断。按紧急停工（停炉）处理。瓦斯压力下降，装置降量，维持生产。

瓦斯中断事故处理主要操作步骤如下。

（1）紧急停炉过程操作步骤

① 打开加热炉烟道总挡板；

② 关闭加热炉瓦斯控制阀；

③ 关闭长明灯进口总阀；

④ 打开炉膛吹扫蒸汽阀；

⑤ 停引风机（PI1K3103.PV）；

⑥ 关闭烟气预热器入口挡板；

⑦ 关闭引风机入口挡板；

⑧ 停鼓风机；

⑨ 关闭鼓风机入口挡板。

（2）原料循环，老塔处理过程操作步骤

① 加热炉进料降量 30t/h；

② 加热炉出口降温 450℃；

③ 打开甩油去 E-3114 阀；

④ 打开甩油出装置阀；

⑤ 打开甩油闭路循环线阀；

⑥ 打开四通阀后紧急放空油阀；

⑦ 切换四通阀到开工线；

⑧ 打开吹汽放空线阀；

⑨ 关闭焦炭塔顶油汽去分馏塔阀；

⑩ 打开焦炭塔吹汽放空阀；

⑪ 焦炭塔给汽；

⑫ 打开 P3112A 出口阀；

⑬ 打开 P3112A 入口阀；

⑭ 打开 P3112A 蒸汽出口阀；

⑮ 打开 P3112A 蒸汽入口阀；

⑯ 关闭 P3102 出口阀；

⑰ 停 P3102；

⑱ 打开接触冷却塔液位控制阀；

⑲ 加热炉降温（TI3206.PV）380℃。

（3）其他

① 引蜡油顶渣油循环；

② 分馏系统、吸收稳定系统停工过程同停工操作。

15. 辐射进料泵抽空

事故现象：

① 辐射段流量下降，炉出口温度升高，泵出口压力下降，炉入口压力下降；

② 分馏塔底液面上升。

事故原因：

① 分馏塔底液面过低；

② 封油带水，组分太轻，封油量突然增大；

③ 过滤器或入口管线堵塞；

④ 机泵故障。

处理原则：

① 全开炉管吹汽，防止炉管结焦；

② 加热炉迅速降温至440℃，稍微关小炉管吹汽，防止结焦，进生产塔；

③ 检查事故原因，启用备用泵，正常生产，降炉管吹汽量；

④ 备用泵无法启动时，启动蒸汽往复泵；

⑤ 辐射量100～120t/h，维持生产；

⑥ 降低蒸发段温度，提高液位；

⑦ 加强封油脱水；

⑧ 长时间处理不好（30min），按装置紧急停工（装置循环处理）。

辐射进料泵抽空事故主要操作步骤：

① 提高加热炉注气量350kg/h；

② 打开开工B泵焦化油出口阀；

③ 打开开工B泵焦化油入口阀；

④ 打开开工B泵蒸汽出口阀；

⑤ 打开开工B泵蒸汽入口阀；

⑥ 关闭辐射泵出口阀门；

⑦ 停P-3102；

⑧ 加热炉进料降量30t/h。

16. 鼓风机自停

事故现象：

① 加热炉氧含量为零；

② 炉温波动；

③ 火焰熄灭，炉膛黑暗；

④ 炉膛负压绝对值上升。

事故原因：

① 电路问题；

② 鼓风机本身有问题。

处理原则：

① DCS紧急打开炉底风道上的快开风门；

② 调节火焰，引风量，控制炉膛氧含量到正常操作指标；

③ 鼓风机盘车没有问题，重启鼓风机；

④ 鼓风机不能再启，联系电工、钳工检查；

⑤ 短时间鼓风机处理好后，及时投用，同时将自然通风门关上。

鼓风机自停事故处理主要操作步骤如下。

（1）加热炉处理

① 加热炉自然通风；

② 打开主烟道挡板；

③ 关闭烟气预热器入口挡板；

④ 关闭鼓风机入口挡板；

⑤ 关闭引风机入口挡板；

⑥ 停引风机。

（2）降量生产

① 加热炉降量 30t/h；

② 加热炉注汽提量 400kg/h。

17. 停循环水

事故现象：

① 循环水中断或压力下降；

② 机泵冷却水中断；

③ 吸收塔底温度上升；

④ 再吸收塔底温度上升。

事故原因：

① 水源站泵故障；

② 水管线破裂或堵塞。

处理原则：

① 系统加温降量；

② 汽油走不合格线；

③ 压缩机停机；

④ 吸收稳定系统三塔循环。

停循环水事故处理主要操作步骤如下。

（1）系统降温将量

① 加热炉进料降量 30t/h；

② 加热炉降温至 460℃；

③ 打开不合格汽油外送阀；

④ 打开汽油去不合格线阀；

⑤ 关闭汽油去吸收塔阀；

⑥ 打开富气放火炬阀；

⑦ 压缩机停机。

（2）吸收稳定三塔循环

① 关闭 P3117 出口阀；

② 停运 P3117；

③ 关闭稳定汽油出装置控制阀。

任务六 掌握焦炭塔阶段性操作法（切塔操作）

一、焦炭塔新塔赶空气、试压

① 检查新塔上、下塔盖和进料法兰是否上紧；

② 打开呼吸阀，改好吹汽流程：新塔底→新塔顶→呼吸阀排空；

③ 蒸汽脱好水后，缓慢打开小给汽阀，赶新塔内空气，见汽后继续吹扫15～20min；

④ 新塔内空气赶尽后，关闭呼吸阀，进行新塔试压，压力为0.25MPa；

⑤ 给汽达到试验压力后，关闭给汽阀，进行管线、上、下塔盖法兰检查；

⑥ 试压完成后，进行排汽脱水，撤压时应缓慢泄压，泄压速度不大于0.1MPa/h，切忌太快，以免损坏容器。当压力降至0.05MPa时，关闭呼吸阀，打开放水阀放水；

⑦ 水放净后，关闭放水阀。维持塔内微正压。

二、焦炭塔瓦斯预热

① 检查确认新塔内存水已放净；

② 缓慢打开新塔去分馏塔的大油气线阀，将老塔油气引入新塔，注意新塔压力上升情况；

③ 引入油气后，逐渐开大去新塔的油气隔断阀，但必须注意老塔压力下降≤0.02MPa，防止分馏塔油气量下降太快热量不足；

④ 待新塔压力上升至0.1MPa（表）时，稍开塔底甩油阀开始甩油至甩油罐；

⑤ 塔顶去分馏塔；

⑥ 待新塔压力接近老塔压力并不再上升后，全开新塔油气隔断阀；

⑦ 瓦斯循环预热时，应保持分馏塔油气入口温度≥400℃，分馏塔底温度≥320℃，加热炉不超负荷；

⑧ 缓慢关小焦炭塔顶油气去分馏塔的总阀，但是要密切注意两塔压力变化；

⑨ 油气循环过程中，应注意检查新塔顶、底盖和进料线法兰有无泄漏，需要时应及时联系热紧处理；

⑩ 循环预热后，注意甩油罐D3107液面，见液面10％后，及时甩油去污油罐；

⑪ 换塔前1h，新塔顶温度达到380℃以上，塔底温度达330℃以上。

三、焦炭塔切换四通阀，换塔

① 确认新塔底部油甩净后，由班长通知其他岗位操作员，配合换塔；

② 判断油甩净的方法：开大甩油阀后，D3107液面不再上升，而塔底温度较高330℃以上；

③ 全开大油气线总阀，确认塔底无油后，立即关第一道甩油阀，全开新塔底部进料伐，并用短节吹扫蒸汽试通。由班长和一名操作员将四通伐从老塔切换至新塔；

④ 切换成功后，停注老塔急冷油。

四、焦炭塔老塔处理

1. 小量吹汽

① 换塔后应立即由四通阀后蒸汽线及入口隔断阀后蒸汽线向老塔吹汽赶瓦斯至分馏塔；

② 关闭老塔进料阀，停四通阀后给汽，改为进料阀后小给汽赶瓦斯；

③ 小吹汽时间一般为 1h，注意吹气量不得过大（6.0t/h），以防分馏塔冲塔。

2. 大量吹气

① 关闭老塔去分馏塔隔断阀，同时打开老塔吹汽放空阀，注意吹汽放空系统的操作，防止老塔憋压；

② 和调度联系，确认后，开始大吹汽，打开大给汽阀，大量吹汽量一般为 20t/h 左右和 2h；

③ 老塔放空后，新塔顶温超过 420℃，开始注入急冷油。

五、给水冷焦

① 改好给水流程，启动冷焦水泵；

② 关闭大给汽，稍开小给汽，以汽带水，当确认水已给进焦炭塔后，关闭给汽；

③ 给水时，应注意生产塔进料温度、防止冷焦水串至生产塔；

④ 给水量由小至大，以防超压，小量给水期间，必须有专人监控好焦炭塔压力，既不得超压，也不得因害怕超压而将水量调得过低而延误冷焦。要求小量给水期间，老塔顶压力应控制在 0.16MPa；

⑤ 当增大冷焦水量，塔顶压力不再上升时，即可实施大量给水。当塔顶温度低于 130℃，压力低于 0.02MPa 时，将顶部出口由吹汽放空系统改成溢流线，打开老塔溢流阀，关闭放空阀，严禁水进入放空系统；

⑥ 给水冷焦时间一般为 4h 左右，当塔顶温度为 75℃时，停泵。

六、放水

① 放水前应全开呼吸阀。由塔底放水阀进行放水；

② 如放水不畅，应及时用汽贯通；

③ 放水时，注意老塔压力变化，呼吸阀进气情况，防止放水量过大，塔内出现真空区，引起塌焦。放水时间一般控制在 1.5h。

七、焦炭塔操作时间表

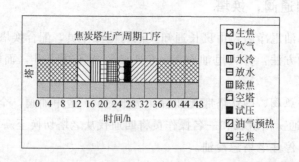

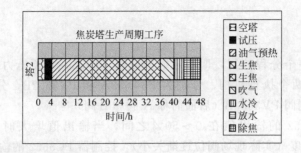

任务七　认识复杂控制回路

一、串级控制

串级控制的切除与投用主要表现在副回路的本地、远程上。

1. 串级控制的投用（本着先副后主的原则）

① 在副回路手动、本地控制下调节副回路将主回路的主参数调节接近设定值后，副回路改自动，此时副回路仍为本地控制状态（L）；

② 将副回路的本地改为远程控制状态（R）；

③ 调节主回路输出，使副回路测量值与设定值接近；

④ 主回路挂自动，串级投用完毕。

2. 串级控制的切除：

① 主、副回路切手动；

② 副回路打本地控制，切除完毕。

注意：在软件的开工过程中不建议投入串级或自动，在手动状态下进行调节。待装置基本达到稳定状态投入。

序号	主回路	副回路	功　能　说　明
1	TIC3271	FIC3271	焦炭塔(C-3101)顶温度控制
2	TIC3401	FIC3401	分馏塔(C-3102)顶温度控制
3	TIC3412	FIC3406	分馏塔蜡油 34 层回流塔板温度控制
4	LIC3405	FIC3104	蜡油汽提塔(C-3103)液位控制
5	LIC3410	FIC3102	分馏塔(C-3102)塔底液面控制
6	LIC3431	FIC3431	分馏塔顶油气分离罐(D-3103)液面控制
7	LIC3601	FIC3631	焦化富气分液罐(D-3301)液位控制
8	LIC3611	FIC3613	吸收塔(C-3301)中段液位控制
9	LIC3612	FIC3612	吸收塔(C-3301)底液位控制
10	LIC3631	FIC3632	解吸塔(C-3302)底液位控制
11	LIC3651	FIC3651	稳定塔(C-3304)底液位控制
12	PIC3743	FIC3217	蒸汽发生器(D-3105)液位控制
13	PIC3743	FIC3218	蒸汽发生器(D-3105)液位控制

二、分程控制

① 本装置只有一个分程控制，即稳定塔回流罐（D-3302）顶压力控制（PC3652）。其中 PC3652 可以控制两个执行机构，分别为 PY3652A 和 PY3652B，分别对应补压控制阀 PV3652A 和放压控制阀 PV3652B（后面简称 A 阀和 B 阀）。

② 控制器 PC3652 的输出值在 0～50％之间，当输出值增大时，对应的是 A 阀从 100％～0％的实际开度（实际现场阀位逐渐关小）。控制器 PC3652 的输出值在 50％～100％之间，输出值增大时，对应的实际情况是 A 阀全部关闭，B 阀逐渐开大（0～100％），见下图。

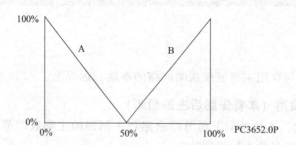

三、变频控制

变频控制是为了节约能源，降低能耗。本装置的部分电机采用了变频控制系统，由于普通变频和单回路控制相似，在此只对复杂回路中变频控制进行说明，复杂回路的变频系统有粗汽油泵 P-3103 的变频控制、顶循回流泵 P-3104 的变频控制、中段回流泵 P-3106 的变频控制、蜡油回流泵上回流 P-3104 的变频控制。

在此以顶循控制为例进行说明：

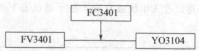

在这个控制中，当投用变频时：

① 室外将开关扳到变频位置，此时室内变频（YO3104）位置开度为 100％；

② 此时控制阀仍处于自动状态，逐渐关小变频输出；

③ 由于变频控制的减小即泵的转速减小，则控制阀为满足目标值会自动开大；

④ 当变频控制的输出 YO3104 与阀位 FV3401 接近时，将变频 YO3104 挂自动，这样变频投用，阀位输出控制切除；

⑤ 将控制阀阀位逐渐开大，这样变频为满足目标要求（回流量不变），会自动开始跟踪目标值，调节直至阀位达到 100％时结束，此时回路控制完全由变频来控制流量。

注：在此调节中，用变频手动控制在一个电流值上，用控制阀自动控制来完成流量的微小调节也是一种常用的手段。

四、带旁路换热器温度控制

焦化系统中，带旁路的换热器有中段循环蒸汽发生器 E-3107A/B，蜡油回流蒸汽发生器 E-3108，解吸塔进料换热器 E-3301，解吸塔底重沸器 E-3302，稳定塔底重沸器 E-3303。这些换热器出口温度控制遵循以下原则：温度测点温度高，控制阀开度增加。

任务八　熟悉工艺卡片

项　目	单位	设计值	控制指标	备　注
辐射出口温度	℃	490±5	500±5	
焦炭塔压力	MPa	0.17~0.23	0.14~0.23	
炉膛温度	℃	800.0	≤800	温差≤30
焦炭塔顶温度	℃	415~425	405~425	
分馏塔顶温度	℃	103	100~120	
放空塔顶温度	℃	150	≤200	
辐射分支流量	t/h	40	≥25	
注汽分支流量	kg/h	700~900	≥500	
分馏塔顶压力	MPa	0.13	0.08~0.14	
稳定塔压力	MPa	1.05	1.1±0.2	
解吸塔压力	MPa	1.3	1.3±0.2	
分馏塔底液位	%	50~80	40~70	
稳定塔底温度	℃	209	170±15	

任务九　掌握事故项目列表

一、基本项目列表

序　号	项　目　名　称	项目描述	事故处理方法
1	冷态开车	基本项目	见操作规程
2	停车初态	基本项目	见操作规程
3	切塔操作	基本项目	见操作规程
4	辐射泵漏油着火	特定事故	见操作规程
5	装置晃电事故	特定事故	见操作规程
6	装置长时间停电	特定事故	见操作规程
7	加热炉瓦斯严重带油	特定事故	见操作规程
8	加热炉炉管烧穿破裂	特定事故	见操作规程
9	停除氧水	特定事故	见操作规程
10	中压蒸汽中断	特定事故	见操作规程
11	原料中断	特定事故	见操作规程
12	四通阀切换不过去(切塔时)	特定事故	见操作规程
13	蜡油冷后温度过高	特定事故	见操作规程
14	柴油冷后温度过高	特定事故	见操作规程
15	原料泵故障	特定事故	见操作规程
16	引风机自停	特定事故	见操作规程
17	压缩富气中断	特定事故	见操作规程
18	加热炉瓦斯中断	特定事故	见操作规程
19	辐射进料泵抽空	特定事故	见操作规程
20	鼓风机自停	特定事故	见操作规程
21	稳态调节	基本项目	见操作规程
22	停循环水	特定事故	见操作规程
23	分馏塔底循环泵故障	特定事故	见操作规程

24	冷态(LV3101K/LT3101SL)	见备注	见备注
25	冷态(P3116AH/P3116BH/TT3204PY)	见备注	见备注
26	停车初态(P3103AH/FV3431K)	见备注	见备注
27	停车初态(LV3403K/FV3104K)	见备注	见备注
28	装置晃电事故(P3116AH/A3301H)	见备注	见备注
29	停除氧水(LT3651SL/TT3204PY)	见备注	见备注
30	稳态调节(停除氧水/FV3102K)	见备注	见备注
31	稳态调节(TT3203PY/LT3101SL/A3101AH)	见备注	见备注
32	稳态调节(装置晃电)	见备注	见备注
33	稳态调节(LV3101K/E3107JG/LT3742SL)	见备注	见备注

上述 1~23 工况为基本工况，24~33 工况为组合项目，而且均为示例。在考试中，任何调节阀卡、仪表漂移失灵、动力设备坏、换热器结垢干扰的组合均有可能出现在组合项目试题中。

备注：

列表中事故干扰设计符号说明

K——卡（阀门、仪表）；

H——坏（机泵类动力设备）；

JG——结垢（换热器）；

PY——漂移（仪表）。

处理方法如下。

① 阀卡：按 CTRL＋M 调干扰处理画面，在干扰处理画面选择相应的失灵的阀门，用鼠标左键单击"处理"按钮，即可修复失灵的阀门；

② 仪表失灵：按 CTRL＋M 调干扰处理画面，在干扰处理画面选择相应的失灵的仪表，用鼠标左键单击"处理"按钮，即可修复失灵的仪表；

③ 泵坏：启用备用泵（通用事故泵可以按 CTRL＋M 调干扰处理画面进行修复，设备事故泵坏不能修复，只能启用备泵）；

④ 空冷器坏：启用相应的没坏的空冷器或开大坏的空冷器后的水冷器的冷却水阀门；

⑤ 特定事故：详见操作手册中相应的事故处理方法；

注意："处理"按钮只需单击一次即可，修理后被修复对象即刻归"0"，修理后 3s 内被修复对象无法操作。

任务十　掌握加热炉联锁逻辑

一、加热炉联锁说明

① 本装置在装置主菜单上有一幅联锁控制图画面。

② 联锁控制图主要由条件，连接线，节点和联锁结果四部分组成。条件框正常显示为蓝色，连接线显示为绿色。当条件达到联锁控制条件时，条件框和其相连接的连接线显示为红色。如果节点为连接状态，该条件会继续向下执行，如果联锁结果前节点为连接状态，会使联锁结果实现，否则不能实现联锁结果。

③ 加热炉联锁的条件很多，要严格控制。主要体现在加热炉的重要温度点，入炉流量、压力，加热炉的鼓、引风机的流量，压力等。在声光报警台一旦有第一警戒值报警时，要及时调节。

④ 联锁结果表现为：加热炉联锁控制阀的启动；加热炉炉管吹汽启动；加热炉的鼓、引风机的停运；加热炉主烟道挡板，快开风门的打开等。

⑤ 本装置加热炉部分瓦斯进料阀门 UV3251/UV3252/UV3253/UV3254/UV3255 为联锁控制，不能手动控制（当联锁发生时阀关，连锁摘除时阀开）。

二、加热炉联锁逻辑图

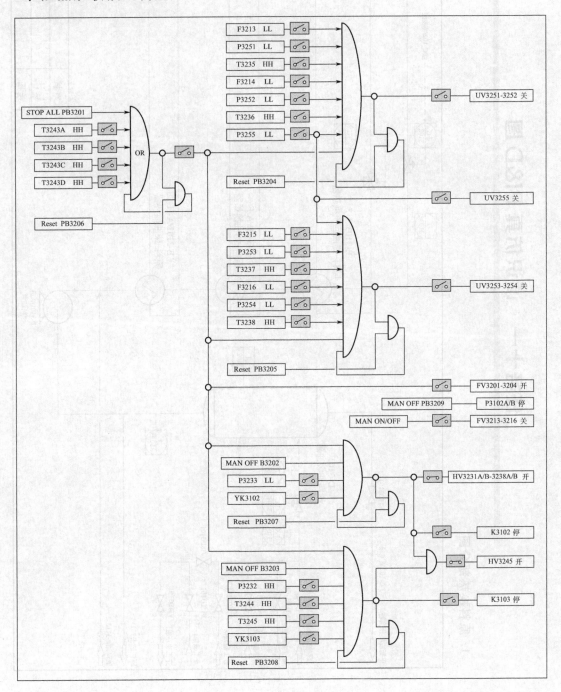

任务十一　读识仿真PI&D图

1. 原料换热部分图

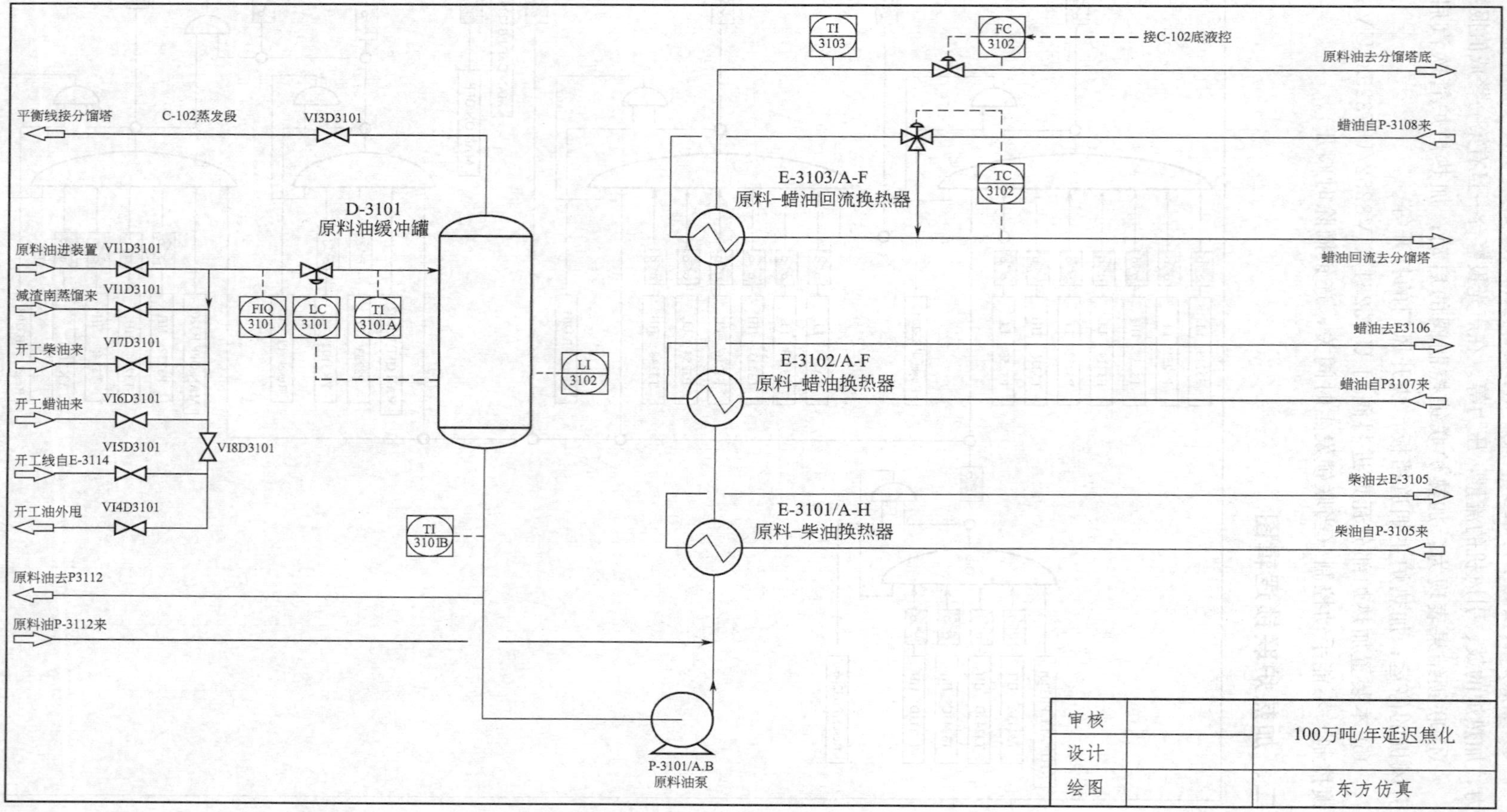

2. 加热炉部分-1 图

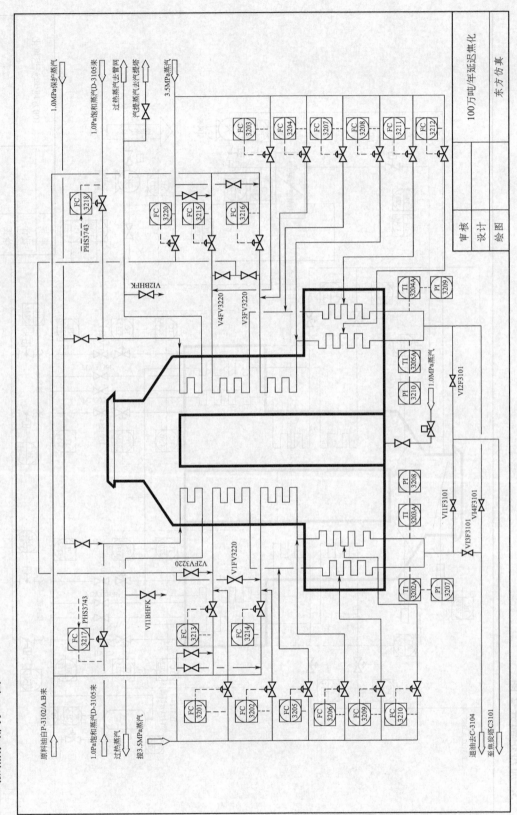

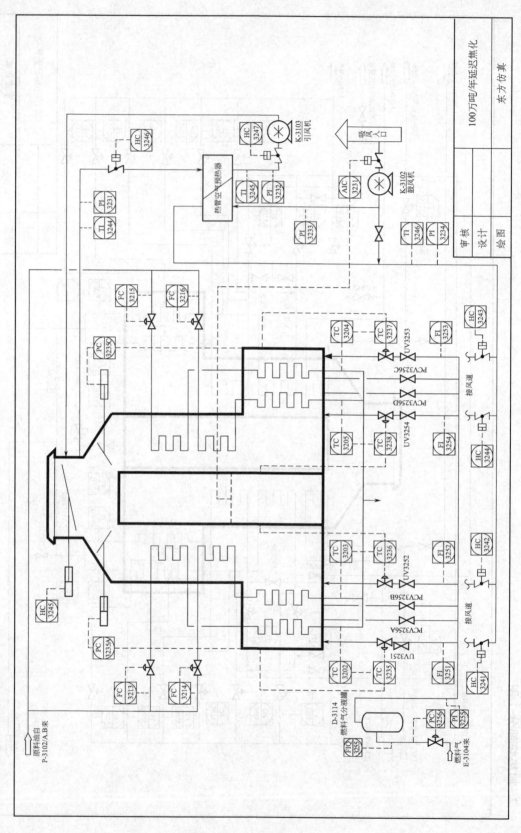

3. 加热炉部分-2 图

4. 焦炭塔部分图

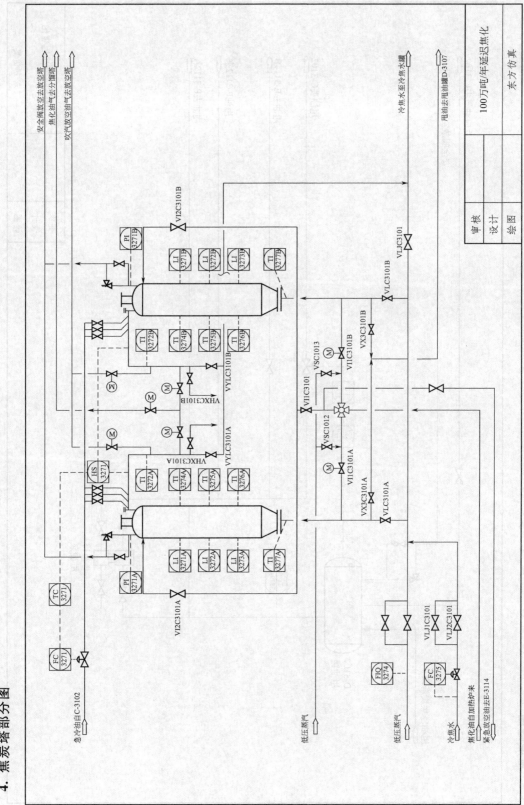

5. 甩油罐图

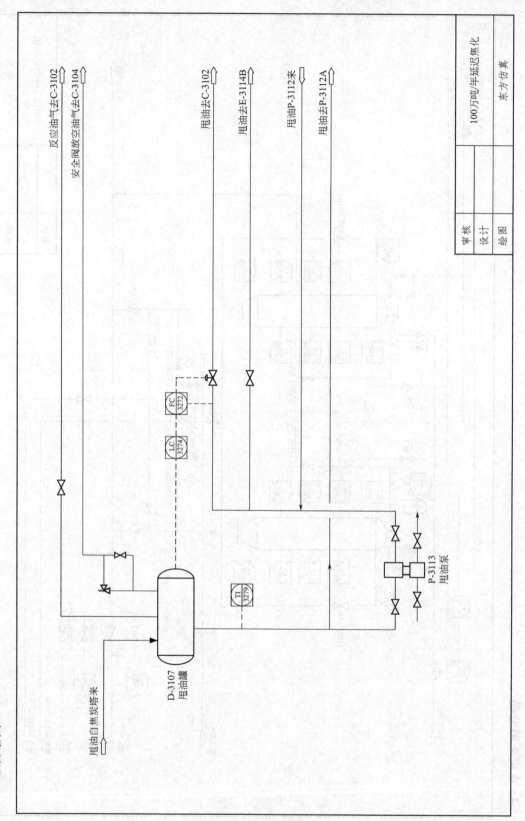

反应油气去C-3102

安全阀放空油气去C-3104

甩油去C-3102

甩油去E-3114B

甩油P-3112来

甩油去P-3112A

甩油自焦炭塔来

FC 3272

LC 3274

TI 3279

D-3107 甩油罐

P-3113 甩油泵

审核	100万吨/年延迟焦化
设计	
绘图	东方仿真

6. 分馏塔-1图

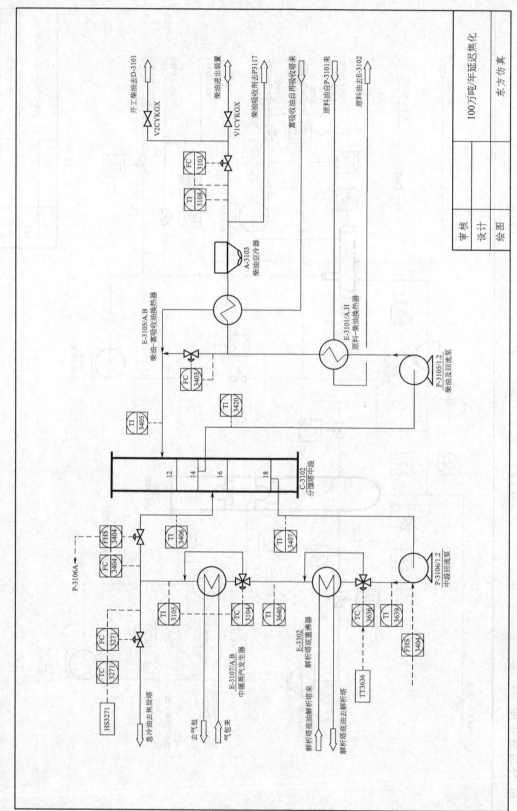

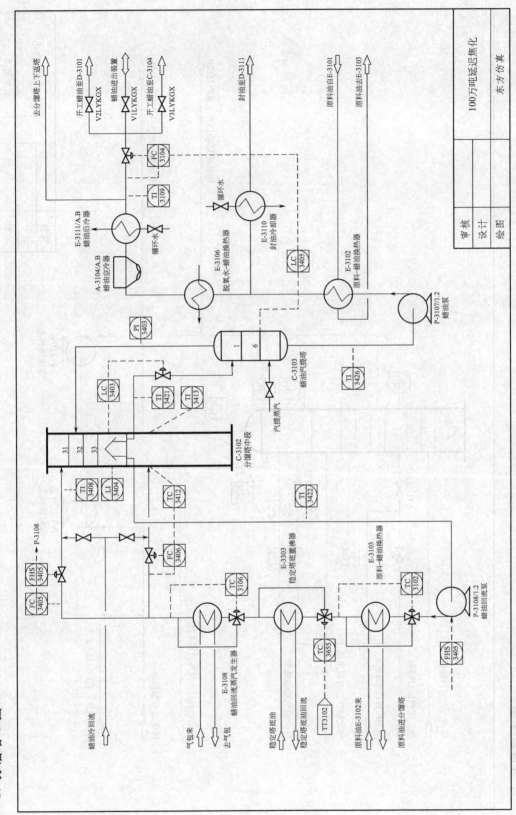

8. 分馏塔-3 图

9. 分馏塔-4 图

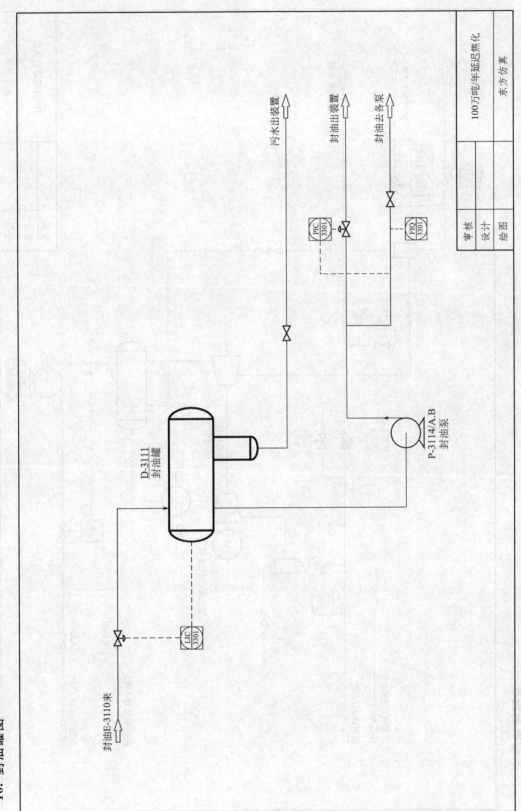

		100万吨/年延迟焦化
审核		
设计		东方仿真
绘图		

压缩机系统图

富气返回A-3101入口管

富气至A-3301

富气至火炬

HIC 3935

FI 3933

HIC 3934

PIC 3931

HIC 3932

K-3301
压缩机

M

PC3401
接压缩机转速调节

LIC 3932

HIC 3933

去火炬罐

不凝气D-3302来

富气D-3103来

凝缩油至D-3103

V11K3301

凝缩油至D-3301

V12K3301

P-3308/A.B
凝缩油泵

审核

设计

绘图

100万吨延迟焦化

东方仿真

12. 吸收解吸系统图

干气出装置

E-3109
柴油吸收剂冷却器

循环水

柴油吸收剂A-3103来

PC
3613

FC
3615

FIQ
3616

TI
3622

P-3117/A.B
柴油吸收剂泵

VI2C3303

VI1C3303

C-3303
再吸收塔

1

26

LC
3613

TI
3623

干气自吸收塔C-3301来

富吸收油去E-3105

	100万吨延迟焦化
审核	
设计	东方仿真
绘图	

14. 稳定系统图

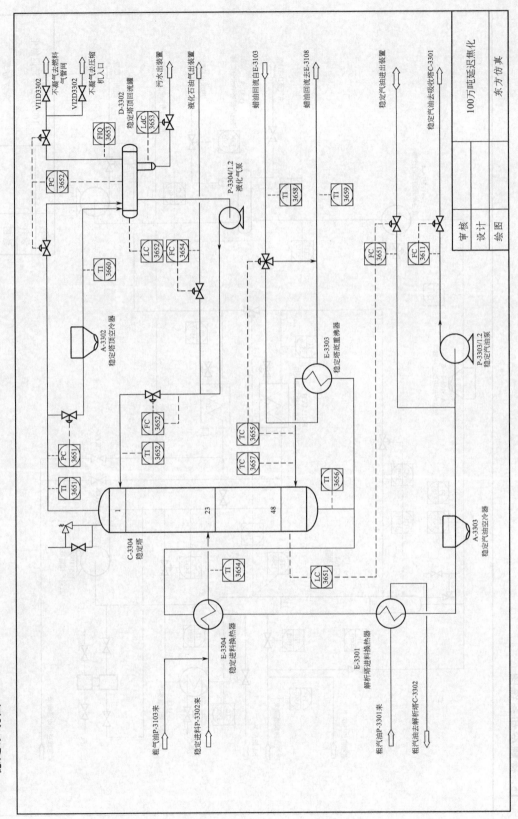

15. 接触冷却系统图

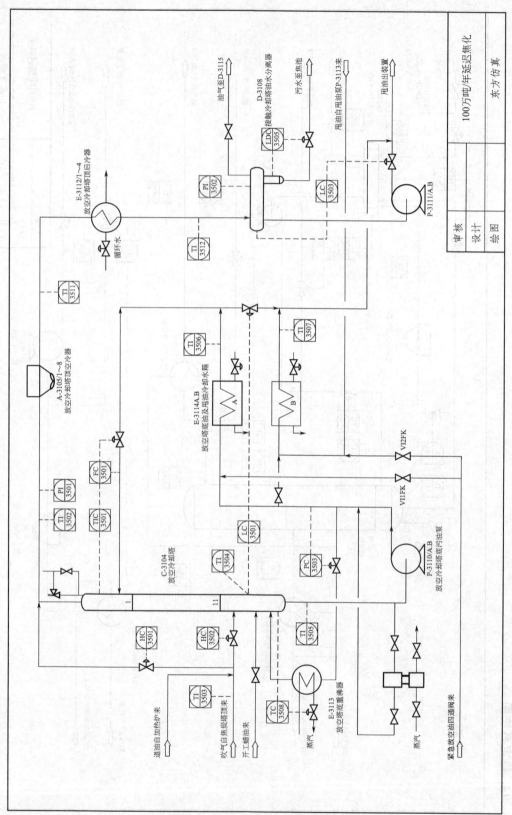

16. 蒸汽发生系统图

17. 化学试剂系统图

缓蚀剂入口

去C-3102

接焦化油线

P-3124
注缓蚀剂泵

P-3118/1.2
注消泡剂泵

P-3125/1.2
增液剂泵

D-117
消泡剂罐

增液剂

去P-3102出口线

消泡剂入口

审核		100万吨/年延迟焦化
设计		
绘图		东方仿真

18. 炉进料及开停工备用泵图

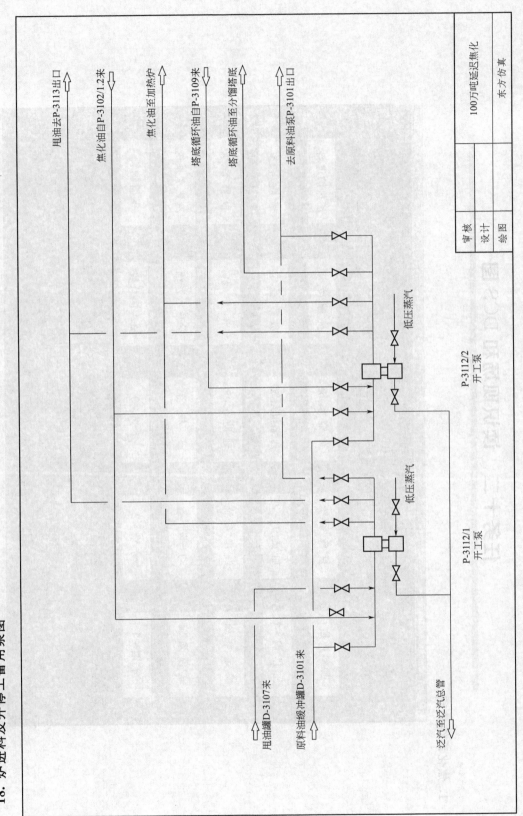

甩油去P-3113出口

焦化油自P-3102/1.2来

焦化油至加热炉

塔底循环油自P-3109来

塔底循环油至分馏塔底

去原料油泵P-3101出口

甩油罐D-3107来

原料油缓冲罐D-3101来

泛汽至泛汽总管

低压蒸汽

低压蒸汽

P-3112/2
开工泵

P-3112/1
开工泵

		100万吨延迟焦化
审核		
设计		东方仿真
绘图		

任务十二　读识现场和 DCS 图

1. 焦化系统总貌

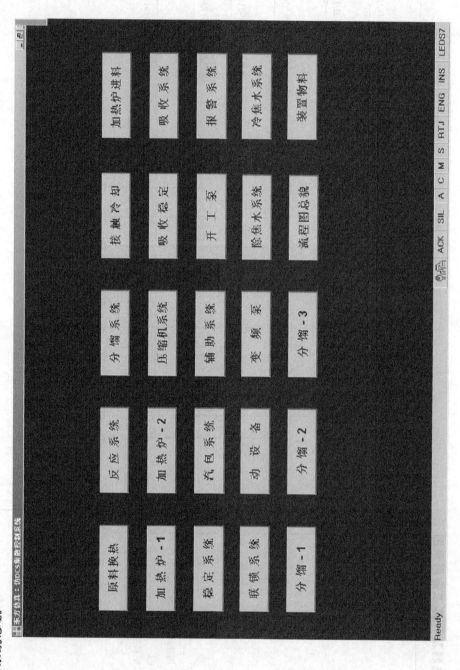

2. 流程图总貌

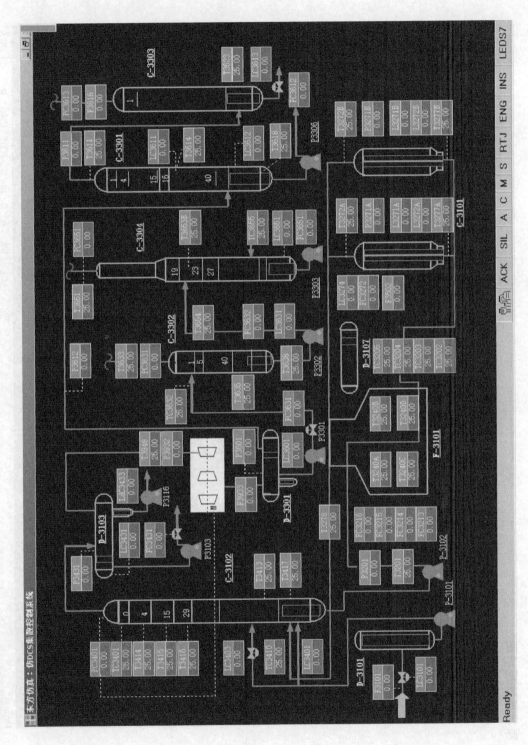

3. 原料系统现场图

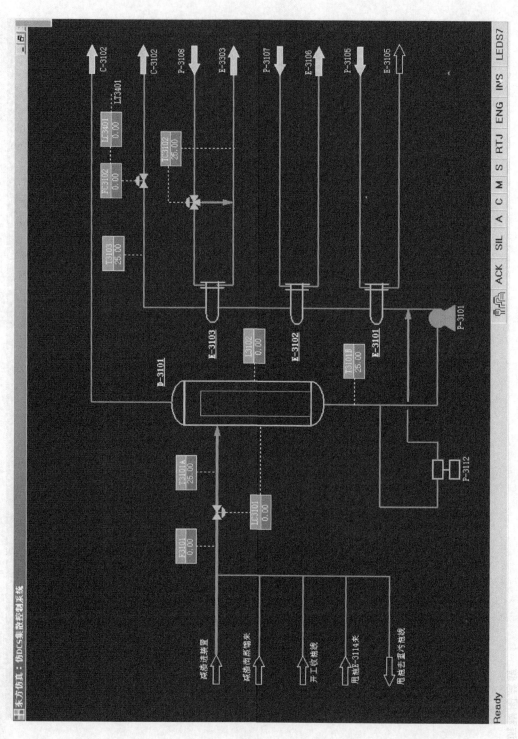

4. 加热炉进料图

5. 加热炉-1 现场图

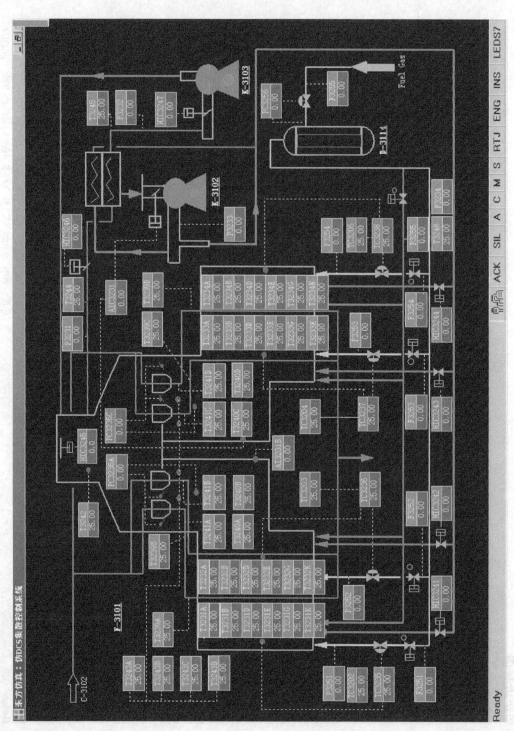

6. 加热炉-2 现场图

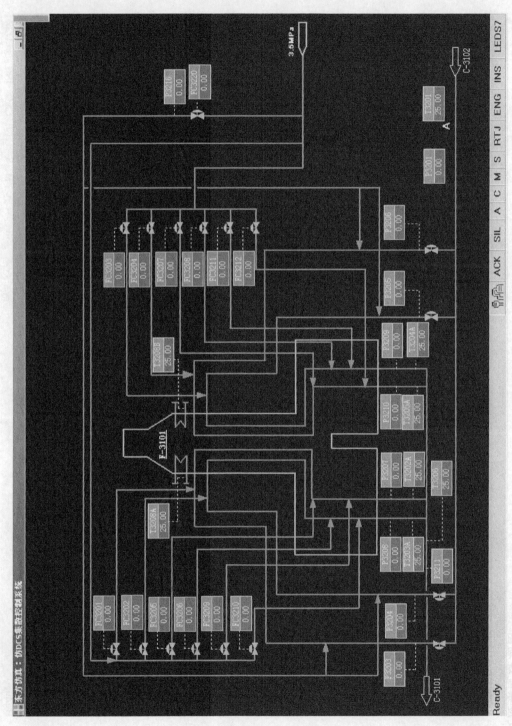

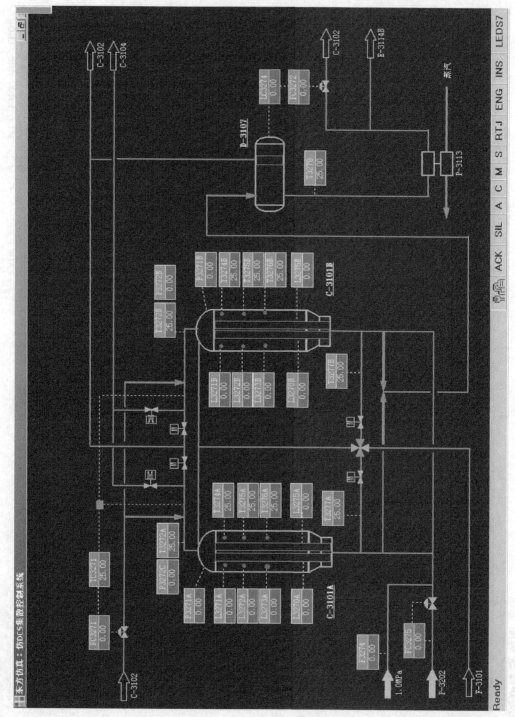

8. 接触冷却现场图

9. 分馏系统图

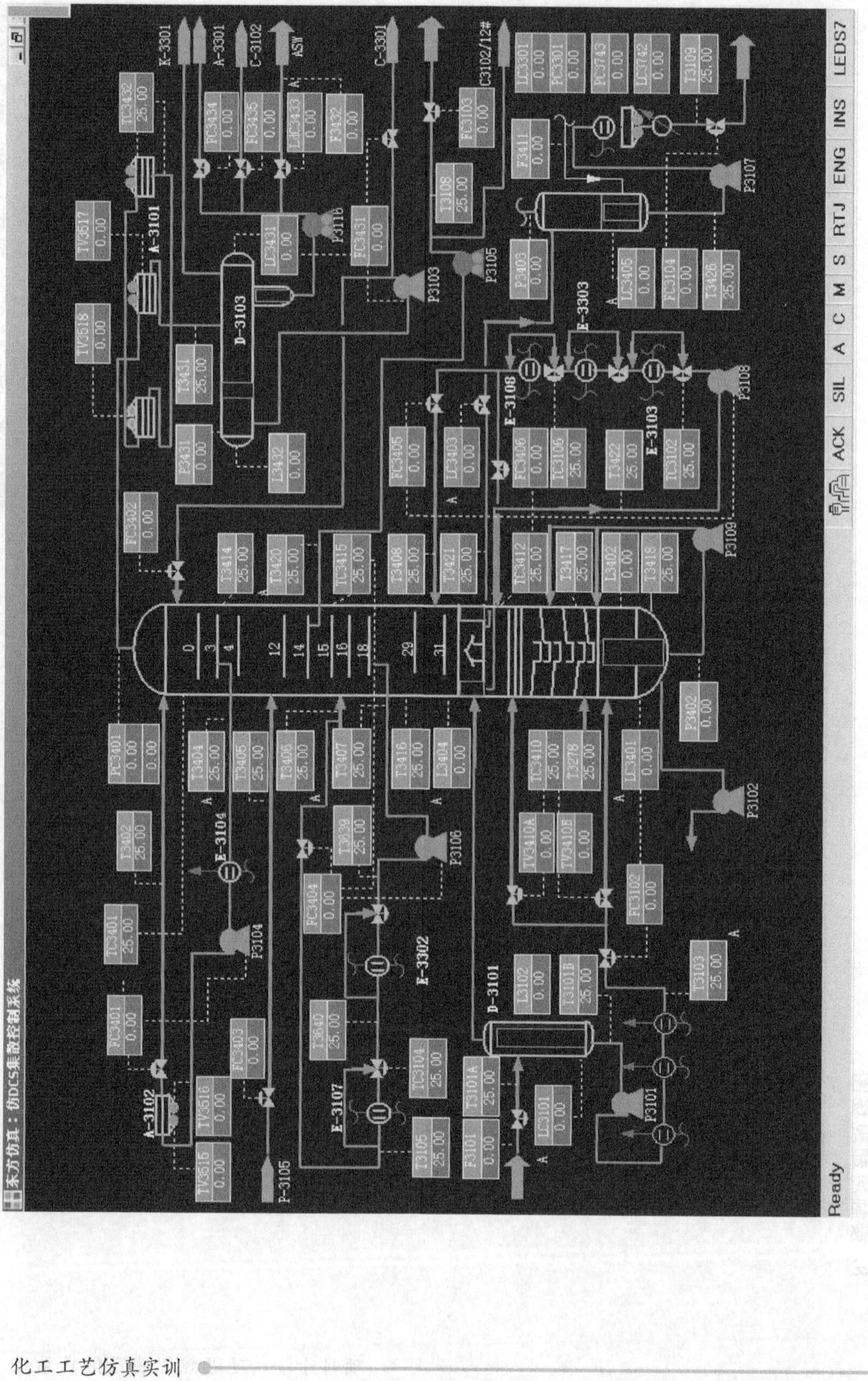
东方仿真：仿DCS集散控制系统
D-3101
D-3103
A-3101
A-3102
E-3104
E-3302
E-3107
E-3108
E-3103
E-3303
K-3301
A-3301
C-3102
C-3301
ASW
C3102/12#
P-3105
Ready
ACK
SIL
A
C
M
S
RTJ
ENG
INS
LEDS7

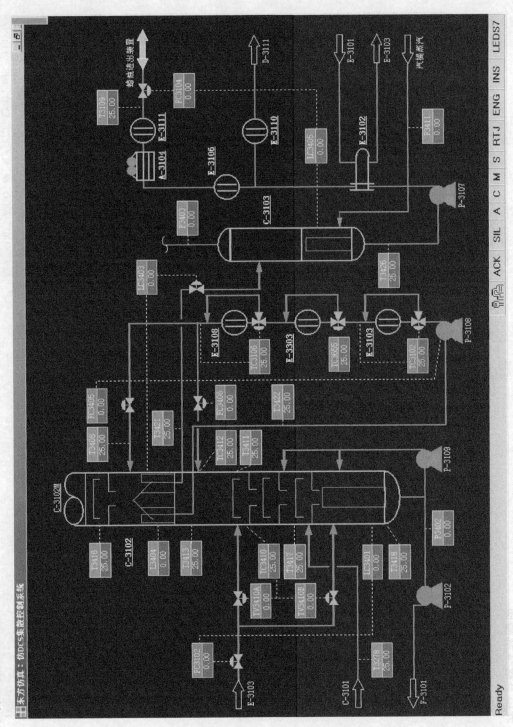

10. 分馏系统-1 现场图

11. 分馏系统-2 现场图

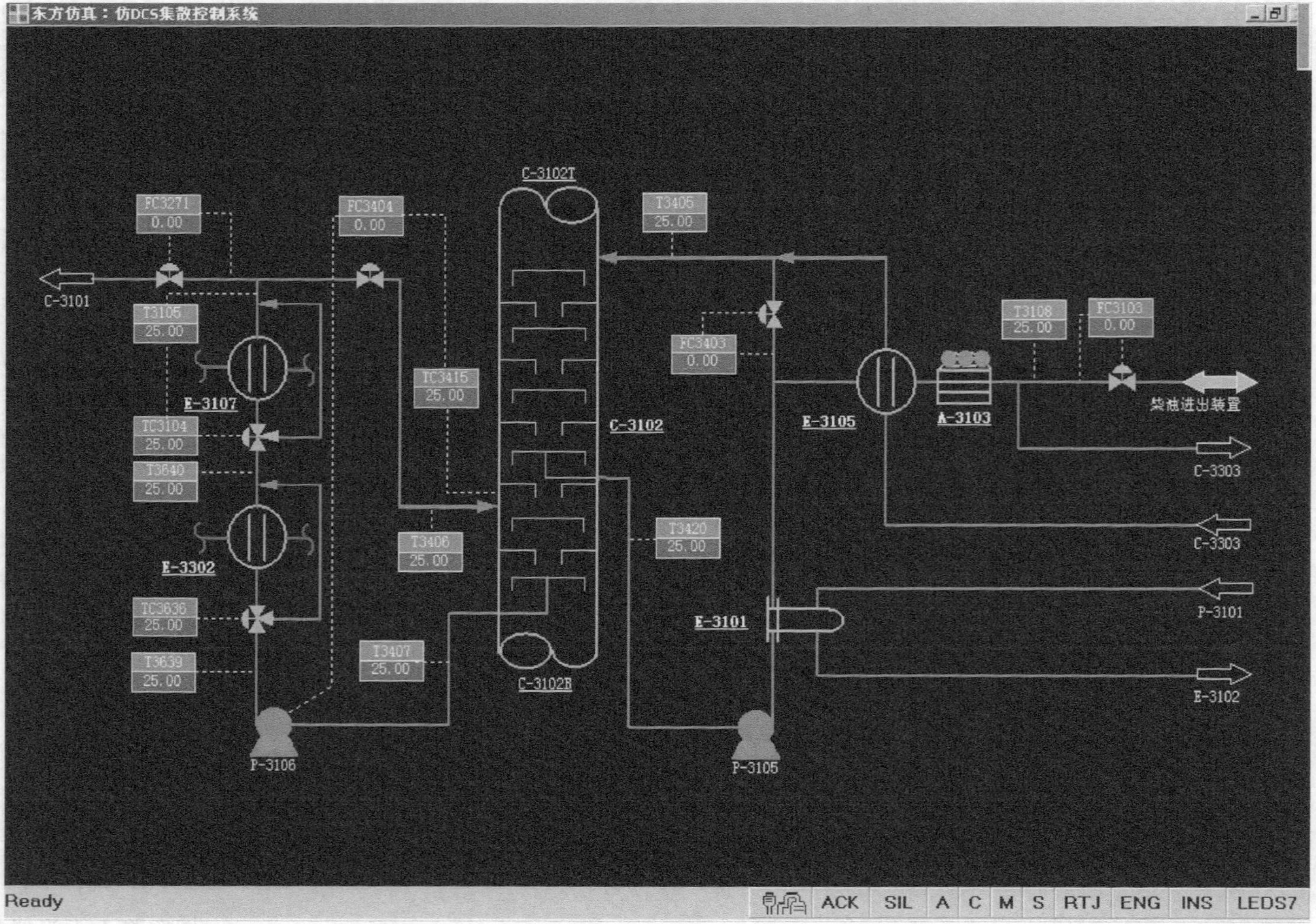
东方仿真：仿DCS集散控制系统
FC3271
0.00
C-3101
T3105
25.00
E-3107
TC3104
25.00
T3640
25.00
E-3302
TC3636
25.00
T3639
25.00
P-3106
FC3404
0.00
TC3415
25.00
T3406
25.00
T3407
25.00
C-3102T
C-3102
C-3102B
T3405
25.00
FC3403
0.00
T3420
25.00
P-3105
E-3101
E-3105
A-3103
T3108
25.00
FC3103
0.00
柴油进出装置
C-3303
C-3303
P-3101
E-3102
Ready
ACK
SIL
A
C
M
S
RTJ
ENG
INS
LEDS7

12. 分馏系统-3 现场图

东方仿真：伤DCS集散控制系统

13. 压缩机系统现场图

14. 吸收稳定图

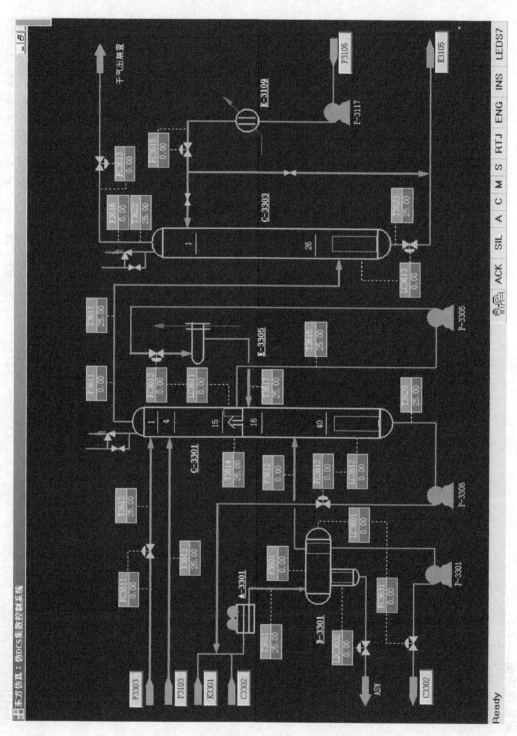

16. 稳定系统现场图

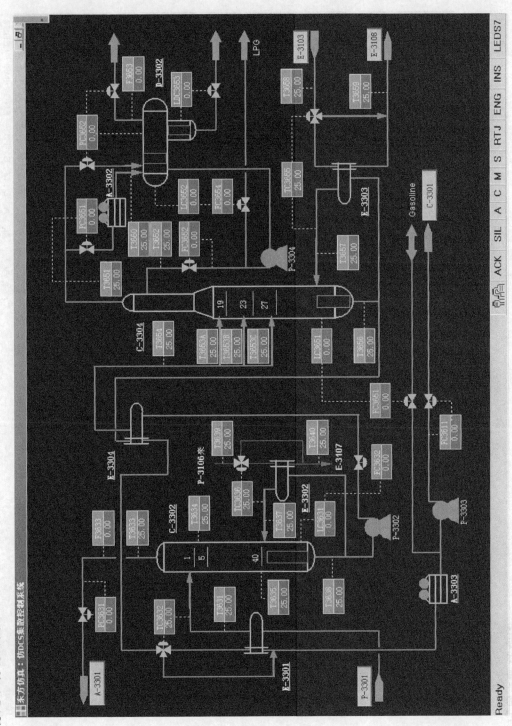

17. 汽包系统现场图

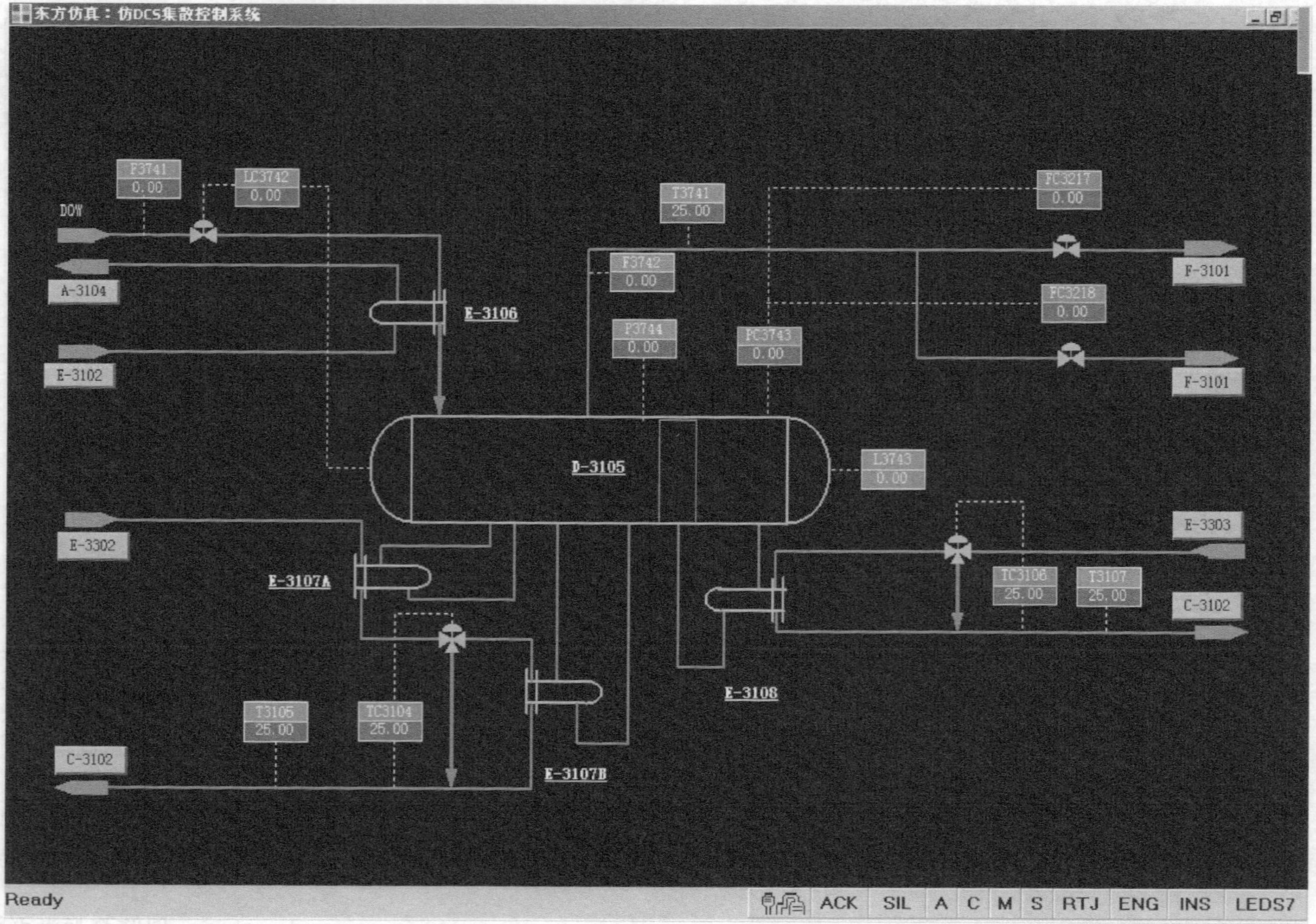
东方仿真：仿DCS集散控制系统
F3741
0.00
LC3742
0.00
DOW
A-3104
E-3106
E-3102
T3741
25.00
F3742
0.00
P3744
0.00
FC3743
0.00
FC3217
0.00
FC3218
0.00
F-3101
F-3101
D-3105
L3743
0.00
E-3302
E-3107A
T3105
25.00
TC3104
25.00
C-3102
E-3107B
E-3108
E-3303
TC3106
25.00
T3107
25.00
C-3102
Ready
ACK
SIL
A
C
M
S
RTJ
ENG
INS
LEDS7

18. 辅助系统现场图

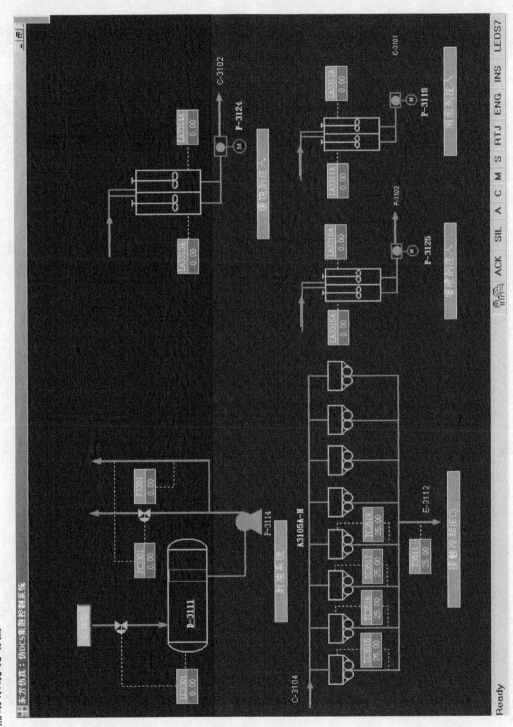

19. 变频泵图

20. 动设备图

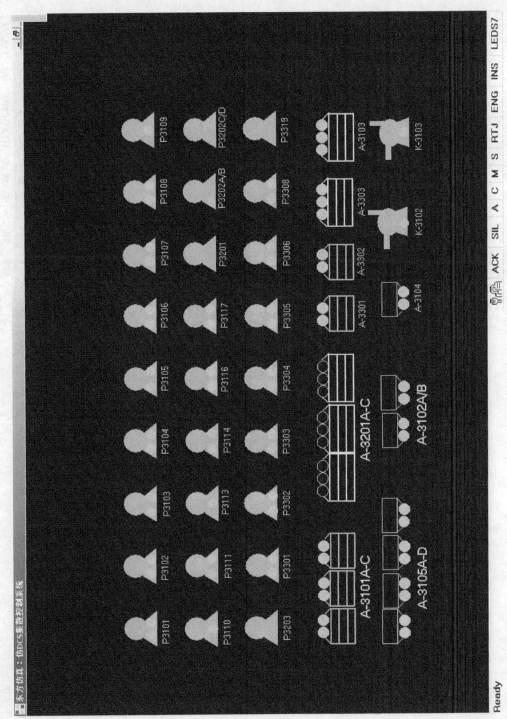

21. 报警系统图

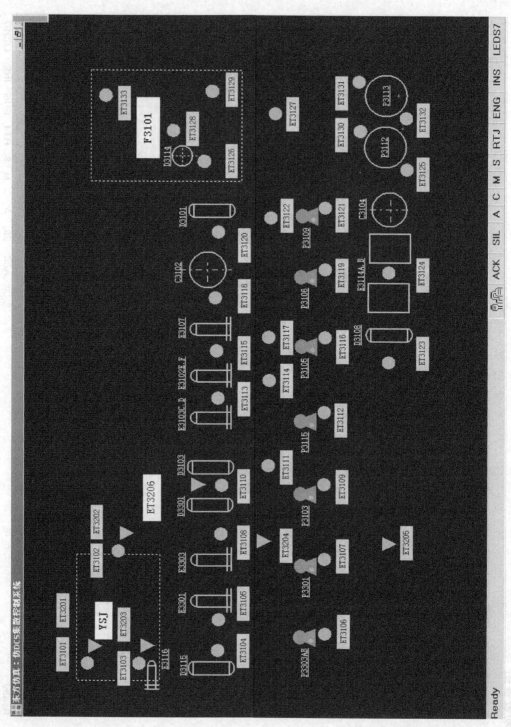

22. 联锁系统图

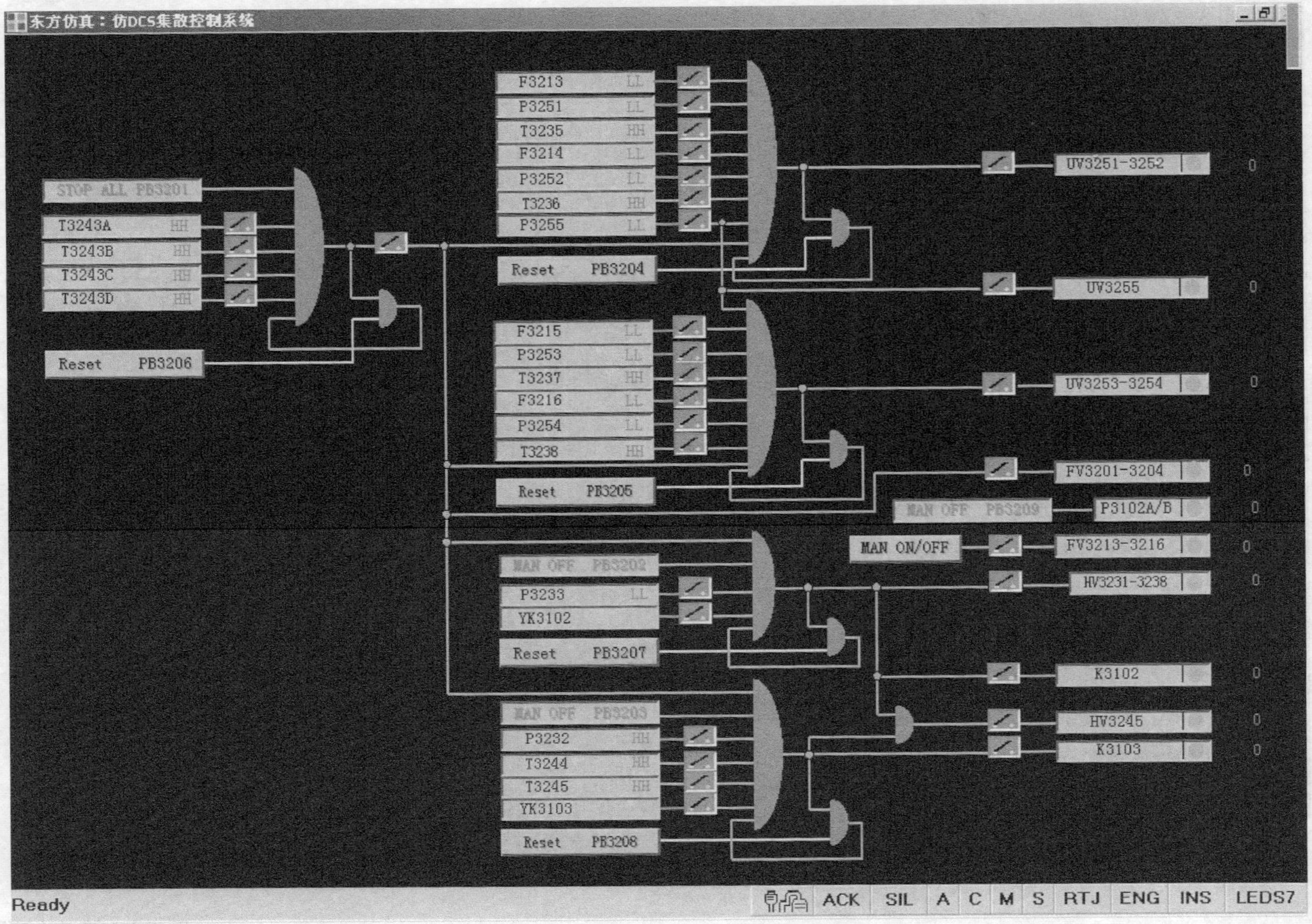
东方仿真：仿DCS集散控制系统
STOP ALL PB3201
T3243A HH
T3243B HH
T3243C HH
T3243D HH
Reset PB3206
F3213 LL
P3251 LL
T3235 HH
F3214 LL
P3252 LL
T3236 HH
P3255 LL
Reset PB3204
F3215 LL
P3253 LL
T3237 HH
F3216 LL
P3254 LL
T3238 HH
Reset PB3205
MAN OFF PB3202
P3233 LL
YK3102
Reset PB3207
MAN OFF PB3203
P3232 HH
T3244 HH
T3245 HH
YK3103
Reset PB3208
UV3251-3252
UV3255
UV3253-3254
FV3201-3204
MAN OFF PB3209
P3102A/B
MAN ON/OFF
FV3213-3216
HV3231-3238
K3102
HV3245
K3103
Ready
ACK
SIL
A
C
M
S
RTJ
ENG
INS
LEDS7

23. 原料系统 DCS 图

24. 开工泵 DCS 图

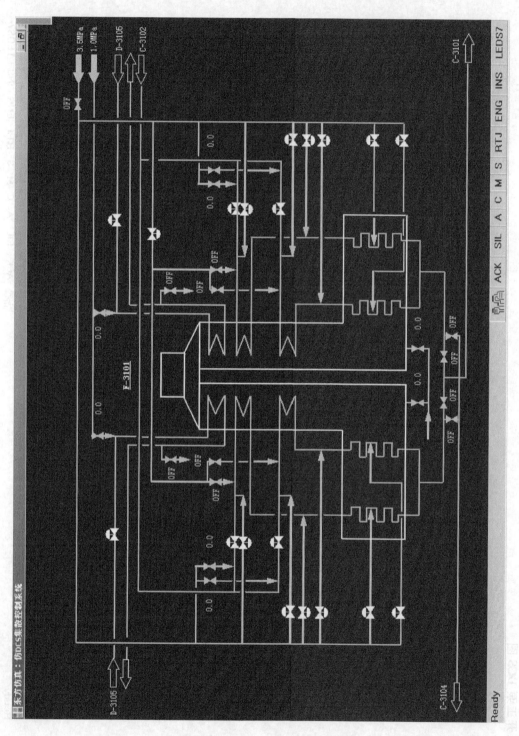

26. 加热炉-1DCS 图

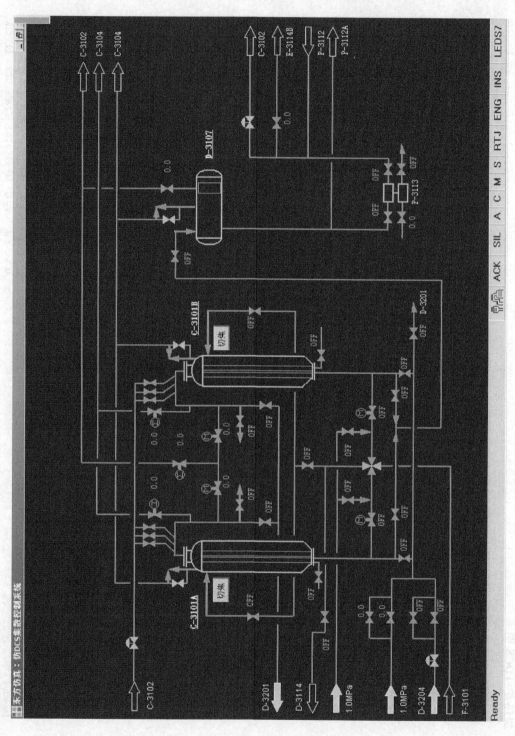

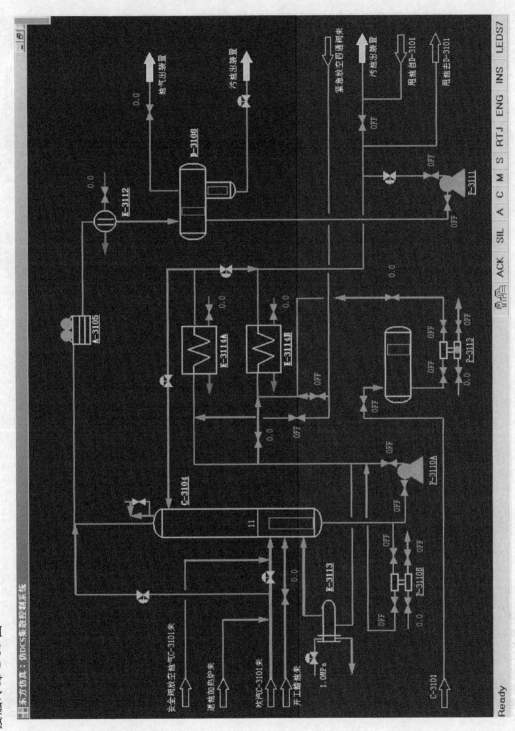

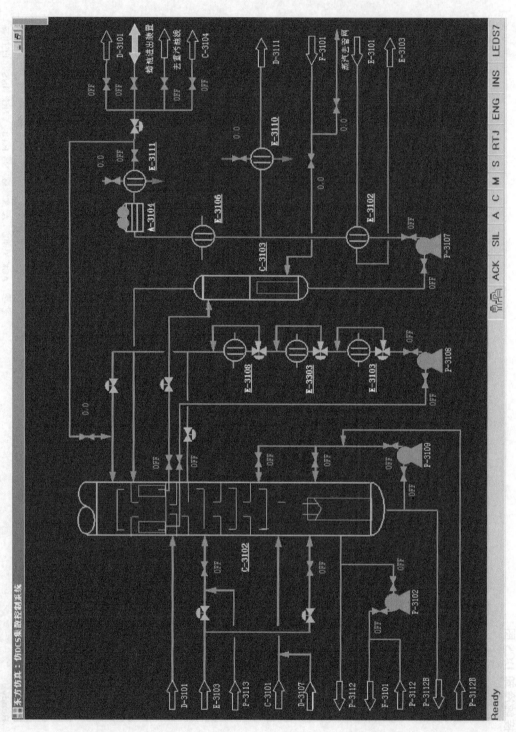

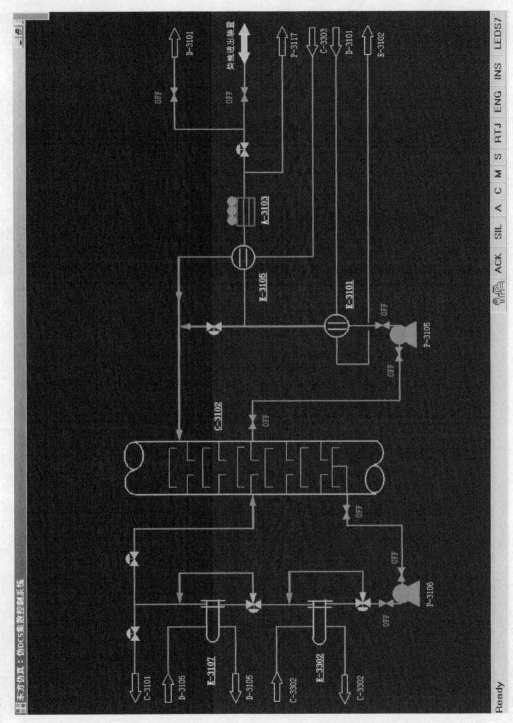

31. 分馏系统-3DCS 图

32. 压缩机系统 DCS 图

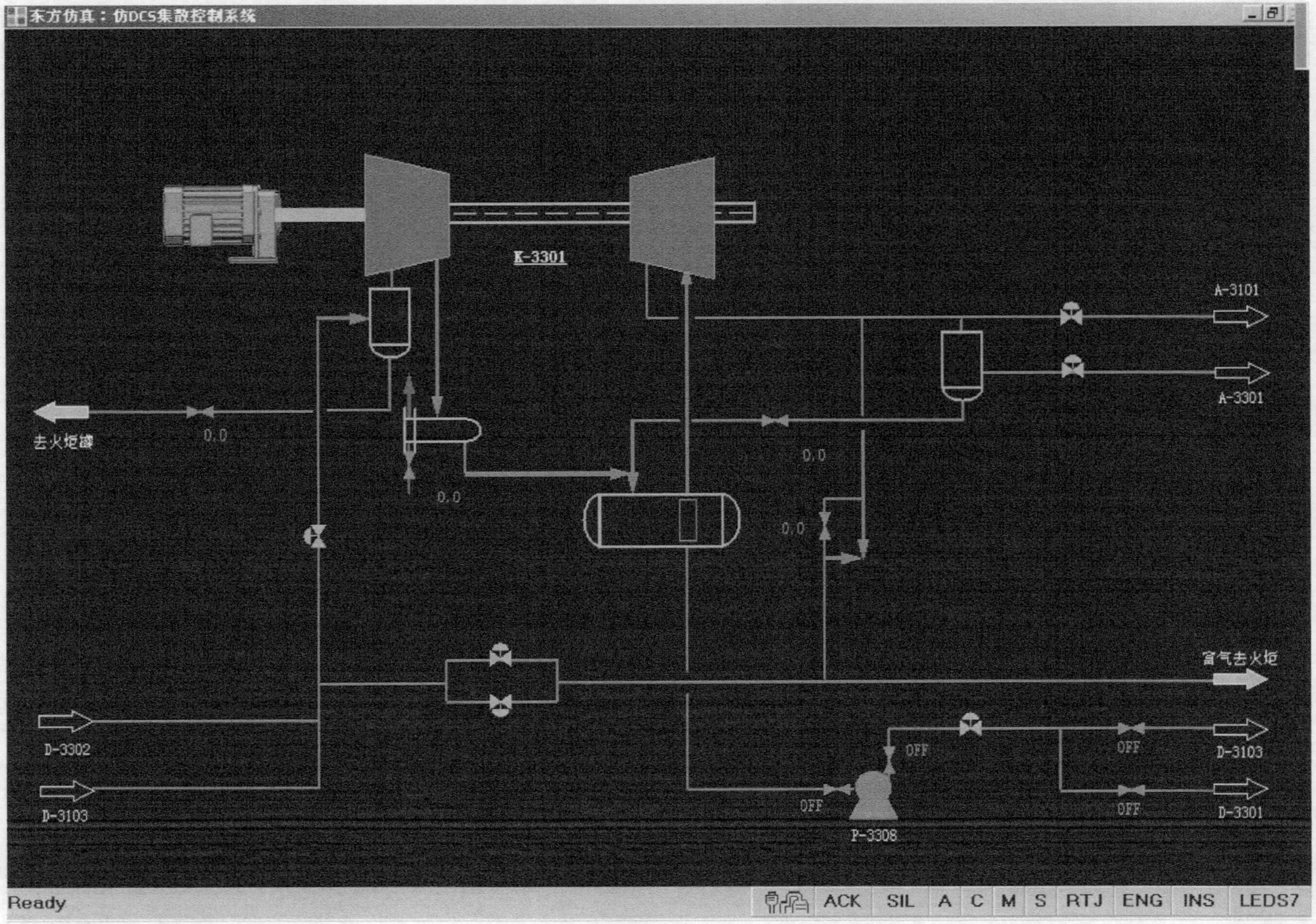

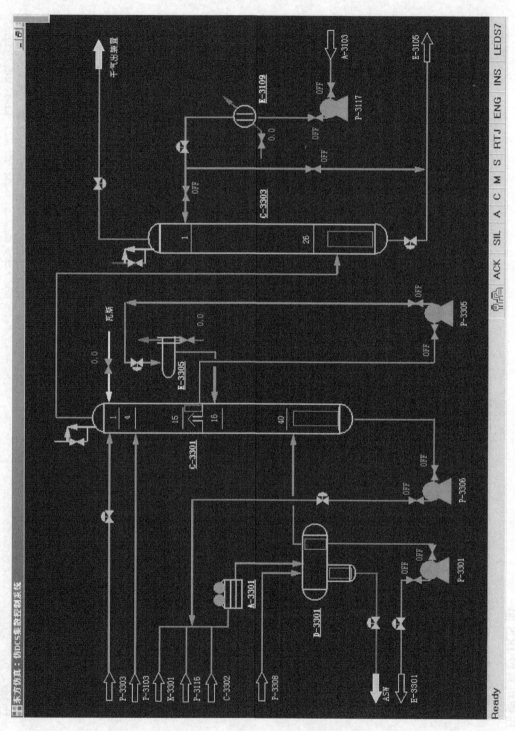

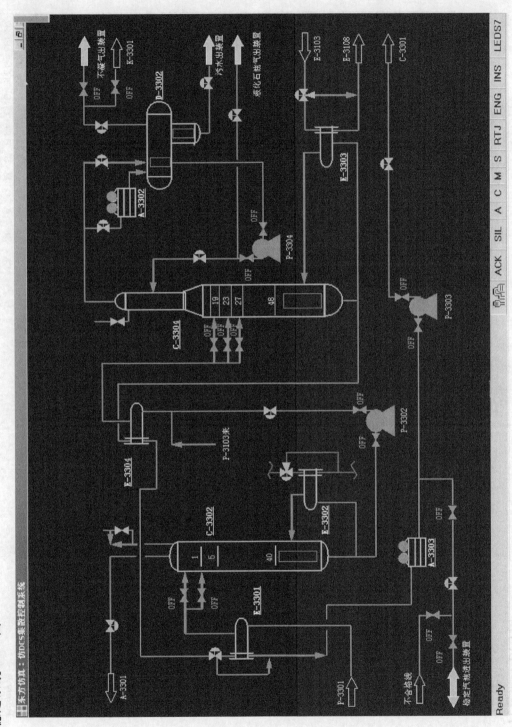

35. 汽包系统 DCS 图

本方仿真：伪DCS集散控制系统

除氧水进装置

F-3101
E-3101
A-3104
E-3102
E-3106
D-3105
E-3107A
E-3107B
E-3302
C-3102
E-3303
C-3102
E-3108

Ready　　ACK　SIL　A　C　M　S　RTJ　ENG　INS　LEDS7

36. 辅助系统 DCS 图

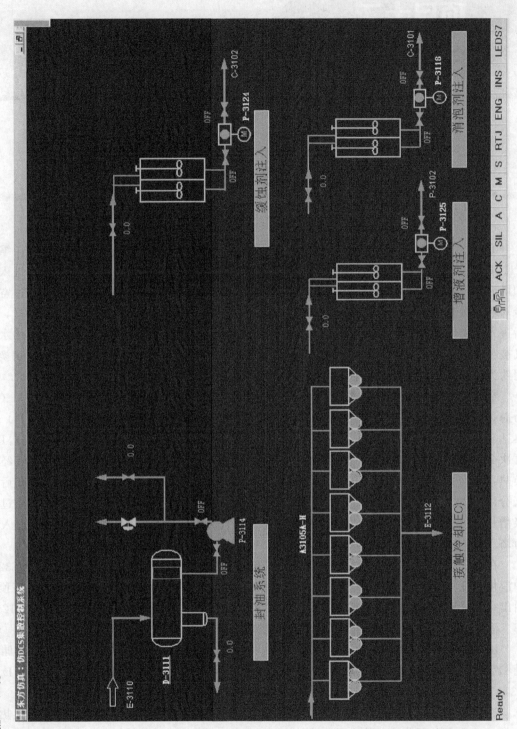

项目十二
6万立方米空分工艺仿真系统

任务一　认识工艺流程

原料空气经过自洁式空气过滤器S1146除去灰尘及其他机械杂质，在原料空气压缩机K1161中经过压缩至0.60MPa（A）左右。经空气冷却塔E2416预冷，冷却水分段进入冷却塔内，下段为循环冷却水，上段为经过水冷塔E2417冷却的水，空气自下而上穿过空气冷却塔，在冷却的同时，又得到清洗。空气经过空气冷却塔冷却后，温度降至约10℃，然后进入切换使用的分子筛纯化器A2626A/B，空气中的二氧化碳、碳水化合物及残留的水蒸气被吸附。分子筛纯化器为两只切换使用，其中一只工作时，另一只再生。纯化器的切换时间约为240min，定时自动切换。

空气经过净化后，由于分子筛的吸附热，温度升至约22℃，然后一部分空气（约为总体积的1/2）经过主换热器E3117A～D与返流气体（压力氮、纯氮、污氮等）换热达到接近空气液化温度后，进入分馏塔；另一部分则经过两级增压机K1261增压，再次分为两股：其中一股（流量约为65000m³/h）经一级增压至2.2MPa（A）后经主换热器E3116A～D冷却至−110°左右后，进入膨胀增压系统降温至接近液化温度后进入分液罐D3432，然后进入压力塔T3211；另一部分（流量约为8000m³/h）则经过二级增压至5.8MPa（A）后，进入主换热器E3116A～D换热至接近液化温度后进入压力塔T3211。

在下塔T3211中，空气被初步分离成氮和富氧液体空气，顶部氮气在主冷凝器E3216中液化同时主冷的低压侧液氧被气化。液氮作为下塔回流液全部回流到下塔，再从下塔顶部引出一部分液氮，经过冷器E3316被纯氮气和污氮气过冷并经过节流后送入上塔T3212顶部。液空在过冷器中过冷后经过节流送入上塔中部做回流液。

压力氮从上塔顶部引出，然后分三路：一小部分去纯氮蒸发器E7331和液氮储存罐D7331，一部分去高压喷射器J3956作为仪表风，大部分去主换热器E3116A～D和E3117A～D作为冷源为系统降温，然后作为高压纯氮气产品输出到用户。

液氧从上塔底部主冷凝蒸发器中引出，经低温液氧泵P3568A/B加压，再经高压换热器E3116A～D复热后作为气体产品出冷箱。

任务二　熟悉设备列表

序　号	代　号	名　称	说　明
1	S1146	空气过滤器	
2	K1161	原料空气透平压缩机	
3	K1261	增压透平压缩机	
4	E1116	段间水冷却器	
5	E1117	段间水冷却器	
6	E1216	段间水冷却器	
7	E1217	段间水冷却器	
8	E1218	段间水冷却器	
9	E1221	段间水冷却器	
10	X1171	汽轮机	
11	E2416	空气预冷塔	
12	E2417	水冷塔	
13	P2466A/B	常温水泵	
14	P2467A/B	低温水泵	
15	A2626A/B	分子筛纯化器	
16	D3432	汽液分离器	
17	E2617	节能型蒸汽加热器	
18	N2652	放空消声器	
19	N2653	放空消声器	
20	E3116A～D	高压主换热器	
21	E3117 A～D	低压主换热器	
22	E3316	液空液氮过冷器	
23	T3212	上塔	
24	E3216	主冷凝蒸发器	
25	T3211	下塔	
26	P3568A/B	高压液氧泵	
27	K3420	膨胀压缩机	
28	X3471	膨胀汽轮机	
29	E3421	段间水冷却器	

任务三　熟悉仪表列表

序　号	位　号	单　位	操作值	说　明
1	PDI1102	kPa	0.3~0.5	入口过滤器压降
2	TI1101	℃	535	高压蒸汽温度
3	TI11601	℃	535	高压蒸汽温度
4	TI11602	℃	535	高压蒸汽温度
5	TI1165	℃	226	中压蒸汽温度
6	TI1102	℃	535	高压蒸汽温度
7	TI1189	℃	63	冷凝水回收温度
8	TI1180A2	℃	42	冷却水回流温度
9	TI1180A1	℃	30	冷却水温度
10	TI1180B1	℃	30	冷却水温度
11	TI1180B2	℃	42	冷却水回流温度
12	PI1101	kPa(g)	8883	高压蒸汽压力
13	PI1160	kPa(g)	8883	高压蒸汽压力
14	PI1165	kPa	2500	中压蒸汽压力
15	PI1170	kPa(g)	8883	高压蒸汽压力
16	PI1180A	kPa(g)	400	冷却水进水压力
17	PI1180B	kPa(g)	400	冷却水进水压力
18	FI11011	t/h	134.9	高压蒸汽流量
19	TI1191	℃	42	冷却水回流温度
20	TI11192	℃	42	冷却水回流温度
21	TI11291	℃	42	冷却水回流温度
22	TI11292	℃	42	冷却水回流温度
23	TI1185	℃	120	K1161 出口温度
24	TI1113	℃	25	K1161 入口温度
25	PI1113	kPa(g)	-4	K1161 入口压力
26	PI1185	kPa(g)	598	K1161 排放压力
27	PP1186	kPa(g)	598	K1161 排放压力
28	PI1187	kPa(g)	598	K1161 排放压力
29	ZI1110	%	0	K1161 放空阀位置
30	TI2421	℃	10	去 E2416 冷冻水温度
31	TI2411	℃	29	去 E2416 冷却水温度
32	TW2402	℃	42	E2416 出口回水温度
33	PDI2404	kPa	<0.3	E2416 捕雾器压降
34	LIC2401	%	66	E2416 液位控制

序　号	位　号	单　位	操作值	说　明
35	LI2402	%	66	E2416 液位
36	FIC2421	m³/h	154	去 E2416 冷冻水流量控制
37	FIC2411	m³/h	707	去 E2416 冷却水流量控制
38	LIC2431	%	44	E2417 液位控制
39	PI2417	kPa(g)		E2417 启动管线压力
40	PI2466A	kPa(g)	约 755	P2466A 排放压力
41	PI2466B	kPa(g)	约 755	P2466B 排放压力
42	PI2467A	kPa(g)	约 888	P2467A 排放压力
43	PI2467B	kPa(g)	约 888	P2467B 排放压力
44	TI26011	℃	0～60	A2626A 入口温度
45	TI26021	℃	0～60	A2626B 入口温度
46	TI26012	℃	0～120	A2626A 再生气出口温度
47	TI26022	℃	0～120	A2626B 再生气出口温度
48	TI2619	℃	15～190	再生气温度
49	PP2620	—	—	分析预留
50	PIC2603	kPa	0～576	A2626A 出口压力(泄压太快)
51	PIC2603	kPa	0～576	A2626A 出口压力(切换压力)
52	PIC2604	kPa	0～576	A2626B 出口压力(泄压太快)
53	PIC2604	kPa	0～576	A2626B 出口压力(切换压力)
54	PDI2605	kPa(g)	0～480	A2626A 压差(均压前)
55	PDI2606	kPa(g)	0～480	A2626B 压差(均压前)
56	TI2630	℃	226	中压蒸汽温度
57	TIC2631	℃	80	E2617 出口凝液温度控制
58	PIC2610	kPa(g)	20	再生气压力控制
59	PI2630	kPa(g)	2500	中压蒸汽压力
60	PI3960	kPa(g)	50～470	加温空气压力
61	PI2626	kPa(g)	20	再生气压力控制阀
62	LIC2631	—	49	E2617 液位控制
63	AI26312	℃	＜-70	E2617 再生气露点
64	AI26152	cm³/m³(CO₂)	＜0.1	出 MS 空气 CO₂ 分析
65	TI2615	℃	18	出 MS 温度
66	PIC2615	kPa(g)	480	出 MS 空气压力控制
67	PS26151	kPa(g)	480	出 MS 空气压力联锁
68	PS26152	kPa(g)	—	出 MS 空气压力联锁
69	PDI2614	kPa		PIC2615 与 PIC3201 之间压差
70	PDI2616	kPa	1	FT2615 压差
71	FIC2615	m³/h	301925	出 MS 空气流量控制

序　号	位　号	单　位	操作值	说　明
72	ZI2615	%	100	冷箱入口阀位置
73	TI1219	℃	42	E1216 回水温度
74	TI1229	℃	42	E1217 回水温度
75	TI1239	℃	42	E1218 回水温度
76	TI1249	℃	42	E1221 回水温度
77	TI1285	℃	39	K1261 二段出口温度
78	PIC1225	kPa	2300	K1261 一段出口压力控制
79	PIC1285	kPa	6188	K1261 二段出口压力控制
80	PI3910	kPa	6188	K1261 二段出口压力
81	FIC3910	m³/h	80385	K1261 二段进冷箱流量控制
82	AP1210	—	—	分析预留
83	AP1220	—	—	分析预留
84	ZI1210	%	0	K1261 一段旁通阀位置
85	ZI1220	%	0	K1261 二段旁通阀位置
86	ZI1241	%	0	K1261 一段放空阀位置
87	TI3401	℃	42	E3421 回水温度
88	TI3423	℃	78	K3420 出口温度
89	PI3421	kPa	2290	K3420 入口压力
90	PI3423	kPa	3172	K3420 出口压力
91	FIC3425	m³/h	64331	K3420 流量
92	AP3427	—	—	分析预留
93	ZI3425	%	0	K3420 旁通阀位置
94	TI3410	℃	39	E3421 出口温度
95	TI34111	℃	−126	膨胀机入口温度
96	TE34112	℃	—	膨胀机入口温度
97	TI34131	℃	−174.3	透平出口温度
98	TE34132	℃	—	透平出口温度
99	PI3410	kPa	3152	E3421 出口压力
100	PI34111	kPa	3139	膨胀机入口压力
101	PI3413	kPa	567	膨胀机出口压力
102	FIC34102	m³/h	64231	膨胀机流量控制
103	ZI3412	%	0~100	膨胀机入口导叶
104	ZS3411	ON	—	膨胀机紧急切断阀位置
105	TI31051	℃	−169	E3116 出口空气温度
106	TE31052	℃	—	E3116 出口空气温度
107	LIC3402	%	45	D3432 液位控制
108	TI31091	℃	−169	高压空气出 E3116 温度

序　号	位　号	单　位	操作值	说　明
109	TE31092	℃	—	高压空气出 E3116 温度
110	TI31021	℃	−169	E3117 出口空气温度
111	TE31022	℃	—	E3117 出口空气温度
112	TIC31271	℃	−112	E3117 中抽空气温度
113	TE31271	℃	—	E3117 中抽空气温度
114	TI32721	℃	−176	出 E3316 污氮气温度
115	TE32722	℃	—	出 E3316 污氮气温度
116	TI32211	℃	−178	出 E3316 液空温度
117	TE32212	℃	—	出 E3316 液空温度
118	TI32241	℃	−192	出 E3116 液氮温度
119	TE32242	℃	—	出 E3316 液氮温度
120	TI32231	℃	−192	出 E3316 液氮温度
121	TE32232	℃	—	出 E3316 液氮温度
122	TI32221	℃	−178	E3316 中抽空气温度
123	TE32222	℃	—	E3316 中抽空气温度
124	AP32721	%(O₂)	—	分析预留
125	TI32011	℃	−170	进 T3211 流程空气
126	TE32012	℃	—	进 T3211 流程空气
127	TIC32051	℃	−174	T3211 温度控制
128	TE32052	℃	—	T3211 温度控制
129	PIC3201	kPa	562	T3211 底部压力控制
130	PDI3202	kPa(g)	17	T3211 阻力
131	LIC32011	%	40	T3211SPN 液位控制
132	AP3203	cm³/m³	—	T3211 顶部氮气纯度
133	AI32052	%(O₂)	5	T3211 中部氧含量
134	AP32011	%(O₂)	—	分析预留
135	TI32061	℃	−178	进 E3216 底部液氮
136	TE32062	℃	—	进 E3216 底部液氮
137	PP32121	kPa	—	预留压力测点
138	LI32801	%	100	E3216 液位
139	LI32802	%	100	E3216 液位
140	LIC3211	%	100	E3216 底部液位
141	FI32111	m³/h	0.2~1	E3216 吹扫气流量
142	FI32112	m³/h	0.2~1	E3216 吹扫气流量
143	AI32112	cm³/m³	<500	E3216 碳氢化合物分析
144	AI32131	cm³/m³	<10	E3216 N₂O 分析
145	TI32741	℃	−193	进 T3212 顶部温度

序　号	位　号	单　位	操作值	说　明
146	PP3240	kPa	—	T3212 压力预留
147	AI32612	%	1.51	T3212 顶部含氧量分析
148	PDI3212	kPa	4	T3212 阻力
149	PIC32711	kPa(g)	37	T3212 顶部压力控制(正常工况)
150	PIC32712	kPa(g)	55	T3212 顶部压力控制(冷箱停车)
151	PI3568A1	kPa(g)	172	P3568A 入口压力
152	PI3568A2	kPa(g)	3851	P3568A 出口压力
153	PDI3568A5	kPa	3679	P3568A 扬程
154	TI3568AK	℃	0～−50	P3568A 气封处轴承温度
155	TIC3568AG	℃	5～25	P3568A 驱动端轴承温度
156	TI3568AH	℃	5～25	P3568A 驱动端轴承温度
157	TI3568AI	℃	—	P3568A 非驱动端轴承温度
158	TE3568AA	℃	—	M3568A 温度
159	TE3568AB	℃	—	M3568A 温度
160	TI3568AX	℃	约−165	P3568A 冷却温度
161	SI3568AA	r/min	2985	P3568A 转速
162	JI3568AA	kW	约 143.2	P3568A 功率
163	AP3568A1	—	—	分析预留
164	ZI3521A	%	100	P3568A 入口阀位置
165	PI3568B1	kPa(g)	172	P3568B 入口压力
166	PI3568B2	kPa(g)	3851	P3568B 出口压力
167	PDI3568B5	kPa	3679	P3568B 扬程
168	TI3568BK	℃	0～−50	P3568B 气封处轴承温度
169	TIC3568BG	℃	5～25	P3568B 驱动端轴承温度
170	TI3568BH	℃	5～25	P3568B 驱动端轴承温度
171	TI3568BI	℃	—	P3568B 非驱动端轴承温度
172	TE3568BA	℃	—	M3568B 温度
173	TE3568BB	℃	—	M3568B 温度
174	TI3568BX	℃	约−165	P3568B 冷却温度
175	SI3568BA	r/min	2985	P3568B 转速
176	JI3568BA	kW	约 143.2	P3568B 功率
177	AP3568B1	—	—	分析预留
178	ZI3521B	%	100	P3568B 入口阀位置
179	TIC32121	℃	−183	LOX 出口温度
180	TE32122	℃	—	LOX 出口温度
181	AI32122	%(O_2)	约 99.81	LOX 纯度分析
182	AI32072	cm^3/m^3(O_2)	～7	LIN 纯度分析

序　号	位　号	单　位	操 作 值	说　　明
183	TI39241	℃	26	HPGOX 温度
184	TI39242	℃	26	HPGOX 温度
185	TI39243	℃	26	HPGOX 温度
186	TI39244	℃	26	HPGOX 温度
187	PIC39241	kPa	3845	IIPGOXSPN 压力控制
188	PIC39242	kPa	3845	HPGOXSPH 压力控制
189	PIC39243	kPa	3845	HPGOXSPL 压力控制
190	PI3925A	kPa	3845	HPGOX 压力
191	PI3925B	kPa	3845	HPGOX 压力
192	FIC39241	m³/h	60000	HPGOX 流量控制
193	AI39242	%(O₂)	约 99.81	HPGOX 产品分析
194	TI3940	℃	26	PGAN 温度
195	PI3940	kPa	537	PGAN 压力
196	FIC39401	m³/h	30300	PGANSPN 流量控制
197	FIC39402	m³/h	30300	PGANSPL 流量控制
198	AI39402	cm³/m³(O₂)	约 7	PGAN 产品分析
199	AP3926	%(O₂)	1.51	污氮气含氧量
200	TI3926	℃	16	污氮气温度
201	PI3926	kPa	119	污氮气压力
202	FIC3926	m³/h	53600	污氮气去 E2617 流量控制
203	FI3936	m³/h	103311	污氮气去 E2417 流量
204	AP3930	%(O₂)	1.51	污氮气含氧量
205	TI3930	℃	17	污氮气温度
206	PI3930	kPa	117	污氮气压力
207	FIC3930	m³/h	54115	污氮气去 E2417 流量控制
208	TI1270	℃	40	开车空气温度
209	PI1270	kPa	1142	开车空气压力
210	FIC1270	m³/h	5000	开车空气流量
211	PIC1271	kPa	约 710	开车空气压力控制
212	TI32911	℃	−20~20	换热器冷箱基础温度
213	TI32912	℃	−20~20	分馏塔冷箱底部基础温度
214	TI32913	℃	−20~20	分馏塔冷箱底部基础温度
215	PI3291	kPa(g)	0.3~0.4	换热器冷箱底部压力
216	PI3292	kPa(g)	0.1~0.2	换热器冷箱顶部压力
217	PI3293	kPa(g)	0.3~0.4	分馏塔冷箱底部压力
218	PI3294	kPa(g)	0.1~0.2	分馏塔冷箱顶部压力
219	FI3991	m³/h	5月20日	换热器冷箱底部密封气流量

序　号	位　号	单　位	操作值	说　明
220	FI3992	m³/h	5月20日	换热器冷箱部分顶部密封气流量
221	FI3994	m³/h	5月20日	分馏塔冷箱底部密封气流量
222	FI3995	m³/h	5月20日	分馏塔冷箱中部密封气流量
223	FI3996	m³/h	5月20日	分馏塔冷箱中部密封气流量
224	FI3997	m³/h	5月20日	分馏塔冷箱顶部密封气流量
225	AP32911	%(O₂)	0~5	换热器冷箱分析口
226	AP32912	%(O₂)	0~5	换热器冷箱分析口
227	AP32921	%(O₂)	0~5	分馏塔冷箱分析口
228	AP32922	%(O₂)	0~5	分馏塔冷箱分析口
229	AP32923	%(O₂)	0~5	分馏塔冷箱分析口
230	AP32924	%(O₂)	0~5	分馏塔冷箱分析口
231	AP32925	%(O₂)	0~5	分馏塔冷箱分析口
232	AP32926	%(O₂)	0~5	分馏塔冷箱分析口
233	AP32927	%(O₂)	0~5	分馏塔冷箱分析口
234	TI3981	℃	~159	低压蒸汽温度
235	PI3291	kPa(g)	—	低压蒸汽压力
236	TI3982	℃	−20~50	喷射器温度
237	TI3983	℃	−20~50	喷射器排放管线温度
238	PI3968	kPa(g)	2月23日	吹扫气压力
239	PI3969	kPa(g)	420	吹扫气压力
240	PI8390	kPa(g)	500	仪表气压力
241	PI2691	kPa(g)	420	去三杆阀仪表气压力
242	PDI8346	kPa	4~8	仪表空气过滤器阻力
243	TI8400	℃	30	冷却水温度
244	PI8401	kPa(g)	350	冷却水压力
245	FI8400	m³/h	约10500	冷却水流量
246	LI7122	%	5~95	D7131液位
247	LI7121	%	5~95	D7131液位
248	PI7120	kPa(g)	50	D7131内胆压力
249	PIC71212	kPa(g)	50	D7131内胆压力控制SPH
250	PIC71211	kPa(g)	50	D7131内胆压力控制SPN
251	PP7126	kPa(g)	—	D7131壳体抽真空
252	AP7132	—	—	分析预留
253	AP7110A	—	—	分析预留
254	AP7110B	—	—	分析预留
255	PI71661	kPa	141	P7166入口压力
256	PIC71662	kPa	3903	P7166出口压力

序　号	位　号	单　位	操 作 值	说　　明
257	PDI71665	kPa	3762	P7166 扬程
258	TI7166K	℃	0～−50	P7166 迷宫密封处轴承温度
259	TI7166D	℃	0～−50	P7166 迷宫密封处轴承温度
260	TI7166G	℃	5～25	P7166 驱动端轴承温度
261	TE7166H	℃	—	P7166 驱动端轴承温度
262	TI7166I	℃	—	P7166 非驱动端轴承温度
263	TE7166A	—	—	M7166 温度
264	TE7166B	—	—	M7166 温度
265	TI7166X	℃	约−165	M7166 冷却温度
266	SI7166A	r/min	5180	P7166 转速
267	JI7166	kW	约 123	P7166 功率
268	AP71661	—	—	分析预留
269	TIC71201	℃	60	汽化器中部温度控制 SPL
270	TIC71202	℃	60	汽化器中部温度控制 SPN
271	TI71211	℃	60	汽化器底部温度
272	TI71212	℃	60	汽化器底部温度
273	TI71213	℃	60	汽化器底部温度
274	TI7122	℃	60	汽化器上部温度
275	TI71761	℃	20	HPGOX 温度
276	TI71762	℃	20	HPGOX 温度
277	TI71763	℃	20	HPGOX 温度
278	TIC71762	℃	20	HPGOX 温度
279	TI7119	℃	159	低压蒸汽温度
280	PI7119	kPa(g)	500	低压蒸汽压力
281	PI7174A	kPa(g)	3903	HPGOX 压力
282	PI7174B	kPa(g)	3903	HPGOX 压力
283	PIC71761	kPa(g)	3903	HPGOX 压力控制
284	FIC71762	m³/h	60000	HPGOX 流量控制
285	LI7121	％	—	汽化器液位
286	AP71761	％(O₂)	—	分析预留
287	LI7322	％	5～95	D7331 液位
288	LI7321	％	5～95	D7331 液位
289	PI7320	kPa(g)	200	D7331 内胆压力
290	PIC73212	kPa(g)	200	D7331 内胆压力控制 SPH
291	PIC73211	kPa(g)	200	D7331 内胆压力控制 SPN
292	PP7326	kPa(g)	—	D7331 壳体抽真空
293	AP7332	—	—	分析预留

序　号	位　号	单　位	操作值	说　明
294	AP7331A	—	—	分析预留
295	AP7331B	—	—	分析预留
296	PI7366A1	kPa	131	P7366A 入口压力
297	PIC7366A2	kPa	2684	P7366A 出口压力
298	PDI7366A5	kPa	2553	P7366A 扬程
299	TIC7366AG	℃	25～35	P7366A 齿轮箱加热器温度
300	TE7366AA	—	—	M7366A 温度
301	TE7366AB	—	—	M7366A 温度
302	TI7366AX	℃	约—165	M7366A 冷却温度
303	JI7366A	kW	26.2	P7366A 功率
304	AP7366A1	—	—	分析预留
305	PI7366B1	kPa	131	P7366B 入口压力
306	PIC7366B2	kPa	2684	P7366B 出口压力
307	PDI7366B5	kPa	2553	P7366B 扬程
308	TIC7366BG	℃	25～35	P7366B 齿轮箱加热器温度
309	TE7366BA	—	—	M7366B 温度
310	TE7366BB	—	—	M7366B 温度
311	TI7366BX	℃	—165	M7366B 冷却温度
312	JI7366B	kW	26.2	P7366B 功率
313	AP7366B1	—	—	分析预留
314	TIC73201	℃	60	汽化器中部温度控制 SPN
315	TI73211	℃	60	汽化器底部温度
316	TI73212	℃	60	汽化器底部温度
317	TI73213	℃	60	汽化器底部温度
318	TI7322	℃	60	汽化器上部温度
319	TI73761	℃	20	HPGAN 温度
320	TI73762	℃	20	HPGAN 温度
321	TI73763	℃	20	HPGAN 温度
322	TIC73762	℃	20	HPGAN 温度
323	TI7319	℃	159	低压蒸汽温度
324	PI7319	kPa(g)	500	低压蒸汽压力
325	PI7374A	kPa(g)	2680	HPGAN 压力
326	PI7374B	kPa(g)	2680	HPGAN 压力
327	PIC73761	kPa(g)	2680	HPGAN 压力控制
328	FIC73762	m³/h	10000	HPGAN 流量控制
329	LI7321	%	—	汽化器液位
330	AP73761	%(O₂)	—	分析预留

序　号	位　号	单　位	操作值	说　明
331	TI7158	℃	约—180	E7160 温度
332	TI7159	℃	约—170	E7160 温度
333	TI7160	℃	常温	E7160 温度
334	TI7358	℃	约—194	E7360 温度
335	TI7359	℃	约—170	E7360 温度
336	TI7360	℃	常温	E7360 温度

任务四　掌握现场阀列表

序　号	位　号	说　明	现场图号
1	V1114	K11614 的出口阀	V1114
2	V111911	E1116 换热 CW 出口阀	V111911
3	V111912	E1117 换热 CW 出口阀	V111912
4	V2409	E2416 塔底液体走向阀门	V2409
5	V2429	E2417 塔气体走向阀门	V2429
6	V3212	E3316 出口 LOX 阀	V3212
7	V1180A1	换热器 E1181 换热流股 1 入口阀	V1180A1
8	V1180A2	换热器 E1181 换热流股 1 出口阀	V1180A2
9	V1180B1	换热器 E1181 换热流股 2 入口阀	V1180B1
10	V1180B2	换热器 E1181 换热流股 2 出口阀	V1180B2
11	V1118	K1161 第四级出口排液阀门	V1118
12	V7364	E7316 去 K1261 入口阀	V7364
13	V1234	K1261 出来去 K3420 的蝶阀	V1234
14	V12161	E1221 出口旁通阀门	V12161
15	V1224	E1216 出口放空阀门	V1224
16	V1219	E1216 水出口阀	V1219
17	V1229	E1217 水出口阀	V1229
18	V1239	E1218 水出口阀	V1239
19	V1249	E1221 水出口阀	V1249
20	V3978	LNP431 的出口阀	V3978
21	V3412	X3471 前的减压阀	V3412
22	V3943	DERIMING AIR 在 X3471 的减压阀	V3943
23	V3405	K3420 的出口蝶阀旁通阀	V3405
24	V3441	E3421 的冷物流入口蝶阀	V3441
25	V3908	STLO450 入口蝶阀	V3908
26	V3947	X3471 入口处放空阀	V3947

序　号	位　号	说　　明	现场图号
27	V2661	E2617 的入口阀门	V2661
28	V2664	E2617 的出口复线阀门	V2664
29	V7123	D7131 出口阀	V7123
30	V7125	D7131 出口阀	V7125
31	V7126	D7131 出口阀	V7126
32	V7129	D7131 放空阀	V7129
33	V7184	E7116	V7184
34	V7384	E7316	V7384
35	V3971	T3211 的排液阀	V3971
36	V3977	T3211 的排液阀	V3977
37	V1214	E1221 出口后阀	V1214
38	V1280	K1261 出来去 GASIFACTION	V1280
39	V1216	E1221 出口后阀	V1216
40	V1160	汽轮机入口阀	V1160
41	V11601	汽轮机入口复线阀	V11601
42	V2426A	P2467A 后阀	V2426A
43	V2421A	P2467A 前阀	V2421A
44	V2426B	P2467B 后阀	V2426B
45	V2421B	P2467B 前阀	V2421B
46	V2416A	P2466A 后阀	V2416A
47	V2411A	P2466A 前阀	V2411A
48	V2416B	P2466B 后阀	V2416B
49	V2411B	P2466B 前阀	V2411B
50	V2404	E2416 的底部出口阀 LV2401 后阀	V2404
51	V2431	E2417 进水开关	V2431
52	V1212	K1261 入口总阀	V1212
53	V2626	A2626 去 E2617 的入口阀	V2626
54	V1210	A2626 去 K1261 的入口阀	V1210
55	V3411	E3116 出来去 X3417 入口蝶阀	V3411
56	V3414	X3471 出来去 D3432 入口蝶阀	V3414
57	V3404	E3421 出来去 E3116 的蝶阀	V3404
58	V3403	E3421 出来去 E3116 的蝶阀	V3403
59	V3401	K1261 出来去 K3420 的蝶阀	V3401
60	V3944	解冻风去 X3471 的蝶阀	V3944
61	V3949	GBP444 去 PGAN 的蝶阀	V3949
62	V3945	解冻风去 X3471 的蝶阀	V3945
63	V3906	STLO450 的入口蝶阀	V3906

序　号	位　号	说　　明	现场图号
64	V1101	E1117/E3116 换热 CW 入口阀门	V1101
65	V1102	E1117/E3116 换热 CW 出口阀门	V1102
66	V1201	K1261 系统水入口阀	V1201
67	V1202	K1261 系统水出口阀	V1202
68	V3442	E3421 的冷物流出口蝶阀	V3442
69	V2639	A2626A 的放空前阀	V2639
70	V2640	A2626B 的放空前阀	V2640
71	V7130A	D7131 的入口阀 1	V7130A
72	V7321	D7131 的入口阀 2	V7321
73	V7321A	D7331 的出口阀	V7321A
74	V7323A	D7331 的出口阀	V7323A
75	V7324A	D7331 的出口阀	V7324A
76	V7325A	D7331 的出口阀	V7325A
77	V7326A	D7331 的出口阀	V7326A
78	V7329A	D7331 的出口阀	V7329A
79	V7321B	D7331 的出口阀	V7321B
80	V7323B	D7332 的出口阀	V7323B
81	V7324B	D7333 的出口阀	V7324B
82	V7325B	D7334 的出口阀	V7325B
83	V7326B	D7335 的出口阀	V7326B
84	V7329B	D7336 的出口阀	V7329B

任务五　熟悉工艺卡片

设备名称	项目及位号	正常指标	单　　位
主空压机 K1161	吸入的原料空气量(FI1245)	301925	m³/h
	出口输出压力(PI1185)	0.598	MPa
	出口温度(TI1185)	120	℃
预冷塔 E2416	操作压力(PI2402)	0.595	MPa
	正常液位(LI2402)	68	%
	常温水流量(FIC2411)	704.4	m³/h
	低温水流量(FIC2421)	153.64	m³/h
分子筛 A2626A/B	正常操作压力(PIC2603/PIC2604)	0.577	MPa
增压机 K1261	一级处理空气量(FIC3425)	64395	m³/h
	二级处理空气量(FIC3910)	80384	m³/h
	一级输出压力(PI1225)	2.18	MPa
	二级输出压力(PI1285)	5.18	MPa
	一级输出温度(TI1225)	40	℃
	二级输出温度(TI1285)	40	℃

设备名称	项目及位号	正常指标	单 位
压力塔 T3211	正常操作温度（TI32051）	−180	℃
	操作压力（PIC3201）	0.55	MPa
	正常液位（LIC32011）	40～50	%
	原料进料量（FIC2615）	301925	t/h
低压塔 T3212	正常操作温度（TI3222）	−188	℃
	操作压力（PIC32712）	0.133	MPa
	正常液位（LIC3211）	95	%

任务六　掌握物料平衡

项　目	流　量/（m³/h）
空气进料	301925
高压氮	501925
污氮	260000
高压氧	60000

任务七　熟悉复杂控制过程

1. 低选控制 PIC2615、FIC2615

分子筛出口处的压力控制器 PIC2615 和 FIC2615 低选控制 K1161 的入口封门，入口封门的开度以两者输出开度较小的为准。

2. A2626A/B 的时序控制

分子筛 A2626A/B 时序控制，一台在吸附的时候，另外一台再生；同时还要兼顾冷吹、热吹等过程的控制。在控制过程中，有一个专门的时序控制算法来控制分子筛各可控阀进行切换，从而保证时序控制。

3. 低选控制 LIC2631、TIC2631

分子筛的再生加热器 E2617 的温度和液位联合控制出口流量，从而保证 E2617 的液位保证和温度在比较合理的位置。

4. 流量控制 FIC2411

E2416 入口常温水流量控制器 FIC2411 有自保联锁，当入口泵 P2466A/B 都关闭时，自保启动，电磁阀将动作，控制阀将自动关闭。

5. 液位控制 LIC2401

E2416 液位控制器 LIC2401 有自保联锁，E2416 液位比较低时，自保启动，电磁阀将动作，控制阀将自动关闭。

6. 流量控制 FIC2421

E2416 入口常温水流量控制器 FIC2421 有自保联锁，当入口泵 P2467A/B 都关闭时，自保启动，电磁阀将动作，控制阀将自动关闭。

7. 增压风流量控制 FIC3910

增压风流量取增压风管上温度 TI1285、压力 PI1285 的数值到 FIC3910 计算成标准状态下的流量，通过增压风蝶阀的开度进行调节。

任务八　掌握联锁系统

联锁系统的起因及结果如下所述。

1. K1161 联锁说明

在汽轮机 X1171 没有启动或者分子筛系统没有准备好的时候，不允许启动 K1161。因此在启动主压缩机 K1161 时，必须先启动汽轮机，启动分子筛准备按钮。

2. K1161 联锁说明

在汽轮机 X1171 没有启动或者分子筛系统没有准备好的时候，不允许启动 K1161。因此在启动主压缩机 K1161 时，必须先启动汽轮机，启动分子筛准备按钮。

3. 预冷系统跳车联锁说明

如果在运行时，突然摘除汽轮机开关，或者因操作失误导致 E2416 的液位过高，均会导致预冷系统的跳车联锁，从而引发一系列的联锁动作，引发预冷系统的跳车。

系统紧急停车联锁（H94004G）说明

起因：

① 三台热水泵全停，并且将联锁旋钮投到 AUTO，联锁发生。

② 循环热水泵停自保（SHUTDOWN）投用。

结果：热水泵旁路 XV1008 开。

4. 冷箱 HPGOX 联锁说明

HPGOX 可以排空也可以作为产品输出，在初期产品纯度达不到时，HPGOX 开关关闭，不允许向外界输出产品，当纯度达到时，启动该联锁，从而切断向外界排空的管路，允许向产品输出高压氧。

5. 冷箱 PGAN 联锁说明

PGAN 可以排空也可以作为产品输出，在初期产品纯度达不到时，PGAN 开关关闭，不允许向外界输出产品，当纯度达到时，启动该联锁，从而切断向外界排空的管路，允许向产品输出高压氧。

任务九　掌握操作规程

一、原始开车

1. 开车前准备

① 检查一切准备完毕后，按下主压缩机准备按钮 XD1161；

② 检查一切准备完毕后，按下二级压缩机准备按钮 XD1261；

③ 检查汽轮机准备完毕后，按下汽轮机准备按钮 XD1171；

④ 按下透平开关 H11711，允许汽轮机运行；

⑤ 点击主压缩机加载联锁按钮；

⑥ 切换到分子筛界面，按下 CBX 开关按钮 H26151。

2. 开车过程

（1）启动冷却水系统

① 打开 K1161 级间冷却器 E1116 和 E1117 的冷却水入口阀 V1101；

② 打开 K1161 级间冷却器 E1116 和 E1117 的冷却水出口阀 V1102；

③ 打开并调整 K1161 级间冷却器 E1116 冷却水阀 V111911（开度≥50%）；

④ 打开并调整 K1161 级间冷却器 E1117 冷却水阀 V111912（开度≥50%）；

⑤ 打开 E2417 冷却水入口阀 V2431；

⑥ 打开 E2416 冷却水出口阀 V2404；

⑦ 打开 P2466A 的前阀 V2411A；

⑧ 或者打开 P2466B 的前阀 V2411B；

⑨ 打开 P2467A 的前阀 V2421A；

⑩ 或者打开 P2467B 的前阀 V2421B；

⑪ 打开 K3420 后冷却器 E3421 的上水阀 V3441；

⑫ 打开 K3420 后冷却器 E3421 的下水阀 V3442；

⑬ 打开 K1261 级间冷却器 E1216，E1217，E1218，E1221 的上水阀 V1201；

⑭ 打开 K1261 级间冷却器 E1216，E1217，E1218，E1221 的下水阀 V1202；

⑮ 打开 K1261 级间冷却器 E1216 冷却水阀 V1219（开度 80% 左右）；

⑯ 打开 K1261 级间冷却器 E1217 冷却水阀 V1229（开度 80% 左右）；

⑰ 打开 K1261 级间冷却器 E1218 冷却水阀 V1239（开度 80% 左右）；

⑱ 打开 K1261 级间冷却器 E1221 冷却水阀 V1249（开度 80% 左右）；

⑲ 打开 E1181 的冷却水阀 V1180A1；

⑳ 打开 E1181 的冷却水阀 V1180A2；

㉑ 打开 E1181 的冷却水阀 V1180B1；

㉒ 打开 E1181 的冷却水阀 V1180B2。

（2）启动 K1161/K1261

① 切换到分子筛系统界面，控制器 FIC2615 投自动，并设置其 SP 值为 301925；

② K1261 入口阀 V1210 处于关闭状态，打开干燥空气入口阀 V7364；

③ 打开 K1261 入口阀 V1212；

④ 点击增压机加载联锁按钮 H12101，加载增压机一段；

⑤ 点击增压机加载二段联锁按钮 H12201，加载增压机二段；

⑥ 打开 X1171 的入口导叶前阀 V1160；

⑦ 打开 X1171 的入口导叶前程控阀 YS1171；

⑧ 通过速度控制器 SIC1172，缓慢打开 X1171 的入口导叶 YIC11721（开度 50% 为好）。

（3）启动空气预冷系统

① E2417 开始充水，将液位控制器 LIC2431 投自动，并设置其 SP 为 44%；

② 打开一级压缩去 E2416 的阀门 V1114，为 E2416 升压做准备；

③ 手动打开预冷塔 E2416 去 A2626B 的阀门 YS2622，为 A2626B 升压做准备；

④ 打开 PIC26151，缓慢对 E2416 和 A2626 进行升压；

⑤ 缓慢的关小主压缩机放空阀 YICS11101；

⑥ 手动打开 A2626B 的出口阀门 YS2628；

⑦ PIC26151 达到 0.480MPa（g）后，将 PIC26151 投自动，并设定其 SP 值为 0.48MPa；

⑧ 启动冷却水泵 P2466A；

⑨ 打开 P2466A 的后阀 V2416A；

⑩ 或者启动冷却水泵 P2466B；

⑪ 或者打开 P2466B 的后阀 V2416B；

⑫ E2416 开始充水，LI2402 液位低联锁报警结束后，将液位控制器 LIC2401 投自动，并设置其 SP 为 66%；

⑬ 调整 A-FIC2411 的流量达到 704.4m³/h，然后将 FIC2411 投自动；

⑭ 蒸发冷却塔 E2417 的出水流量控制器 A-FIC2411 的 SP 设置为 704.4m³/h；

⑮ 蒸发冷却塔 E2416 的进水流量（FIC2411）稳定在 704.4m³/h 左右；

⑯ 微启 E2417 的冷却旁通阀 V2429；

⑰ E2417 低联锁解除后，打开 P2467A 泵；

⑱ 打开 P2467A 的后阀 V2426A；

⑲ E2417 低联锁解除后，或者打开 P2467B 泵；

⑳ 或者打开 P2467B 的后阀 V2426B；

㉑ E2417 低联锁解除后，调整 FIC2421 的流量达到 153.64m³/h，然后将 FIC2421 投自动；

㉒ 蒸发冷却塔 E2417 的出水流量控制器 FIC2421 的 SP 设置为 153.64m³/h；

㉓ 蒸发冷却塔 E2417 的出水流量（FIC2421）稳定在 153.64m³/h 左右。

（4）启动分子筛纯化系统

① 点击 CBX 联锁按钮 Z26150；

② 启动再生气加热器 E2617，现场对 E2617 进口低压蒸气暖管，打开 V2661 阀；

③ 启动再生气加热器 E2617，现场对 E2617 进口低压蒸气暖管，打开 V2664 阀；

④ 确认来自冷箱的阀门 YC3926 关闭，打开阀门 V2626，调节通过加热器和分子筛的再生气流量；

⑤ TIC2631 设为自动，并设置其 SP 值为 80℃；

⑥ 现场打开分子筛排水阀 V2682A；

⑦ 现场打开分子筛排水阀 V2682B；

⑧ 现场打开分子筛排水阀 V2684A；

⑨ 现场打开分子筛排水阀 V2684B；

⑩ 切换到分子筛控制界面，点击分子筛时序自动计时器：X26011；

⑪ 切换到分子筛控制界面，点击分子筛时序自动控制：H26011。

（5）启动冷箱

① 缓慢开启 YICS2615，对 T3211 进行加压；

② 缓慢开启 YC3910，对 T3211 进行加压；

③ 保证 FIC2615 流量稳定在 301925m³/h；

④ PIC32711 投自动，设置 SP 值为 0.133MPa；

⑤ PIC32712 投自动，设置 SP 值为 0.133MPa；

⑥ 设置 PIC2610 的自动模式；

⑦ 设置 PIC2610 的 SP 值为 20kPa(g)。

（6）加载增压空气压缩机 K1261

① 关闭一段防喘振阀 YICS12101；

② 关闭二段防喘振阀 YICS12201；

③ 缓慢开大 PIC1225；

④ 打开原料空气入口阀 V1210；

⑤ 缓慢关闭干燥空气入口阀 V7364；

⑥ PIC1225 的值达到 1.40MPa 后，将 PIC1225 投自动，并设置其 SP 值为 2.20（如果不稳定可直接将开度设置为 100％）；

⑦ 打开 V1214；

⑧ 缓慢打开 PIC1285 的输出开度；

⑨ PIC1285 的值达到 5.40MPa 后，将 PIC1285 投自动，并设置其 SP 值为 6.20；

⑩ 打开去主换热器 E3116 的阀 V1216；

⑪ 调节 FIC3910 开度，使得进入下塔 T3211 的流量，至正常。

（7）启动增压-透平膨胀系统 K3420/X3471

① 点击 X3471 PROC 准备按钮 XD3411；

② 点击 X3471 BREAK 准备按钮 XG3411；

③ 点击 X3471 UNIT 准备按钮 X34116；

④ 点击 X3471 启动开关 H34111；

⑤ 打开 K3420 入口阀 V1234；

⑥ 打开 K3420 入口阀 V3401；

⑦ 打开 E3421 出口阀 V3403；

⑧ 打开 E3421 出口阀 V3404；

⑨ 打开 X3471 入口阀 V3411；

⑩ 打开 X3471 入口阀 V3412；

⑪ 打开 X3471 出口阀 V3414；

⑫ 增压膨胀系统启动条件满足后，进口压力达到 2.0MPa 时，开启紧急切断阀 YS3411；

⑬ 快速开启喷嘴 YIC34121，迅速通过临界值。

（8）低温部分降温（主装置）

① PIC32711 投自动，设置其 SP 值为 0.133MPa；

② 暂时将 PIC32712 投手动，设置其 OP 值为 20％（可根据温度和压力适当调整）；

③ 打开冷箱 E3116 上氮气放空阀 YCZ39402；

④ 设置冷箱 E3116 上 YC3930 阀门开度 30％；

⑤ 打开通往上塔 T3212 的冷却管线阀门 V3906；

⑥ 打开通往上塔 T3212 的冷却管线阀门 V3908；

⑦ 手动打开 YC3211，并根据上塔温度适时调整开度；

⑧ 手动打开 YC3201，并根据上塔温度适时调整开度；

⑨ 手动打开 YC3222，并根据上塔温度适时调整开度；

⑩ 打开氮气放空管线 YCZ39402（开度全开）；

⑪ 打开冷箱 E3117 上污氮去 E2617 阀 YC3926；

⑫ 打开冷箱 E3116 上氧气放空阀 YCZ39242，并设置其控制器自动；

⑬ 关闭分子筛自再生阀 2626；

⑭ 缓慢关闭水冷塔 E2417 的旁通阀 2429；

⑮ 随着温度降低和上塔液位的建立，PIC3201 的 OP 值下调为 20。

（9）产品调试

① 在分子筛页面，调整 A-TIC2631 的开度，使得出口处温度在 80℃左右；

② 将 PIC32712 投自动，设置其 SP 值为 0.133MPa；

③ 根据启动管线温度 TI32061 和 TI32062 等条件，逐步关闭启动阀 V3906；

④ 逐步关闭通往上塔 T3212 的冷却管线阀门 V3908；

⑤ 随着温度降低和上塔液位的建立，设置 LIC32011 自动，设置其 SP 值为 37%；

⑥ 随着温度降低和上塔液位的建立，逐步关小 YC3222。

（10）建立精馏

① 建立精馏：通过 YC3211（调整 T3211 的回流量）将 AIC32052 的含氧量调至约 5%；

② 随着温度降低和上下塔液位的建立，PIC3201 投自动，并设置其 SP 值为 0.551MPa；

③ 运行平稳后，打开冷箱 E3116 上 V3949 阀；

④ 运行平稳后在"主换热器"界面点击 PGAN 开关，关闭放空阀，为产品管线阀做好准备；

⑤ 运行平稳后，打开冷箱 E3116 上高压氮气出口阀控制器 FIC39401；

⑥ 运行平稳后，在"精馏塔"界面，点击"T3211-PGAN"按钮，为高压氮出口管线阀做好准备；

⑦ 打开高压氮出口阀 YCS32071；

⑧ 运行平稳后，在"精馏塔"界面，点击"T3211-LIN"按钮，为高压氮出口管线阀做好准备；

⑨ 打开液氮去 D7131 的手阀 V7130A；

⑩ 打开液氮去 D7131 的电磁阀 YCS32121；

⑪打开液氮去 D7131 的电磁阀 YCS32123；

⑫ 打开液氮去 D7131 的手阀 V3212；

⑬ 低压产品氮分析仪 A-AP3940 投用，显示值稳定；

⑭ 压力塔上下压差 PDI3202，显示值稳定在 20kPa；

⑮ 低压塔上下压差 PDI3212，显示值稳定在 8.8kPa；

⑯ 压力塔 T3211 的液位稳定在 37%；

⑰ 低压塔 T3212 的液位稳定在 100%；

⑱ D3432 的液位稳定在 50%。

（11）冷液处理

① 冷却：打开入口阀 YICS3521A；

② 打开入口阀 YICS3521B；

③ 当泵冷却（实际操作中至少半小时，在此设置为 30s）后，全开入口阀 YICS3521A；

④ 当泵冷却（至少半小时）后，全开入口阀 YICS3521B；

⑤ 打开 P3568A 泵；

⑥ 在"主换热器"界面，点击"HPGOX 开关"，为高压氧出口管线做准备；

⑦ 打开高压氧出口阀 YCZ39241；

⑧ FIC3924.1 投自动。

二、冷态开车操作

1. K1261-X1171-K1161

① 点击 XD1171，汽轮机处于准备状态；

② 点击 H11711，启动汽轮机；

③ 点击 YS1171，启动汽轮机前阀；

④ 缓慢打开汽轮机的调节阀门 YIC1172；

⑤ 点击 XD1161，使主压缩机处于准备状态；

⑥ 点击 H11101，"主压缩机加载联锁"启动；

⑦ 在"分子筛"界面，设置 FIC2615 为自动模式；

⑧ 设置 FIC2615 SP 值为 301925；

⑨ 打开主压缩机入口封门 YIC1111（通过"分子筛"界面的 PIC2615 和 FIC2615 的低选控制）；

⑩ 打开主压缩机出口现场阀 V1114；

⑪ 缓慢关闭主压缩机防喘振阀 YICS11101；

⑫ 在"分子筛"界面，点击"CBX 开关"；

⑬ 点击 XD1261，使增压机处于准备状态；

⑭ 点击 H12101，"增压机加载联锁"启动；

⑮ 点击 H12201，"增压机二段联锁"启动；

⑯ 打开增压机入口手阀 V1212；

⑰ 打开增压机入口手阀 V1210；

⑱ 打开增压机出口手阀 V1216；

⑲ 打开增压机出口手阀 V1214；

⑳ 缓慢开大增压机入口封门 YIC12111；

㉑ 缓慢开大增压机二级入口封门 YIC12211；

㉒ 缓慢打开增压机出口阀，增压机增负荷；

㉓ 缓慢关闭一段增压机防喘振阀；

㉔ 缓慢关闭二段增压机防喘振阀。

2. 预冷系统部分

① 打开水泵 P2466A 入口阀 V2411A；

② 打开低温水泵 P2466A；

③ 打开低温水泵出口阀 V2416A；

④ 打开水泵入口阀 V2421A；

⑤ 打开水泵 P2467A；

⑥ 打开水泵出口阀 V2426A；

⑦ 将 LIC2431 前阀 V2431 打开；

⑧ LIC2431 投自动；

⑨ 将 LIC2431 SP 值设置为 62；

⑩ FIC2421 投自动；

⑪ 将 FIC2421 SP 值设置为 153.64；

⑫ FIC2411 投自动；

⑬ 将 FIC2411 SP 设置为 704.4；

⑭ 打开 LIC2401 后手阀 V2404；

⑮ LIC2401 投自动；

⑯ 将 LIC2401 SP 设置为 68；

⑰ FIC2411 流量稳定在 704.4；

⑱ FIC2421 流量稳定在 153.64；

⑲ E2417 的液位稳定在 62%；

⑳ E2416 的液位稳定在 68%。

3. 分子筛部分

① 分子筛再生气出口由空气切至出污氮气；

② 点击 "CBX 联锁" 按钮；

③ 打开分子筛出口阀 YICS2615，准备向精馏塔系统进气；

④ 点击 X26011，打开分子筛自动联锁；

⑤ 点击 H26011，启动分子筛自动时序控制。

4. 膨胀机部分

① 点击 "XD3411" 按钮，为 X3471 系统启动准备；

② 点击 "XG3411" 按钮，为 X3471 联锁启动准备；

③ 点击 "X34116" 按钮，为 X3471 单元启动准备；

④ 点击膨胀机 X3471 开关按钮，关闭停车联锁；

⑤ 打开膨胀系统紧急切断阀，YS3411；

⑥ 缓慢打开膨胀-压缩系统封门，YIC3412；

⑦ 打开 K1261 到 K3420 的阀门 V1234；

⑧ 打开膨胀机各连通阀：V3401；

⑨ 打开膨胀机各连通阀：V3403；

⑩ 打开膨胀机各连通阀：V3404；

⑪ 打开膨胀机各连通阀：V3411；

⑫ 打开膨胀机各连通阀：V3412；

⑬ 打开膨胀机各连通阀：V3414；

⑭ 缓慢关闭防喘振阀 YICS3425。

5. 冷箱启动

① 打开冷箱 E3116 上高压氮气放空阀门 YCZ39402；

② 打开冷箱 E3116 上高压氧气放空阀门 YCZ39242；

③ 打开冷箱 E3116 上低温空气排放阀门 YC3930；

④ 打开冷箱 E3117 上低温空气排放阀门 YC3926；

⑤ 打开冷箱 E3117 上低温空气排放阀门 YC32711；

⑥ 打开分子筛走向冷箱 E3117 的阀门 YC3127。

6. 精馏塔部分

① 打开压力塔 T3211 向低压塔 T3212 上返的压力控制阀门 YC3211（通过设置 PIC3201）；

② 打开压力塔 T3211 向低压塔 T3212 上返的阀门 YC3222；

③ 打开压力塔 T3211 向低压塔 T3212 上返的液位控制阀门 YC3201（通过设置 LIC32011）；

④ 点击 "T3211-PGAN" 按钮；

⑤ 手动缓慢打开 YCS32071；

⑥ 在现场打开 V7312A，液氮送 E7360；

⑦ 在现场打开 V3978，液氮送 J3978；

⑧ 点击 "T3211-LIN" 按钮；

⑨ 打开 YCS32121；

⑩ 打开 YC32123；

⑪ 打开 V3212；

⑫ 打开 V7130A；

⑬ 打开液氧出口阀；

⑭ 同时关闭液氧泵的回流阀 YC3520A；

⑮ 保证下塔（T3211）液位稳定在 37％左右；

⑯ 保证上塔（T3212）液位稳定在 95％左右。

三、短期停车操作

1. 精馏塔部分

① 隔离过冷器 E3316 高压氮与管网的联系，手动缓慢关闭 YCS32071；

② 在现场关闭 V7312A，液氮停送 E7360；

③ 在现场关闭 V3978，液氮停送 J3978；

④ 关闭 YCS32121，停止供应液氧；

⑤ 打开液氧泵的回流阀 YC3520A；

⑥ 同时关闭液氧出口阀；

⑦ 关闭下塔上返的阀门 YC3211；

⑧ 关闭下塔上返的阀门 YC3222；

⑨ 关闭下塔上返的阀门 YC3201。

2. 冷箱部分

① 关闭冷箱 PGAN 出口阀门 YCZ39401；

② 关闭冷箱去 E2417 的阀门 YC3930；

③ 关闭 A2626 去冷箱的阀门 YC3127；

④ 关闭冷箱去 E2617 的阀门 YC3926；

⑤ 关闭冷箱去 E2417 的阀门 YC32711；

⑥ 关闭 YCS32121，停止供应液氧。

3. 膨胀机部分

① 缓慢打开防喘振阀 YICS3425；

② 点击膨胀机 X3471 开关按钮，触发停车联锁，停膨胀机汽轮机；

③ 缓慢关闭膨胀-压缩系统封门，YIC3412；

④ 关闭膨胀机各连通阀：V3401；

⑤ 关闭膨胀机各连通阀：V3403；

⑥ 关闭膨胀机各连通阀：V3404；

⑦ 关闭膨胀机各连通阀：V3411；

⑧ 关闭膨胀机各连通阀：V3412；

⑨ 关闭膨胀机各连通阀：V3414。

4. K1261-X1171-K1161

① 缓慢打开启一段增压机防喘振阀，增压机减负荷，防止压缩机喘振；

② 缓慢打开启二段增压机防喘振阀，增压机减负荷，防止压缩机喘振；

③ 缓慢减小汽轮机的汽流量，增压机减负荷；

④ 缓慢关小增压机出口阀，增压机减负荷；

⑤ 缓慢关小一级增压机入口封门，增压机减负荷；

⑥ 缓慢关小二级增压机入口封门，增压机减负荷；

⑦ 关闭增压机入口手阀 V1212；

⑧ 关闭增压机入口手阀 V1210；

⑨ 关闭增压机出口手阀 V1216；

⑩ 关闭增压机出口手阀 V1214；

⑪ 打开主压缩机防喘震阀 YICS11101；

⑫ 关闭主压缩机入口封门 YIC1111（在"分子筛"界面，关闭 PIC2615 或者 FIC2615 均可以）；

⑬ 缓慢关闭汽轮机的汽流量；

⑭ 点击 H11711，关闭汽轮机；

⑮ 点击 XD1171，汽轮机处于备用状态；

⑯ 关闭主压缩机出口现场阀 V1114。

5. 分子筛部分

① 分子筛再生气由污氮气切至出口空气；

② 点击 CBX 开关按钮；

③ 关闭分子筛出口阀 YICS2615，和精馏塔系统隔离开；

④ 快要达到分子筛系统切换 B 切 A 时，点击 H26011，关闭分子筛自动时序控制；

⑤ 点击 X26011，关闭分子筛自动联锁。

6. 预冷系统部分

① 停运行的低温水泵出口阀 V2416A，E2416 停止上水；

② 停运行的低温水泵入口阀 V2411A；

③ 停运行的低温水泵出口阀 V2426A；

④ 停运行的低温水泵入口阀 V2421A；

⑤ 将 LIC2431 前阀 V2431 关闭；

⑥ 关闭 LIC2401 后手阀 V2404。

四、长期停车操作

1. 精馏塔部分

① 在现场关闭 V7130A，液氮停送 D7131；

② 隔离过冷器 E3316 高压氮与管网的联系，手动缓慢关闭 YCS32071；

③ 关闭 YC32123；

④ 现场关闭 V3212；

⑤ 点击"H32071"按钮，关闭 T3211 的高压氮输送；

⑥ 在现场关闭 V7312A，液氮停送 E7360；

⑦ 在现场关闭 V3978，液氮停送 J3978；

⑧ 关闭 YCS32121，停止供应液氧；

⑨ 点击"H32121"按钮，关闭 T3211 的液氮输送；

⑩ 关闭下塔上返的阀门 YC3211；

⑪ 下塔压力降低到常压后，关闭下塔上返的阀门 YC3222；

⑫ 关闭下塔上返的阀门 YC3201；

⑬ 打开 T3211 底部排液阀 V3971，排出塔内剩余液体；

⑭ 全开放空阀 YC32712，将塔内液体蒸发出去；

⑮ T3211 内残液排净；

⑯ T3212 内残液排净；

⑰ 排液结束后，关闭 T3211 底部排液阀 V3971；

⑱ 全开放空阀 YC32712，将塔内液体蒸发出去。

2. 主换热器部分

① 同时在"主换热器"界面，关闭液氧出口阀 YCZ39241；

② 在"主换热器"界面，点击"H39241"关闭液氧出口联锁；

③ 切换到"精馏塔"界面，关闭泵 P3568A；

④ 在"精馏塔"界面，关闭泵 P3568A 的入口阀 YICS3521A；

⑤ 在现场界面，关闭 V3949；

⑥ 关闭冷箱 PGAN 出口阀门 YCZ39401；

⑦ 点击"H39401"按钮，关闭 PGAN 出口联锁；

⑧ 关闭冷箱去 E2417 的阀门 YC3930；

⑨ 关闭 A2626 去冷箱的阀门 YC3127；

⑩ 关闭冷箱去 E2617 的阀门 YC3926；

⑪ 关闭冷箱去 E2417 的阀门 YC32711；

⑫ 关闭 YCS32121，停止供应液氧。

3. 膨胀机部分停车并复温

① 关闭膨胀机各连通阀：V3401；

② 关闭膨胀机各连通阀：V3403；

③ 关闭膨胀机各连通阀：V3404；

④ 关闭膨胀机各连通阀：V3411；

⑤ 关闭膨胀机各连通阀：V3414；

⑥ 打开解冻管线上的阀门 V3943；

⑦ 打开解冻管线上的阀门 V3944；

⑧ 打开解冻管线上的阀门 V3945；

⑨ 打开解冻管线上的阀门 V3947；

⑩ 吹扫结束后，关闭膨胀机连通阀：V3412；

⑪ 缓慢关闭膨胀-压缩系统封门，YIC3412；

⑫ 吹扫结束后，关闭解冻管线上的阀门 V3943；

⑬ 吹扫结束后，关闭解冻管线上的阀门 V3944；

⑭ 吹扫结束后，关闭解冻管线上的阀门 V3945；

⑮ 吹扫结束后，关闭解冻管线上的阀门 V3947；

⑯ 点击 "XD3411"，X3471 系统处于备用状态；

⑰ 点击 "XG3411"，X3471 系统联锁处于备用状态；

⑱ 点击 "X34116"，X3471 单元处于备用状态。

4. 预冷系统部分

① 停运行的低温水泵出口阀 V2416A，E2416 停止上水；

② 关闭 P2466A；

③ 停运行的低温水泵入口阀 V2411A；

④ 停运行的低温水泵出口阀 V2426A；

⑤ 关闭 P2467A；

⑥ 停运行的低温水泵入口阀 V2421A；

⑦ 将 LIC2431 前阀 V2431 关闭；

⑧ 关闭 LIC2401 后手阀 V2404；

⑨ LIC2431 投手动；

⑩ LIC2431 开度设置为 0；

⑪ LIC2401 投手动；

⑫ LIC2401 开度设置为 0；

⑬ 打开 E2417 的排液阀 V2439，排出剩余液体；

⑭ 打开 E2416 的排液阀 V2409，排出剩余液体。

5. K1261-X1171-K1161

① 缓慢打开启一段增压机防喘振阀，增压机减负荷，防止压缩机喘振；

② 缓慢打开启二段增压机防喘振阀，增压机减负荷，防止压缩机喘振；

③ 缓慢减小汽轮机的汽流量，增压机减负荷；

④ 缓慢关小增压机出口阀，增压机减负荷；

⑤ 缓慢关小一级增压机入口封门，增压机减负荷；

⑥ 缓慢关小二级增压机入口封门，增压机减负荷；

⑦ 关闭增压机入口手阀 V1212；

⑧ 关闭增压机入口手阀 V1210；

⑨ 关闭增压机出口手阀 V1216；

⑩ 关闭增压机出口手阀 V1214；

⑪ 关闭增压机出口手阀 V1234；

⑫ 打开主压缩机防喘振阀 YICS11101；

⑬ 关闭主压缩机入口封门 YIC1111（在 "分子筛" 界面，关闭 PIC2615 或者 FIC2615 均可以）；

⑭ 缓慢关闭汽轮机入口阀；

⑮ 点击 H11711，关闭汽轮机；

⑯ 点击 XD1171，汽轮机处于备用状态；

⑰ 关闭汽轮机入口现场阀 V1160；

⑱ 关闭主压缩机出口现场阀 V1114；

⑲ 点击"XD1161"按钮，关闭主压缩机；

⑳ 点击"XD1261"按钮，关闭增压机。

6. 分子筛部分

① 在现场打开 V2626，分子筛再生气由污氮气切至出口空气；

② 点击 CBX 开关按钮"H26151"；

③ 点击 CBX 联锁按钮"Z26150"；

④ 关闭分子筛出口阀 YICS2615，和精馏塔系统隔离开；

⑤ 点击 H26011，关闭分子筛自动时序控制；

⑥ 点击 X26011，关闭分子筛自动联锁；

⑦ 通过顶部泄压阀，分子筛 A 泄压到常压；

⑧ 通过顶部泄压阀，分子筛 B 泄压到常压；

⑨ 分子筛 A 泄压到常压后，关闭顶部排放阀 YICS2639；

⑩ 分子筛 B 泄压到常压后，关闭顶部排放阀 YICS2640；

⑪ 停用 E2617，关闭入口蒸汽阀 V2661；

⑫ TIC2631 投手动；

⑬ TIC2631 开度设置为 0；

⑭ LIC2631 投手动；

⑮ LIC2631 开度设置为 0；

⑯ 开大复线阀 V2664（开度≥50），排出剩余液体；

⑰ E2617 中剩余液体排出后，关闭复线阀 V2664。

7. 冷却水系统停车

① 关闭 K1161 级间冷却器 E1116 和 E1117 的冷却水入口阀 V1101；

② 关闭 K1161 级间冷却器 E1116 和 E1117 的冷却水出口阀 V1102；

③ 关闭 K1161 级间冷却器 E1116 冷却水阀 V111911；

④ 关闭 K1161 级间冷却器 E1117 冷却水阀 V111912；

⑤ 关闭 K3420 后冷却器 E3421 的上水阀 V3441；

⑥ 关闭 K3420 后冷却器 E3421 的下水阀 V3442；

⑦ 关闭 K1261 级间冷却器 E1216，E1217，E1218，E1221 的上水阀 V1201；

⑧ 关闭 K1261 级间冷却器 E1216，E1217，E1218，E1221 的下水阀 V1202；

⑨ 关闭 K1261 级间冷却器 E1216 冷却水阀 V1219；

⑩ 关闭 K1261 级间冷却器 E1217 冷却水阀 V1229；

⑪ 关闭 K1261 级间冷却器 E1218 冷却水阀 V1239；

⑫ 关闭 K1261 级间冷却器 E1221 冷却水阀 V1249；

⑬ 关闭 E1181 的冷却水阀 V1180A1；

⑭ 关闭 E1181 的冷却水阀 V1180A2；

⑮ 关闭 E1181 的冷却水阀 V1180B1；

⑯ 关闭 E1181 的冷却水阀 V1180B2；

⑰ 设置 LIC1181 为手动；

⑱ 设置 LIC1181 开度不小于 50%，排出 E1181 内的液体；

⑲ E1181 内液体排出后，设置 LIC1181 开度为 0；

⑳ E1181 内液体排出后，关闭 P1182 泵。

五、事故处理

1. 停冷却水事故处理

（1）预冷系统部分

① 停运行的低温水泵出口阀 V2416A，E2416 停止上水；

② 停运行的低温水泵 P2466A；

③ 停运行的低温水泵入口阀 V2411A；

④ 停运行的低温水泵出口阀 V2426A；

⑤ 停运行的低温水泵 P2467A；

⑥ 停运行的低温水泵入口阀 V2421A；

⑦ 将 LIC2431 前阀 V2431 关闭；

⑧ 将 LIC2431 投手动；

⑨ 将 LIC2431 开度设置为 0；

⑩ 关闭 LIC2401 后手阀 V2404；

⑪ 将 LIC2401 投手动；

⑫ 将 LIC2401 开度设置为 0。

（2）精馏塔部分

① 隔离过冷系统高压氮与管网的链接，手动缓慢关闭 YCS32071；

② 在现场关闭 V7312A，液氮停送 E7360；

③ 在现场关闭 V3978，液氮停送 J3978；

④ 关闭 YCS32121，停止供应液氧；

⑤ 打开液氧泵的回流阀 YC3520A；

⑥ 同时关闭液氧出口阀。

（3）膨胀机部分

① 缓慢打开防喘振阀 YICS3425；

② 缓慢关闭膨胀-压缩系统封门，YIC3412；

③ 关闭膨胀机各连通阀：V3401；

④ 关闭膨胀机各连通阀：V3403；

⑤ 关闭膨胀机各连通阀：V3404；

⑥ 关闭膨胀机各连通阀：V3411；

⑦ 关闭膨胀机各连通阀：V3412；

⑧ 关闭膨胀机各连通阀：V3414。

（4）K1261-X1171-K1161

① 缓慢关小增压机出口阀，增压机减负荷；

② 缓慢关小一级增压机入口封门，增压机减负荷；

③ 缓慢关小二级增压机入口封门，增压机减负荷；

④ 关闭增压机入口手阀 V1212；

⑤ 关闭增压机入口手阀 V1210；

⑥ 关闭增压机出口手阀 V1216；

⑦ 关闭增压机出口手阀 V1214；

⑧ 点击 XD1171，汽轮机处于备用状态；

⑨ 关闭主压缩机出口现场阀 V1114。

（5）分子筛部分

① 分子筛再生气由污氮气切至出口空气；

② 点击 CBX 开关按钮；

③ 关闭分子筛出口阀 YICS2615，和精馏塔系统隔离开；

④ 快要达到分子筛系统切换 B 切 A 时，点击 H26011，关闭分子筛自动时序控制；

⑤ 点击 X26011，关闭分子筛自动联锁。

2. 停蒸汽事故处理

现象描述：停加热蒸汽故障短期停车，会造成所有使用加热蒸汽的设备无法正常工作。

事故处理：对系统进行短期正常停车，等待对加热蒸汽进一步处理。

（1）精馏塔部分

① 隔离过冷器 E3316 高压氮与管网的联系，手动缓慢关闭 YCS32071；

② 在现场关闭 V7312A，液氮停送 E7360；

③ 在现场关闭 V3978，液氮停送 J3978；

④ 关闭 YCS32121，停止供应液氧；

⑤ 打开液氧泵的回流阀 YC3520A；

⑥ 同时关闭液氧出口阀；

⑦ 关闭下塔上返的阀门 YC3211；

⑧ 关闭下塔上返的阀门 YC3222；

⑨ 关闭下塔上返的阀门 YC3201。

（2）冷箱部分

① 关闭冷箱 PGAN 出口阀门 YCZ39401；

② 关闭冷箱去 E2417 的阀门 YC3930；

③ 关闭 A2626 去冷箱的阀门 YC3127；

④ 关闭冷箱去 E2617 的阀门 YC3926；

⑤ 关闭冷箱去 E2417 的阀门 YC32711；

⑥ 关闭 YCS32121，停止供应液氧。

（3）膨胀机部分

① 缓慢打开防喘振阀 YICS3425；

② 点击膨胀机 X3471 开关按钮，触发停车联锁，停膨胀机汽轮机；

③ 缓慢关闭膨胀-压缩系统封门，YIC3412；

④ 关闭膨胀机各连通阀：V3401；

⑤ 关闭膨胀机各连通阀：V3403；

⑥ 关闭膨胀机各连通阀：V3404；

⑦ 关闭膨胀机各连通阀：V3411；

⑧ 关闭膨胀机各连通阀：V3412；

⑨ 关闭膨胀机各连通阀：V3414。

（4）K1261-X1171-K1161

① 缓慢打开启一段增压机防喘振阀，增压机减负荷，防止压缩机喘振；

② 缓慢打开启二段增压机防喘振阀，增压机减负荷，防止压缩机喘振；

③ 缓慢减小汽轮机的汽流量，增压机减负荷；

④ 缓慢关小增压机出口阀，增压机减负荷；

⑤ 缓慢关小一级增压机入口封门，增压机减负荷；

⑥ 缓慢关小二级增压机入口封门，增压机减负荷；

⑦ 关闭增压机入口手阀 V1212；

⑧ 关闭增压机入口手阀 V1210；

⑨ 关闭增压机出口手阀 V1216；

⑩ 关闭增压机出口手阀 V1214；

⑪ 打开主压缩机防喘振阀 YICS11101；

⑫ 关闭主压缩机入口封门 YIC1111（在"分子筛"界面，关闭 PIC2615 或者 FIC2615 均可以）；

⑬ 缓慢关闭汽轮机的汽流量；

⑭ 点击 H11711，关闭汽轮机；

⑮ 点击 XD1171，汽轮机处于备用状态；

⑯ 关闭主压缩机出口现场阀 V1114。

（5）分子筛部分

① 分子筛再生气由污氮气切至出口空气；

② 点击 CBX 开关按钮；

③ 关闭分子筛出口阀 YICS2615，和精馏塔系统隔离开；

④ 快要达到分子筛系统切换 B 切 A 时，点击 H26011，关闭分子筛自动时序控制；

⑤ 点击 X26011，关闭分子筛自动联锁。

（6）预冷系统部分

① 停运行的低温水泵出口阀 V2416A，E2416 停止上水；

② 停运行的低温水泵入口阀 V2411A；

③ 停运行的低温水泵出口阀 V2426A；

④ 停运行的低温水泵入口阀 V2421A；

⑤ 将 LIC2431 前阀 V2431 关闭；

⑥ 关闭 LIC2401 后手阀 V2404。

3. 汽轮机联锁事故处理

现象描述：汽轮机因故障短期停车，会造成主压缩机和高压压缩机的联锁停车；同时还将引起系统预冷塔的联锁反应：E2416 的出口调节阀将自动归零，从而引起 P2466/P2467 系统停机。

汽轮机联锁故障处理：

① 切换到"预冷系统塔"现场界面，关闭 P2466A 出口阀 V2416A；

② 切换到"预冷系统塔"现场界面，关闭 P2467A 出口阀 V2426A；

③ 切换到主压缩界面，点击汽轮机开关 H11711 按钮；

④ 打开汽轮机入口开关 YS1171；

⑤ 打开汽轮机入口封门 YIC11721，重新启动汽轮机；

⑥ 点击"主压缩机加载联锁"按钮（H11101）；

⑦ 关闭放空阀 YICS11101；

⑧ 主压缩机联锁设置完毕，切换到"预冷系统塔"界面，LI2402 报警结束后，将 LIC2401 控制复位：设置为自动控制；

⑨ 将 LIC2401 控制复位：设置其 SP 值为 68；

⑩ 重新启动 P2466A 泵；

⑪ 打开 P2466A 泵出口阀 V2416A；

⑫ 重新设置 FIC2411，将其设置为自动模式；

⑬ 重新设置 FIC2411，将其 SP 设置为 704.3；

⑭ 重新启动 P2467A 泵；

⑮ 打开 P2467A 泵出口阀 V2426A；

⑯ 重新设置 FIC2421，将其设置为自动模式；

⑰ 重新设置 FIC2421，将其 SP 设置为 153.64；

⑱ 点击二段"压缩机加载联锁"按钮（H12101）；

⑲ 关闭一段防喘震阀 YICS12101；

⑳ 点击二段"压缩机二段联锁"按钮（H12201）；

㉑ 关闭二段防喘震阀 YICS12201。

4. 停电事故处理

现象描述：停加热蒸汽故障短期停车，会造成所有使用加热蒸汽的设备无法正常工作。

事故处理：对系统进行短期正常停车，等待对加热蒸汽进一步处理。

具体操作如下。

（1）精馏塔部分

① 隔离过冷器 E3316 高压氮与管网的联系，手动缓慢关闭 YCS32071；

② 在现场关闭 V7312A，液氮停送 E7360；

③ 在现场关闭 V3978，液氮停送 J3978；

④ 关闭 YCS32121，停止供应液氧；

⑤ 关闭液氧出口阀；

⑥ 关闭下塔上返的阀门 YC3211；

⑦ 关闭下塔上返的阀门 YC3222；

⑧ 关闭下塔上返的阀门 YC3201。

（2）冷箱部分

① 关闭冷箱 PGAN 出口阀门 YCZ39401；

② 关闭冷箱去 E2417 的阀门 YC3930；

③ 关闭 A2626 去冷箱的阀门 YC3127；

④ 关闭冷箱去 E2617 的阀门 YC3926；

⑤ 关闭冷箱去 E2417 的阀门 YC32711；

⑥ 关闭 YCS32121，停止供应液氧。

（3）膨胀机部分

① 缓慢打开防喘振阀 YICS3425；

② 点击膨胀机 X3471 开关按钮，触发停车联锁，停膨胀机汽轮机；

③ 缓慢关闭膨胀-压缩系统封门，YIC3412；

④ 关闭膨胀机各连通阀：V3401；

⑤ 关闭膨胀机各连通阀：V3403；

⑥ 关闭膨胀机各连通阀：V3404；

⑦ 关闭膨胀机各连通阀：V3411；

⑧ 关闭膨胀机各连通阀：V3412；

⑨ 关闭膨胀机各连通阀：V3414。

（4）K1261-X1171-K1161

① 缓慢打开启一段增压机防喘振阀，增压机减负荷，防止压缩机喘振；

② 缓慢打开启二段增压机防喘振阀，增压机减负荷，防止压缩机喘振；

③ 缓慢减小汽轮机的汽流量，增压机减负荷；

④ 缓慢关小增压机出口阀，增压机减负荷；

⑤ 缓慢关小一级增压机入口封门，增压机减负荷；

⑥ 缓慢关小二级增压机入口封门，增压机减负荷；

⑦ 关闭增压机入口手阀 V1212；

⑧ 关闭增压机入口手阀 V1210；

⑨ 关闭增压机出口手阀 V1216；

⑩ 关闭增压机出口手阀 V1214；

⑪ 打开主压缩机防喘振阀 YICS11101；

⑫ 关闭主压缩机入口封门 YIC1111（在"分子筛"界面，关闭 PIC2615 或者 FIC2615 均可以）；

⑬ 缓慢关闭汽轮机的汽流量；

⑭ 点击 H11711，关闭汽轮机；

⑮ 点击 XD1171，汽轮机处于备用状态；

⑯ 关闭主压缩机出口现场阀 V1114。

（5）分子筛部分

① 分子筛再生气由污氮气切至出口空气；

② 点击 CBX 开关按钮；

③ 关闭分子筛出口阀 YICS2615，和精馏塔系统隔离开；

④ 快要达到分子筛系统切换 B 切 A 时，点击 H26011，关闭分子筛自动时序控制；

⑤ 点击 X26011，关闭分子筛自动联锁。

（6）预冷系统部分

① 停运行的低温水泵出口阀 V2416A，E2416 停止上水；

② 停运行的低温水泵入口阀 V2411A；

③ 停运行的低温水泵出口阀 V2426A；

④ 停运行的低温水泵入口阀 V2421A；

⑤ 将 LIC2431 前阀 V2431 关闭；

⑥ 关闭 LIC2401 后手阀 V2404。

5. 机泵坏事故处理

① 切换至预处理界面，关闭因晃电停下来的泵 P2467A 出口阀 A2426A；
② 关闭泵 P2467A 的出口阀 A2421A；
③ 打开泵 P2467B 入口阀 A2421B；
④ 打开因事故泵 P2467A 的备用泵 P2467B；
⑤ 打开泵 P2467B 出口阀 A2426B。

6. 晃电事故处理

① 切换至预处理界面，关闭因晃电停下来的泵 AP2467A 出口阀 A2426A；
② 打开因晃电停下来的泵 P2467A；
③ 启动泵之后，打开出口阀 A2426A；
④ 切换至预处理界面，关闭因晃电停下来的泵 P2466A 出口阀 V2416A；
⑤ 打开因晃电停下来的泵 P2466A；
⑥ 启动泵之后，打开出口阀 V2416A；
⑦ 关闭 P1182 的出口阀 LV1182；
⑧ 打开因晃电停下来的泵 P1182；
⑨ 打开 P1182 的出口阀 LV1182；
⑩ 关闭 P3568A 的出口阀；
⑪ 打开因晃电停下来的泵 P3568A；
⑫ 打开 P3568A 的出口阀；
⑬ 关闭 P7166 的出口阀 V7123；
⑭ 打开因晃电停下来的泵 P7166；
⑮ 打开 P7166 的出口阀 V7123。

7. 阀卡事故处理

① 切换至预处理界面，关闭事故阀 YCS2401 的后阀 V2404；
② 打开事故阀 YCS2401 的旁路阀 V2409。

任务十　读识现场图和 DCS 图

图　名	说　明
OVERVIEW	空分装置工艺流程总貌图
GR1001	K1161-X1171-K1261：一拖二式压缩机系统
GR1002	预冷系统
GR1003	分子筛系统
GR1004	主换热器系统
GR1005	膨胀增压系统
GR1006	精馏塔系统

1. 空分装置工艺流程总貌图

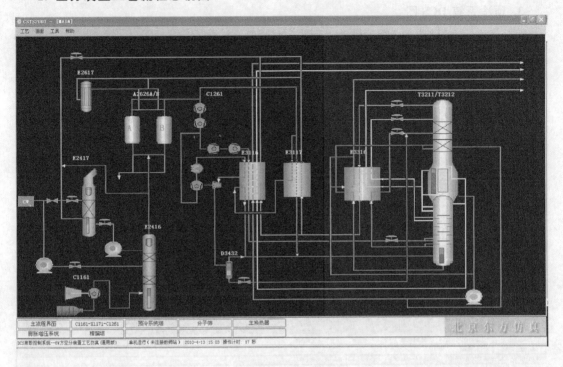

2. K1161-X1171-K1261：一拖二式压缩机系统 DCS 图

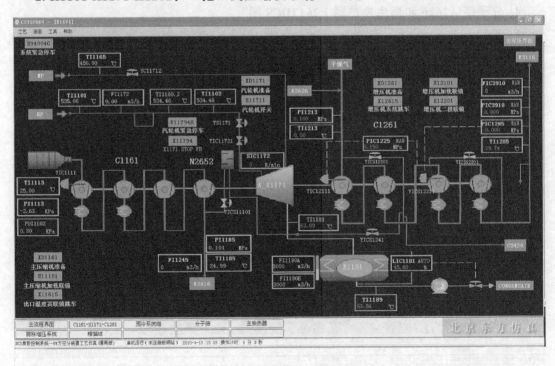

3. 预冷系统 DCS 图

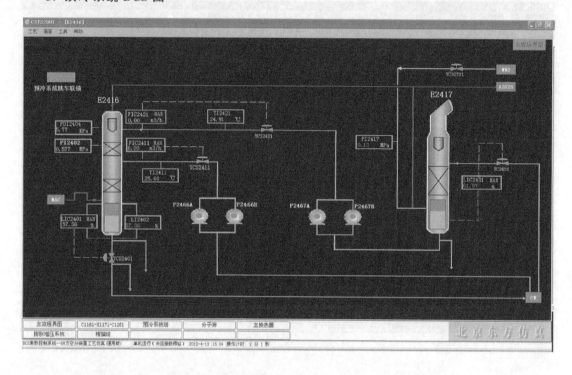

4. 分子筛 A2626 和再生换热器 E2617DCS 图

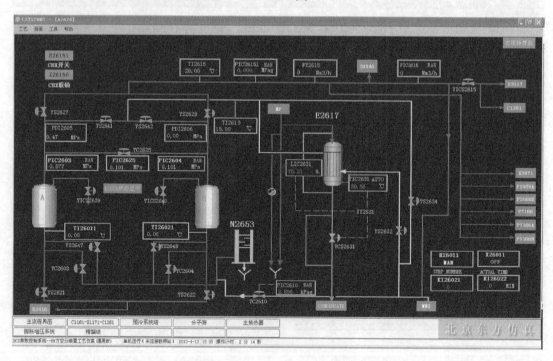

5. 主换热器系统 DCS 图

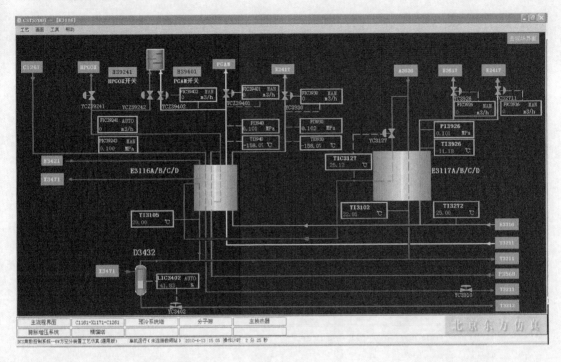

6. 膨胀增压系统 DCS 图

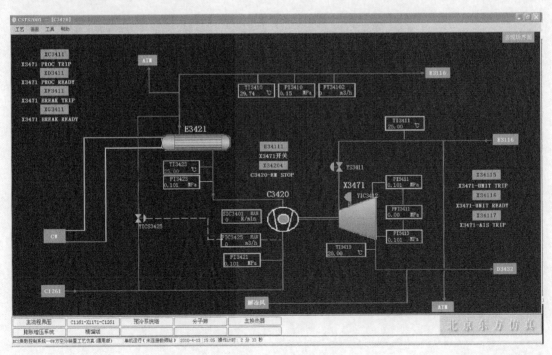

7. 分馏塔和过冷器 DCS 图

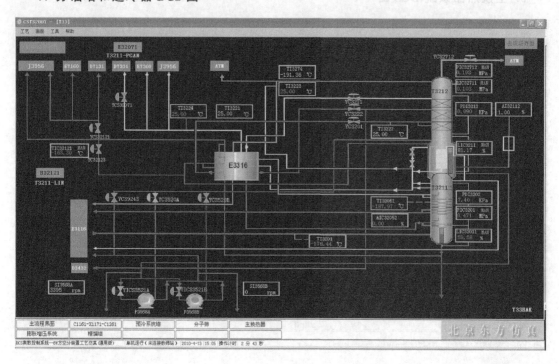

参 考 文 献

[1] 侯炜. 煤化工工艺仿真实训. 北京：北京理工大学出版社，2013.

[2] 徐宏. 化工生产仿真实训. 北京：化学工业出版社，2010.

[3] 周绪美. 合成氨仿真实习教材. 北京：化学工业出版社，2001.